上海普通高校"九五"重点教材

城市生态学

Urban Ecology

宋永昌　由文辉　王祥荣　主编

华东师范大学出版社

本书编写人员

宋永昌　由文辉　王祥荣　戚仁海
祝龙彪　陈小勇　高　峻

前　言

　　我初次接触"城市生态学"是在 1980 年,当时受国家教委派遣到德国哥廷根大学植物系———地植物学研究所,师从 H. Ellenberg 教授进修植被生态学,那年,H. Ellenberg 教授第一次为学生们讲授"城市生态学",我也参加听课。同年 9 月在柏林召开第二届欧洲生态学会议,"城市生态"是它的主题,再次为我提供了一次学习和考察的机会。由于这门学科研究的是迅猛发展的城市化所带来的环境污染、气候改变、资源损耗、动植物区系变化,以及由此引发的一系列人类栖境的恶化,使我认识到,城市生态学将是生态学一个迅速发展的新分支。1982 年春回国后曾在不少场合中对城市生态学作了介绍,并在 1983 年 12 月中国生态学会举办的北京生态学研讨班上作了报告。

　　1986 年华东师范大学环境科学系成立,初次把"城市生态学"正式列入教学计划,从那时起,城市生态学成为大学本科生和硕士生的学位课程。1989 年又邀请德国吉森大学植物生态学研究所 L. Steubing 教授和 J. Gnittke 高级讲师来华东师范大学为研究生讲授"城市生态学"及"污染生态学实验",进一步推动和充实了有关城市生态学的教学内容。当时为了满足学生们的学习需要,也曾结合课程内容陆续编印了部分讲义和参考资料,这一切构成了现在编写这本书的基础。

　　本书编写过程中,经反复讨论和征求意见,在内容、案例、编排上都作了调整和补充。现在的这本书共分三篇,第一篇基础篇(第一章至第三章),主要介绍什么是城市生态学,它形成和发展的历史背景,还说明它是适应社会发展需要而出现的一门新兴的生态学分支学科,并简要介绍了这门学科国内外研究现状和动态,以及学习"城市生态学"必备的生态学基础知识。第二篇原理篇(第四章至第十章),着重讲述城市生态系统的结构、功能、动态和系统分析。期望通过这些章节的介绍能使读者对城市生态系统的主体———人群,以及围绕着他们的无生命环境和有生命环境之间的相互作用有所了解,对发生在城市生态系统内部的物质流动、能量转换、信息传递等诸多功能有所认识,对城市生态系统的发展规律有所理解,并能利用系统学的方法对它进行系统分析。第三篇应用篇(第十一章至第十四章),着重介绍城市生态评价、城市生态规划、城市生态建设和城市生态管理等方面的内容。虽然城市生态学在这些方面的应用并不太成熟,但是为了应用的目的,也还是作了介绍,希望读者把它作为学习和追求的目标。最后的附录是实验部分,包括城市生态系统中无机环境的若干重要因子的调查测定、生物群落的调查测定、生境制图、生物监测等方法,以及地理信息系统(GIS)在城市生态学研究中的应用。城市生态学就其本质来说是一门自然科学,许多方面都可以进行实验,并通过实验加以验证。理论的价值在于指导实践,科学的力量在于付诸行动。城市生态学是一门需要进行实践的学科,我们希望书中的每一条原理、原则都能在实践中得到应用。

"城市生态学"是一门新兴的学科。任何一门新兴的、发展迅速的学科都会充满着不同意见的争论,城市生态学也不例外。目前城市生态学研究方面存在着两种倾向,一种是把城市生态系统看成是以人类为主体的环境系统,着重于城市的生物生态学研究;另一种是把城市生态系统看成是人类社会、经济和自然三个子系统构成的复合生态系统,着重于子系统间相互关系的研究。我们把前者称之为"环境系统学途径",把后者称之为"复合系统学途径"。在我们看来两种观点都有它的合理性,各有所长,理应相互补充,而不能走向极端,不然就失去了城市生态学存在的前提。在这方面,本书采取的是兼容并蓄的折衷态度。事实上,两大研究倾向也在相互接近和靠拢,这一点也体现在最近由 Sukopp 和 Wittig 主编出版的《城市生态学》(Stadtoekologie)一书中。

城市生态学涉及的学科面很广,它不仅涉及生态学、气候学、水文学、土壤学、环境科学、系统科学等自然科学,同时还涉及城市规划、城市建筑以及经济学、社会学等诸多工程和人文学科。对于学习本门学科,这些方面的基本知识是必备的,尤其是在研究和解决城市实际问题时,更不能、也不应该受学科范围的局限。但是城市生态学作为一门学科,特别是一门课程,也不能无限扩大学科领域,展延它的边界,不然不利于规定学习范围,突出重点。本书将限制在我们认定的"城市生态学"范围之内,重点阐述城市中的生态关系,虽然社会科学和经济科学的内容也有所涉及,但不是本书的重点。

本书的编写充分发挥了集体的智慧和力量,除了在它的编写基础——原先讲义中浸透着历届研究生的建议和劳动外,现在的编写大纲也是经历了几度的讨论和修改才最后确定的。编写的具体分工是:第一至第六章由宋永昌执笔,其中第一章中的人口生命表和第五章中的城市动物及城市微生物部分由祝龙彪执笔;第七至第九章由由文辉执笔;第十章由宋永昌执笔(王祥荣承担深圳和南京部分);第十一章是宋永昌根据《上海建设生态城市的指标体系和评价方法研究报告》改

前　言

写的,戚仁海参加了资料准备和编写工作,其中生态适宜度是由王祥荣编写的;第十二章由王祥荣执笔;第十三章由由文辉和王祥荣执笔;第十四章经集体讨论由由文辉、高峻和戚仁海完成;附录由祝龙彪、陈小勇负责编写,高峻参加。全书各章都进行了集体讨论和相互审阅,参加讨论的除编写组的成员外,还有博士生车生泉、李俊祥和阎水玉。最后由宋永昌定稿,李立担任了全书的文字录入工作。

　　书稿完成后承蒙同济大学陶松龄教授、中国科学院王如松教授、复旦大学郑师章教授、上海交通大学朱章玉教授、华东师范大学王云教授以及上海市规划局前局长张绍梁高级工程师审阅,并提出了许多宝贵意见。对他们为提高本书质量所作的贡献,特致谢忱。

　　本书是上海市教委重点学科——华东师范大学生态学科建设的成果之一,它的编写得到了上海市教委的资助和华东师范大学有关单位的大力支持,并被作为上海市"九五"重点教材予以出版,在此致以衷心的感谢!

　　城市生态学内容极其广泛,涉及的学科很多,各分支学科发展迅速,知识爆炸,而我们在资料的收集、积累,信息的接受、转化等方面均感不足,加之学科尚处在年轻的发展阶段,体系也不成熟,又由于编者的知识面和学识水平有限,书中的遗漏、不妥甚至错误恐难避免,敬希读者批评指正。

宋永昌

1998.5.25

目　录

第二篇 原理篇

第三篇　应用篇

附录 实验部分

第一篇　基　础　篇

第一章

生 态 学 基 础

20 世纪 70 年代以来,随着环境污染、资源短缺、人口膨胀和自然保护等问题引发的讨论,"生态"一词骤然流行,成了报刊杂志、广播电视中的常见词汇,同时也成了许多国家领导人在他们向其选民或国民昭示施政方针时不可缺少的话题。田中角荣所著《日本国土整治论》一书由于重视生态环境的保护,为他登上日本内阁总理大臣的宝座铺平了道路。可以说,在 20 世纪最后的四分之一世纪中,没有哪一门学科像生态学那样,获得如此广泛的普及。当今的生态学不仅和许多自然科学的分支学科相融合,形成许多交叉的边缘学科,如化学生态学、数学生态学、分子生态学、海洋生态学、宇宙生态学、工业生态学、农业生态学、生态工程学等等,而且和许多社会科学的学科相结合,出现了诸如生态经济学、人类生态学、社会生态学、生态伦理学、生态哲学等等分支学科。城市生态学正是这许多新分支学科中的一门。

一门分支学科的产生既有它独特的研究对象、研究内容和研究方法,同时也离不开母本学科的基本原理和基础知识。在学习城市生态学时,生态学的基础知识是不可缺少的,这一章将对这些必备的基本知识作些介绍。

第一节 生态学的概念

一般认为,生态学一词最早是由德国动物学家 E. Haeckel 于 1866 年提出来的,当时他给生态学(ecology)下的定义是:"我们可以把生态学理解为关于生物有机体与其外部世界,亦即广义的生存条件间相互关系的科学。"当初的生态学概念是比较狭窄的,仅局限于对动物的研究。1889 年,他又进一步提出:"生态学是一门自然经济学,它涉及所有生物有机体关系的变化,涉及各种生物自身以及他们和其他生物如何在一起共同生活。"(转引自:Adam,1988)这样,就把生态学的研究范围扩大到对动物、植物、微生物等各类生物与环境相互关系的研究。

生态学这一经典定义维持了将近一个世纪,到了 20 世纪 60 年代末 70 年代初,由于环境、资源、人口、粮食等问题变得越来越严峻,迫使生态学家们重新审视自己研究的学科,为本门学科在解决这些与人类前途命运攸关的重大问题中定位。60 年代以来出现了许多生态学的新定义,例如,E. P. Odum(1971)曾提出:"生态学是研究自然界结构和功能的科学,这里需要指出的是人类也是自然界的一部分。"最近,他在其撰写的新书《生态学——科学与社会的桥梁》(1997)中,进一步指出,起源于生物学的生态学越来越成为一门研究生物、环境及人类社会相互关系的独立于生物学之外的基础学科,一门研究个体与整体关系的科学。我国学者马世骏

(1980)也提出:"生态学是一门多学科的自然科学,研究生命系统与环境系统之间相互作用规律及其机理。"

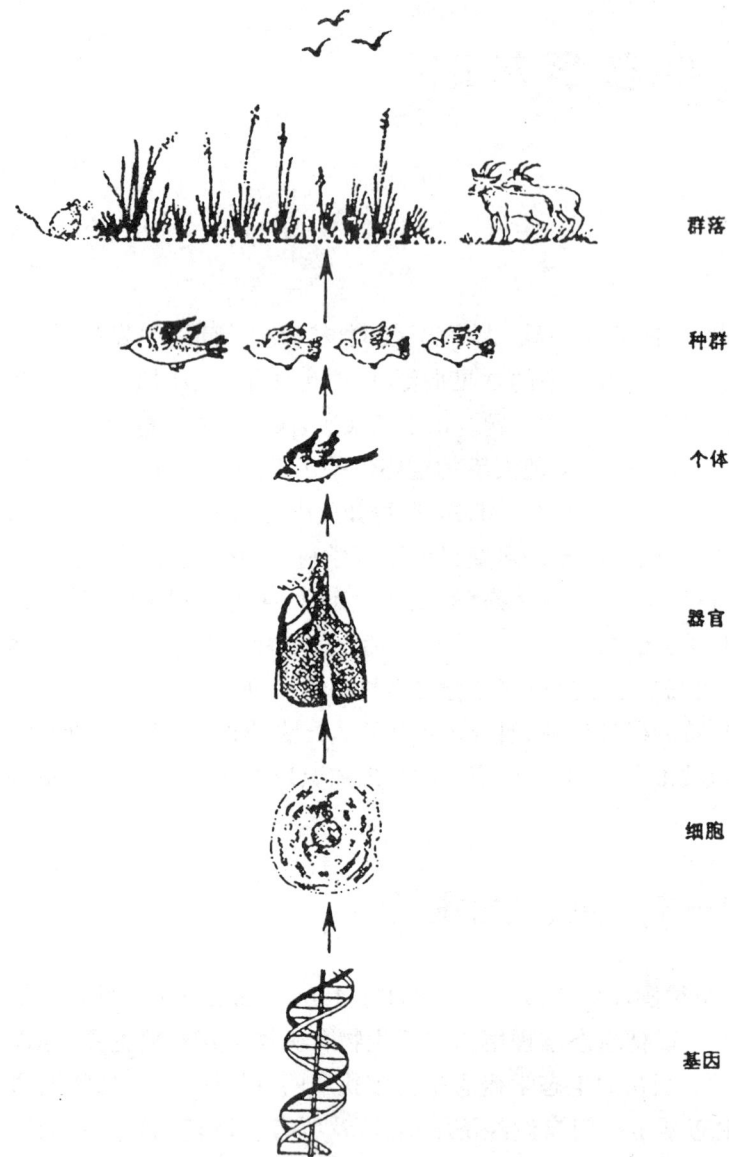

图1-1　生命系统的不同层次示意图
图中表示从基因→细胞→器官→个体→种群→群落和生态系统六个水平

这些新定义除保存了生态学的经典定义中生态学是关于生物有机体与其生存环境间相互关系研究的核心命题外,增添了以下一些新含义:

(1) 把研究生物有机体与环境间的相互关系扩展到研究生命系统与环境间的相互关系。所谓生命系统,就是自然界具有一定结构和调节功能的生命单元,如动物、植物和微生物等。通常把生命系统分为基因、细胞、器官、个体、种群以及群落和生态系统六个水平(图1-1)。

(2) 人类是生命系统中最重要的部分,也是许多生态系统的结构成分,生态学不仅要研究动物、植物、微生物和环境间的相互关系,更需要研究人和环境间的相互关系。

(3) 人类既是一种生物,必然具有生物的一切基本属性。但是人类生活在特殊的社会中,具有不同于一般生物的社会属性。因而,在研究人与环境相互关系的时候,不能不涉及社会和经济的层面。

(4) 生态学的研究不仅要阐述生物(包括人)与其环境间的一般相互关系,更要揭示它们之间相互作用的基本规律及其机理,生态学不能满足于描述自然,而要用生态学理论去解决人类面临的生存和发展问题。

第二节 生态系统——现代生态学的研究核心

生态系统(ecosystem)这一概念是由英国生态学家 A. G. Tansley 于 1935 年首先提出的。他把物理学上的系统整体性概念引入生态学,认为"生态系统"既包括有机复合体,同时也包括形成环境的整个物理因素的复合体。因此,生态系统可以定义为:"在任何规模的时空单位内由物理—化学—生物学活动所组成的一个系统。"差不多与 Tansley 同时,前苏联学者 B. H. Сукачев(1942)也提出了"生物地理群落"(biogeocoenosis)的概念。他认为:"生物地理群落是地球表面的一个地段,在一定的空间内,生物群落及其所处的大气圈、岩石圈、水圈和土壤圈都是相适应的。"国际上常把这两个名词当作同义词。由于英语在世界范围内的广泛使用,且"ecosystem"词简意明,故得到了更为广泛的应用。

与生态系统有联系的一个概念是"生物圈"(biosphere)。这一名词是奥地利地质学家 E. Suess 于 1875 年首先提出的,当时并未引起人们的注意。50 年后,前苏联地质学家 B. И. Вернадский 于 1926 年发表了以"生物圈"为题的演讲,"生物圈"的概念才引起人们的重视。"生物圈"是指地球上存在生命的圈层,其范围在地表以上可达 23km 的高空,在地表以下可延伸至 12km 的深度,包括大气圈的下层(对流层)、水圈和岩石圈的上层(风化壳)。地球上的生物圈中,生物之间、生物与环境之间(包括和大气圈、水圈、岩石圈之间)进行着能量的固定、转化和物质的迁移、循环过程,构成了一个相互制约、相互依存的复杂系统。因此,也可以认为,生物圈是地球上最大的生态系统。

一、生态系统的结构

根据生态系统的定义,一个生态系统的组成成分包括:有生命的生物成分,即生物群落,以及无生命的非生物成分,即自然环境。图 1-2 表示一个池塘水生生态系统,图 1-3 是一个陆地生态系统。

生物群落是指一定空间内全部动物、植物、微生物的同住结合,它们之间构成一定的相互关系。根据各类生物之间的营养关系可以把它们区分为:生产者(producer)、消费者(consumer)和分解者(decomposer)。

生产者是指能够利用太阳能等能源,将 CO_2、水和无机盐等简单的无机物制造成复杂的有机物,供生物群落中各种生命活动之所需的自养生物。例如生态系统中各种绿色植物以及一些光合细菌和化能细菌。

消费者是指生物成分中以其他生物为食的异养生物,主要是各类动物。其中有的以植物为食,这些是草食动物(herbivore),又称初级消费者(primary consumer);有的以草食动物为食,这些是肉食动物(carnivore),又称次级消费者(secondary consumer)。肉食动物之间又"弱肉强食",由此可以进一步分为三级消费者以及四级消费者。在消费者中最常见的是杂食性消费者(omnivory consumer),例如池塘中的鲤鱼,它们既吃草,又吃小动物,食性很杂,正是杂食性消费者的这种营养特点,构成了生态系统中极其复杂的营养关系。

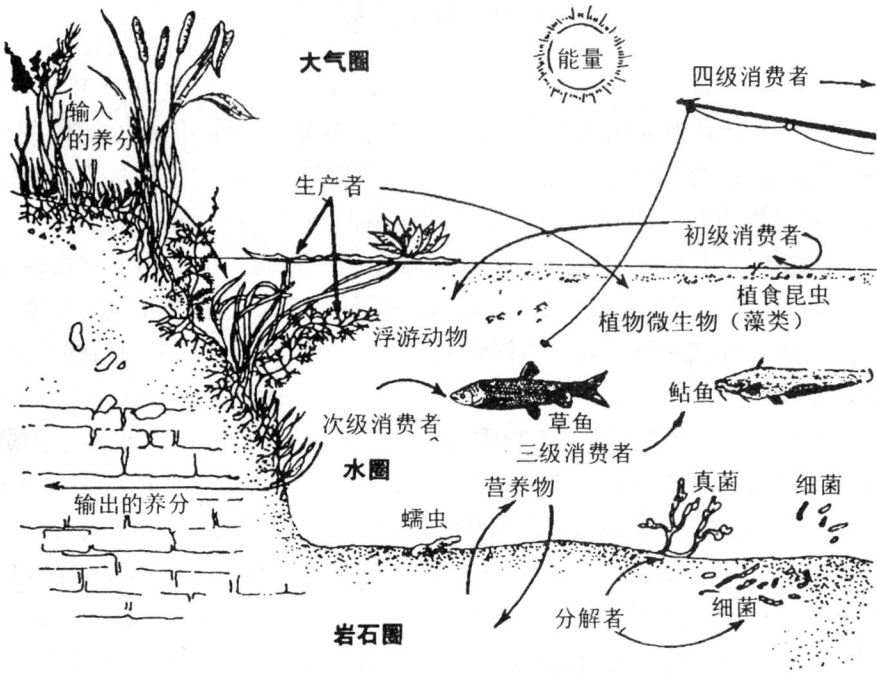

图1-2 池塘水生生态系统结构示意图(引自:Kupchella & Hyland,1989,重绘)

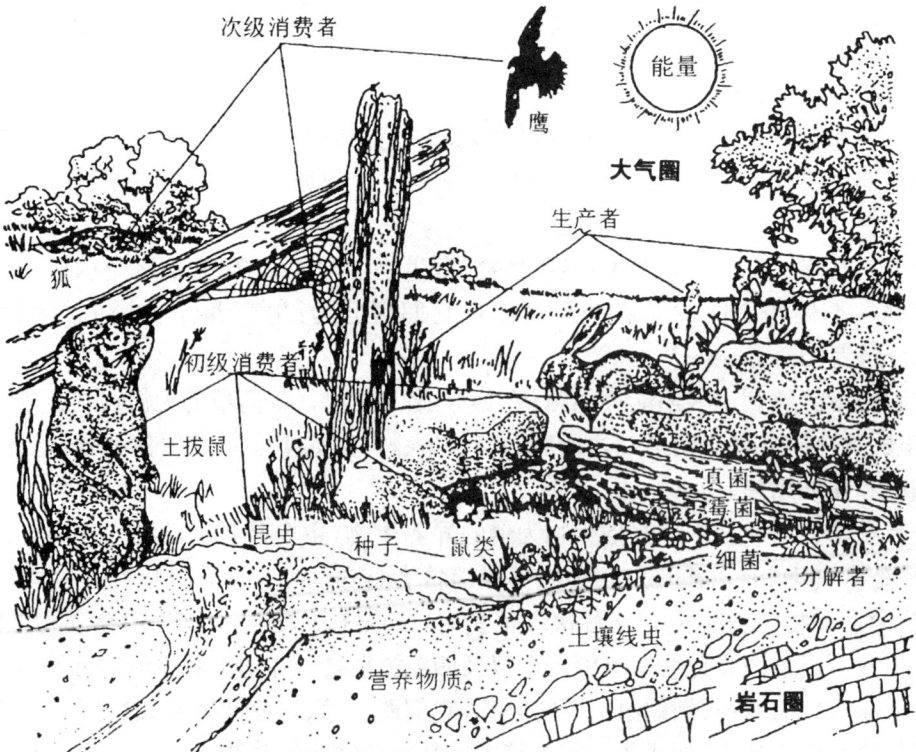

图1-3 陆地生态系统结构示意图(引自:Kupchella & Hyland,1989,重绘)

分解者又称还原者(reducer),这类生物也是异养生物,又有小型消费者之称,它们包括细菌、真菌、放线菌和原生动物等。它们能把生态系统中动物、植物的尸体、残体和排泄物分解为简单的无机物归还到环境中,重新提供给生产者利用。

综上所述,可见生态系统中各种生物通过营养上的关系彼此联系着。俗话说:"大鱼吃小鱼,小鱼吃虾米,虾米啃泥巴。"一连串地吃下去,这就是所谓的"食物链"(food chain)。但是许多生物并不只是以一种生物为食,一种生物常常也不只是固定为某一种生物的饵料,因此食物链又互相交叉连结,构成所谓"食物网"(food web)(图1-4)。

生态系统中的非生物成分,或称环境亚系统,是生态系统的物质和能量来源,包括生物活动空间和参与物质代谢的各种要素,其中有气候因子,如光照、热量、水分、空气等;土壤因子,如氮、磷、钾等各种无机盐以及土壤酸碱度等各种化学性质和物理性质等等。

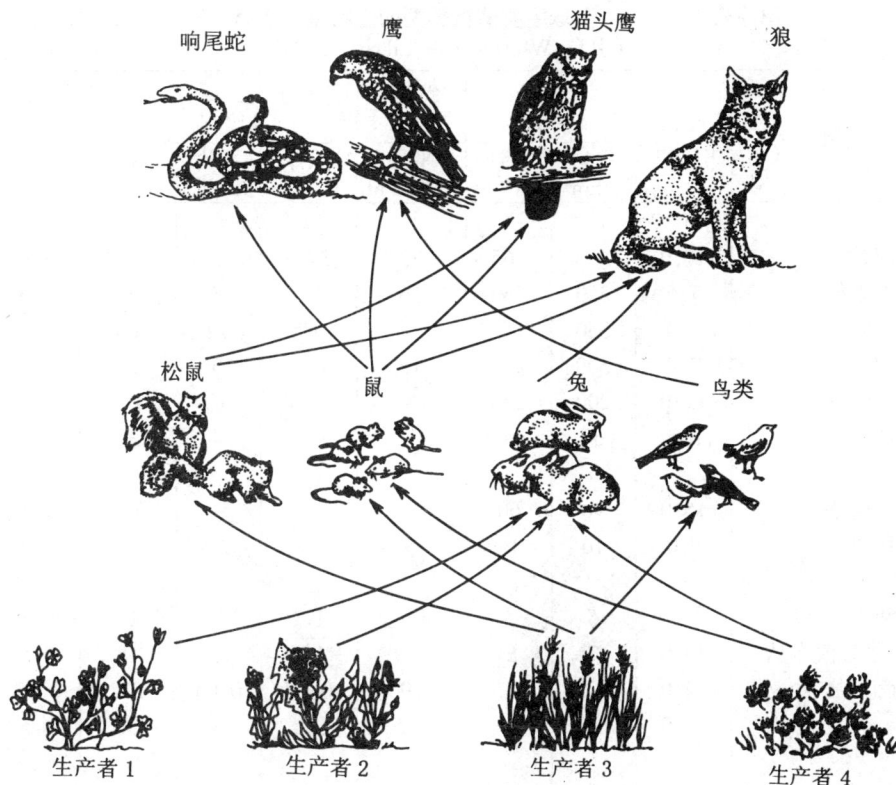

图1-4　食物网结构示意图(引自:Kupchella & Hyland,1989)

二、生态系统的功能

生态系统的结构决定了它的基本功能,即物质生产、物质循环、能量流动和信息传递。

生态系统中的物质生产(material production)主要是由绿色植物担当的。只有绿色植物能把简单的无机物,即水、CO_2以及无机盐等,在太阳辐射能的作用下转变为复杂的有机物,即把太阳能转变为化学能,贮存在有机物中以供生态系统中各种生命活动的能量需要。因此生态系统中的绿色植物称为初级生产者(primary producer),或称第一性生产者,这一过程称之为初级生产或第一性生产(primary production)。

初级生产是人类食物的根本来源,直到现在,它仍然是人类能量利用的主要来源。当前利用的煤和石油等化石燃料,也都是由古代初级生产者所积累的。初级生产的产量与时间有关,单位时间和单位面积(或体积)内生产的产量称为生产力(productivity)或生产量(production),常以 kg/(m²·a) 或 kJ/(m²·a) 表示。生产量不同于现存量(standing crop),前者有时间积累的含义,而后者是指一特定观测时刻,一定面积上(或一定空间范围内)现有的生物体的数量,常以 kg/m² 或 kJ/m² 或个 /m² 表示,它也称为生物量(biomass)。

附注1-1

地球上不同的生态系统类型,其初级生产力是不同的。陆地生态系统的初级生产力以热带最高,向两极逐渐减少。然而,在任何纬度,当降水不足时,初级生产力也减少。就陆地生态系统而言,热带雨林生产力最大,荒漠、冻原生产力最小。在海洋,由于缺乏养分,生产力很低。附注表1-1-1是地球上主要生态系统(植被)类型的生产力和生物量。

附注表1-1-1　全球主要植被类型的生物量及净第一性生产力
(引自:Whittaker & Likens, 1975)

植被类型	面积 (10⁶km²)	生物量(干重) 平均 (t/hm²)	生物量(干重) 总计 (10⁹ t)	净第一性生产力(干重) 平均 [t/(hm²·a)]	净第一性生产力(干重) 总计 (10⁹ t/a)	叶表面积 平均 (m²/m²)	叶表面积 总计 (10⁶ km²)	叶绿素 平均 (g/m²)	叶绿素 总计 (10⁶ t)
森林									
热带雨林	17.0	450	765	22	37.4	8	136	3.0	51.0
热带季雨林	7.5	350	260	16	12.0	5	38	2.5	18.8
常绿阔叶林	5.0	350	175	13	6.5	12	60	3.5	17.5
落叶阔叶林	7.0	300	210	12	8.4	5	35	2.0	14.0
北方针叶林	12.0	200	240	8	9.6	12	144	3.0	36.0
疏林及灌丛	8.5	60	50	7	6.0	4	34	1.6	13.6
草地									
热带稀树草原	15.0	40	60	9	13.5	4	60	1.5	22.5
温带草原	9.0	16	14	6	5.4	3.6	32	1.3	11.7
矮灌丛									
冻原和高山冻原	8.0	6	5	1.4	1.1	2	16	0.5	4.0
荒漠、半荒漠灌丛	18.0	7	13	0.9	1.6	1	18	0.5	9.0
极端荒漠(岩、沙、冰)	24.0	0.2	13	0.03	0.07	0.05	1.2	0.02	0.5
耕地	14.0	10	14	6.5	9.1	4	56	1.5	21.0
淡水									
沼泽与湿地	2.0	150	30	30	6.0	7	14	3.0	6.0
湖泊与河流	2.0	0.2	0.05	4	0.8	—	—	0.2	0.5
陆地总计	**149**	**122**	**1837**	**7.82**	**117.5**	**4.3**	**644**	**1.5**	**226**
海洋									
公海	332.0	0.03	1.0	1.25	41.5	—	—	0.03	10.0
上涌带	0.4	0.2	0.008	5	0.2	—	—	0.3	0.1
大陆架	26.6	0.01	0.27	3.6	9.6	—	—	0.2	5.3
海藻带及珊瑚礁	0.6	20	1.2	25	1.6	—	—	2.0	1.2
海湾	1.4	10	1.4	15	2.1	—	—	1.0	1.4
海洋总计	**361**	**0.1**	**3.9**	**1.55**	**55.0**	**—**	**—**	**0.05**	**18.0**
总　计	**510**	**36**	**1841**	**3.36**	**172.5**	**—**	**—**	**0.48**	**243**

初级生产者生产的物质并不都能以生物量的形式积累下来,因为绿色植物生命过程中的呼吸作用要消耗掉一部分光合作用中形成的有机物质,余下的部分才积累在器官中,形成生物量。初级生产力中除去呼吸消耗而余下的有机物积累的速率叫做净初级生产力(net primary productivity),未除去呼吸消耗积累的速率称为总初级生产力或粗初级生产力(gross primary productivity)。

生态系统中的能量流动(energy flow)是指能量通过食物网在系统内的传递和耗散过程。图 1-5 是一幅结合 O_2、CO_2 和水等物质在内的生态系统能流和物流简图。

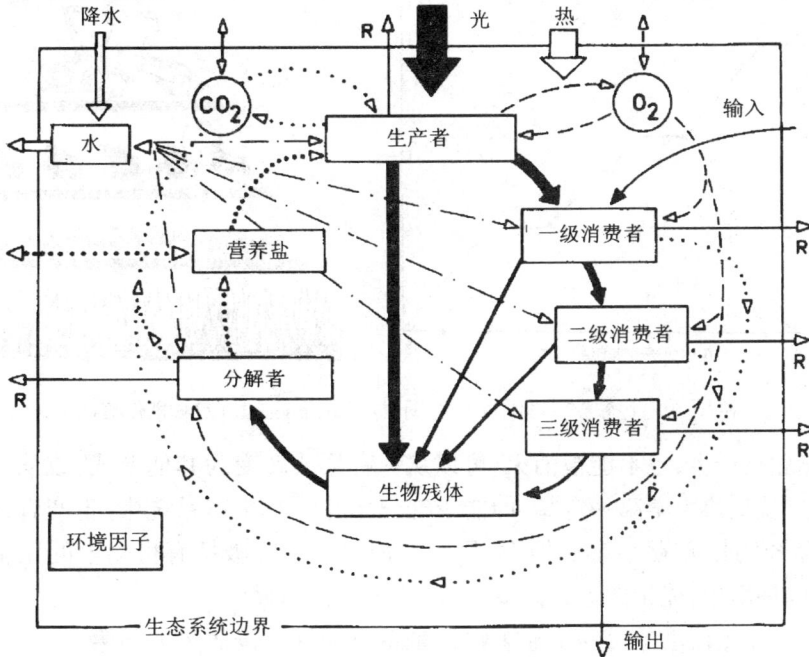

图 1-5　生态系统中的能流和物流图式(引自:K. Adam, 1988)

直线(—)和粗黑线(—)表示能流;虚线表示物流;·····为营养盐;···为 CO_2;
— — — — 为 O_2;—·—·—为水,R 表示呼吸,能量经热的传导而消散

能量流动开始于初级生产者把太阳能固定在有机物中,这部分能量有三个去向:一部分为各类草食动物所采食;一部分因自身生命活动而消耗;第三部分暂时贮存在活的植物体内或枯枝落叶中,这一部分最终再经一系列的物理、化学和生物学过程而逐渐被分解者所分解。

从上图可以看到,无论是初级生产还是次级生产过程,能量在传递或转变中总有一部分被耗散,通过生产者的呼吸作用以热量形式散失到环境中。研究表明,食草动物摄食量中仅有 10%～20% 的能量转变为次级生产量。R. L. Linderman(1942)通过大量的野外和室内实验,得出各营养级间能量转化效率平均为 10%,这就是生态学中的所谓"十分之一定律"。事实上,各类生态系统的能量转化效率是有差别的,各营养层次间能量转化效率的范围大致在 4.5%～20%。不管怎样,这都说明食物链中的营养级不能无限增加。

当能量由下一个营养级往上一个营养级传递时,势能会逐渐减少,直到系统中全部能量转变为热能散失到环境中。这个过程表示为图 1-6。

由于食物链中上一个营养级总是依赖于下一个营养级的能量,而下一个营养级的能量只能满足于上一个营养级有限的消费者需要,致使营养级的能量呈阶梯状递减,于是形成了底部宽顶部窄的宝塔状,称作"能量锥体"或"能量金字塔"(energy pyramid)。这种锥体若以生物量来表示,称"生物量锥体"(biomass pyramid),若以个体数量表示,称"数量锥体"(number pyramid),统称为"生态锥体"或"生态金字塔"(ecological pyramid)。

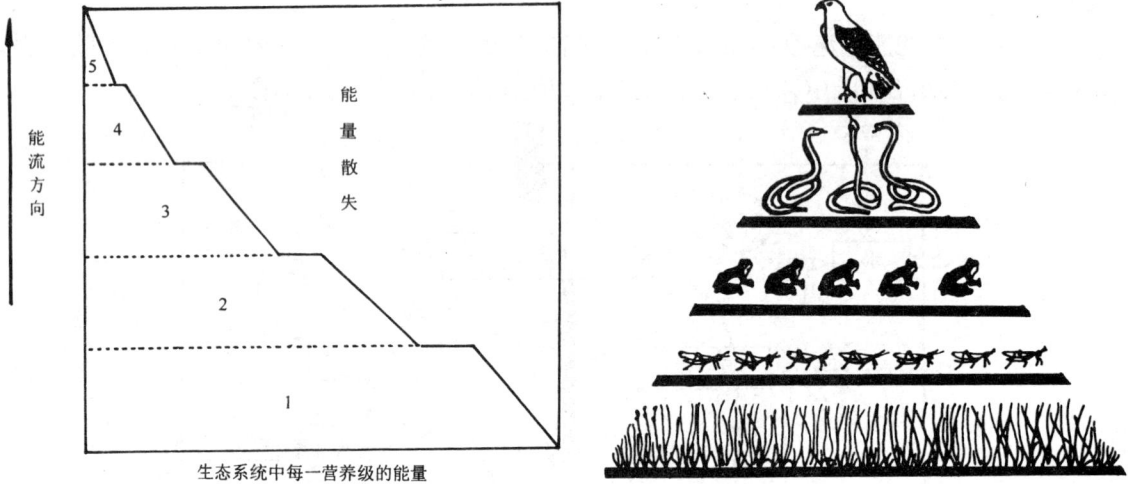

图 1-6 生态金字塔结构示意图(据:Duvigneaud,1974,稍作修改)

能量不能凭空产生,也不能被消灭,可以从一种形式转变为其他形式,或从一个体系转移到其他体系,这就是热力学第一定律,即能量守恒定律。在生态系统中,生产者通过光合作用把光能转变为化学能,贮存在有机物中,另一方面又通过呼吸把有机物中的化学能转变为热能,转移到周围环境中,能量的形式改变了,但并没有被消灭。

生态系统中能量流动的另一个显著特征是单方向性。按照热力学第二定律,集中型的能量可以不需要外力的带动,自动实现向分散型能量的衰变,这样的过程称为自发过程。如热自发地从高温物体传到低温物体,直到两者温度相等。自发过程都是不可逆的,总是单向趋于平衡。在生态系统中,能量的流动也是单向的,能量流经食物链中各营养级时,只能以做功或以热的形式降解,而绝不可能逆向进行,分解者最后并不能自发地、全部地把热能再转变为势能,归还给生产者和消费者。逆向的进行只能借助于外界做功,例如生态系统中复杂的有机物质被还原者分解为无机物质是一种自发过程,借助于日光能,才可使水和 CO_2 变为复杂的有机物。

为了判断自发过程的方向和限度,一般以熵(entropy)和自由能(free energy)作为自发过程的两个状态函数进行描述,因此热力学第二定律也称为熵律(entropy law)。熵值可以作为一个系统无序状态的量度,一个生态系统能产生并维持内部秩序的低熵状态,即会形成稳定的系统,其熵值最小。热力学第一定律和第二定律如图 1-7 所示。

生态系统中的物质循环(material cycle)是指生命活动所需的各种营养物质通过食物链各营养级的传递和转化。物质循环和能量流动不同,它不是单方向性的。同一种物质可以在食物链的同一营养级内被多次利用,各种复杂的有机物质经过分解者分解成简单的无机物归还到环境,再被生产者利用,周而复始地循环。物质循环是生态系统的普遍现象,对维持生态平衡以及人类生存具有重要意义。

物质循环过程中的环节通常称为分室(compartment)或库(pool)。容积大、物质流动缓慢

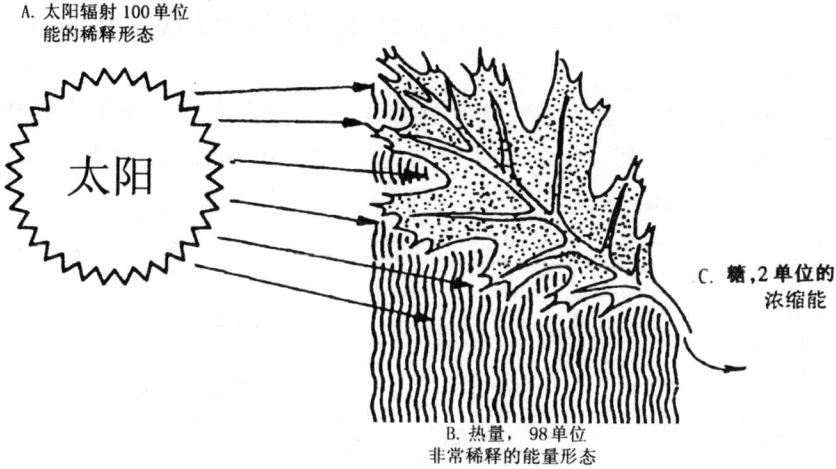

A. 太阳辐射 100 单位
能的稀释形态

太阳

C. 糖, 2 单位的
浓缩能

B. 热量，98 单位
非常稀释的能量形态

图 1-7 热力学第一定律和第二定律示意图(引自:E. P. Odum, 1983)

光合作用将太阳能转变为食物(糖)能时,A=B+C(第一定律);
由于在转换过程中散失掉一部分(第二定律),C 常常小于 A

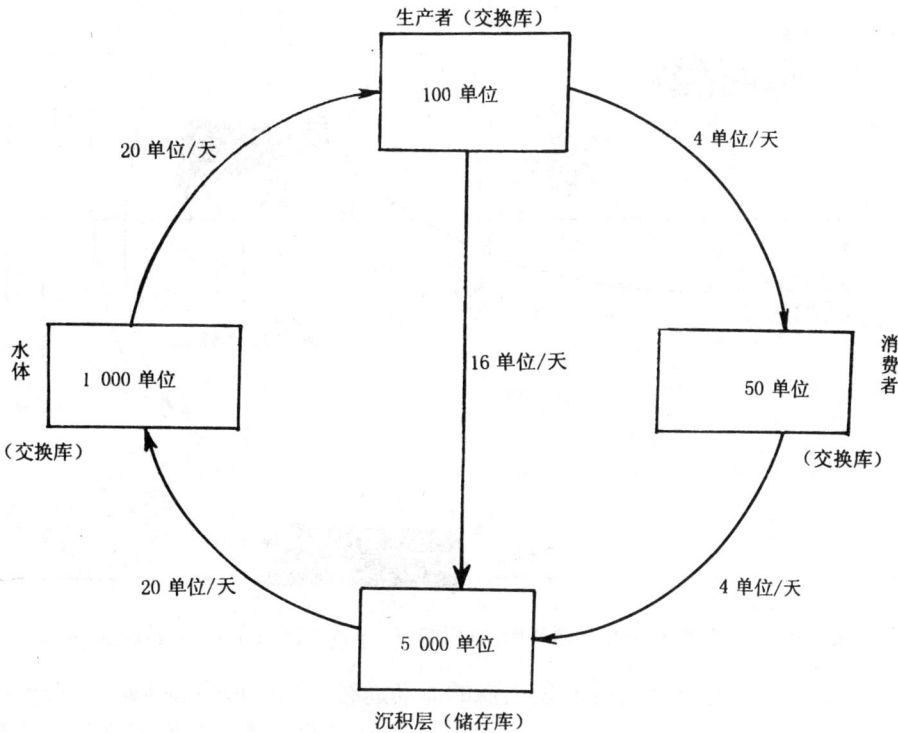

生产者（交换库）

100 单位

20 单位/天

4 单位/天

水体

1 000 单位

16 单位/天

消费者

50 单位

（交换库）

（交换库）

20 单位/天

4 单位/天

5 000 单位

沉积层（储存库）

图 1-8 一个池塘生态系统物质循环中库与流通率的关系

的是储存库(reservoir pool),一般为非生物成分;容积小、物质流动较活跃的是交换库或循环库(exchange or cycling pool)。其中物质数量称为库量(pool magnitude)。物质就是在这些库内、库间转移、流动、往返循环的(图1-8)。物质在单位时间、单位面积或单位体积从一个库流入另一库的数量就是流通率(flow rate),通常用 t_r 表示。流通率与一个库内库量(m)的比率为周转率(turnover rate),用 r 表示,即:$r = t_r/m$,它的倒数则为周转时间(turnover time),用 t 表示,即:$t = m/t_r$。

在图1-8中,生产者分室中的库量为100单位,它每天有4个单位为消费者所捕食,有16个单位死亡进入沉积层,因此它的流通率 $t_r = 4 + 16 = 20$ 单位/天,其周转率 $r = 20/100 = 0.2$,周转时间 $t = 100/20 = 5$ 天。

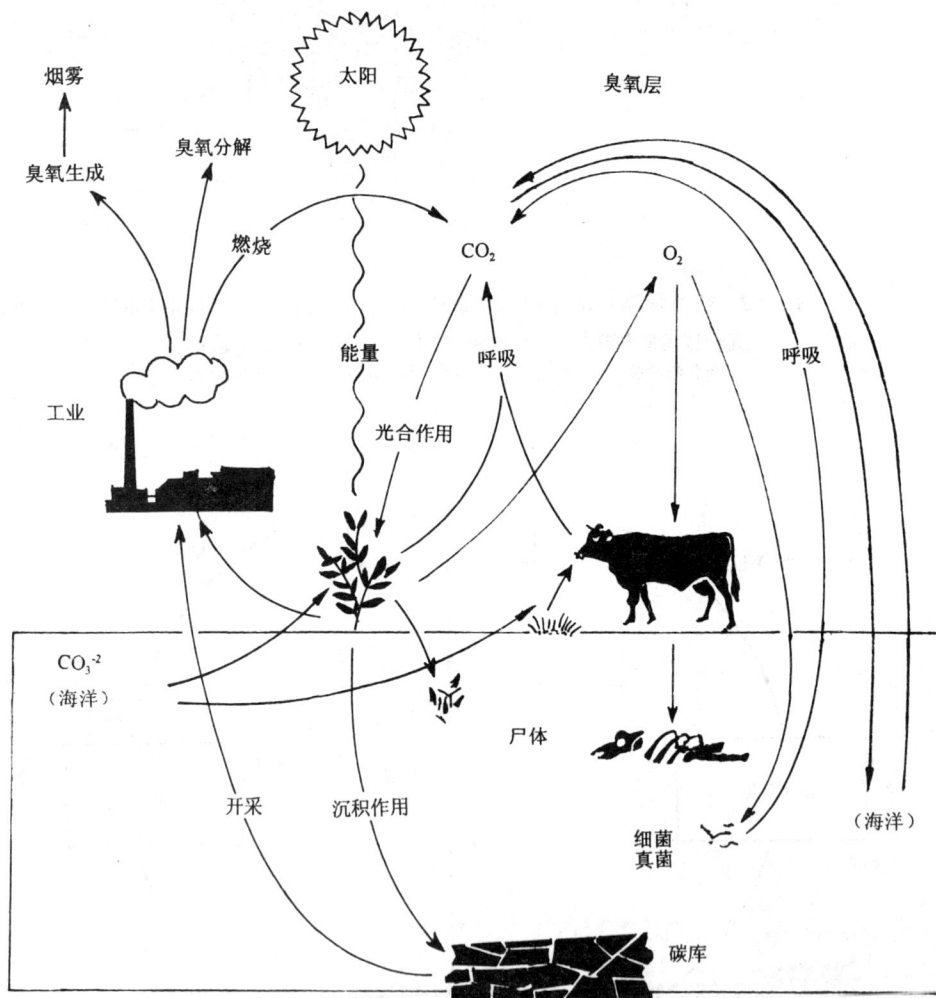

图1-9 碳的生物地球化学循环图式(引自:K.-H. Ahlheim,1989,稍改动,重绘)

生命必要元素的这种循环具有两条主要的流动途径:生物循环(biological circulation)和地球化学循环(geochemical circulation)。前者是生命必要元素在生态系统内进行的循环,有人称之为闭路循环(closed cycle),后者是元素在生态系统外部进行的循环,相应地被称之为开路循环(open cycle),而这两种循环最终必将连接在一起成为生物地球化学循环(biogeochemical circulation)。实际上,生物地球化学循环就是若干局部的单独循环之和,这些局部循环在各个生态系统范围内单独进行,通过各种横向联系把这些局部的单独循环联结在一起。

主要的生物地球化学循环是碳、氮、磷、硫和其他生命必要元素(如钾、钙、镁等)的循环,这些元素和水一样,常常是生命系统的限制性因素,生命的兴衰取决于这些元素的供应、交换和转化。

碳循环 碳循环对于生命的意义十分重要,有机体干重约 49% 都是由碳元素构成的。自然界中碳源的数量很大,种类也多种多样,然而只有空气中气态的 CO_2(在空气中的含量约为 0.03%),或溶解在水中的 CO_2(呈各种碳酸氢盐状态)才能成为有机体制造食物的碳源。

碳循环的主要途径如图 1-9 所示,其主要形式是 CO_2 通过光合作用转变为植物有机物,成为绿色植物和动物所需的碳水化合物养料,并构成了生物体的部分;另一方面,一切生物都要进行呼吸,通过呼吸作用又把一部分碳以 CO_2 的形式排入空气之中;当有机体死亡时,其尸体通过各种分解者的作用而被分解和矿质化,从而又将 CO_2 释放进入空气;还有一部分生物遗体埋藏在地下形成煤、石油、天然气等矿物燃料,当它们被燃烧后又释放出 CO_2,进入大气圈。空气中的 CO_2 又有很大一部分可为海水所吸收,逐渐转变为碳酸盐沉积于海底,形成新的岩石,或通过水生生物的贝壳和骨骼移到陆地,这些碳酸盐又从空气中吸收 CO_2 成为碳酸氢盐而溶于水中,最后也归入海洋。碳的循环速度一般是较迅速的,CO_2 的周转时间大约是一年稍多一些,有时几星期或几个月就可返回空气,最快的仅需几分钟或几小时。

氮循环 氮是蛋白质、核酸、叶绿素的组成成分,是生命的基本物质,氮循环是地球上维持生命系统的最基本环节之一。地球上的氮库主要是空气,其体积的 80% 为分子态的氮,氮最大的储存库是地壳的岩石圈,而最大的交换库是土壤中的腐殖质。在地球上参与生物圈氮循环的氮 99.4% 存于空气圈中,0.5% 在水圈中,0.05% 在土壤里,0.000 5% 在生物量中。

氮循环的主要途径如图 1-10 所示。尽管空气中氮的含量极其丰富,可是并不能直接为高等植物所利用,须经不同方式才能进入氮循环。

首先能使大量氮素进入生态系统的是微生物的固氮作用。最有效的固氮菌是与豆科植物共生的根瘤菌。据估计,陆地上豆科植物的根瘤菌所固定的氮平均为 $20kg/(hm^2 \cdot a)$,在栽培的苜蓿地里可高达 $150 \sim 400kg/(hm^2 \cdot a)$(Duvigneaud,1974)。除此之外,还有一些植物的菌根以及蓝藻也能直接从空气中固氮。

其次,雷雨时空中的放电可使空气中的 N_2 和 O_2 发生作用形成氮氧化物,由雨水把它们带入土壤中。据统计,大约 10% 的氮是由闪电固定的,90% 的氮是由生物固定的,因此微生物在氮的循环中所起的作用比在其他循环中重要得多。

上述各种氮源进入土壤被根吸收后,即被转变成氨基酸并被运送到叶中,然后被用来合成植物蛋白质,这些蛋白质就是动物所需的含氮食物。生物死亡后,分解者又使有机氮逐渐变成无机氮,这一过程称为氮的矿质化。

氮循环中,空气中的 N_2 的周转时间约为 3×10^2 年;海洋中硝态氮及有机化合物中的氮为 2.5×10^3 年;而土壤中的硝酸盐和亚硝酸盐的逗留时间最短,一般在一年之内。

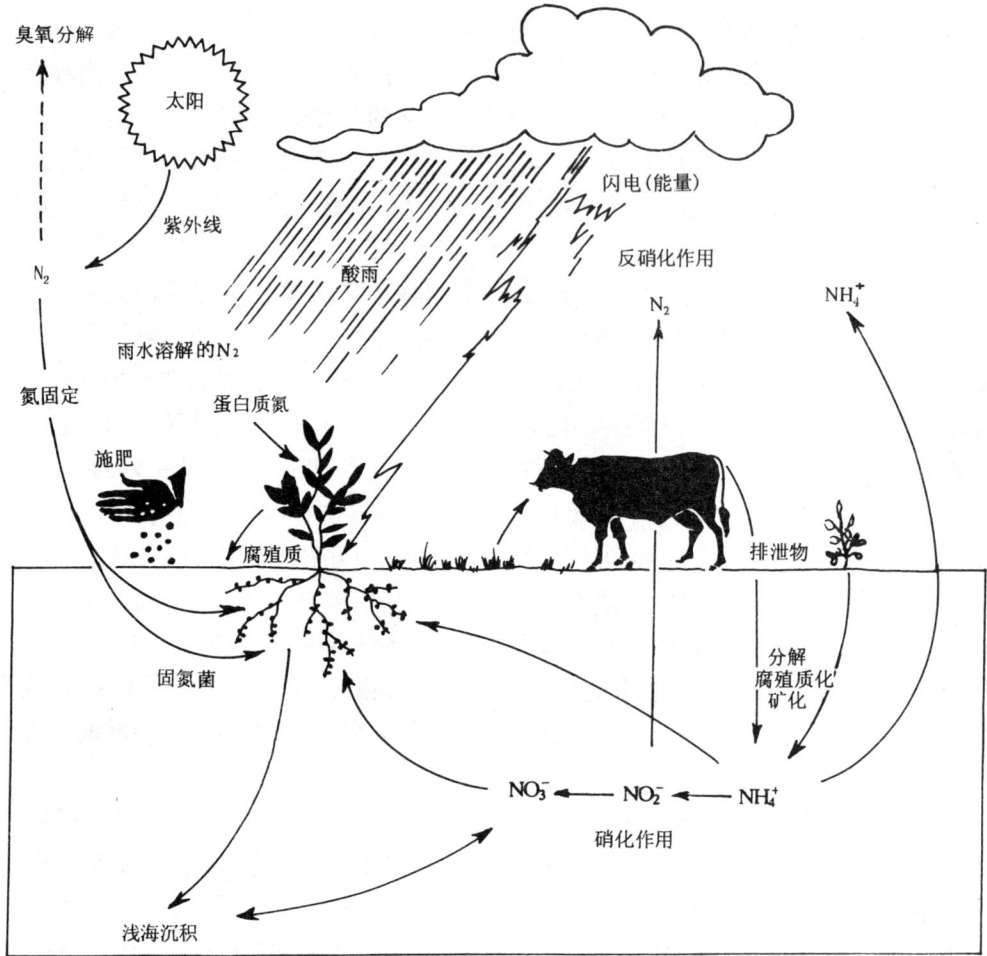

图 1-10　氮的生物地球化学循环图式(引自:K. -H. Ahlheim,1989,重绘)

　　人类对氮循环的影响却在不断增加:一方面是工业固氮数量的不断增加,1979 年是 $40\times$ 10^6 t/a,2000 年达到 100×10^6 t/a,远远超过自然界固定的氮量;另一方面各种氧化氮输入到大气中,污染了空气,过量的硝酸盐输入水体,污染了江河湖海。矿物燃料燃烧时产生的 NO_x,在阳光的作用下产生的原子氧与碳氢化合物起反应将形成光化学烟雾(详见附注4-2)。因此,全球固定态氮的数量与分布不仅影响生物圈的生产力,也影响生命的化学环境和辐射环境。

　　磷循环　磷循环是沉积型循环,磷的主要储存库是地壳中的磷酸盐等沉积物,鸟类等动物化石中也含有磷。磷通过侵蚀和开采从岩石中移出而进入生态系统(图 1-11)。植物从环境中吸收磷,合成原生质,通过食物链在生态系统中流动,然后,这些生物的排泄物和尸体被磷酸盐化细菌分解成磷酸盐归还土壤被重新利用,另一部分进入水循环,即可溶性磷酸盐被水带到海洋,在浅海中沉积下来,通过鱼、海鸟和人及其他食海鸟生物的食物链,又回到陆地。这一部分数量很少,大部分沉积到深海处。由于磷没有挥发性,所以磷没有回到大气的有效途径。磷在深海处的沉积,除非发生陆海变迁,由海底变为陆地,否则沉积在深海处的磷就脱离了循环,因此,它是不完全的循环。正是由于这种原因,使陆地磷的损失越来越大,现存数量越来越少,特别是随着工业的发展而大量开采,更加加速了磷的损失。大量使用含磷酸盐的清洁剂和化肥,加快了磷从陆地向海洋的流动,使河流等水体出现富营养化。

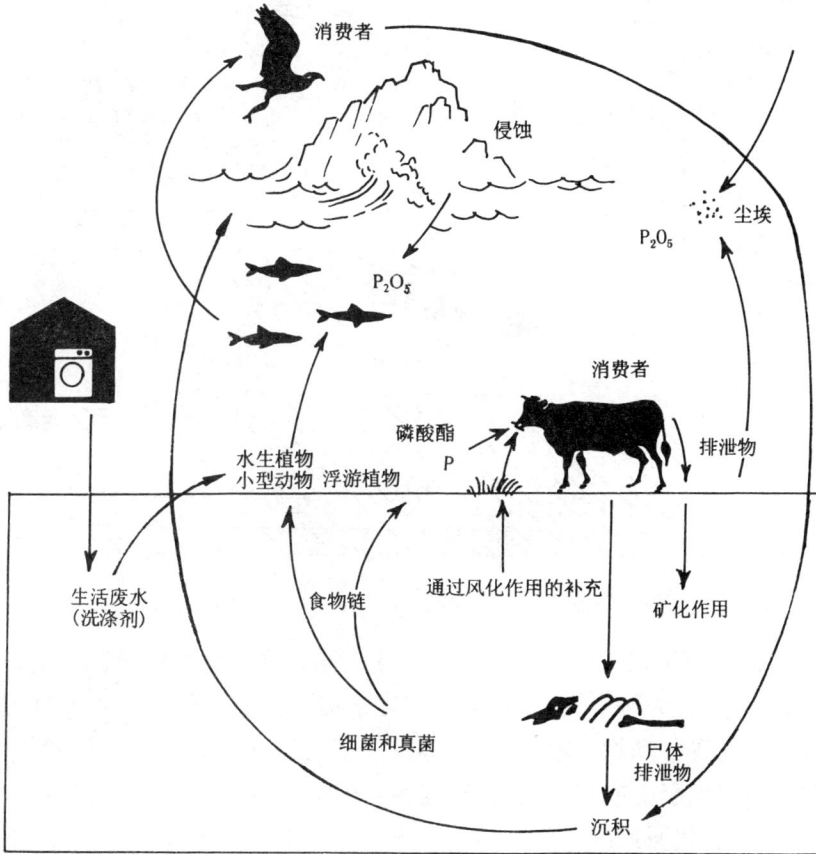

图 1-11　磷的生物地球化学循环图式(引自:K.-H.Ahlheim,1989,稍改动,重绘)

人类及陆生生物对磷的需要量大于对氮的需要量,地球上现存的 $m(P):m(N)=1:23$。全世界每年大约消耗磷酸盐岩石 940 万吨,按此速度,全世界磷的蕴藏量只能维持约 100 年,磷将成为人类和陆生生物的限制因子。

水循环　水循环是地球上由太阳能推动的各种物质循环的一个中心循环,照射到地球表面的太阳能约有 1/4 用于蒸发水分;水分不仅能从水面、陆地表面蒸发,而且也能通过植物叶面的蒸腾作用进入大气。大气中的水遇冷后凝结成雨、雪等,降落到地表,其中一部分渗入土壤,供植物吸收,或形成地下水储存起来;一部分成为地表径流,流入江河,汇入海洋,供水面蒸发,从而形成了水循环(图 1-12)。地球表面约 70% 为海洋,海洋等水面蒸发的水比凝结降落还回的多,而陆地上则相反。陆地上的水一部分经河川重返海洋,一部分渗入土壤或松散的岩层中,除部分被植物吸收外,其余均成为地下水,最后也缓慢流回海洋。水在大气中周转的时间很短,水汽在空中停留的时间可以从几小时到几周,平均为 9 天左右;在土壤中可以停留几周到一年;在海洋中却可长达 3 千多年。因此海洋蒸发量大于降水量的部分水分向陆地运动,而陆地降水量大于蒸发量的部分水分通过地表径流等形式归入海洋,最终达到全球性的水循环平衡。

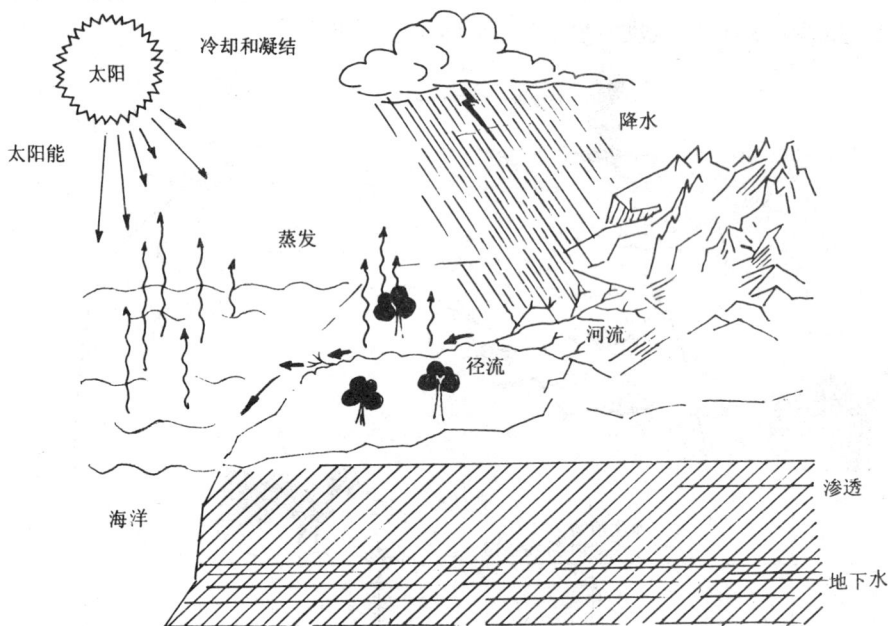

图 1－12　水的生物地球化学循环图式(引自:K.－H. Ahlheim,1989,重绘)

生态系统中的信息流(information flow)是指生态系统内各生命组分之间的信息传递。自然生态系统中的信息可分为两大类:物理信息和化学信息。物理信息是以物理过程为传递形式的信息,如光、声、电等。动物的求偶、报警等行为都与物理信息有关。例如,鸟类在繁殖季节时,常伴有色彩鲜艳的羽毛或特异的鸣声,均为求偶的信息;花的色彩也与引诱昆虫授粉有关。化学信息是将生物代谢过程中产生的一些化学物质作为传递信息物质,借它们传递信息,这种化学物质称为信息素。动物可利用信息素作为个体间、种间认别信号。大家知道,狼、狗、猫有一个到处排尿的习性,它们把排尿地点作为交流信息的"气味标记站",有经验的猎人可以根据气味辨认不同动物通过的走向,从而确定追捕对象。七星瓢虫捕食棉蚜时,被捕食的蚜虫会立即释放警报信息素,于是其他蚜虫会纷纷跌落避开;与此相反,小蠹虫在发现榆、松等寄主后,会释放聚集信息素,以召唤同类共同取食。此外,在昆虫中还普遍存有性信息素,如我国高寒草甸中的主要害虫——草原毛虫,雌虫的复眼和翅均退化,藏身于草丛下,依靠释放强烈的性信息素,使空中飞翔的雄虫能准确地找到它们,以保证种群的繁衍。这种信息的联系也存在于植物与植物间、植物与动物间以及动物、植物和微生物之间。

三、生态系统的发展

生态系统发展(ecosystem development)常常被称为生态演替(ecological succession),它是指一个群落被另一个群落,或者说一个生态系统被另一个生态系统代替的过程。动态(dynamic)是群落的基本属性,这不仅因为组成群落的生物都有生长、发育、成熟和死亡过程,而且与它们相联系的外界环境也在不断变化,特别是早期阶段的群落,它们的种间关系并不协调,种类组成也不稳定,与环境之间相互适应的水平也低,因此群落物种组成和群落过程随时间变化是比较明显的。虽然这种变化的速度和变化方向是物理环境改变的结果,但变化的内容则是由群落本身控制的,变化的顶点就是形成一个顶极群落(climax)。顶极群落是一个生物和非生物因素平衡的群落,亦即群落与其周围环境,包括气候、土壤、地质、地形相适应的群落,因此也是一个稳定的群落。在特定的地区中,由一个群落到另一个群落的整个取代顺序,称为演替系列(sere),各个阶段的群落称为阶段群落(seral community)或系列期(seral stage),开始阶段称先锋期(pioneer stage),最后稳定阶段的群落就是顶极群落。E. P. Odum(1971)总结演替的三个特征为:

(1) 演替是群落发展的有顺序过程,它有规律地向一定方向发展,因而是能预见的;

(2) 演替是由于物理环境改变的结果,但演替是受群落本身控制的;

(3) 演替是以稳定的生态系统为发展的顶点,即在稳定的生态系统中有最大的生物量和生物间共生功能。

演替可以从原生裸地开始,即从以前从未生长过植物的地方开始,例如从火山造成的大片裸地、流水沉积形成的冲积平原及重力侵蚀的陡岩等地开始,这类演替称原生演替(primary succession)。此外,演替也可以从次生裸地开始,即从以前曾经生长过植物的地方,由于火烧、砍伐、洪水、干旱、局部毁灭了植被而成为裸地的地上开始,此类演替称次生演替(secondary succession)。在陆地上开始的演替叫陆生演替(terrestrial succession)(图 1 - 13),在水中开始的演替称水生演替(aquatic succession)(图 1 - 14)。

(a)苔藓、藻类和地衣**群落**

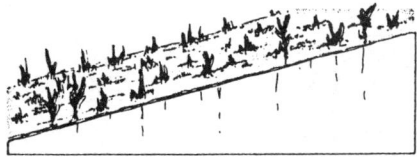

(b)草地

(c)灌丛

(d)顶极群落(高大落叶树**组成的群落**)

图 1 - 13 陆生演替(引自:Kupchella & Hyland, 1989,稍改动)

本图描述一块落叶林地上树木被完全清除至裸露基岩石后可能发生的演替格局

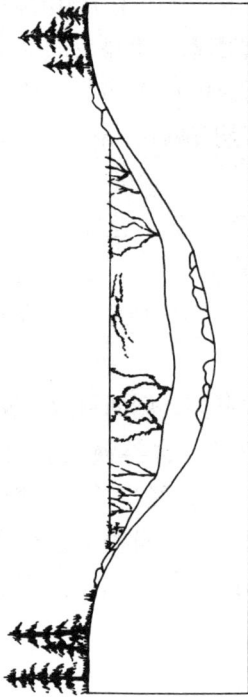

(b) 成熟的湖泊

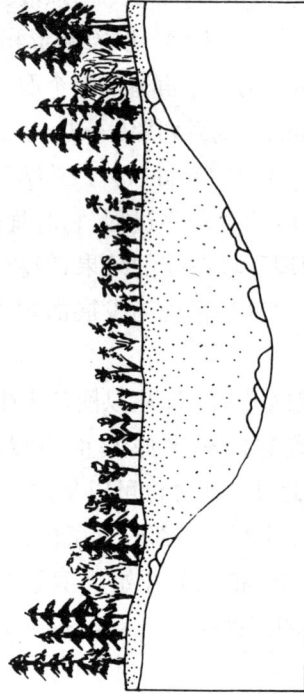

(d) 干地

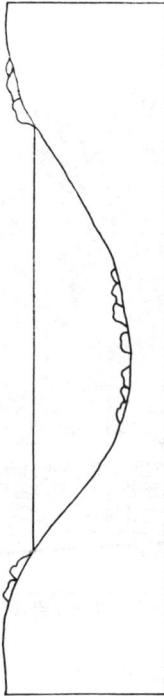

(a) 新生的湖泊

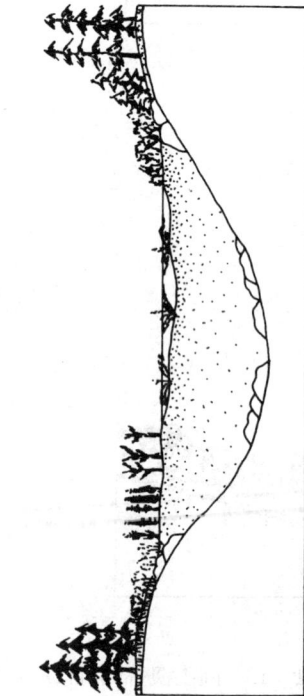

(c) 草甸/沼泽

图 1-14 水生演替(引自:Kupchella & Hyland, 1989, 稍改动)

本图描述因冰川退却作用而新生的湖泊的各个演替阶段

演替可以是前进的,也可以是后退的,前者称为进展演替(progressive succession),后者称为逆行演替(retrogressive succession),它们的区别见表1-1。

表1-1 进展演替与逆行演替特征的比较

进展演替	逆行演替
1. 群落结构的复杂化	1. 群落结构的简单化
2. 群落中以低级小型植物为主朝着高级大型植物发展,优势种寿命越来越长	2. 群落中从以大型植物为主趋向于小型植物占优势,优势种寿命越来越短
3. 物种多样性有增加趋势	3. 物种多样性有减少趋势
4. 生活型多样化	4. 生活型的简化
5. 种间相互依存增强,窄生态幅种增加	5. 生态幅较宽以及适应特殊生境的种增加
6. 群落趋向中生化	6. 群落趋向于旱生化或湿生化
7. 群落生物量趋向增加	7. 群落生物量趋向减少
8. 土地生产力利用趋于增加	8. 土地生产力利用趋于减少
9. 土壤剖面的发育成熟	9. 土壤剖面弱化
10. 群落生境的优化	10. 群落生境的恶化

第三节 种群——通向宏观生态学的桥梁

种群(population),也译为居群,人口学上就是人口,在早年生物学其他分支学科中也译为虫口、鸟口等。种群是一定空间中同种个体的集合,也就是说它是在一定空间中、特定的时间内一起生活和繁殖的同种个体的总称。种群虽然是由个体组成的,但种群内个体并不是孤立的,而是通过种内关系组成了一个统一整体。从个体到种群是一个质的飞跃,个体生物学特性主要表现在出生、生长、发育、衰老和死亡上,而种群则具有出生率、死亡率、年龄结构、性比、群聚关系和空间分布等特征,这些都是个体水平所不具备的。如果我们把个体以下的生态学看作是微观生态学,而把群落生态和生态系统生态学的研究当做宏观生态学的话,那么种群生态学就是这两者之间的桥梁,也可以说种群的研究是宏观生态学研究的基础。

自然种群有三个基本特征:数量特征、空间特征和遗传特征。数量特征是指单位面积或单位空间内的个体数目,即种群密度;空间特征是指种群都有一定的分布区域和分布形式;遗传特征是指一个种群内的生物具有一个共同的基因库,以区别于其他种,但并非每个个体都具有种群中贮存的所有信息,这涉及到种群内的变异与遗传。

一、种群统计

种群统计(demography)起源于人口寿命统计,曾在人寿保险业中广泛应用,此后这种方法被引入动物种群数量动态和植物种群数量动态的研究。

进行种群统计时选择的主要参数是:种群总体数量、种群生死过程和迁徙过程,以及年龄分布与性比。

(1)种群的大小和密度:一个种群全体数目的多少,即种群的大小(size),如果采用单位面积或容积的个体数目来表示种群大小,即为密度(density),例如,每公顷1 500株树,每平方千米 5 000 人等。在实际工作中,有时测定密度很困难,可以用种群相对丰度(relative abundance)来表示,这是一种人为标准,"相对"可以用时间表示,如每小时遇见的个体数,或用各种百分比等来表示。

(2) 出生率和死亡率:出生率(natality)是指种群增加新个体的能力。它常分为最大出生率和实际出生率,前者是指种群处在理想条件下的出生率;后者是指特定条件下种群实际出生率,又称生态出生率(ecological natality)。死亡率(mortality)和出生率相反,它描述的是种群个体死亡的情况。死亡率可分为最低死亡率和实际死亡率,前者即是在最适宜条件下的死亡率,种群个体都是因年老而死亡,个体都活到了生理寿命(physiological longevity);实际死亡率是在某特定条件下丧失的个体数,也称生态死亡率(ecological mortality)。最大出生率和最小死亡率都是理论上的概念,虽然难以测定,但它们能反映种群潜在的能力,在预测实际能力和潜在能力间的差距以及种群未来动态中具有参考作用。

(3) 迁入和迁出:迁入(immigration)和迁出(emigration)也是影响种群变动的两个主要因子,它描述各地方种群之间进行基因交流的生态过程。研究种群的迁入和迁出的困难常常是由于一些生物种群的分布范围难以划定,这需要研究者按自己的研究目的来划分。

(4) 年龄结构和性比:一个种群的所有个体一般具有不同的年龄,某一龄级的个体数目与种群总个体的比例,叫做年龄比例(age ratio),各个龄级年龄比例的配置状况,即年龄结构(age structure)。种群中个体按其生殖年龄可以分为三个生态时期:繁殖前期(prereproductive period)、繁殖期(reproductive period)和繁殖后期(postreproductive period)。各年龄期比例的变化,势必影响到种群的出生率。分析年龄结构的方法是用年龄锥体图或称年龄金字塔图(age pyramid)。它是按从大到小个体龄级的比例作图,纵坐标表示从幼年到老年的各个龄组,横坐标表示各个龄组的个体数或所占百分比。利用年龄锥体可以预测未来种群动态。图1-15中A的年龄锥体是典型的金字塔形,基部宽阔而顶部狭窄,表示种群中有大量的幼体,老年个体很少,这样的种群出生率大于死亡率,是增长型的种群;图1-15中B的年龄锥体大致呈钟形,说明种群中幼年个体和中老年个体大致相等,其出生率和死亡率大致平衡,种群数量稳定,是稳定型种群;图1-15中C是衰退型种群,其年龄锥体呈壶形,基部狭窄,顶部较宽,表示种群幼体所占比例很小,而老年个体的比例较大,种群出生率小于死亡率,是一种数量趋于下降的种群。

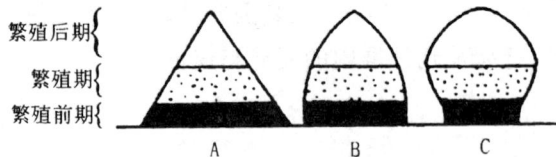

图1-15　种群年龄结构锥体的三种基本类型(仿 Kormondy, 1976)
A. 增长型种群;B. 稳定型种群;C. 衰退型种群

性比(sex ratio)反映了种群中雌性个体和雄性个体的比例。受精卵的雌与雄比例,大致是50:50,这是第一性比。从幼体出生到性成熟这段时间里,由于种种原因,雌雄比例会继续变化,到性成熟为止,叫做第二性比。因为性别只有两种,并与年龄结构联系密切,故常常同时对两者进行分析。有时将年龄锥体分为两半,分别表示雌性个体和雄性个体各龄组的比例。

（5）生命表及存活曲线：生命表是描述死亡过程的有用工具。根据研究者获取数据的方式不同，可以分为动态生命表和静态生命表。前者是根据观察一群同时出生的个体死亡或存活的动态过程所获得的数据编制而成；后者是根据某个种群在特定时间内的年龄结构的数据编制而成。现以藤壶（*Balanus glandula*）种群为例，说明动态生命表的编制过程（表 1 - 2）。

表 1 - 2　藤壶（*Balanus glandula*）种群的生命表[*]（Conell，1970）

年龄(年)(x)	各年龄开始的存活数目(n_x)	各年龄开始的存活分数(l_x)	各年龄死亡个体数(d_x)	各年龄死亡率(q_x)	各年龄期平均存活数目(L_x)	各年龄及其以上存活的总年数(T_x)	平均寿命(期望值)(e_x)
0	142	1.000	80	0.563	102	224	1.58
1	62	0.437	28	0.452	48	122	1.97
2	34	0.239	14	0.412	27	74	2.18
3	20	0.141	4.5	0.225	17.75	47	2.35
4	15.5	0.109	4.5	0.290	13.25	29.25	1.89
5	11	0.077	4.5	0.409	8.75	16	1.45
6	6.5	0.046	4.5	0.692	4.25	7.25	1.12
7	2	0.014	0	0.000	2	3	1.50
8	2	0.014	2	1.000	1	1	0.50
9	0	0	—	—	0	0	—

[*] 对 1959 年固着的种群进行逐年观察，到 1968 年全部死亡（引自：Krebs，1978）。

生命表中的各栏含义如下：x 为按年龄的分段；n_x 为在 x 龄期开始时的存活数目；l_x 为在 x 龄期时存活的分数；d_x 为从 x 到 $x+1$ 龄期的死亡数目；q_x 为从 x 到 $x+1$ 龄期的死亡率；L_x 为从 x 到 $x+1$ 龄期的平均存活数目；T_x 为进入 x 龄期所有存活总个体数；e_x 为 x 龄期开始时平均寿命期望或平均余年。

在编制生命表前，首先要划分年龄段，这随不同种类而异。人类常用 5 年或 10 年为一年龄段(组)，鹿、羊常用 1 年，昆虫用数天或数周，细菌用小时。

生命表中各栏都是相关的，只要有 n_x 或 d_x 的实际观测值，其他各栏值都可推算。例如：

$$n_{x+1} = n_x - d_x, \qquad 如：n_3 = n_2 - d_2 = 34 - 14 = 20。$$

$$q_x = \frac{d_x}{n_x}, \qquad 如：q_2 = \frac{d_2}{n_2} = \frac{14}{34} = 0.412。$$

$$l_x = \frac{n_x}{n_0}, \qquad 如：l_5 = \frac{n_5}{n_0} = \frac{11}{142} = 0.077。$$

l_x 这一项最为重要，它表示存活率，在人口统计生命表以及许多动物的生命表中习惯从 1 000 开始，藤壶的生命表采用从 1 开始，含义是相同的。q_x 是另一项重要的指标，它表示死亡率随年龄而变化的过程。藤壶生命表中 0～1 龄死亡率很大，随后，死亡率逐渐降低，但到 5 龄以后，死亡率又开始上升。

L_x 是从 x 龄期到 $x+1$ 龄期的平均存活数，即：

$$L_x = \frac{n_x + n_{x+1}}{2}。$$

用表 1 - 2 数据计算：

$$L_0 = \frac{n_0 + n_1}{2} = \frac{142 + 62}{2} = 102,$$

$$L_1 = \frac{n_1 + n_2}{2} = \frac{62 + 34}{2} = 48,$$

$$L_2 = \frac{n_2 + n_3}{2} = \frac{34 + 20}{2} = 27,$$

$$\vdots$$

T_x 是进入 x 龄期所有个体存活总年数,计算方法是由底向上逐渐积累 L_x 值,按下式计算。用表 1-2 的数据计算得出:

$$T_4 = L_9 + L_8 + L_7 + L_6 + L_5 + L_4 = 29.25,$$

$$T_2 = L_9 + L_8 + L_7 + L_6 + L_5 + L_4 + L_3 + L_2 = 74。$$

最后,e_x 的计算是以 T_x 除以存活个体数目 n_x 就得到平均期望寿命或平均余年 e_x,即:

$$e_x = \frac{T_x}{n_x},$$

根据表 1-2 计算:

$$e_5 = \frac{16}{11} = 1.45; \quad e_2 = \frac{74}{34} = 2.18。$$

其结果表示,藤壶进入 5 龄时平均还能活 1.45 年,进入 2 龄时平均可以活 2.18 年。平均期望寿命计算广泛应用于人寿保险事业,保险公司应正确估计不同性别、各种年龄、各种职业的人进入各年龄期的平均期望寿命,估计过高过低都对成本核算不利。

再以 1974 年某市抽查获得的人口年龄结构资料为例(表 1-3),说明静态生命表的编制方法。所谓静态生命表是根据某一特定时间对种群作年龄结构调查结果而编制的生命表。

编制步骤:

(1) 先列出各年龄组存活人数 n_x,现以同年出生的 100 000 人作基数计算,即 $n_0 = 100\,000$,以此为基础,根据调查结果,列出各龄组存活人数。这里的 x 龄组在 0~4 岁时每岁一组,以后每 5 年为一组。

(2) 列出各年龄组死亡人数 d_x,可按下式计算:

$$d_x = n_x - n_{x+1},如 d_0 = n_0 - n_1;$$

0 岁的死亡人数: $d_0 = 100\,000 - 98\,364 = 1\,636;$

1 岁组的死亡人数: $d_1 = 98\,364 - 97\,345 = 1\,019$,其余类推。

(3) 计算各年龄组平均生存人年数(L_x)。0 岁的平均生存人年数 L_0,按下列公式计算:

$$L_0 = n_1 + \mathrm{K}(n_0 - n_1),$$

K 值在 0.2~0.3 之间,一般取 K 值为 0.25。

本例 0 岁的平均生存人年数:

$$L_0 = 98\,364 + 0.25(100\,000 - 98\,364) = 98\,773。$$

1,2,3,4 岁组平均生存人年数的计算公式为:

$$L_x = \frac{n_x + n_{x+1}}{2} + \frac{d_{x+1} - d_{x-1}}{24},$$

如 1 岁组平均生存人年数为：

$$L_1 = \frac{n_1 + n_2}{2} + \frac{d_2 - d_0}{24} = \frac{98\ 364 + 97\ 345}{2} + \frac{573 - 1\ 636}{24} = 97\ 811，$$

大于 5 岁组的平均生存人年数按下式计算：

$$L_x = \frac{n_x + n_{x+1}}{2}，$$

如是简略生命表则按下式计算：

$$_nL_x = \frac{N}{2}(n_x + n_{x+N})，$$

式中，N 为年龄间隔年数。如 5～9 岁组的 $_nL_x$ 为 5 岁确切年龄的人数和 10 岁确切年龄时的人数之间的平均生存人年数为：

$$_9L_5 = \frac{5}{2}(96\ 025 + 95\ 197) = 478\ 055。$$

（4）计算各年龄组未来生存人年数累计值（T_x）：

说明已活到某一年龄的人口，今后还可能存活的人年数累计。它是从最高年龄组起向低年龄组计算，逐年把每一年龄组的平均生存人数累加起来计算。例如年龄从 0 岁到 85 岁以上共分成 22 个组，若要求年龄 60 一组的未来生存人年数累计 T_x 值，60 年龄组属第 17 组，则其未来生存人年数累计为：

$$T_{17} = L_{22} + L_{21} + L_{20} + L_{19} + L_{18} + L_{17} = 1\ 396\ 304。$$

（5）计算各年龄组平均预期寿命（e_x）：

用 $e_x = \dfrac{T_x}{n_x}$ 公式计算，如本例 0 岁的平均预期寿命值（e_0）：

$$e_0 = \frac{T_0}{n_0} = \frac{6\ 463\ 851}{100\ 000} = 64.64。$$

表 1－3　某市 1974 年人口简略静态生命表

	年龄组（x）	各年龄存活数（n_x）	各年龄死亡数（d_x）	各年龄平均生存人年数（L_x）	未来生存人年数累计（T_x）	平均预期寿命（e_x）
1	0	100 000	1 636	98 773	6 463 851	64.64
2	1	98 364	1 019	97 811	6 365 078	64.71
3	2	97 345	573	97 033	6 267 267	64.38
4	3	96 772	397	96 565	6 170 234	63.76
5	4	96 375	350	96 218	6 073 669	63.02
6	5～9	96 025	828	478 055	5 977 451	62.25
7	10～14	95 197	756	474 095	5 929 646	62.29
8	15～19	94 441	895	469 968	5 455 551	57.77
9	20～24	93 546	729	465 908	4 985 583	53.30
10	25～29	92 817	666	462 420	4 519 675	48.69
11	30～34	92 151	646	459 140	4 057 255	44.03

表 1-3(续)

	年龄组 (x)	各年龄存活数 (n_x)	各年龄死亡数 (d_x)	各年龄平均生存 人年数(L_x)	未来生存人年数 累计(T_x)	平均预期寿命 (e_x)
12	35~39	91 505	703	455 768	3 598 115	39.32
13	40~44	90 802	896	451 770	3 142 347	34.61
14	45~49	89 906	2 100	444 280	2 690 577	29.93
15	50~54	87 806	2 453	432 898	2 246 297	25.58
16	55~59	85 353	3 868	417 095	1 813 399	21.25
17	60~64	81 485	5 790	392 950	1 396 304	17.14
18	65~69	75 695	7 719	359 178	1 003 354	13.26
19	70~74	67 976	11 383	311 423	644 176	9.48
20	75~79	56 593	23 079	225 268	332 753	5.88
21	80~85	33 514	28 774	95 635	107 485	3.21
22	85 以上	4 740	4 740	11 850	11 850	2.50

Deevey (1947)以相对年龄(即以平均寿命百分比表示年龄,记作 x)作为横坐标,存活数(L_x)的对数作为纵坐标,画成曲线图[称为存活曲线(survivorship curve)],它能够比较生物的不同寿命形式,存活曲线有三种基本类型(图 1-16)。

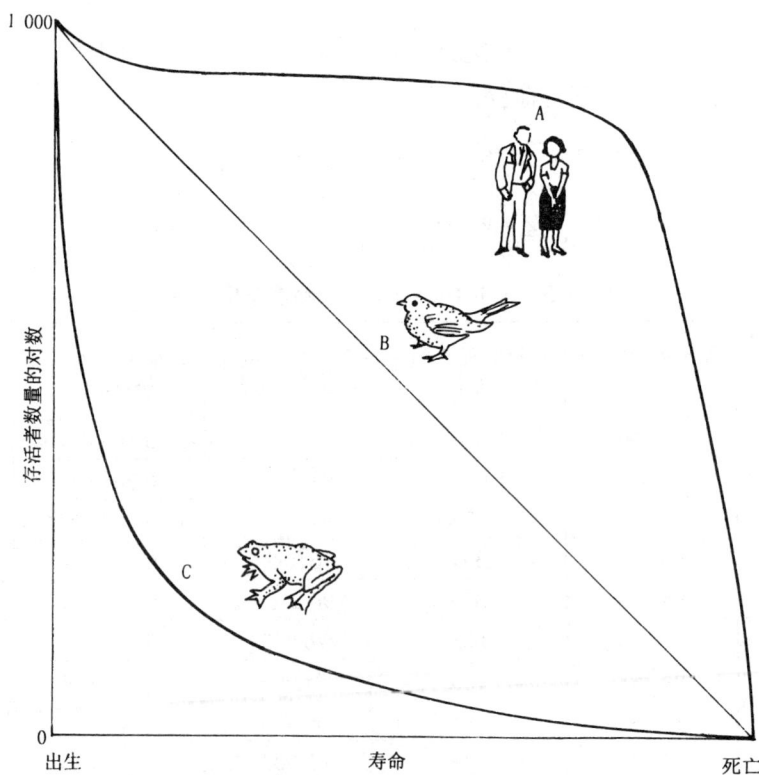

图 1-16　种群的存活曲线图

本图表示了三种基本的存活曲线类型。每种曲线的后代数为 1 000,曲线显示在正常寿命范围内存活者数量的对数随时间的衰减。在三种存活曲线中,曲线 A 表示个体死亡较晚,曲线 B 表示在整个生命过程中死亡率相对不变,曲线 C 表示大部分个体幼年死亡

A 型——凸型存活曲线，表示种群在接近于生理寿命之前，只有个别死亡，即几乎所有个体都能达到生理寿命。死亡率直到末期才升高。

B 型——对角线存活曲线，表示各年龄期死亡率是相等的。

C 型——凹型存活曲线，表示幼体的死亡率高，以后死亡率低而稳定。

人类和许多高等动物以及许多一年生植物常属 A 型；多年生结实一次的植物和许多鸟类接近 B 型；海洋鱼类及寄生虫等多接近于 C 型。

二、种群动态

上一节我们已经介绍了统计种群大小的数量特征，如出生率、死亡率、年龄结构等，但是所有这些特征都不能单独用来判断种群动态变化的趋势。种群动态(population dynamic)是一个很复杂的概念，它包括种群的数量动态、空间动态、种群调节以及种群对环境变化的生态对策等。这里我们不打算对每一种动态类型都作介绍，仅就数量动态，主要是种群的增长作些解释。

种群增长在理论上决定于三个因素：出生率、死亡率和开始增长时的种群大小，其前提条件是该种群没有移入和迁出。当种群出生率超过死亡率时，种群就增大，反之，则变小，两者相等，种群大小处于稳定状态。这种关系可用下式表达：

$$N_t = N_0 + (B - D),$$

式中，N_t 为相隔 t 时间后种群个体数；N_0 为开始时的种群个体数；B 为出生的个体数；D 为死亡的个体数。按此公式可计算种群在时间 t 内的增长率(r)：

$$r = \frac{N_t - N_0}{N_0} \times 100 = \frac{B - D}{N_0} \times 100。$$

假设出生率和死亡率不变，则 r 为恒值，经过若干时间(t)后的种群大小就可以通过计算而得出。当资源环境无限制时，在最适条件下，种群所能达到的恒定的最大 r 值，称为内禀增长率(intrinsic rate of natural increase)，亦即生物的生殖潜能。

生物的繁殖方式、世代交替很复杂，再加上种群并不是孤立生长的，而是和其他种共同生长在一起的，它们之间的竞争，使得影响种群增长的变数更多。但是为了研究种群动态规律，往往需要从分析单种种群开始，先从一些基本模式着手，这里介绍几种主要模型。

1. 种群的指数增长

如果食物、资源和空间都不受限制，r 为一常数，且种群的世代是不重叠的，即此种生物生命只局限在一段时间，而在这段时间内只能繁殖一次，所以世代不相重叠，这个种群的增长理论上应按下式进行：

$$N_t = N_0 \lambda^t,$$

式中，N 为种群大小；t 为时间；λ 是种群周限增长率。假设 t_0 时初始种群 $N_0 = 10$，到 t_1 时即下一个世代，$N_1 = 20$，每个个体产生 2 个后代，周限增长率为 $\lambda = N_1/N_0 = 2$，若种群在无限环境中一代一代地增长，则：

$$N_0 = 10,$$
$$N_1 = N_0\lambda = 10 \times 2 = 20 = 10 \times 2^1,$$

$$N_2 = N_1\lambda = 20 \times 2 = 40 = 10 \times 2^2,$$
$$N_3 = N_2\lambda = 40 \times 2 = 80 = 10 \times 2^3,$$
$$N_4 = N_3\lambda = 80 \times 2 = 160 = 10 \times 2^4,$$
$$\vdots$$
$$N_t = N_{t-1}\lambda, \quad 或 \ N_t = N_0\lambda^t。$$

λ 表示种群每一代以 2 倍的速率增长,这种增长形式称指数增长(exponential growth)或几何级数增长。

如果种群的世代有重叠,其他各点与上述模型相同,种群以连续方式改变,其增长模型通常以微分方程来描述,即:

$$\frac{\mathrm{d}N}{\mathrm{d}t} = rN, \tag{1.1}$$

其积分式为:

$$N_t = N_0\mathrm{e}^{rt}, \tag{1.2}$$

式中,N_0、N_t 的意义与前同;e＝2.718 为自然对数的底;r 为种群瞬时增长率。以 b 和 d 分别表示种群瞬时出生率和死亡率,则 $r = b - d$。如初始种群 N_0 为 100,$r = 0.5$(一年),则以后各年种群个体数增长如下:

$$N_0 = 100,$$
$$N_1 = 100 \times \mathrm{e}^{0.5} = 165,$$
$$N_2 = 100 \times \mathrm{e}^{1.0} = 272,$$
$$N_3 = 100 \times \mathrm{e}^{1.5} = 448,$$
$$N_4 = 100 \times \mathrm{e}^{2.0} = 739,$$
$$\vdots$$

若以种群数量 N_t 为纵坐标,以时间间隔(t)为横坐标作图,种群增长曲线呈"J"型(图 1－17A),因此种群的指数增长又称"J"型增长,如以 $\ln N_t$ 对时间作图,则成直线(图 1－17B)。

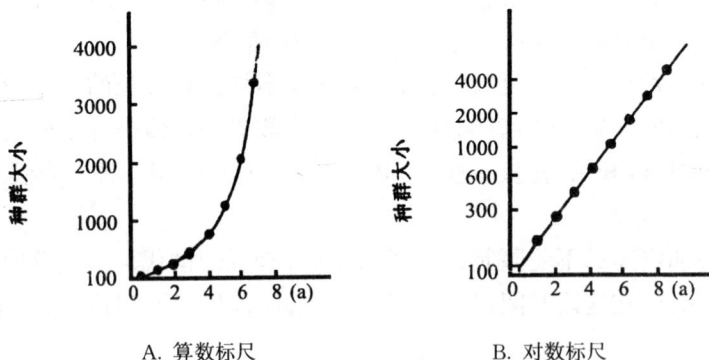

A. 算数标尺　　　　　　　B. 对数标尺

图 1－17　种群的指数增长

种群的瞬时增长率(r)是描述种群在无限环境中呈几何级数式瞬时增长的能力。瞬时增长率(r)与周限增长率(λ)间的关系式是:

$$\lambda = \mathrm{e}^r, \quad 或 \ r = \ln\lambda。$$

2. 种群的逻辑斯谛增长

自然种群不可能长期地按几何级数增长,一个种群在有限的空间中,随着密度的上升,受资源和空间的限制,种内竞争的加剧,必然影响到种群的出生率和死亡率,从而降低种群的增长率,一直到停止增长,甚至使种群下降。逻辑斯谛增长(logistic growth)就是种群在有限环境条件下增长的一种简单形式,又称为阻滞增长。

假设环境条件允许种群有一个最大值,此值称为负荷量(carrying capacity)或最大容载量 (maximum attainable value),写作 K,种群愈接近该极限值,其增长愈慢,当种群大小达到 K 值时,种群则不再增长,即 $dK/dt = 0$。因此,种群增长速度(r)必须乘一个系数,从而使其增长速率随着种群密度增加而下降。例如种群中每增加 1 个个体就对增长率降低产生 $1/K$ 的影响,若 $K = 100$,每个个体则产生 $1/100$ 的抑制效应,也就是说,每个个体利用了 $1/K$ 的环境资源。若种群有 N 个个体,就利用了 N/K 的环境资源,而可供继续使用的环境资源就只有 $1 - \dfrac{N}{K}$ 了,这就是影响速度增加的一个系数。逻辑斯谛模型在结构上与指数增长模型相同,只是需要将指数增长公式(1.1)乘以这个修正系数:

$$\frac{dN}{dt} = rN\left(1 - \frac{N}{K}\right), 或 \frac{dN}{dt} = rN\left(\frac{K-N}{K}\right)。$$

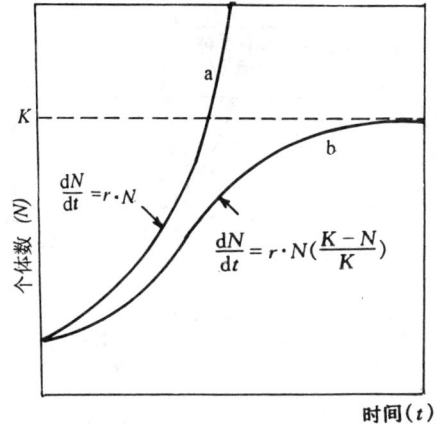

图 1-18 种群增长型
a. 没有限制因素的指数增长;b. 受环境容量限制的增长(逻辑斯谛增长)。N 为某一时刻的现存个体数;t 为时间;r 为增长率;$\dfrac{dN}{dt}$ 为单位时间内种群数量的变化;K 为达到平衡状态的个体数

种群逻辑斯谛增长曲线呈"S"型,曲线在生长开始后增长很平缓,有时稍呈下凹(适应期),然后逐渐加快,呈斜直线(对数期),到一定高度又转平缓,接近于一个平衡的水平线,即接近于 K 值的渐进线(稳定期),如果没有资源补充,曲线开始降落(衰退期)(图 1-18)。

第四节 生态平衡及其调节

一、生态平衡

从前面叙述中,我们已经知道生态系统演替到"顶极"阶段,即处于一种稳定状态。这里有两层含义,一是讲生态系统的结构和功能长期和持久地保持不变,即具有长期的稳定性;另一种是说,生态系统在环境改变和人类干扰的情况下,能通过内部的调整,以维持结构和机能的稳定。E. P. Odum(1971)称之为稳态(homeostasis),P. Trojan(1984)认为它是内部组织(internal organization)和结构的一种调节能力,即调节能量流动和物质循环的能力。内稳态离不开控制论中的负反馈(negative feedback)。控制论中的反馈是指输出(或其中一部分)反供给输入,当这个反馈输入使受控量增加,这是正反馈,它是加速的,当然这种正反馈是生命系统成活所必需的,但是为了控制种群过分疯长,使受控量减少的负反馈也是必不可少的(图 1-19)。

生态学中用稳态机制(homeostation mechanism)来表达正反馈和负反馈相互作用和稳态控制的极限(图 1-20)。这个能够自动调节的界线,称为"阈值"(threshold),如果条件改变超出这个界线,调节就不能再起作用,系统遭到伤害以致破坏。

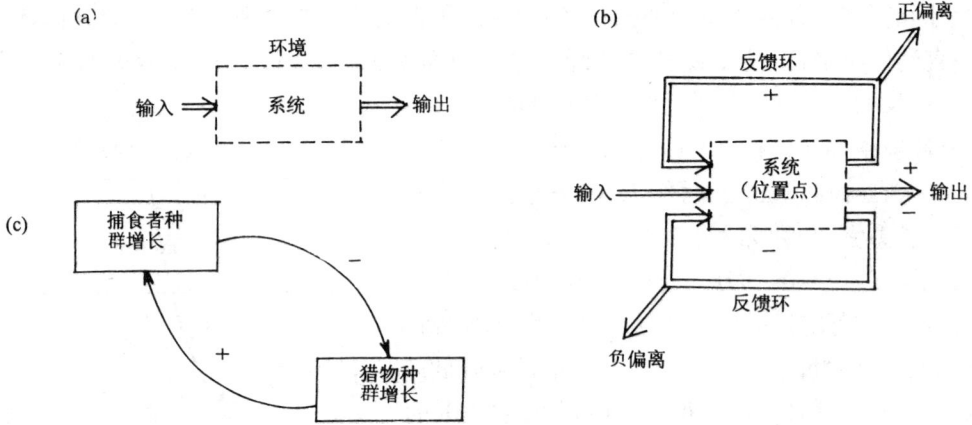

图 1-19 正反馈、负反馈示意图

(a) 表示一个开放系统,虚线表示系统边界,周围便是系统的环境。(b) 表示具有反馈环的控制论系统,"＋"为正反馈;"－"为负反馈。要使反馈系统能起控制作用,系统必须具备某种位置点(理想状态),系统围绕位置点进行调节。(c)捕食者—猎物的反馈系统,表示正反馈与负反馈的作用

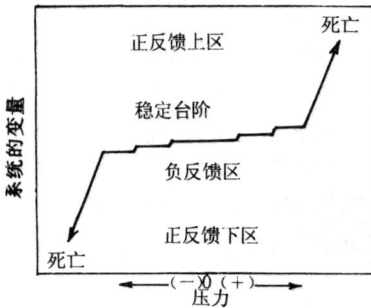

图 1-20 "稳定台阶"示意图

在稳定台阶范围内,即使有胁迫使其偏离,仍能使其借助于负反馈保持相对稳定,超过这个限度,不受限制的正反馈导致系统崩溃(死亡)

在自然生态系统中,物质循环和能量流动的相互作用建立了自校稳态(self-correcting homeostasis)而无需外界控制。但是,稳态机制是有限度的,超过这个限度,不受限制的正反馈导致系统崩溃。所谓"稳定台阶"是一系列台阶,当应力增强时,系统虽然还能实现控制,但已经不能正好回到原来的同一水平了,随着输入的增加,新的平衡水平比原来略高。例如,由于工业发展,释放大量 CO_2 进入大气,它们可被海洋碳酸盐系统所吸收,但不完全,随着输入增加,虽已建立了新的平衡,但在这种场合下,如再继续增加,即使是轻微的变化也可能破坏平衡,从而产生深远的影响。

生态系统的稳定性和生态平衡这两个概念是密切相关的,一个稳定的生态系统必然是生态平衡的。因此,R. H. MacArthur(1955)认为,生态平衡应该用生态系统内部结构的稳定性来表达。但是,"平衡"和"稳定"之间又是有区别的。例如种群研究中,出生率和死亡率两者的平衡是由对种群的两个相反效应因素——出生率和死亡率的平衡实现的,而此时,稳定性只表现为一个组分,即数量丰度。这就是说,平衡现象至少含有两个作用相反、强度近乎相等的组分,而稳定性则是这些组分作用的结果。

我们通常所说的生态平衡(ecological balance or ecological equilibrium)至少有以下一些含义:

(1) 生态系统中各组分间相互作用的平衡。当一个种的丰度(abundance)发生或高或低的变化时,对其他种却影响很小,那么这个系统就具有较好的平衡。例如一个草原生态系统,在平衡状态时,草食动物和各级肉食动物具有较好的相对稳定的数量关系,如果由于某种原因肉食动物增多,草食动物数量就会减少,对草场压力就会减轻,草场生长良好;但是由于草食动物的减少,肉食动物的食物减少,其数量也将因之减少,草食动物又会增多,草场恢复到原先状

态,这样各种成分间又维持着一个相对平衡的状态。但是如果外来干扰超过稳定性阈值,系统不能恢复到原先状态,则是生态平衡的破坏。

一个例子是位于美国亚利桑那州科罗拉多大峡谷北缘的卡巴森林,100 多年前大约有1 000 头鹿生活在松林、冷杉和云杉林中。印第安人每到秋天就要狩猎这些鹿,他们吃的和穿的全靠这些鹿,山里的狼、豹和山狗也以鹿为捕食对象。1906 年这个森林被列为国家禁猎区,政府奖励捕杀捕食鹿群的野兽,这个方案开始非常成功。到 1925 年被捕杀的动物超过 6 000头,鹿群以惊人的速度增长,约有 1 000 000 只鹿生活在森林里。这时候,鹿群面临着一个新的威胁:森林几乎被鹿吃光,所有灌木的嫩芽,以及鹿能够到的乔木枝上的叶子和嫩芽都被吃光,严冬和饥饿给鹿群带来毁灭性的灾难。1930 年大约只有 25 000 只鹿还活着,种群停止增长,到了 1942 年,只有 8 000 只成活。这时候的鹿又瘦又少,森林已面目全非,鹿群喜欢吃的柳树、悬钩子等全部被破坏,取而代之的是那些鹿群所不要吃的野草和灌木。可以说,原有的生态系统已经被破坏,超过了其稳定性阈值(转引自:郑师章等,1994)。

卡巴森林的故事是一个重要的经验教训。事实告诉我们,自然生态系统的成员之间的关系是错综复杂的,有其自身的调节机制来维持稳定性,干扰超过生态系统稳定性阈值,将会造成生态系统的崩溃。从表面上看,企图帮助,或宠爱某一种生物,其结果必然伤害到另一些生物,结果是适得其反。

(2) 生态系统中能量和物质输出和输入的平衡。这种平衡也意味着个体的增加和减少的平衡,特别是出生率和死亡率的平衡。人们一般根据输入和输出是否处于平衡状态,即根据所谓"黑箱理论"(black box theory)(图 1-21)来评价及判断生态系统的平衡。

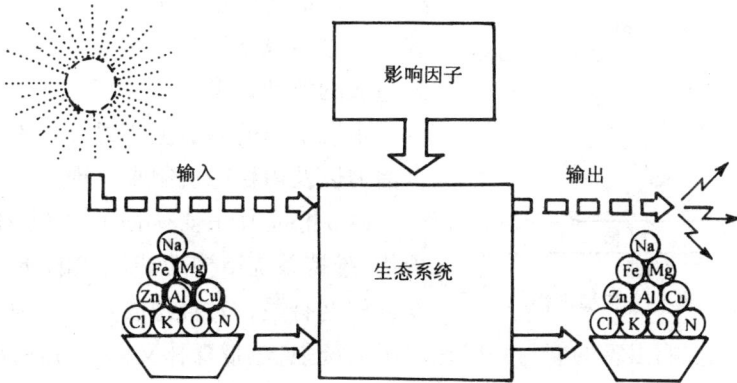

图 1-21 判断生态平衡的"黑箱理论"示意图(引自:Trojan,1984)

(3) 生态系统中有机体与环境之间的协调一致,或者说资源利用与资源更新的平衡。在一个生态系统中,如果消费者消耗的营养物质多于生产者可能生产的物质,或者产出的污染物(废物)大于它的自净能力,即是平衡的失调或破坏。

据上所述,我们认为生态平衡是指一定时间内,生态系统中各部分的结构及相互作用的平衡,物质和能量流入和流出的平衡,物质产生和消耗的平衡,有机体和环境的协调一致。从热力学观点看,生态系统是一个开放的实体,它和自然界其他实体一样,变化的趋势是熵的增加,放出能量,从有序到无序,最大的无序才称作"平衡"。地球表层的平衡就是"死寂",意味着一切终止。如果强调"生态平衡"是"有序"的增加,根据热力学理论,生态系统不可能达到"平衡"的。生态系统的稳定性只能作为生态系统内各物种间存在的拮抗力的平衡,生态系统的"平衡"只能靠稳定因素起作用,即从外界不断地向系统输送能量(负熵流),才能维持系统的有序。也就是说,生态平衡是靠负熵流来维持的。在这种意义上,生态系统的不平衡是绝对的,平衡则是相对的,是要靠外加因素才能实现的。从人类的利益出发,要求人们掌握生态系统的运动规律,持续不断地维持系统的相对平衡。

二、生态平衡的调节

各类生态系统,当外界施加的压力(自然的或人为的)超出了系统自身调节能力或代偿能力后,都将造成结构的破坏、功能的受阻和正常关系的紊乱,这种状态称之为生态平衡的失调。生态系统对于外界的干扰,在结构和功能上产生一系列对策,以保存其内部的稳定。它包括以下四个基本原则(Trojan,1984)。

(1)物质保护原则。保证生态系统内部物质循环的连续性。

(2)生产保护原则。生态系统的生产者总是调整自己以适应环境的变化。例如生态系统净初级生产力总是低于该系统潜在生产力,这就表明该系统有生产量贮存,以备需要时变为流通量。

(3)结构保护原则。生态系统的结构是内稳态机制的载体,所有生态系统都有趋向于恢复因突变事件造成破坏的机制。

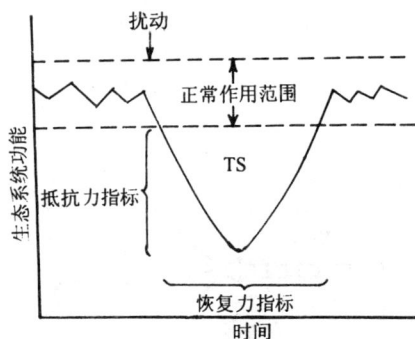

图1-22 抵抗力、恢复力和稳定性的关系

(4)关系保护原则。发生在生态系统中的各种过程都是由群落内稳态机制控制的,稳态机制的作用导致群落对生境条件进行调节,尤其是使某些因素和压力造成的波动减少。

生态平衡的调节主要通过系统的抵抗力、恢复力、自治力以及内稳态机制来实现。

(1)抵抗力(resistance)。它是生态系统抵抗外部干扰、维持系统结构功能原状的能力。抵抗力与系统发育程度有关,发育越成熟,结构越复杂,抵抗力越强。森林系统抵抗病虫害的能力一般比农田系统强,热带森林又比温带森林强。环境容量、自净能力都是系统抵抗力的表现。

(2)恢复力(resilience)。它是指生态系统遭受外部干扰后,系统恢复到原状的能力。生态系统的恢复能力常是由生命系统的生命力和种群世代延续的基本特征决定的。一般而言,生物的世代短、结构比较简单的生态系统恢复力强。抵抗力和恢复力可用图1-22形象地予以表达。图中两条虚线之间是系统功能的正常作用范围,偏离程度可以作为衡量系统抵抗力大小的指标,恢复到正常范围所需时间则是系统恢复能力的指标,曲线所夹面积即是生态系统总稳定性的定量指标。

(3)自治力(autonomy)。它是指生态系统对于发生在内部的各种现象的自我控制能力。如果用能量(e)和物质(m)的保持量(R)与输入(I)及输出(E)之和的比来表示自治力(A),

则：

$$A = \frac{R_{e+m}}{E_{e+m} + I_{e+m}}。$$

用上述公式可以估计一个系统的自治力程度。如果 $A>1$，则表示系统内物质和能量的资源量大于环境的交换量，这样的系统有足够能量和物质的保持量以支持系统稳定。如果 $A<1$，则表示系统与环境之间的交换量大于内部的资源量，在外部条件波动的情况下，没有足够的能量和物质以抵抗外部压力的支配。所以 $A>1$ 的系统较 $A<1$ 的系统具有较大的自治力。

（4）稳态机制（homeostasis）。是指内部组织（internal organization）和结构的一种调节功能，即调节能量流动和物质循环的能力，调节生态系统中各种成分之间的营养关系的能力。对此，前面已经作过介绍。

思 考 题

1．什么是生态学？近代生态学有哪些特点？

2．何谓生态系统？在水生生态系统和陆生生态系统中各举一例，并说明其中组成成分之间的关系。

3．说明生态系统的能量流动符合热力学第一定律和第二定律。

4．物质循环的特点是什么？有哪些主要类型？举例说明。

5．假定某块土地上所产的农作物可供 100 人食用，如果人们吃掉地里的一半农作物，另一半用来养牛，然后吃牛肉，那么这块地可供养多少人（假设第二性生产效率为 10％）？

6．下表是某地的能量综合指数，单位是 $kJ/(m^2 \cdot a)$。

	生产者	草食动物	肉食动物
总生产量	4 658	619	130
呼吸消耗量	979	184	75
净生产量	3 679	435	55

a）画出该生态系统能量金字塔；

b）计算每一级能量转换的净生产效率；

c）计算每一营养级呼吸消耗能量和总生产量的比值，得出一个什么样的曲线？能用物理方法解释这条曲线吗？

7．什么是信息流？它在维持生态系统的存在与发展中有何作用？

8．何谓生态演替？举一个原生演替和次生演替的例子。

9．何谓种群？它的主要特征有哪些？

10．如何用种群年龄结构分析种群数量动态及环境状况？

11．决定种群数量动态的基本参数有哪些？

12. 说明 Deevey 存活曲线的类型及意义。

13. logistic 模型中 N/K 的意义何在？

14. 用你所在城市的人口统计资料编制人口生命表。

15. 何谓生态平衡？谈谈你对生态平衡的看法。

第二章

城市化及其生态后果

城市作为人类聚居地的一种形式是在人类社会第二次大分工的过程中形成的。人类第一次大分工出现了农业和畜牧业，大约开始于 1 万年前的新石器时代，这一时期可称之为早期的农业时期(early farming phase)。第二次大分工出现了商业和手工业，居民点随之产生了分化，形成了以农业为主的乡村和以商业和手工业为主的城市，称之为早期城市时期(early urban phase)，这一时期大致开始于 5 千年前的美索不达米亚、中国以及印度。18 世纪在欧洲和北美洲开始的工业革命，把人类社会带入了现代技术时期(modern technological phase)。

人类社会发展的各个时期都有其不同的特征，在人类社会与自然环境的生态关系间以及在人们生活条件和健康疾病状况等方面都是不同的。这里我们不准备对各个时期的特征进行讨论，只对城市化过程特别是现代技术时期以来城市人口集中给人类社会和生物圈之间的平衡所带来的影响作些讨论。

第一节　城市化概念

城市化(urbanization)一词是指"人口向城镇或城市地带集中的过程"(《简明不列颠百科全书》，转引自：宋俊岭等，1984)，或者是指"人口向城市地区集中和农村地区转变为城市地区(或指农业人口转变为非农业人口)的过程"(《中国大百科全书·地理学》)。这个集中过程表现为两种形式，一是城市数目的增多，二是各个城市人口规模的不断扩大，从而不断提高了城市人口在总人口中的比例。

城市人口的比重增大是城市化的一个重要标志，因此常用非农业人口占总人口的比例来表示城市化水平。城市化也包括城市地区居民的生活、居住方式等变化及其衍生的后果。为区别起见，有些学者用"城市态"(urbanism)一词来称后一概念。

城市通常是按照人口统计学的标准划分的，规定一个最低的居民数量作为划分城市的标准。联合国为了便于进行国际间的对比研究，曾建议把集中居住的、人口达 2 万以上的地点都作为城市看待，以供各国在进行人口调查或其他官方调查时作为统计标准。但迄今为止，各国沿用的统计标准很不一致，如美国和墨西哥以超过 2 500 人、日本和英国以超过 3 500 人、前苏联以超过 1 000～2 000 人、印度以超过 5 000 人的居民点作为城市或城镇。而按我国城市的标准(附注 2−1)，市的人口一般应在 10 万人以上，镇的人口应在 2 000 人以上。市区和近郊区非农业人口 50 万以上的城市为大城市，20 万～50 万人口的城市为中等城市，

10万～20万人口的城市为小城市。此外,学术界习惯将人口超过100万的城市称为特大城市。我国现有小城市393个,中等城市195个,大城市44个,特大城市34个(《中国统计年鉴》,1997)。

附注2-1 中国市、镇建制标准

我国的市、镇建制标准前后经历过好几次变动。1955年公布的第一个标准,规定聚居人口在10万以上的城镇可以设市,规定县级或者县级以上地方国家机关所在地或常住人口在2 000以上、非农业人口50%以上的居民区可以设置镇的建制,少数民族地区标准从宽。

1963年国务院对上述标准作了较大修改。将设镇的下限标准提高到聚居人口3 000以上,非农业人口70%以上或聚居人口2 500～3 000,非农业人口85%以上。设市的基本标准没有变,但基于大跃进期间城镇人口增加过猛,市镇建制增加过多,城市郊区偏大的倾向,要求对设市标准从严掌握。

现行的设镇标准是1984年正式颁布的。这一年撤销了人民公社,恢复乡作为县以下的乡村基层行政单位。规定20 000人以下的乡,假如乡政府驻地非农业人口超过2 000人的,可以建镇;总人口在20 000人以上的乡,乡政府驻地非农业人口占全乡人口10%以上的,也可以建镇。县政府所在地均应设镇的建制。

1986年,对设市标准作了较大调整,规定非农业人口6万人以上,年国民生产总值2亿元以上,且已成为该地经济中心的镇,可以设置市的建制。总人口50万以下的县,县人民政府所在地的非农业人口10万以上,常住人口中农业人口不超过40%,年国民生产总值3亿元以上;或者总人口50万以上的县,县府所在地的非农业人口一般在12万以上,年国民生产总值4亿元以上,可以撤县设市。

1993年国务院对1986年的设市标准又作了调整,调整的要点是采取了分类指导的原则和增加了考察的指标(见附注表2-1-1)。由于市镇标准变化较多,各次变动不能衔接,使得标准日趋复杂化,特别是引入了产值指标和在地域上整县设市、整乡设镇,使中国的城乡划分同其他国家明显不同。

附注表2-1-1 我国现行的设市标准

指　　标		县　　级　　市			地　　级　　市
		原来县的人口密度(人/km²)			
		>400	100～400	<100	
人口	城镇人口中 非农产业人口 非农户口人口	≥12万人 ≥8万人	≥10万人 ≥7万人	≥8万人 ≥6万人	市政府驻地非农户口人口 >20万人
	总人口中非农产业人口 数量 比例	≥15万人 ≥30%	≥12万人 ≥25%	≥10万人 ≥20%	市区人口中非农产业人口>25万人
经济	乡镇以上 工农业总产值 其中,工业产值	≥15亿元 ≥80%	≥12亿元 ≥70%	≥8亿元 ≥60%	市区 工农业总产值>25亿元 其中,工业产值>80%
	GDP(国民生产总值)	≥10亿元	≥8亿元	≥6亿元	市区GDP>25亿元
	第三产业占GDP	>20%	>20%	>20%	第三产业占GDP>35%
	地方预算内财政收入	≥100元/人 ≥6 000万元	≥80元/人 ≥5 000万元	≥60元/人 ≥4 000万元	地方预算内财政收入>2亿元
基础设施	自来水普及率	≥65%	≥60%	≥55%	
	道路铺装率	≥65%	≥55%	≥50%	
	排水系统	较好	较好	较好	

第二节 城市化的发展

城市化的发展受生产力发展水平、社会劳动分工深度以及生产资料所有制性质等多种因素制约。农村人口向城市人口转变的这一过程虽然和城市兴起同时出现,但从城市化发展的历史看,工业革命前和工业革命后的城市性质、规模及其发展的特点显然不同。因此,现代城市化或称狭义城市化,主要指工业革命之后的城市发展和城市人口集聚的过程。

原始社会,人们以渔猎和采集野生植物为生,过着筑巢穴居的生活,根本无城市可言,这时人类的生态景观处于原始阶段(primeval phase),或称渔猎阶段(pre-domestic, huntergatherer phase)。随着生产力的不断进步,在原始社会后期发生了以农业和畜牧业为标志的第一次社会大分工。为了适应这种新的生产和生活方式,逐渐形成了原始群居的固定居民点,这使人类进入了早期的农业阶段。此后,由于金属工具的使用,劳动生产力进一步提高,有了产品的剩余,于是开始出现了产品的交换,这时人类社会产生第二次社会大分工,即商业、手工业的分工,居民点随之分化,形成了以农业为主的乡村和以商业和手工业为主的城市(S. Boyden, 1979)。

人类历史上最早一批城市出现在公元前 3500～3000 年,先是在尼罗河流域,然后是在两河流域,前者如 Thebes 和 Memphis,后者如 Eridu, Ur, Lagash 等。在尼罗河和两河流域文明共同影响下,公元前 2000 年左右在小亚细亚的 Hittites 和地中海东部沿岸的 Phoenicia 也开始出现城市。大约与此同时,印度河流域也出现了城市的曙光,Mohenjodaro 和 Harappa 是世界上已知的两座早期的城市。世界文明发源地之一的中国,在黄河中下游地区,距今4400～4000年前曾有六座古城,它们是河南登封王城冈、淮阳平粮台、郾城郝家台、安阳后冈、山东章丘城子崖和寿光边线王城岗。一般认为这六座古城只具有城堡形态,离城市的标准尚有不少距离。但是在河南郾师二里头距今约 3600 年前的宫殿遗址中发现有青铜器、玉器、兵器等,说明当时已形成国家,一般认为是迄今所发现的最早的城市遗址。

这一时期的城市因受生产力发展水平的限制,可以提供城市居民的剩余农产品有限,总的特点是城市数目少、规模不大,城市人口占总人口的比重很小;城市多集中分布在灌溉发达、有利于农业生产和便于产品交换的河流沿岸地带,但城镇中的建筑物密度及人口密度都非常高。一些考古发现证明两千年前的古代城镇的人口密度竟高达 197 000～332 000 人/平方千米(《简明不列颠百科全书》,转引自:宋俊岭等,1984)。古代的城市不仅是商品市场和贸易中心,而且是政治、军事和文化中心,均建有城墙以防御外敌。一直到 18 世纪,城墙都是城市的象征和重要的组成部分。城市结构由中心向外,官宦贵族、高僧、富贾居住在城市中心,社会地位越低下者,越远离城市中心居住。

中古和文艺复兴时期的城市仍然沿袭农业村舍的结构特征:沿一条街道,或十字交叉的两条街道,按环形向外延伸,其中街道只是供人们往来行走的小路,而不是供交通运输的大道。随着人口的增加,城墙不断外展,但仍然很少有发展到 2 千米以上长度的。这一时期城镇人口规模一般在数百人至 4 万人。但也有一些例外,如欧洲的巴黎、威尼斯、布鲁日人口均超过 10 万,伦敦、罗马、那不勒斯、科隆、佛罗伦萨、根特等人口在 4 万到 5 万。与西欧城市相比,当时的伊斯坦布尔、北京的人口达 70 万,大阪、东京、京都、开罗的人口达 30 万到 70 万,显示了更高的城市化水平。中古和文艺复兴时期的城市生活有一个特点,即当时的家庭不仅包括自家的共同居住的两三代人,而且还常常包括家仆和工匠,社会组织以家族为基础形成新的联系形式。

1784 年蒸汽机的发明,标志着资本主义产业革命的开始。蒸汽机提供了集中动力,创造了工业在城市中集中的可能。大工业带来了城市的扩大,城市人口急剧增加,城市的迅猛发展和巨大变化超过了以往任何时期。从工业化的先驱国家英国来看,从 1801 年到 1851 年的半个世纪里,5 000 人以上的城镇从 106 个增加到 265 个,城镇人口比例由 26% 上升到 45%。1891 年时城镇数目达到 622 个,城镇人口占到 68%。最能说明问题的是,1920 年到 1970 年全欧洲城市人口从 1.04 亿增加到 2.93 亿,跃增了 182%。美国情况也大体相仿:1800 年城市人口只占 6.1%,1970 年则占 73.5%。所以有人认为城市化,或者说"狭义的城市化"是从工业革命开始的(许学强等,1996)。

城市化和工业化这两种社会过程是互为因果的,两者都可以引起对方发生螺旋式的上升。同样,城市化进程同其他领域的发展过程也存在着密切联系。劳动分工发达之后,必然会刺激人在生产及分配关系中的通讯联系,而交通和通讯的新发展反过来又会使城市发展进入更高更复杂的阶段。19 世纪时,交通还比较落后,因而城市人口大多集中在工厂附近的步行范围之内,居住密度很高。马拉车、火车、电车使用之后,人口开始疏散,城市逐步扩展。汽车时代的到来,使公路系统发展很快,人口疏散的范围就更大了。交通发展的直接结果是城市人口规模的扩充,以及社会生产力的空前提高,而城市的发展又要求进一步发展交通。

20 世纪以来,随着生产力的发展,产生了一系列的科技革命。继工业化之后的现代化,不仅在生产的量和质上发生巨变,也为城市化发展带来新的内容。20 世纪 50 年代到 70 年代初期,资本主义国家的经济增长极快,殖民地、半殖民地国家取得政治独立以后,经济上也有一定发展,这一切都大大加快了世界城市化的进程。在工业化初期的 1800 年,世界城市人口约占总人口的 2.4%,到 1925 年时占到 21%,1950 年时比例增加到 29.2%,至 1990 年时激增到 42.6%(图 2-1),到 2000 年,世界有近一半的人口居住在城市里,发达国家有近 75% 的人生活在城市中(表 2-1)。

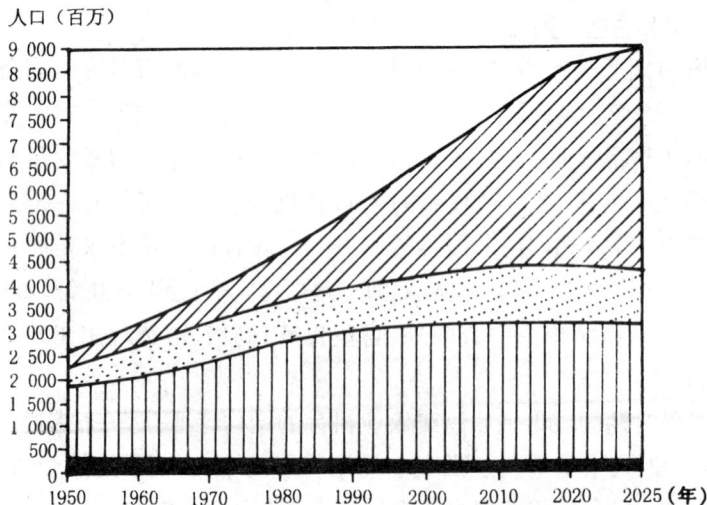

图 2-1　1950~2025 年世界城市和乡村人口的增长(Statik, 1992;转引自:Mackensen, 1993)

发展中国家的城市　　工业国家的城市
发展中国家的农村地区　　工业国家的农村地区

表2-1 世界城市化的发展趋势(1950~2020年)(转引自:许学强等,1996)

年份	世 界		发达国家		发展中国家	
	城市人口(百万)	城市化水平(%)	城市人口(百万)	城市化水平(%)	城市人口(百万)	城市化水平(%)
1950	734	29.2	447	53.8	287	17.0
1960	1 032	34.2	571	60.5	460	22.2
1970	1 371	37.1	698	66.6	673	25.4
1980	1 764	39.6	798	70.2	966	29.2
1990	2 234	42.6	877	72.5	1 357	33.6
2000	2 854	46.6	950	74.4	1 904	39.3
2010	3 623	51.8	1 011	76.0	2 612	46.2
2020	4 488	57.4	1 063	77.2	3 425	53.1

　　20世纪50年代以来,我国城市化进程由于受到不同时期政治和经济发展的影响,具有显著波动起伏的特征,总的来说城市化水平提高的速度比较慢。但是我国是世界上人口最多的国家,城市化水平每上升一个百分点,就意味着要增加100万~200万的城市人口。因此,解放以来我国城市的数量及人口增长的速度还是相当快的,与此同时,城市规模体系的结构也有较大的变化。40多年里大城市及中小城市数量增加的速度非常快。1996年100万人口以上的特大城市已达34个,50万~100万人口的大城市44个,中小城市数量急剧增加(表2-2),我国建制镇的数量已超过1万个,万人以上城镇分布见图2-2。

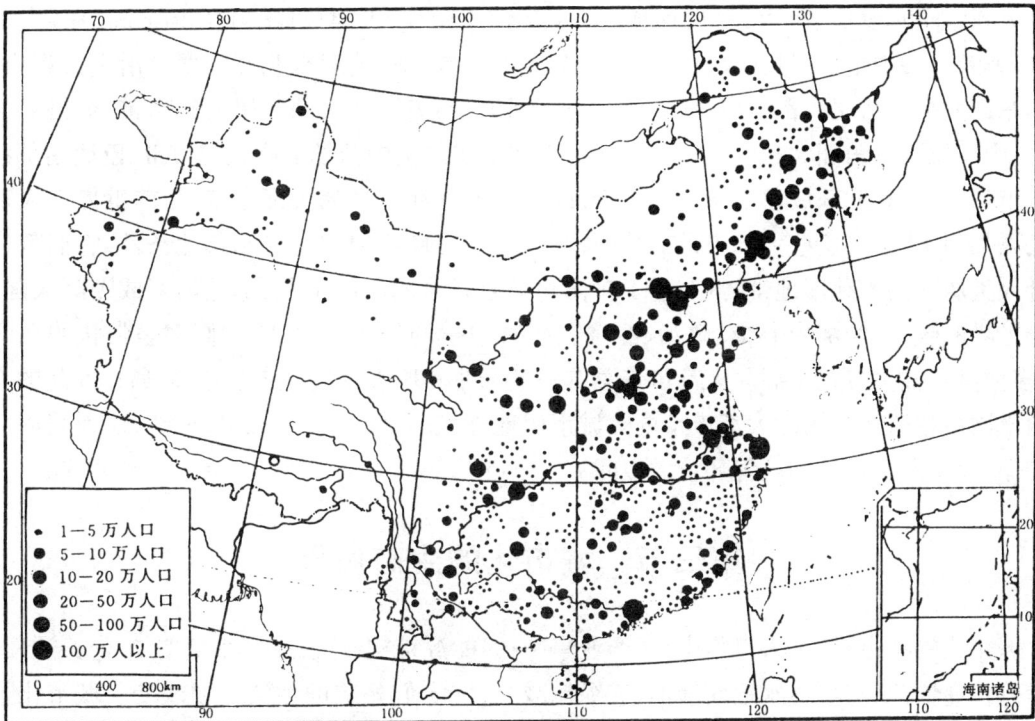

图2-2 我国万人以上的城镇空间分布图(转引自:许学强等,1996)

表 2-2　我国城市化的发展趋势(据:许学强等,1996;有增补)

年份	合计(个)	100 万人口以上		50~100 万人口		20~50 万人口		20 万人口以下	
		数量(个)	人口(万人)	数量(个)	人口(万人)	数量(个)	人口(万人)	数量(个)	人口(万人)
1957	178	10	2 531	18	1 289	36	1 073	114	1 112
1960	199	15	3 506	34	1 690	32	1 496	128	1 161
1965	171	13	3 007	18	1 291	43	1 399	97	1 054
1970	176	11	2 571	21	1 505	47	1 477	97	1 110
1978	192	13	2 995	27	1 997	60	1 821	92	1 085
1986	353	23	4 939.5	31	2 237.1	96	2 905.8	203	2 181.0
1993	570	32	6 673.3	36	2 404.1	161	4 824.1	341	3 707.7
1996	666	34	7 318.8	44	3 000.8	195	5 951.4	393	4 508.1

注:城市规模按市区非农业人口分组。

随着现代工业向城市集中和现代科学技术的发展,加大了整个社会的生产、流通、交换的容量和提高了其活动频率。因此,现代城市生产、生活的各种物质供应量、消耗量与日俱增,联系范围、规模日益扩大,活动频率不断提高,为此,现代城市十分重视发展交通和通讯设施。由于现代化交通的发展以及城市中心人口过分集中和用地紧张、环境污染等原因,促使人口和企业逐渐向城市四周扩散,引起城市中心人口的减少和郊区城市化的新趋向。

另一方面在中心城周围开辟卫星城,形成新的住宅区和工业区,它们与中心城市组成城市群,开始了城市发展的巨型化(megalopolitanization)阶段。在这个阶段中,许多城市,连同它们的广大郊区同时发展、扩大,最后连成一片绵延不断的广大建成区。J. Gottmann 在《大都市带》(1989)一书中指出,目前世界上已有 6 个大都市带,即:美国东北部大西洋沿岸大都市带、日本东部太平洋沿岸大都市带、欧洲西北部大都市带、美国五大湖沿岸大都市带、英格兰大都市带、中国长江三角洲大都市带。如果加上正在形成的美国西部沿岸大都市带、巴西南部沿海大都市带、意大利北部波河平原大都市带,以及中国珠江三角洲大都市带,目前世界上大都市带已增加到 10 个。这些大都市带的共同特征是:具有良好地理位置和自然条件,它们都位于适合人类居住的中纬度地带,具有适于耕作和交通联络的广阔平原,都是国家或洲际大陆,乃至全世界的政治、经济中心,在政治、经济上起着中枢的作用。此外,它们多呈带状的空间结构,多数沿长轴呈带状发展。大都市带总有一条产业和城市密集分布的走廊,通过发达的交通和通讯网络相联系。同时大都市带内除城市用地外,还相间有大片农田、林地,作为获取新鲜农产品、提供游憩场所和改善环境的空间。

第三节　城市化的生态后果

城市化的特点是:①人口集中;②产业集中;③能源结构改变;④需水量增加;⑤交通便捷;⑥信息传递快速;⑦不透水地面增加;⑧绿地减少;⑨人们相应的生活习惯改变。城市化带来的好处是明显的。由于人口集中,劳动力集中,便于组织大生产;产业集中,交通发达,有利于扩大贸易,繁荣经济;通讯便捷,信息集中,促进了文教卫生、科学技术的发展;城市中良好的医药卫生设施,周到的公共服务,方便的生活条件,丰富的文娱生活,提高和丰富了人们的物质生活和精神生活,并为人们发挥多种才能提供了机会。城市是人类文明的伟大创造,城市化是社会发展的必然趋势。"城市"在人类景观发展史上一出现,就成为人们面对的一个崭新的问题,在以往的渔猎阶段,人们并没有固定的住处,人和其他动物一样生活在自然生态系统中,过着完全依附自然的采集植物和渔猎的生活,他们只是自然界物质循环、能量转化中简单的一员,对自然界的影响力很小。进入农业阶段,产生了农牧业村舍的居住形式,人们过着半自然的生活,对自然界的作用也还很有限。在城市发展初期,因人口规模小,生产力水平低,城市的一些消极面一时不曾暴露,未能引起人们的注意。人们能够认识到的只是城市在发展生产、繁荣经济、扩大贸易、提高文化、促进科技、方便生活、防御入侵、高效的行政管理等方面的积极作用。但是在人口非常集中,燃料结构已经改变的大城市所产生的环境污染开始逐渐引起人们的注意。例如早在1306年,英国国王爱德华一世曾颁布诏书,禁止伦敦工厂在国会开会期间用煤,以防煤烟污染。

蒸汽机和皮带轮联合运转所产生的巨大吸引力,把大量人口集中到城市地区。工业革命所产生的人口高度集中和物质、能量的大量消耗,导致了对环境的巨大压力。工业化城市的两大突出特点,一是工厂群,一是贫民窟。无规则的自由发展和各自为政的大工厂给城市地区造成空前的公害威胁。煤的燃烧,使得天空常常浓烟密布。为取水、排水之便,人们又常常依河湖兴建工厂,大量有毒有害废水污染了水源,危及鱼类及植物生长,甚至使人无法饮用和洗浴。供水及卫生条件极差,潮湿阴暗的地下室也成了工人们的栖身之所,垃圾无人清扫,寄生虫、传染病大为流行,人口死亡率,尤其是婴儿死亡率大大超过农村地区。

城市化的这些负面影响在资本主义产生最早的英国首先暴露出来。17世纪英国的首都伦敦,不仅是英国生产和贸易的中心,同时也是世界贸易中心。17世纪后半叶时,人口近50万,由于工业和生活用煤,空气中充满着"有害气味"。1661年伊凡林在他的一本关于伦敦烟气的有名著作《驱逐烟气》(*Fumifagium*)中写道:"地狱般阴森的煤烟从家庭的烟囱和啤酒厂以及石灰窑等地冒出来,伦敦犹如西西里岛的埃特纳火山,好像是火与冶炼之神的法庭,恰似在地狱的旁边一样……这个光荣的古代城市,从木制到石砌,一直到用大理石建造,连遥远的印度洋都受它支配,但是,由于淹没在煤炭散发出来的烟和硫之中,出现了恶臭和昏暗……探访伦敦疲惫的客人还未见到伦敦街道,首先就从数英里之外闻到了臭味……在伦敦,经历许多世纪仍坚硬如故的石和铁,因遭煤烟的腐蚀,如今变得破烂不堪……伦敦居民不断吸入不洁净的空气,使肺脏受到损害,在伦敦患有肺膜炎、肺结核和感冒的很多。"(转引自:外山敏夫等,1965)现在已经知道,早在1873年伦敦就已经发生过与1952年相类似的烟害事件,不过当时还没有引起足够的重视。

20世纪以来,由于经济的高速发展,特别是50年代以来的工业大发展,使得环境污染达到了极其严重的地步。由此造成的灾难性事件频繁发生,世界上发生的八大公害事件(见表2-3)大都直接或间接与城市的工业生产有关。当前人类面临的全球性问题,诸如:人口、环境、资源、能源、粮食等,也都集中反映在城市里。城市人口的暴涨和规模的扩大,必然占用大片的耕地。它一方面增加了粮食的需要,同时却减少了粮食的生产;资源和能源的大量消耗和不合理的利用,既造成资源的紧缺,又污染了环境。人口高度集中所引起社会生活的变化,对城市居民的个人行为和态度的特性发生重要影响。青少年犯罪、娼妓、吸毒、酗酒、自杀、骚乱、心理障碍病等等成了高度城市化社会中屡见不鲜的城市痼疾。总之,城市这种人类文明的伟大创造,既有许多优点,也带来不少问题。

表 2-3   世界八大公害事件简况

名　　　称	发生时间	发生地点	发生原因	主要后果
马斯河谷事件	1930 年 12 月 1~5 日	比利时马斯河谷工业区	工业区处于狭窄盆地中。12月1~5日发生气温逆转,工厂排出的有害气体在近地层积累。据推测,事件发生时大气中二氧化硫浓度达(25~100)mg/m^3,有人认为并有氟化物污染。一般认为是几种有害气体和粉尘对人体的综合作用	三天后有人发病,症状表现为胸痛、咳嗽、呼吸困难等。一周内有 60 多人死亡。心脏病、肺病患者死亡率最高,同时有许多家畜死亡
多诺拉事件	1948 年 10 月 26~31 日	美国宾夕法尼亚州多诺拉镇	该镇处于河谷中,10月最后一个星期大部分地区受反气旋和逆温控制,加上 26~30 日持续有雾,使大气污染物在近地层积累。估计二氧化硫浓度为(0.5~2.0)$\mu g/L$,并存在明显的尘粒。有人认为二氧化硫与金属元素、金属化合物反应生成的"金属"硫酸铵是主要致害物。二氧化硫及其氧化作用的产物与大气中尘粒结合是致害因素	发病者 5 911 人,占全镇总人口的43%。其中轻度患者占15%,症状是眼痛、喉痛、流鼻涕、干咳、头痛、肢体酸乏;中度患者占17%,症状是痰咳、胸闷、呕吐、腹泻;重症患者占11%,症状是综合性的。发病率和严重程度同性别、职业无关。死亡 17 人
洛杉矶光化学烟雾	20 世纪 40 年代初期	美国洛杉矶市	全市 250 多万辆汽车每天消耗汽油约 1 600 万升,向大气排放大量碳氢化合物、氮氧化合物、一氧化碳。该市临海依山,处于 50km 长的盆地中,一年约有 300 天出现逆温层,5~10月阳光强烈。汽车排出的废气在日光作用下,形成以臭氧为主的光化学烟雾	诱发刺激眼、喉、鼻,引起眼病,喉头炎,大多数居民患病。65 岁以上老人死亡 400 人
伦敦烟雾事件	1952 年 12 月 5~8 日	英国伦敦市	5~8 日英国几乎全境为浓雾覆盖,温度逆增,逆温层在 40~150m 低空,致使燃煤产生的烟雾不断积聚。尘粒浓度最高达 4.46mg/m^3,为平时的6倍。烟雾中的三氧化二铁促使二氧化硫氧化产生硫酸泡沫,凝结在烟尘或凝源上形成酸雾	四天中死亡人数较常年同期约多 4 000 人。45 岁以上的死亡人数最多,约为平时 3 倍;1 岁以下死亡的,约为平时 2 倍。事件发生的 1 周中因支气管炎、冠心病、肺结核和心脏衰弱者死亡的人数分别为事件前 1 周同类死亡人数的 9.3 倍、2.4 倍、5.5 倍和2.8倍。肺炎、肺癌、流感及其他呼吸道病患者死亡率均有成倍增加
四日市哮喘事件	1961 年	日本四日市	1955 年以来,该市石油冶炼和工业燃油产生的废气,严重污染该市空气。全市工厂粉尘、二氧化硫年排放量达 13 万吨。大气中二氧化硫浓度超出标准 5~6 倍。500m 厚的烟雾中漂浮着多种有毒气体和有毒金属粉尘。重金属微粒与二氧化硫形成硫酸烟雾	1961年哮喘病发作人数猛增,患者中慢性支气管炎占25%,支气管哮喘占30%,哮喘支气管炎占10%,肺气肿和其他呼吸道病占5%。1964年,连续三天烟雾不散,气喘病患者开始死亡。1967年一些患者不堪忍受痛苦而自杀。1972年全市共确认哮喘病患者达817人,死亡10多人
水俣病事件	1953~1956 年	日本熊本县水俣市	含甲基汞的工业废水污染水体,使水俣湾的鱼中毒,人食毒鱼后受害	1972年日本环境厅公布:水俣湾和新潟县阿贺野川下游有汞中毒者283人,其中 60 人死亡
骨痛病事件		日本富山县神通川流域	锌、铅冶炼等工厂排放的含镉废水污染了神通川水体,两岸居民利用河水灌溉稻田,使稻米含镉,居民使用含镉稻米和饮用含镉水而中毒	1963 年前的患者人数不明。1963 年至 1979 年 3 月共有患者 130 人(90%以上为65岁以上老人,男性仅3 人),其中死亡81人
米糠油事件	1968 年 3 月	日本北九州市、爱知县一带	生产米糠油使用多氯联苯做脱臭工艺中的热载体,由于生产管理不善,多氯联苯混入米糠油中,食用后中毒	患者者超过 1 400 人,至七八月份患病者超过 5 000 人,其中有 16 人死亡,实际受害者约 13 000 人。用米糠油中的黑油作家畜饲料,引起几十万只鸡死亡

城市中这些问题的生态学实质是:

(1)城市中物质流动基本上是线形的,物流链是很短的,常常就是资源到产品和废物。大量的资源在生产过程中不能完全被利用,而以三废的形式输出,不仅资源利用效率低,同时还污染了环境,不能像一般自然生态系统那样,一个环节的代谢废物,就是另一环节的原料,物质可以得到分层多级利用。

(2) 城市中的生产、生活等一切活动需要大量的能源。其中,利用自然资源的份额较少,大部分是人工辅加能源,且又以矿物能源为主。煤炭和石油等燃料消耗了大量氧气,加重了大气污染,能源使用的浪费使得环境问题更加严重。

(3) 城市中各部门分割,行业间常常缺乏自觉的相互合作,各自为政,各行其事。例如,搞建筑的不管环境,搞交通的不管绿化,只追求局部效益和部门最优,缺乏自然生态系统中那种互利共生的关系和追求整体最适的特点。

(4) 城市生产多着眼于局部产品,看重当前经济效益。例如,为了取水排水方便常把工厂建在河流沿岸,为了市场需要也可以不顾环境污染和潜在的危害,忽视河流整体功能和城市生态系统的最终效益。

(5) 城市生态系统中消费者和生产者的比例常常失调。在城市生态系统中,消费者生物量总是超过初级生产者生物量,生态锥体是倒置的,稳定性很差,对外部资源环境有较大的依赖性。由于城市生态系统中的初级生产者——植被,不仅可直接或间接地提供人的食物,同时对于维护人们的生存环境也很重要,必须维持一定的比例。

(6) 城市中密集的人口,鳞次栉比的房屋,把人们集中在一个相对密闭的有限空间内,盛行的空调和人工照明,五光十色的霓虹灯以及各种高效方便的自动车辆使人陶醉在舒适和人造美中,这一切都是人类在进行着自我驯化(self-domestication)(中野尊正、沼田真等,1986),其结果是人和自然的隔绝,以及人际间关系的疏远和紧张。

如何发挥城市的积极有益方面,克服其消极不利影响,正是当今城市发展中面临的实际问题。这些问题的解决,需要改善城市生态系统的结构,提高城市生态系统的功能和调节其各部分之间的关系。这也就是城市生态学研究的目的。

思　考　题

1. 何谓城市化? 我国城市化的标准是什么?
2. 试述城市发展的历史阶段以及各阶段的特点。
3. 为什么说城市化是人类发展的必然趋势? 城市化有哪些优点和缺陷?
4. 为什么说当前城市问题实质上是生态问题?

第三章

城市生态系统与城市生态学

从不同的研究角度,城市可以有不同的定义。从行政管理看,城市是一个人口集中,有一定社会、政治、经济的组织形式,并具有一定边界和管辖范围的行政单元;"城市"作为"乡村"的相对概念应该是非农业人口集中,以从事非农业生产活动为主的居民点,是区别于比较单一而分散的农村居民点的社会空间结构形式。从经济学观点看,城市是一个经济单位,劳动分工就是城市经济组织的基础……可以把城市(包括它的地域、人口,也包括那些相应的机构和管理部门)看作一种有机体,看作一种心理—物理过程(psychophysical mechanism)。从社会学观点看,"城市是一种心理状态,是各种礼仪习俗和传统构成的整体,是这些礼仪习俗中所包含并随传统而流传的那些统一思想和感情所构成的整体。城市绝非简单的物质现象,绝非简单的人工构筑物,它已同居民们的各种重要活动密切联系在一起,它是自然的产物,尤其是人类属性的产物"(Park et al. ,1925)。

20 世纪 40 年代"系统论"的问世,为人们提供了一种新的知识结构和把许多事物有意识地联系起来进行研究的新方法。"城市"作为人类集中的居住地,也是一种系统,可称之为"城市系统"(urban system)。有人认为它由七个要素所组成:城市社会、城市结构、城市经济、城市交通、城市信息、城市文化和城市生态(何钟秀,曾涤,1988)。它涵盖的范围很广,包括了城市的一切方面。

从生态学的角度看,城市是一种生态系统,它具有一般生态系统的最基本特征,即生物与环境的相互作用。在城市生态系统中有生命的部分包括人、动物、植物和微生物,无生命的环境部分则是各种物理的、化学的环境条件,在它们之间进行着物质代谢、信息传递和能量流动。

20 世纪 70 年代初,当城市生态学研究刚引起人们注意的时候,在联合国教科文组织(1975)的讨论会上曾经对城市生态学的研究对象是"城市",还是"城市系统"抑或是"城市生态系统"有过不同意见的争论。

从以上的叙述中可以看到,由于"城市"可有多种定义,简单地把"城市"当做城市生态学的研究对象,并不能像把植物当成植物生态学研究对象那样贴切和合理。至于把城市系统说成是城市生态学的研究对象,又由于它包含的范围太广,没有表达出城市生态学研究的核心和重点,也并不妥当。因此目前大多数人认为城市生态学的研究对象应是城市生态系统(即使对城市生态系统的概念尚有不同的看法)。

第一节　城市生态系统

生态系统的概念是生态学的核心,在第一章中已作了介绍。根据 A. G. Tansley(1935)的定义,生态系统是指一定范围内的生物有机体(包括动物、植物和微生物等)及其生活的周围无生命环境(包括空气、水、土壤等)所组成的统一体。沼田真(1984)认为不能把生态系统看成是由生物因素和非生物因素简单相加的系统,而应该把它看成是一个以生物为中心的环境系统(biocentric environmental system),每一种生态系统都是以某一类生物为中心。城市具有生态系统的一般特征,它既有动物、植物、微生物和人类等生物有机体以及围绕着它们的空气、水、土壤等无机环境,同时其中也执行着物质循环、能量流动和信息传递等功能,所以城市也是一种陆生生态系统。如果说自然生态系统以动物、植物为中心,那么城市生态系统就是以人为中心。城市生态系统是人为改变了结构、改造了物质循环和部分改变了能量转化的、长期受人类活动影响的、以人为中心的陆生生态系统。

城市生态系统和一般自然生态系统(如森林、草原等)或半自然生态系统(如农田等)的不同,主要表现在(图 3-1):

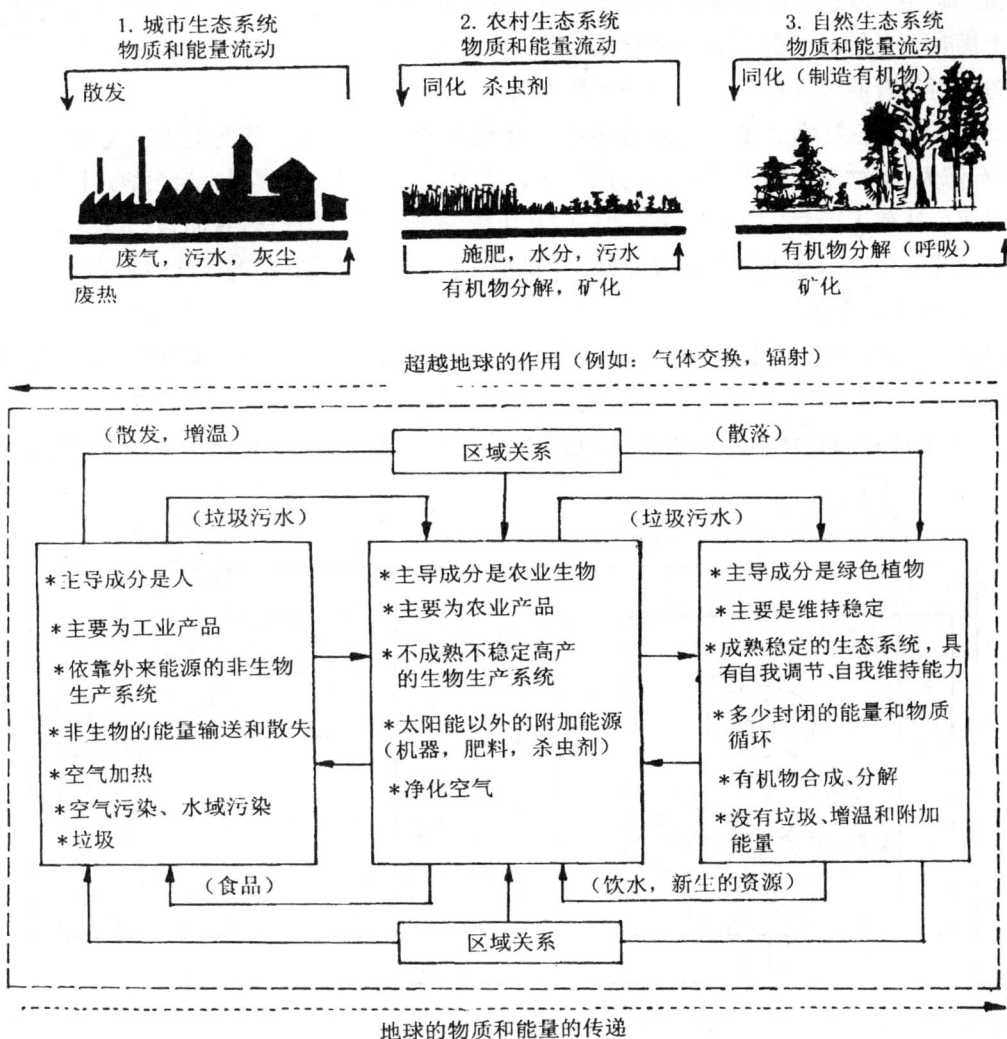

图 3-1　不同生态系统类型间的比较

（1）城市生态系统是人工生态系统，人是这个系统的核心和决定因素。这个生态系统本身就是人工创造的，它的规模、结构、性质都是人们自己决定的。至于这些决定是否合理，将通过整个生态系统的作用效力来衡量，最后再反作用于人们。在这个生态系统中，"人"既是调节者又是被调节者。

（2）城市生态系统是消费者占优势的生态系统。在城市生态系统中，消费者生物量大大超过第一性初级生产者生物量。生物量结构呈倒金字塔形，同时需要有大量的辅加能量和物质的输入和输出，相应地需要大规模的运输，对外部资源有极大的依赖性。

（3）城市生态系统是分解功能不充分的生态系统。城市生态系统较之其他的自然生态系统，资源利用效率较低，物质循环基本上是线状的而不是环状的。分解功能不完全，大量的物质能源常以废物形式输出，造成严重的环境污染。同时城市在生产活动中把许多自然界中深藏地下的甚至本来不存在的（如许多人工化合物）物质引进城市生态系统，加重了环境污染。

（4）城市生态系统是自我调节和自我维持能力很薄弱的生态系统。当自然生态系统受到外界干扰时可以借助于自我调节和自我维持能力以维持生态平衡；城市生态系统受到干扰时，其生态平衡只有通过人们的正确参与才能维持。

（5）城市生态系统是受社会经济多种因素制约的生态系统。作为这个生态系统核心的人，既有作为"生物学上的人"的一个方面，又有作为"社会学上的人"以及"经济学上的人"的另一个方面。从前者出发，人的许多活动是服从生物学规律的。但就后者而言，人的活动和行为准则是由社会生产力和生产关系以及与之相联系的上层建筑所决定的。所以城市生态系统和城市经济、城市社会是紧密联系的。

因此，城市生态系统可以简单地表示为以人群（居民）为核心，包括其他生物（动物、植物、微生物等）和周围自然环境以及人工环境相互作用的系统（图3-2）。这里的"人群"泛指人口结构、生活条件和身心状态等；"生物"即通常所称的生物群落，包括动物、植物、微生物等；"自

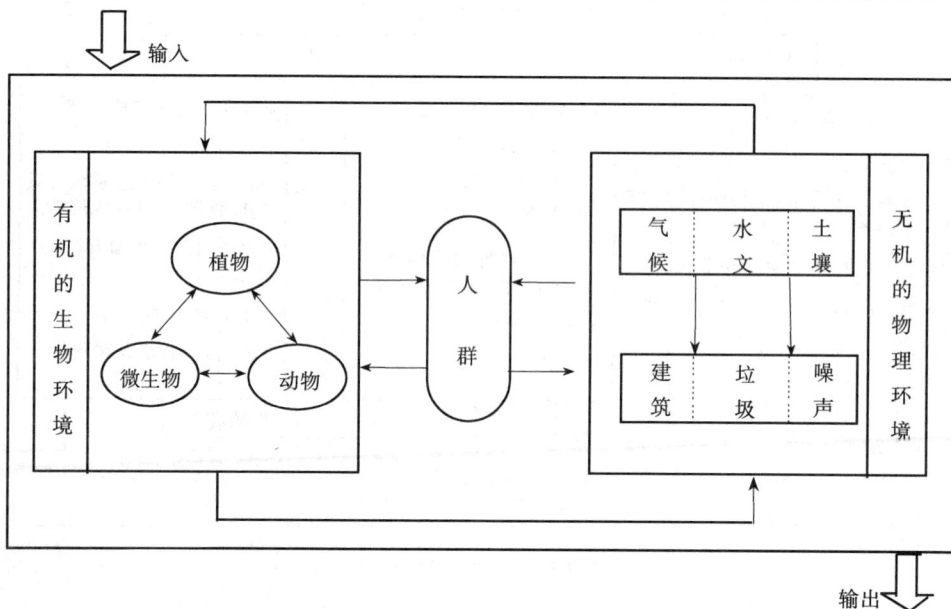

图 3-2　城市生态系统示意图

然环境"是指原先已经存在的或在原来基础上由于人类活动而改变了的物理、化学因素,如城市的地质、地貌、大气、水文、土壤等;"人工环境"则包括建筑、道路、管线和其他生产、生活设施等。

由于城市生态系统的人为特征以及生活和生产多方面联系的复杂特点,另外一些学者则认为,"城市是人类社会、经济和自然三个子系统构成的复合生态系统","是在原来自然生态系

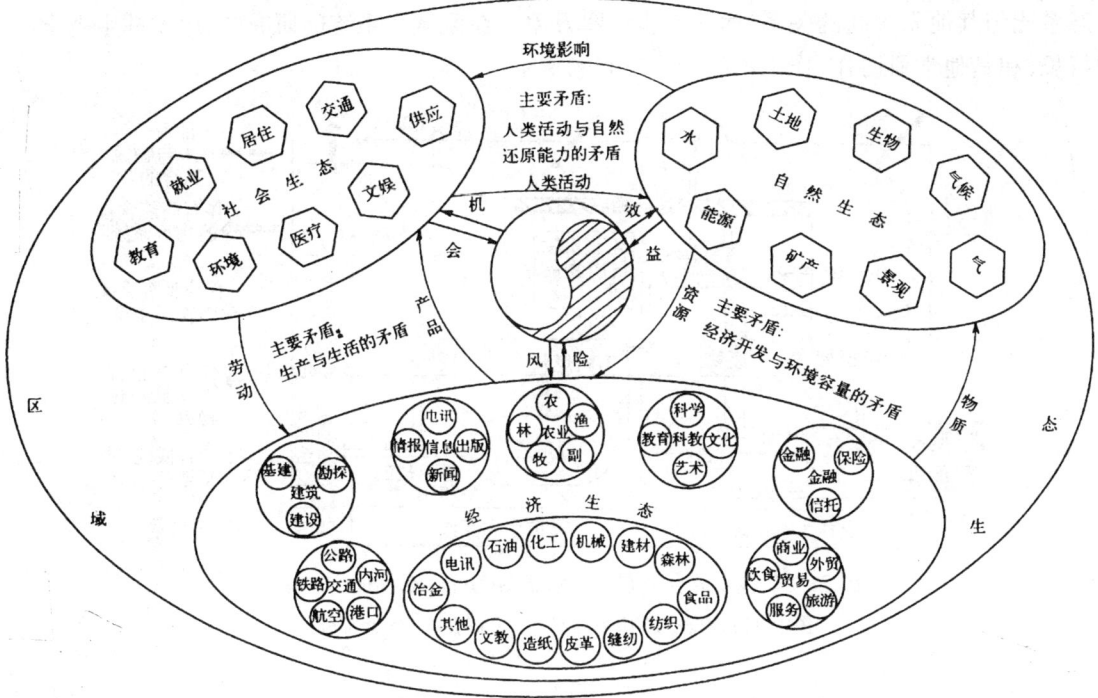

图 3-3　城市复合生态系统结构功能示意图(引自:王如松,1988)

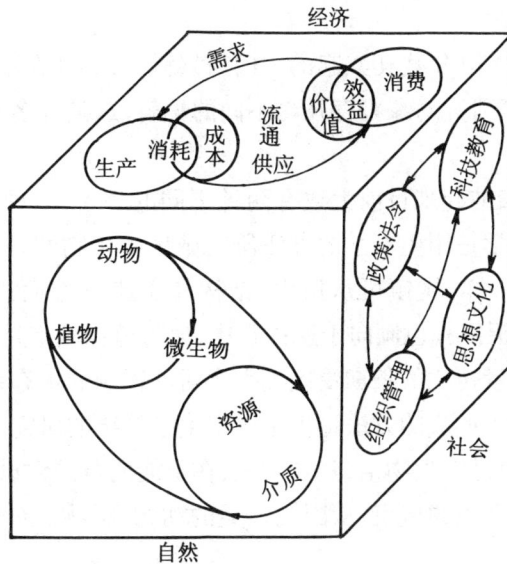

图 3-4　社会—经济—自然复合生态系统示意图(引自:马世骏,1984)

统基础上,增加了社会和经济两个系统所构成的复合生态系统"(马世骏,1984;王如松,1988)(图3-3、3-4)。对这种复合系统另一些学者称之为,"城市生态经济系统"(陈予群,1988;马传栋,1989)。

城市生态系统又和它周围的农村生态系统结合成为城乡复合生态系统(图3-5)。因此在研究城市生态系统时既要突出生态学的重点,而又不能局限于生物生态学范畴;既要考虑城市生态系统与其他系统间的关系,而又不能包罗万象。在区域大系统的研究中,应发挥生态学科的特长,和其他学科协作,作出本门学科应有的贡献。

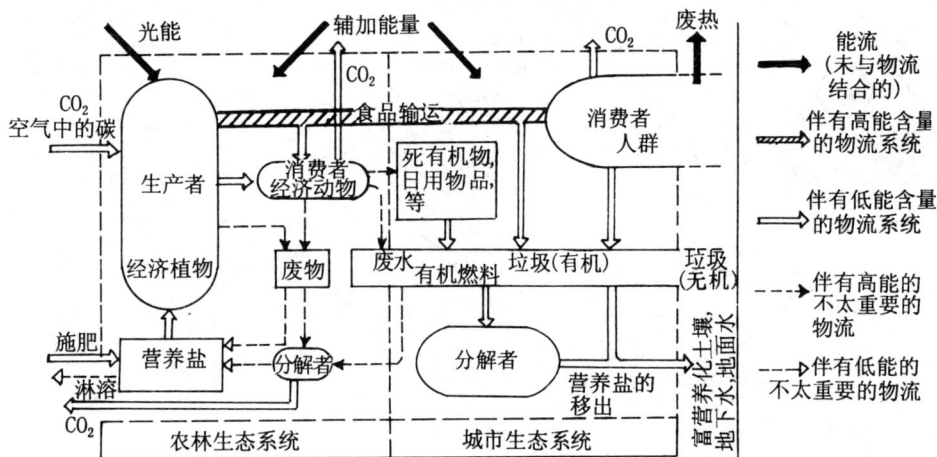

图3-5　城乡复合生态系统示意图(引自:K. Adam,1988)

图中,圆角框表示有生命的部分　方框表示无生命部分

第二节　城市生态学及其研究内容

一、城市生态学的概念

城市生态学是20世纪70年代初兴起的一门新兴科学,到现在不过20多年的历史。目前对于这个学科的概念,甚至研究对象都存在着不同的见解,这是许多新学科发展过程中常见的现象。

什么是城市生态学,归纳起来目前大致有两种不同的理解:一种理解可以Sukopp的定义为代表。他说:"城市生态学是用生态学的方法研究城镇中生物圈,正如同生态学其他分支科学研究农田、森林和海洋一样,城镇可从历史、结构和功能三方面进行生态学的描述。"(H. Sukopp 1981,1987,1990)沼田真也倾向于这种看法,他写道:"城市是人为改变了结构,改造了物质循环和部分改变了能量转化的长期受人类生产活动影响的生态系统……这里采取的研究方法是将过去生态学传统中形成的方法论用于城市生态系统的研究。因而,不可能充分地、全面地研究城市中的人类,而是以生物生态学的方法在可能的范围内试图对人类进行探索,也就是对以人类为主体的环境系统的城市,从围绕人类的动物、植物、空气、水、土壤等周围部分进行探索。"(Numata,1984)

另一种理解可以F. di Castr为代表。他认为:"城市生态学是用生态学的方法研究城市系统,它包括一系列的研究方法,其中有社会的和观念的调查,健康和营养状况的评价,能量平衡、城市动植物区系记载,脆弱性分析以及各种功能的建模等。"(Francesco di Castr, et al., 1984)王如松(1988)在他的论文中明确地提出:"城市生态学研究的是社会、经济、自然三个亚系统不同层次各组分间相生相克的复杂关系。"

由此可见,一部分学者对城市生态学的理解比较狭窄,而另一部分学者对它的理解比较广泛。造成这种不同理解的原因,除了由于研究者的个人专业背景不同外,根本的原因还在于对研究对象的不同理解。前者认为:"从生态学的观点看,城市乃是一种陆生的人工生态系统,它具有生态系统最基本的特征,即生物(包括人)和周围环境的相互关系,城市生态系统基本上是一个以人为中心的环境系统。"后者认为:"从生态学观点看,城市是一个人、景、物融为一体,生产和生活相辅相成的新陈代谢体,是在原来自然生态系统基础上,增加了社会和经济两个子系统构成的复合生态系统。"也就是说,"城市是人类社会、经济和自然三个子系统构成的复合生态系统。"显然,持前种观点的学者强调城市生态系统的生物组织性质;持后种观点的学者,则强调城市生态系统的综合性和复杂性,要求全面考虑城市内自然、社会、经济之间相生相克的复杂关系。这两种观点代表着当前城市生态学研究中的两种倾向,或者说两种途径,前者可称之为"环境系统学派",后者可称之为"复合系统学派"。

在我们看来,这两种观点都有它合理性的一面,其见解各有所长。前者集中注意研究城市人类栖息环境的环境系统,可以突出生态科学的特点,发挥学科特长,有利于深入探讨城市中的生态问题,寻求改善城市生存环境的途径和方法,协调城市中各种生态关系,提高城市的生态效率。但这决不能把城市生态系统的研究仅仅局限于生物生态学研究,因为作为城市生态系统核心的人,既有生物组织的属性,又有社会组织的属性。这就是说人的许多活动既服从生物学的规律,同时也受社会生产力和生产关系以及与之相联系的上层建筑的制约。城市中人的生活环境是城市地域内所有生态因子的总和,是有关城市居民的一切方面,包括生物的、物理的、化学的、社会的、经济的、文化的以及心理的等各个方面。因此,要深刻地认识城市生态系统功能,协调城市中各种生态关系,提高城市生态效率,不能不涉及到社会、经济的某些方面。至于后者,强调全面研究城市社会、经济、自然三个子系统之间相互作用规律,可以发挥多学科综合研究的优势,在更高层次上研究城市生态系统复杂的动力学机制,探讨城市发展的多目标功能协调,为城市管理和发展决策服务。但是,也不能设想让城市生态学研究城市系统中的一切方面,它的研究固然会涉及城市经济、城市社会、人群心理等方面,但它没有可能,也没有必要像"城市经济学"、"城市社会学"、"城市心理学"、"城市政治学"那样深入研究各个子系统的有关问题。同时,城市生态学也还应该和"城市生态经济学"以及"城市科学"有所分工,不然它就不能深入认识城市中各种生态关系,对城市的各种现象作出生态学的解释,也不可能在改善城市生态状况,维护城市生态平衡和制定城市生态规划,建设未来的"生态城市"方面发挥本门学科的独特作用。

基于以上的认识,我们认为城市生态学是以生态学理论为基础,应用生态学的方法研究以人为核心的城市生态系统的结构、功能、动态,以及系统组成成分间和系统与周围生态系统间相互作用的规律,并利用这些规律优化系统结构,调节系统关系,提高物质转化和能量利用效率以及改善环境质量,实现结构合理、功能高效和关系协调的一门综合性学科。

二、城市生态学的研究内容

(1) 城市生态系统结构方面的研究。生态系统的结构是指系统内各组成部分的配比以及空间格局。城市生态系统是一个以人为中心的环境系统,其结构非常复杂,既包括自然环境,又包括人为环境,它涉及面很广,其结构研究可分为:

①城市化对环境的影响。诸如:城市的气候与大气污染、城市土壤与土壤污染、城市的水体与水污染、城市交通与交通污染、城市的土地利用、城市的噪声、城市的垃圾等。

②城市化对生物的影响以及生物的反应。诸如:城市植物区系和植被及其与人体健康,城市动物区系及其与人体健康,城市指示植物与生物监测等。

③城市化对人群的影响。诸如:人口动态与城市发展;城市人群的生态处境与身心健康等。

通过对各种结构成分的研究以揭示城市化过程与环境变化的相互关系,以及资源利用对城市环境的影响,这是城市生态学研究的基础。

(2) 城市生态系统功能的研究。城市生态系统功能主要是指城市生产和生活功能。城市在生产和生活过程中要消耗大量的物质和能量,而它自身能够提供的只是很小一部分,大部分都要靠外部输入。城市中的物质代谢、能量流动和信息传递都有很大的特异性,揭示它们的作用特点和作用规律是解决城市问题的关键。这方面研究包括:城市食物网、城市物质生产和物质循环、城市能源及城市能量流动、城市信息类型及其传递方式与效率、城市环境容量等。

(3) 城市生态系统的动态研究。生态系统的动态研究是指系统的发生、发展和演变。城市生态系统的动态研究包括城市形成、发展的历史过程,以及与此相应的自然环境和人文环境变化的动因分析。这项研究有助于认识城市生态系统的发展规律,可为老城市改造和新城市建设指明方向。

(4) 城市生态系统的系统生态学研究。在城市生态系统结构和功能研究的基础上,对城市生态系统进行模拟、评价、预测和优化。

(5) 城市的生态规划、生态建设和生态管理。根据城市生态学的理论对城市进行生态评价、生态规划、生态建设和生态管理。这些方面既是城市规划、城市建设和城市管理的一部分,又与它们有区别,并可作为它们的补充。

(6) 城市生态系统与周围农村生态系统间关系的研究。其中包括人口、物资、信息的交流以及相互影响等。此外,还可从维护区域生态平衡、合理利用自然资源的角度出发进行城市生态系统与区域大系统间关系,乃至与全球环境间关系的研究。

由于城市生态学研究的对象是一个人类在漫长的实践过程中,通过对自然环境的适应、加工、改造而建立起来的人工生态系统,研究目的是要实现城市生态系统的结构合理、功能高效和关系的协调,以提高城市生产和生活质量,因此,它的研究具有以下一些特点:

(1) 综合性。它研究的不只是城市人口、城市生物、城市资源、城市环境或城市社会以及城市经济的单个组分,而是这些组分间的相互关系,注重各组成成分间的横向联系,注重人口、物质流动的整体效应以及环境变化的区域性影响。

(2) 系统性。城市生态系统是一个以人为中心的、不断进行着物质能量代谢的有机统一体,它的研究需要注重人口、资源、环境间相互作用的基本规律。

(3)实用性。城市生态研究是以满足人的根本利益为目的,注重利用生态学原理和最优化方法去调节城市内部各组分间以及与周围生态系统间的关系,提高城市生态效率,改善城市的环境质量。

(4)决策性。城市生态研究要解决城市的资源利用和环境负载能力之间、生活和生产之间、市区和郊区之间、眼前利益和长远利益之间的种种矛盾,探讨它们之间动态关系的基本规律,提出相应的城市发展的生态学对策。

第三节　城市生态学研究的基本原则

城市既然是一种生态系统,生态学研究的基本原则在城市生态学研究中都适用。但是,城市生态系统作为一种人工生态系统,又有一定的特殊性,其研究归纳起来有以下一些基本原则:

(1)联系性原则。生态学强调生态系统内各组成成分间的相互联系,其中任一成分的变动,都将引起其他成分的变动,自然生态系统是这样,城市生态系统也是这样。城市生态系统内各成分之间都存在着内在的联系,这种联系使城市生态系统构成一个整体。因此研究城市生态系统时不应孤立地只研究其中某一成分,在规划城市生态系统时更不能只局限于某一部分。有时尽管某一成分研究得很深入,但并不一定能把握城市生态系统的本质特征。城市各部门尽管实现了本部门的最优,但整个城市生态系统的行为未必很协调。我们在进行城市生态学研究中要注意各成分之间的联系,以及城市生态系统与乡村生态系统和整个区域的联系。

(2)生态流原则。生命的各种表现都是和能量流动、物质循环、信息传递分不开的,没有这些生态流就不可能有生命活动,也不可能有生态系统。在自然生态系统中,能量主要来自于太阳辐射,由生产者将其转变为化学能贮藏在有机物中,然后经过食物链从一个营养级转移到另一个营养级。在城市生态系统中除了自然能外,还有各种辅加能量,能量流动更为复杂,但基本原则则是共同的。在能量流动过程中,物质也从一个营养级向另一个营养级转移。能量流动和物质循环都伴随着信息传递,或者说是以信息为引导的。城市生态系统中人们的活动引进了许多辅加能量,加速了物质流动,使循环变得不完全,甚至无循环。所以物质再循环应成为城市发展的主要目标。

(3)生态位原则。广义的生态位(niche)是指种群在群落中与其他种群在时间上和空间上的相对位置及其机能的关系。每种生物的生存都需要一定的空间和资源,为了获得这些资源和空间,都有扩张的倾向,扩大它们的分布范围。但资源和空间两者都是有限的,因此必然引起有同样需要的物种间的竞争。由于竞争的影响,种群当前占领的实际生态位(realized niche)总是小于它在没有竞争条件下可能达到的生态位,即基础生态位(fundamental niche)。资源和空间虽然是有限的,但又是多种多样的,通过竞争和选择,种群间产生生态位的隔离,使得生态位不重叠或少重叠,从而达到一定范围内的许多物种的共存。城市生态学研究也要重视生态位对人类组织方式和人类生存行为活动的影响。当然,人类社区与自然群落的根本不同,不仅在于前者能够移动,而且还在于人类社区能够选择生存环境,并且能控制和改变这个生存环境的实际状况。但这并不等于生态位理论不适用人类社区,因为人们总是力求在可能的条件下获得最佳的生活条件,个人行为虽然是可以控制的、可以规定的,但无数个人行为的总效果则是无法控制的、无法规定的。

(4) 限制因子原则。这是生态学中一条重要原理,它是说,生物的生存和繁殖取决于综合的环境条件状况,任何接近或者超过耐性范围两端的状况都可成为限制因子(limiting factor)。它包括两种含义:①生物的生长发育是受它们需要的综合环境因子中那个数量最小的因子所控制,这就是 J. Liebig 的最小因子定律;②生物的生长发育同时也受它们对环境因子的耐性限度(不足或过多)所控制,即 V. E. Shelford 的耐性定律。两者结合就是限制因子原理。限制因子原理为生态学家提供了研究复杂环境的"入门向导",它要求生态学家在研究因子作用时,首先着重注意那些有显著作用的、有限的、又容易变化的因子,以便抓住问题的关键。并且要注意在不同地点和不同时间,限制因子可以是不同的。在城市生态系统发展中也有某些因子起着限制作用。在应用限制因子原理的同时还要树立因子补偿作用的概念,也就是说,因子的相互作用可以改变因子的利用率,从而在一定范围内起到补偿作用。

(5) 生态演替原则。生态系统的发展或称之为演替,是一切生态系统的共同特征,城市生态系统也不例外。演替的含义是:①演替是一个有顺序的过程,它有规律地向一定方向发展,因而是可以预见的;②变化虽由外部因素所引起,但演替是受系统内部生命系统控制的;③它以稳定的生态系统为发展的顶点(参见第一章)。自然生态系统的演替表现为由一个群落到另一个群落的整个取代顺序,通常称之为演替系列,并把过渡性的群落称之为演替阶段群落,最后稳定的对外部干扰具有最大保护力的群落称为顶极群落(E. P. Odum,1971)。对于城市生态系统而言,照例也是变动发展的,也可以划分出若干阶段或发展期。初期形成的城市生态系统在规模和结构上较为狭小和简单,一步步发展,直到其人口与经济规模相适应、生物群落和城市环境资源相适应为止。除非有一些新因素(例如,采用新的交通工具,新的工业技术产生或巨大的天灾人祸等)出现,才能打破这种相对稳定的状态。

(6) 生态平衡原则。在一个相对稳定的生态系统中,系统的组成成分和比量相对稳定,能量、物质的输入和输出相对平衡,这样的生态系统具有抵抗胁迫保持平衡状态的倾向,生态学上称之为稳态机制。而当外力增强时,生态系统通过自动调节,可以在新的水平上实现新的平衡,这样就可能出现一系列"稳态台阶"。此时虽然系统还能实现控制,但已不能回到原先的同一水平,在这种场合下,甚至轻微的变化就能产生深远的影响。生态系统的稳定机制是有限度的,超出这个极限,正反馈不受控制,终将导致系统的毁灭。城市生态系统的正常运行也受这一原则支配。

(7) 人和自然统一性的原则。人和自然关系是一个古老的命题。城市作为一种人工生态系统,不能不涉及这个问题。我国古代对于人和自然的关系即"天人关系"或"人地关系"曾有过多种学说。一是以庄子为代表的因任自然的思想。庄子主张"不以心捐道,不以人助天"(《庄子·大宗师》),"无以人灭天,无以故灭命"(《庄子·秋水》),以达到"畸于人而侔于天"的境界。这种听任自然的"无为"思想虽有消极的一面,但它道出了自然界存在着不以人们意志为转移的客观规律。第二种是以荀子为代表的改造自然的思想。荀子批评庄子"蔽于天而不知人"(《荀子·解蔽》),主张"制天命而用之"(《荀子·天命》),强调人改造自然,战胜自然的能动作用,这无疑是一种有积极意义的思想。但在这种人定胜天的思想支配下,有可能不尊重客观规律,破坏人和自然的统一。第三种学说是《易经》作者提出的天人合一的自然观,即"人与天地合其德,与日月合其明,与四时合其序,与鬼神合其吉凶,先天而弗违,后天而奉天时"(《周易·文言》)。所谓"先天"即在自然变化发生以前加以引导,所谓"后天"即遵循自然的变化,尊重自然规律,并主张"财(裁)成天地之道,辅相天地之宜"(《周易·象传》),"范围天地之化而不过,曲成万物而不遗"(《周易·系辞上传》)。用今天的话说,就是将天、地、人作为一个统一的整体,人类既要顺应自然,尊重客观自然规律,又要注意发挥主观能动作用,效法自然,建立起人与自然和谐发展的关系。这就是人和自然统一的原则。

第四节　城市生态学发展的简要回顾

城市生态学是生态科学与城市科学的交叉学科,它既是生态学研究的一部分,也是城市学研究的一部分,它的源头要从这两方面去追寻。关于城市学的研究,Lichtenberger(1993)曾将城市研究划分为统计学、社会科学、环境科学和城市地理学四个方面(表3-1)。

表3-1　20世纪城市研究的方向

	统计学	社会科学	环境科学	城市地理学
19世纪下半叶	人口统计学 医学统计学 城市统计学	居住问题 社会政治 公共卫生	公共卫生 公共医学 社会心理学	人文地理学
1900	←综合著作:《大城市》(Petermann, 1903)→			
	迁移	社会阶层运动	Thurnwald(1904) 环境学说 城市环境对居民的影响	Hassinger(1916) 城市景观的物理结构、空间组织、社会利用、纪念物的保护
第一次世界大战				
战争间隙期和第二次世界大战		《城市生态学》(Park, 1925)	Hallpach(1939) 大城市生物学(1940)	住宅建筑研究 社会集团与用地演变
二战以后		《社会空间分析》(Shevsky & Bell, 1955)		中心城市的中心区理论
	数据库		《大城市的自然历史》	立地理论 因子生态学 (Berry, 1970)
	环境统计学	经典城市社会学	城市生态学	城市—环境研究

从上述的城市科学分支研究的发展中可以看出,城市生态学的思想最先出现在美国城市

社会学芝加哥学派的著作中(Park,Burgess,and McKenzie,1925)。这一学派的理论核心认为,城市是一个有机体,它是生态、经济和文化三种基本过程的产物,是文明人类的自然生息地。他们率先用生态学方法研究城市人口和社会机构分布的形成过程,及其随时间变化的情况,探寻人群空间分布的各种社会原因和非社会原因,他们称这种研究为"人类社会学"。由此可见,他们的城市生态学研究着重在城市社会学方面。

20世纪20年代还有一批生物学家从生物学角度研究城市。他们着重研究的是城市环境影响下动植物区系的变化历史[例如:Hoeppner and Preuss,1926;Scheuermann and Wein,1938;Weidner,1939;Rudder and Linke,1940(详见Wittig & Sukopp,1993)]。二战结束后,工业生产获得了迅速的发展,城市和工业区的环境污染也随之加剧,城市作为人类的一种重要栖境,对它的综合研究开始得到了重视。首先对伦敦进行了生境、有机体和生物群落的多方面的分析(Fitter,1946;Gill & Bonnett,1973),此外,有关巴黎(Jovet,1954)、纽约(Kieran,1959;Rublowsky,1976)、维也纳(Kühnelt,1955;Schweiger,1962)等城市的相应研究报告也陆续出版。

20世纪70年代初,罗马俱乐部发表的第一篇研究报告——《增长的极限》,对世界工业化、城市化发展前景所做的估计,进一步激起了人们从生态学角度研究城市问题的兴趣。1971年在联合国教科文组织领导下继"国际生物学规划"(IBP)之后,开展了另一项国际性的研究计划——人和生物圈(MAB)计划。它是针对当今人类面临的人口、能源、资源、粮食、环境等问题提出的,目的是研究日益增长的人类活动对整个生物圈的影响以及世界各地可能发生的环境过程和环境压力,找出人类合理管理生物圈的途径和方法。这个计划共有14个研究项目,其中第11项即为"城市和工业系统能量利用的生态学前景",明确提出城市生态学研究,并开始了国际间的协作。这项研究得到了广泛响应,在一些国家和地区的城市中(例如东京、罗马、香港、莫斯科、柏林、法兰克福、布达佩斯等地)开展了研究。这些研究的研究者在城市生态的理论和实践方面做了很多探索,他们的研究成果陆续发表,如,关于布鲁塞尔(Duvigneaud,1974)、柏林(Kunick,1974;Sukopp,1973;Sukopp et al.,1980)、伯明翰(Teagle,1978)、香港(Boyden et al.,1981)、东京(Numata,1981)等,为城市生态学的发展作出了贡献。开始时城市生态研究是14项研究中最小的一项,现在已经发展成为四个大项目中的一个,目前包括有80多个课题,分散在不同国家和地区,代表了不同的生物气候区和不同的发展水平。当前的研究重点可概括为以下几点:

(1)建立并检验城市化与环境变化之间相互关系的模型,特别注意建立在边缘地区如山地、半荒漠区域内的城市以及城市规模大小和结构对环境影响的模型,并将模型用于城市不同发展阶段的决策以及福利标准和环境质量的比较。

(2)伴随着城市化人口变化的研究,特别是对城市和乡村人口流动关系以及对环境作用的研究,对人口迁移及其对大城市和腹地影响的剖析,把城市和乡村的研究结合起来,以便在大范围内测算人口流动并分析其原因和作用。

(3)通过对城市地区生物学产量的研究,以及对能量和资源合理利用和再利用的研究,以减少周围地区的负荷和资源的供应。此外,城市节能计划以及城市系统的循环模式(包括水循环等)都是这些研究的一部分。

（4）城市绿地管理的研究，包括人们对绿地的需求，地区的土地利用和自然环境的负荷等。为了测算对绿地的需求及其与负荷的关系，还要进行不同地区的多方面综合研究和对绿地的科学管理与评价等研究。

目前国际上有关城市生态的研究除了联合国教科文组织的人和生物圈计划外，国际生态学会（INTECOL）于1974年在海牙召开的第一届国际生态学大会上成立了"城市生态学"专业委员会，并组织出版季刊《城市生态学》杂志。

此外，国际森林研究组织联盟（IUFRO）在1986年的南斯拉夫卢布尔雅那（Ljubljana）会议上建立了"城市森林"计划工作组，开展城市森林的研究。世界气象组织（WMO）、世界卫生组织（WHO）、国际城市环境研究所（IIUE）、国际景观生态学协会（IALE）以及欧洲联盟（EU）、经济合作与发展组织（OECD）都开展了有关方面的研究（表3-2）。

表3-2　国际城市生态学研究机构及规划

国际机构名称	研究计划
1. 联合国教科文组织（UNESCO）	从1971年开始的MAB计划中： 第11项：城市系统特别是能量利用的生态学前景（70个计划项目） 第13项：环境质量的监测
2. 国际生态学会（INTECOL）	从1974年开始建立"城市生态学"专业委员会
3. 世界卫生组织（WHO）	健康的城市
4. 世界气象组织（WMO）	城市气候
5. 欧洲联盟（EU）	从1974年开始的可持续的城镇运动
6. 国际城市环境研究所（IIUE）	资源丰富的城市（1989~1995） 城市可持续性的指标（1993~1995） 地区环境特征（1994~1995）
7. 经济合作与发展组织（OECD）	从1994年开始生态城市计划
8. 国际森林研究组织联盟（IUFRO）	从1986年开始的城市森林计划
9. 国际景观生态学协会（IALE）	城市生态学研究组

我国城市生态学研究起步稍晚，但发展很快。20世纪80年代初，城市生态学介绍到国内后，立即引起了生态学家、经济学家、地理学家以及城市规划和城市科学家的广泛兴趣。他们陆续在一些大中城市开展了有关城市生态的研究工作。1984年12月在上海举行了首届全国城市生态科学讨论会，着重探讨了城市生态学研究的对象、目的、任务和方法，明确了城市生态学研究应密切结合城市发展建设中的实际问题，为城市发展规划、环境保护和经济发展服务。在研究方法上应博采众长、兼收并蓄、刻意创新，也就是说不仅要广泛学习国外一切好的经验，而且要结合国内实际，不断探索，闯出一条符合中国国情的城市生态学研究之路。会上成立了中国生态学会城市生态学专业委员会。两年后的1986年6月又在天津召开了全国第二届城市生态科学讨论会，着重讨论了城市生态学理论研究以及城市生态学在城市规划、建设、管理中的实际应用问题。"六五"期间，部分地区，例如京津地区、上海地区、苏南城乡等地的城市生态学研究已经取得了显著的进展。在城市生态学理论和研究方法上都有不少创新。1987年10月联合国教科文组织"人与生物圈"委员会在我国的北京召开了城市及其周围地区生态与发展学术讨论会，为我国城市生态学研究与国际间的广泛交流和合作创造了条件。此外，还陆

续召开过长江流域、沪宁杭等区域性的城市生态学学术讨论会以及举办人才培训班。中国生态学会城市生态专业委员会与天津市环保局于1988年创办了《城市环境与城市生态》季刊。同时11月,中国生态学会城市生态专业委员会又和中国"人与生物圈"国家委员会联合在苏州举办了"城镇发展生态对策研讨班"。1996年9月国家教委在上海华东师范大学举办了"城市生态规划与设计"研讨班。

1997年12月,全国第三届城市生态学术讨论会和"城镇可持续发展的生态学"专题研讨会相继在深圳和香港召开。大会围绕"探索有中国特色的城镇可持续发展的生态学理论、方法与实践"的主题,进行了专题研讨。主要内容包括:城乡复合生态系统可持续能力建设的方法与案例;城镇人居环境的生态设计、生态规划方法;产业可持续发展的清洁生产技术和产业生态学方法;城市及开发区建设的生态影响分析及生态风险评价方法等。这次大会展示了近年来国内外城市生态学的研究进展和部分最新成果,反映了在世界范围内城市化进程不断加快的形势下,城市生态学面临的挑战和应采取的对策,明确了在实施城镇可持续发展战略中生态学工作者的责任和使命。这是对我国城市可持续发展的生态学理论、方法与实践的一次检阅,也是对我国城市化进程、持续发展的展望,它将在推动我国城市生态学的研究中发挥积极的作用。

思 考 题

1. 为什么说城市生态学研究对象是城市生态系统,你对此有何看法?

2. 城市生态系统和农村生态系统以及自然生态系统有哪些相同点和不同点? 它的主要特点是什么?

3. 城市生态学研究的主要内容及特点是什么?

4. 在城市生态学研究中应遵循哪些基本原则?

5. 国内外哪些城市进行过城市生态研究,它们有哪些特点和成绩?

6. 目前国际上有哪些机构开展或组织有关城市生态的研究?

第二篇 原 理 篇

第四章

城市生态系统的非生物环境

在第三章中我们已经扼要解释了城市生态系统的一般概念,并介绍了当前对城市生态系统的一些不同观点。大家都承认城市生态系统的最基本的组成成分是密集的人群及其周围有生命的生物环境和无生命的非生物环境。所谓生物环境是指城市中的动物、植物和微生物;非生物环境则包括城市气候、城市水文、城市土壤以及城市建筑和基础设施等。这一章集中讨论城市生态系统的非生物环境。

第一节　城市气候与空气污染

城市形成后,由于密集的建筑物以及水泥、沥青铺设的地面改变了下垫面的性质和城市的空气垂直分层状况(附注4-1),化石燃料的大量使用,造成空气污染,改变了大气组成,同时加强了人为热以及人为水气的影响,导致城市内部气候与周围郊区气候的差异。这种差异虽不足以改变城市所在地点原有的气候类型,但是在许多气候要素上表现出明显的城市特征。最早,指出城乡气候差异的是 L. Howard(1833)对伦敦气候的观测(参见 Kuttler,1993;周淑贞等,1994),对城市气候进行系统研究的是 A. Kratzer,他在其 1937 年出版的《城市气候》一书中比较了城市和郊区的气温、湿度、降水以及风的不同等。现代气象观察仪器的进步,促进了城市气候研究的迅速发展,提高了研究水平,一些新的综合性著作相继问世(Landsberg,1981;周淑贞,1985,1994)。

附注4-1　城市空气分层

　　根据 Oke(1987,1990)的意见,城市范围内空气垂直分层如图所示(附注图4-1-1),在城市建筑物屋顶以下至地面这一层称为城市覆盖层(urban canopy layer,UCL)。它受人类活动影响最大,与建筑物密度、高度、几何形状、门窗朝向、外壁涂料颜色、街道宽度和走向、路面铺砌材料、人为热、人为水气的排放量等关系密切。由建筑物屋顶向上到积云中部高度,称为城市边界层(urban boundary layer,UBL)。它受城市空气污染物性质及其浓度和参差不齐屋顶的热力和动力影响,湍流混合作用显著,与城市覆盖层间存在着物质交换和能量交接,并受区域气候因子的影响。在城市的下风方向还有一个城市尾羽层或称"市尾烟气层"(urban plume layer,UPL)。这一层中的气流、污染物、云雾、降水和气温等受到城市的影响。在城市尾羽层之下为"乡村边界层"(rural boundary layer,RBL)。城市边界层的上限高度因天气条件而异,白昼和夜晚不同,在中纬度大城市,晴天白昼常可达 1 000~1 500m,而夜晚只有 200~250m 左右。

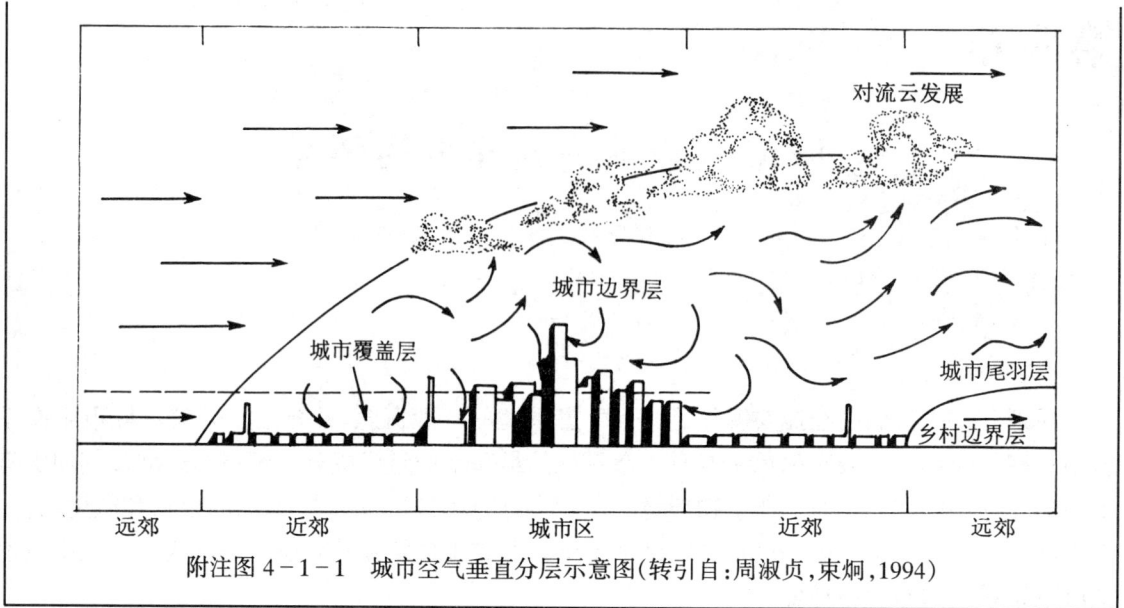

附注图 4-1-1　城市空气垂直分层示意图(转引自:周淑贞,束炯,1994)

一、城市的辐射与热量

辐射平衡的方程式通常表示为:

$$Q = (S + H) \times (1 - a) + (G - E)。$$

在城市中各项输入和输出如图 4-1 所示。

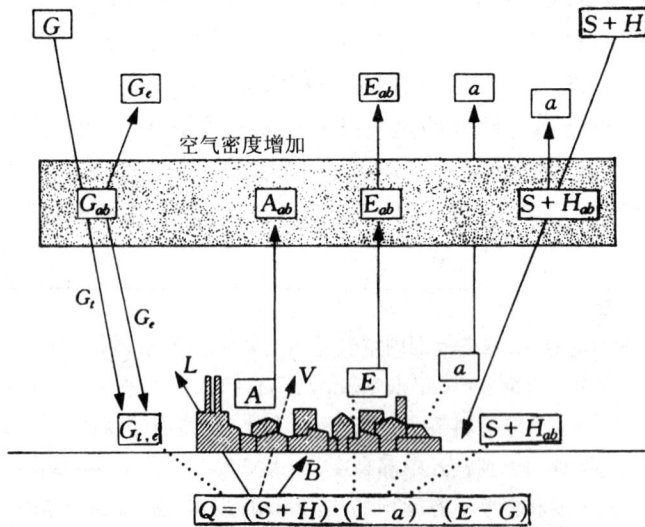

图 4-1　城市辐射和热量收支图式(引自:Adam,1988)

Q 为辐射平衡,又称净辐射;S 为太阳直接辐射;H 为天空散射辐射;a 为反射率;G 为空气逆辐射;E 为地面净辐射
注:ab 为吸收;t 为传导;e 为发射;B 为土壤热;L 为可感热(或称显热);V 为潜热;A 为人为热

城市中,由于空气污染,烟尘云雾多,城市上空烟雾弥漫,透明度比郊区小,太阳短波直接辐射(S)比郊区小,天空短波散射辐射(H)虽然由于气溶胶和烟尘较多而有所增强,但增加值

并不足以补偿损失值,故城市总辐射($S+H$)仍比郊区小。H. Landsberg(1974,1981)总结大量城市与郊区对比观测资料,得出城市中心地面上,年平均总辐射要比郊区少15%～20%。在大城市中,当太阳高度角小,空气污染浓度大时,可减少30%以上(Oke,1990)。

表4-1　城市和郊区不同下垫面反射率的比较(转引自:周淑贞,束炯,1994)

城市下垫面性质	地面反射率	郊区下垫面性质	地面反射率
1. 道路		1. 土壤	
沥青	0.05～0.20	黑、湿	0.05～0.40
2. 墙壁		2. 沙漠	0.20～0.45
砖	0.20～0.40	3. 草	
石	0.20～0.35	长(1.0m)	0.16
混凝土	0.10～0.35	短(0.02m)	0.26
3. 屋顶		4. 苔原	0.18～0.25
柏油和砾石	0.08～0.18	5. 果园	0.15～0.20
瓦片	0.10～0.35	6. 水面	
石板瓦	0.10	天顶角小时	0.03～0.10
茅草屋顶	0.15～0.20	天顶角大时	0.10～1.0
波纹铁	0.10～0.16	7. 雪	
4. 窗		陈雪	0.40
清洁玻璃		新雪	0.95
天顶角<40°	0.08	8. 海水	0.30～0.45
天顶角在40°～80°间	0.09～0.52	9. 冰川	0.20～0.40
5. 涂料			
白色	0.50～0.90		
红、棕、绿色	0.20～0.35		
黑色	0.02～0.15		

图4-2　城市(a)建筑物和郊区(b)对太阳辐射的反射(引自:周淑贞,张超,1985,稍改动)

由于下垫面的改变,城市中反射率(a)与郊区也有差别(表4-1)。根据 Kung 等人(1964)的研究,城市下垫面反射率要比郊区小10%～30%左右。周淑贞和吴林(1989)利用气象卫星 AVHRR 所探测的1984年及1985年有关晴天通道-1(波长0.55～0.90μm)和通道-2(0.725～1.10μm)的资料对上海市下垫面反射率进行分析,发现通道-2所反映的上海市下垫面对太阳的反射率无论冬季或夏季都是城市小于郊区,而通道-1所反映的则是夏季城市比郊区稍高,冬季两者之间反射率相差不大,这表明城市对太阳辐射中的近红外部分有较大的反射率。城市下垫面反射率比郊区小的主要原因是：城区绿地面积比郊区小，街道、房屋等建筑材料的反射率比植被低，特别是深色屋顶和墙面等反射率更小；其次，由于城市建筑物密度大，形成一个立体下垫面，在太阳照射下，墙壁、屋顶、路面组成极为复杂的反射面，太阳辐射经多次反射吸收(图4-2)，最终被反射的能量减少。

在辐射平衡方程中，除了短波辐射外，还有地—气间的长波辐射交换，即空气逆辐射(G)和地面辐射(E)的交换。它在城市和郊区也是不同的，决定这种辐射能量大小的主要因子是辐射体的表面温度。城市中石头、水泥、沥青、裸地等所构成的下垫面其表面温度远比郊区森林、农田、草地等组成的下垫面温度高(图4-3)，因此城市地面向上的长波辐射(E)必然比郊区大。

另一方面，由于城市空气中二氧化碳含量比郊区高，二氧化碳对地面长波辐射中波长在$13\sim17\mu m$的波谱区有强烈的吸收作用。因此，大气温度比郊区高，空气逆辐射必然大于郊区，这也是城市气温比郊区高的原因之一。

由上所述可见，在辐射平衡式中，城市内的输入和输出都有变化。总的来说，到达城市下垫面的太阳辐射比郊区小，但由于其下垫面的反射率亦比郊区小，因而在短波辐射上城市与郊区差别不大；在长波辐射中，城市空气逆辐射虽比郊区大，但城市地面长波辐射也大于郊区，因此长波辐射的收支城乡间差别也不大。

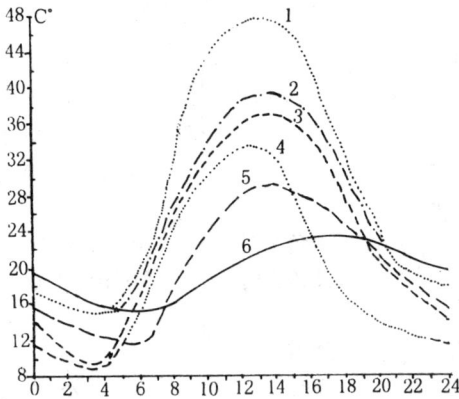

图4-3 夏季时不同下垫面的表面温度
(引自:Adam,1988)
1. 沥青 2. 混凝土 3. 裸地
4. 草地 5. 森林 6. 湖泊

表4-2 上海市龙华及其附近四个郊县日照时数和日照百分率的比较
(转引自:周淑贞,束炯,1994)

项 目	市区以"u"表示	郊区**以"r"表示			
	龙 华	宝山(北郊)	嘉定(西郊)	川沙(东郊)	上海县(南郊)
1958~1988年平均值					
日照时数(h)	2 000.1	2 168.8	2 109.6	2 095.8	2 004.0
Δh_{u-r}		168.7	109.5	95.7	3.9
日照百分率(S')	45.0	49.0	47.7	47.0	45.2
$\Delta S'_{u-r}$		4.0	2.7	2.0	0.2
最高值年(1967)					
日照时数(h)	2 276.9	2 519.4	2 462.3	*	*
Δh_{u-r}		242.5	185.4		
日照百分率(S')	51.0	57.0	56.0		
$\Delta S'_{u-r}$		6.0	5.0		
最低值年(1982)					
日照时数(h)	1 692.7	1 837.3	1 780.3	1 964.2	1 774.8
Δh_{u-r}		144.6	87.6	271.5	82.1
日照百分率(S')	38.0	41.0	40.0	44.0	39.0
$\Delta S'_{u-r}$		3.0	2.0	4.0	1.0

* 1967年非本站高值年故未录入。

** 四个地区站从1959年开始有观测记录。

城市中由于空气污染物多,云雾多,大气透明度小,以及建筑物互相遮挡,因此日照时数和日照百分率均小于郊区(表4-2)。

表4-3 若干不同城市人为热的排放量(转引自:周淑贞,束炯,1994)

城市名称	纬度(N°)	人口密度 (人/km²)	人均用能量 (MJ×10³)	时 期	人为热 Q_F (W/m²)	净辐射 Q_n (W/m²)	Q_F/Q_n
费尔班克斯(Fairbanks)	64	810	740	年平均	19	18	1.05
莫斯科(Moscow)	56	7 300	530	年平均	127	42	3.02
设菲尔德(Sheffield)	53	10 420	58	年平均	19	56	0.34
西柏林(West Berlin)	52	9 830	67	年平均	21	57	0.37
温哥华(Vancouver)	49	5 360	112	年平均	19	57	0.33
				夏 季	15	107	0.14
				冬 季	23	6	3.83
布达佩斯(Budapest)	47	11 500	118	年平均	43	46	0.93
				夏 季	32	100	0.32
				冬 季	51	−8	—
蒙特利尔(Montreal)	45	14 102	221	年平均	99	52	1.90
				夏 季	57	92	0.62
				冬 季	153	13	11.77
曼哈顿(Manhattan)	40	28 810	128	年平均	117	93	1.26
洛杉矶(Los Angeles)	34	2 000	331	年平均	21	108	0.19
大 阪(Osaka)	35	14 600	55	年平均	26	—	—
香 港(Hongkong)	22	3 730	34	年平均	4	~110	0.04
新加坡(Singapore)	1	3 700	25	年平均	3	~110	0.03

城市内部日照的局地差异比郊区大。除了受纬度、季节、云量和空气污染程度等因素影响外,主要取决于街道宽度(D)、街道走向(A)和建筑物高度(H)。一般说来,可照时数随街道狭窄指数(N)(即建筑物高度与街道宽度之比 $N=H/D$)的增大而减少。例如西安市北墙

(指朝北的墙)在街道狭窄指数(N)为 1:2 情况下，6 月份可照射时间为 169.1 小时，约相当于南墙的 80% 左右，当 N 为 3:1 时，可照射时间仅为 79.7 小时，不及南墙的 40%（陈明荣；转引自：周淑贞等，1994）。在北半球中纬度地区，东西向街道中心可照时数比南北向街道多，全年总辐射量也较多。

　　城市中由水泥、沥青、砖石等所构成的下垫面能吸收较多的太阳辐射，导热率高，白天贮热多，日落后能够通过长波辐射提供较多的热量给地面的空气，加之空气中污染物多，特别是 CO_2 能吸收较多的热量，同时，城市中又有较多的人为热进入空气（表 4-3）；另一方面，城市中密集且参差不齐的建筑物大大减少了地面长波辐射的损失，通风不良也不利于热量向外扩散，这就使得城市温度高于郊区。因此在城市人口密度高、建筑物密度大、布局紧凑的地方，温度也是最高的。随着上述各项密度由内向外降低，城市气温呈现出由中心向外递减的现象，这就是所谓的城市"热岛"（图 4-4）。

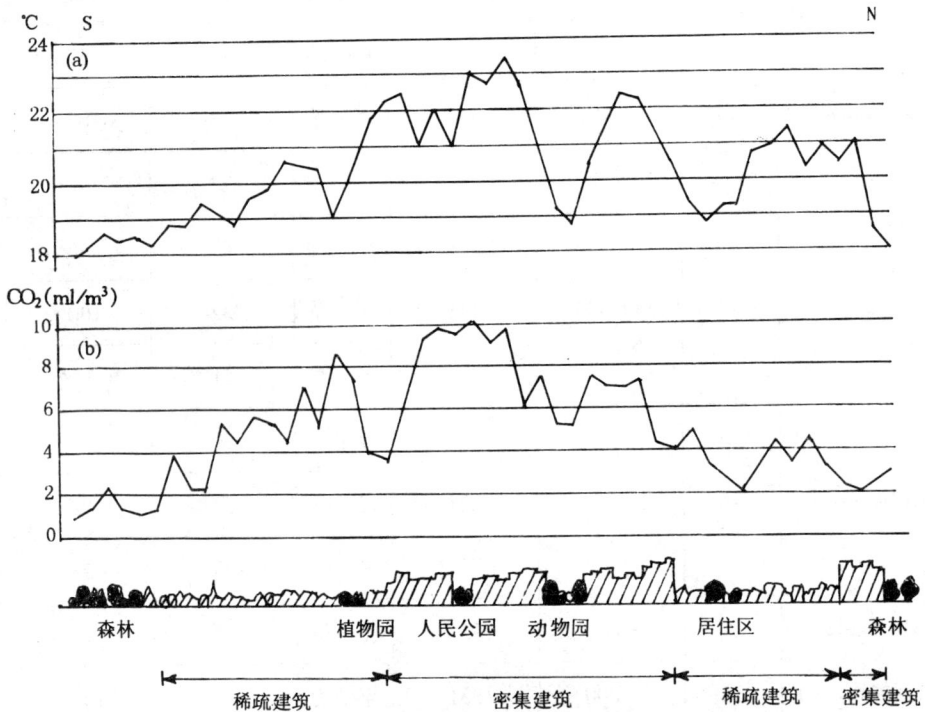

图 4-4　西柏林城市热岛温度剖面图（引自：Adam，1988）
(a) 2 米高处气温分布　　　(b) CO_2 的含量

　　上海市城市热岛效应是很显著的，根据周淑贞（1984，1991）对上海 1984 年全年定时观测城乡气候资料的研究，其冬季和夏季的热岛强度分别达 6.8℃ 和 4.8℃。图 4-5 是 1984 年 10 月 22 日 20 时出现的一次强热岛，当时天晴，风速 1.8m/s，热岛中心位于老城区人口密度和建筑物密度最大的地方。

　　城市中的水面和有植被的地方增温和缓，因此，可以降低热岛强度。水面愈大，水体愈深，绿地面积愈大，群落层次愈复杂，覆盖度愈高，降低的效应愈显著（表 4-4）。

表4－4 上海市水面及公园测站同其附近街道测站气温对比

（引自：周淑贞，张超，1985）

（观测时间：1959年8月10日）

单位：℃

时 间		01时	07时	13时	19时
水面组	华东师大校河	27.1	28.7	31.0	29.1
	曹杨路	27.2	28.7	32.6	30.0
	南京路9号码头	27.7	28.9	31.5	28.6
	南京路外滩	28.0	29.2	32.6	29.1
公园组	中山公园	26.9	28.6	32.1	28.5
	建青中学	27.8	29.6	33.5	29.3
	人民公园	27.3	28.1	31.4	28.2
	六十一中学	28.0	29.0	32.6	29.4
	浦东中学	27.2	28.2	31.8	28.0
	南京路外滩	28.0	29.2	32.6	29.1

二、城市的风和降水

城市所引起的局部空气边界层的改变,将对低层气流和湍流特征产生显著的影响。具有较大粗糙度的城市下垫面,可以形成更强的热力湍流和机械湍流,而热岛效应又会引起局地的环流。因此城市的风场极为复杂,降水也有明显的改变。

城市发展对盛行风的影响可以从两方面加以证实:一方面随着城市建筑物密度的增加,年平均风速逐渐变小,上海1981～1985年间的平均风速比80多年前的1894～1900年的平均风速降低了23.7%(表4－5);另一方面在建筑物密集的市区,风速也小于建筑物稀少的郊区(见表4－6和图4－6)。

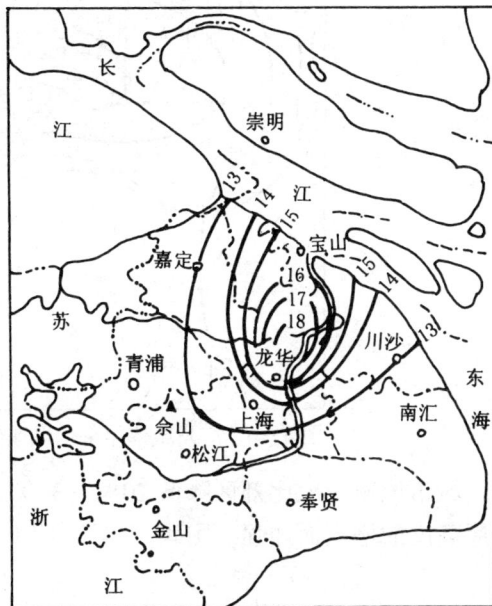

图4－5 上海城市热岛图(1984年10月22日20时)(引自:周淑贞,张超,1985)

表4－5 上海历年平均风速的变化(1884～1985)(转引自:周淑贞,束炯,1994)

单位:m/s

高度(m) \ 年代	1884～1893	1894～1900	1901～1910	1911～1920	1921～1930	1931～1940	1941～1950	1951～1955	1956～1960	1961～1965	1966～1970	1971～1975	1976～1980	1981～1985
12		3.8							3.2	3.2	3.1	3.1	3.0	2.9
35				4.7	4.7	4.2	4.2	3.6						
40～41	5.6		5.4											

表4-6　上海城区和郊区近年来年平均风速的比较*(转引自:周淑贞,束炯,1994)

站　名	市　区				郊　区		
	杨浦	徐汇	长宁	上海台	上海县	嘉定	宝山
风　速 (m/s)	(2.4)**	(2.3)	(2.6)	2.9 (2.9)	3.4 (3.4)	3.3 (3.3)	3.8 (3.7)
站　名	郊			区			
	川沙	南汇	奉贤	松江	金山	青浦	崇明
风　速 (m/s)	3.5 (3.5)	4.2 (4.4)	3.4 (3.4)	3.3 (3.1)	3.6 (3.6)	3.6 (3.6)	4.1 (4.1)

*杨浦点风仪装在7.8m高的平台上,风仪高出平台7.4m;徐汇点风仪装在7.5m高的平台上,风仪高出平台11.5m;长宁区点风仪装在7.77m高的平台上,风仪高出平台10.02m。

**括号内数值为1983年、1984年两年年平均风速,其余为1981~1985年5年年平均风速。

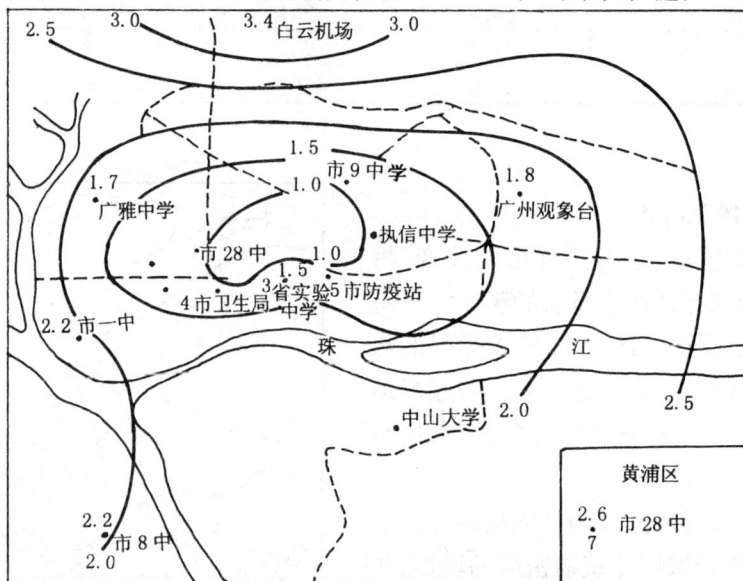

图4-6　广州城郊年平均风速(m/s)分布图(引自:周淑贞,束炯,1994)

城市风速一般比郊区降低20%~30%,这种降低作用随着城市下垫面粗糙度的增加以及房屋高度的增高而加强。图4-7是不同下垫面和不同高度上风速垂直变化梯度。

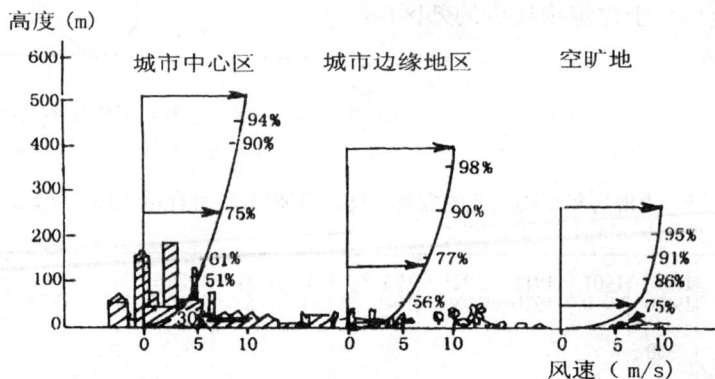

图4-7　经过不同粗糙度下垫面的平均风速垂直变化(以相同高度风速的百分率表示)
(引自:K.Adam,1988)

就整体而言,城市的平均风速比同等高度的空旷郊区小。但在城市内部,流场的局地差异很大,有些地方成为"风影区",风速极微,但在特殊情况下,某些地方的风速亦可大于同高度的郊区。这种差异的产生,一方面,由于街道的走向、宽度,两侧建筑物的高度、朝向和形式的不同,使得不同地点所获得太阳辐射有明显差异,在局地形成的热力环流使城市内部产生不同的风向和风速;另一方面,由于盛行风吹过城市中鳞次栉比、参差不齐的建筑物时,因阻碍摩擦产生不同的升降气流、涡动和绕流等,使风的局地变化更为复杂。以东西向街道为例,白天屋顶受热最强,热空气从屋顶上升,与屋顶同一高度街道上空的空气遂流向屋顶以补充其位置,街道上空又被下沉的气流所替代,这样在屋顶上就形成一个小规模的空气环流;在街道上向阳的一面空气上升,背阴的一面空气下沉,其间有水平的气流来贯通,也产生一个环流。夜间屋顶急剧变冷,冷空气从屋顶降至街道,排挤地面上的热空气,使之上升,这样又形成与白天不同的街道空气环流。

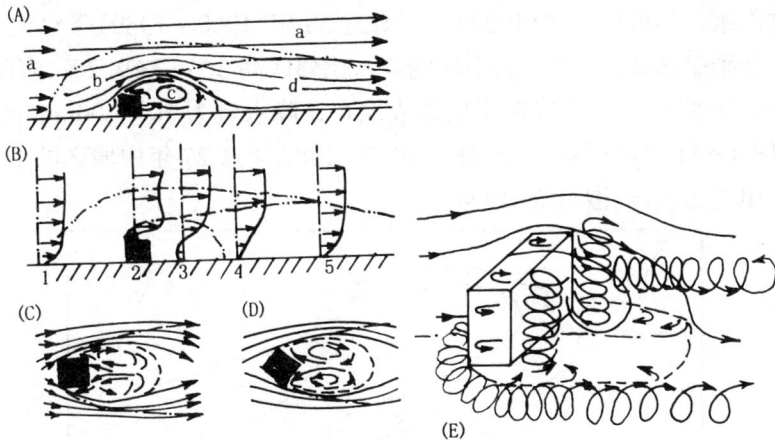

图4-8 盛行风遇到单一建筑物时气流变化情况(引自:周淑贞,束炯,1994)
(A) 流线和各个气流区的侧视图:a.未受干扰区,b.气流变形区,c.背风涡旋区,d.尾流区
(B) 建筑物方位垂直于气流时的风速廓线和各个气流区
(C) 建筑物方位垂直于气流时的流线平面图
(D) 建筑物方位与气流斜交时的流线平面图
(E) 建筑物方位垂直于气流时的气流运行立体示意图

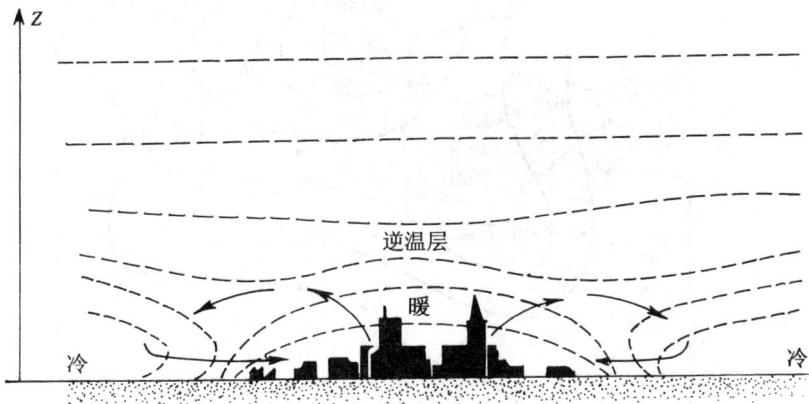

图4-9 市区与其周围地区夜间的大气循环(引自:Landsberg,1972)
虚线表示等温线,箭头表示风向,Z为垂直方向的坐标轴

当盛行风遇到建筑物阻挡时,在迎风面上一部分气流上升越过屋顶,一部分气流下沉降至

地面,另一部分绕过建筑物的周侧向屋后流去。气流经此障碍物的干扰可分为四个区域:未受干扰区、气流变形区、背风涡旋区和尾流区(图4－8)。

如果盛行风与街道走向一致,则因狭管效应;街道上风速将比开阔地增强。据观测,当风速为(8～12)m/s时,在平行于主导风向的行列式的建筑区内由于狭管效应,风速可增加15%～30%(周淑贞,张超,1985)。

由于城市热岛的存在,城市中形成一个低压中心,并出现上升气流,到达一定高度则向四周下沉,继之再流向热岛中心,如此反复,形成一个缓慢的热岛环流(图4－9)。

当空气中水气充足时,城市中这种热力对流易于形成对流云和对流性降水,加上城市高低参差的建筑物不仅能引起机械湍流,而且对移动滞缓的降水系统因阻碍作用,使其移动减慢,导致城市降水强度增强,降水时间延长。此外,城市空气中凝结核多,可促进水气凝结和雨滴增大,从而增加降水。根据周淑贞(1994)对上海近30年(1960～1989)降水记录统计,城市的降水多于郊县,特别是汛期(5～9月),市区的降水比郊区高3.3%～9.2%,多降水20～60mm(图4－10)。城市对降水的影响特别明显地表现在日降水量为50～100mm的暴雨日数和雷暴日数上。从图4－11中可以看到,上海在1959～1985年这27年中城区的暴雨日数在40天以上,明显高于附近郊区(周淑贞等,1994)。

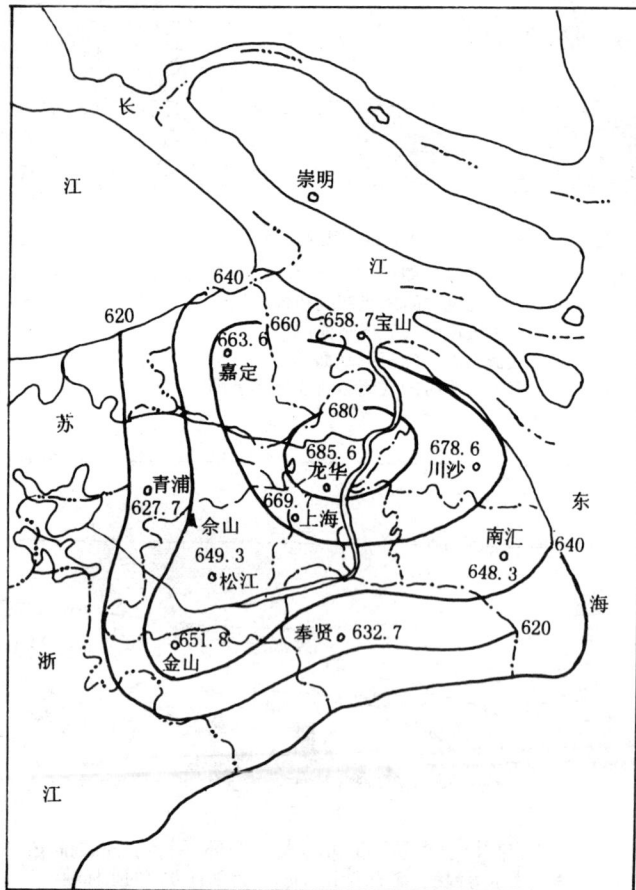

图4－10　上海汛期(5～9月)降水量分布图(1960～1989)
(引自:周淑贞,束炯,1994)

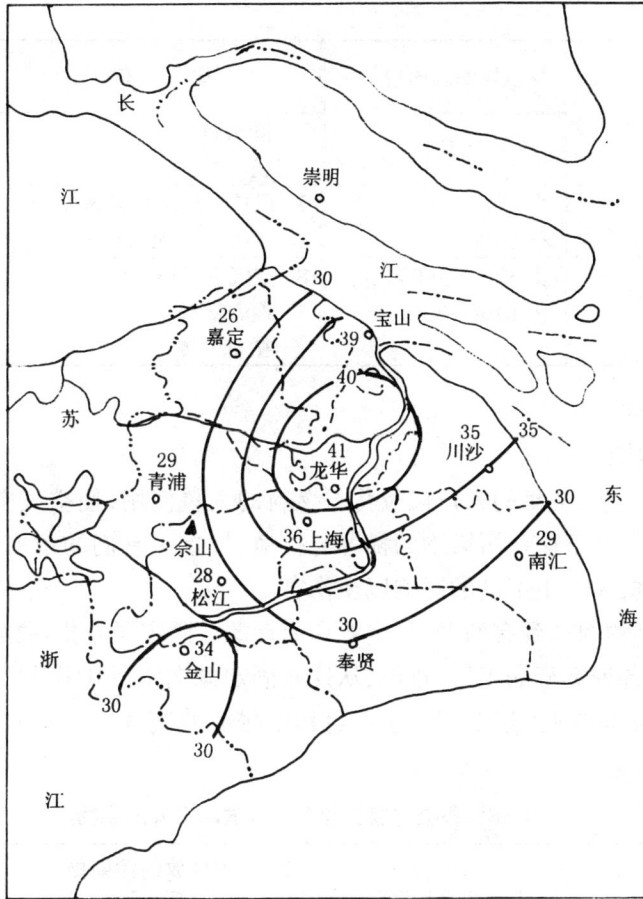

图 4-11　上海日降雨量为 50～100mm 的暴
雨日数分布图(1959～1985 年累计值)
(引自:周淑贞,束炯,1994)

此外,由于城市空气中凝结核多、风速小,又有一定的人为水气,因此城市的云、雾多于郊区。但是,市区内大部分为不透水的路面和建筑物,加之植被覆盖少、气温高,因此相对湿度远比郊区低。综合多数学者所观测和研究的结果,列出市区和郊区在主要气候要素上的差别如表 4-7。

表 4-7　**市区与郊区气候特征比较**(引自:Landsberg,1981)

要　　素	与郊区比较	要　　素	与郊区比较
1. 太阳辐射		5. 云量	多 5%～10%
地面总辐射	少 15%～20%		
紫外辐射　冬季	少 30%		
夏季	少 5%		
日照时数	少 5%～15%		
2. 温度　年平均	高 0.5℃～1.5℃	6. 降水	
静风晴天时	高 2℃～7℃	年平均降水量	多 5%～15%

表 4-7(续)

要　　素	与郊区比较	要　　素	与郊区比较
		降雪量 雷　暴	多 10%～15% 多 10%～15%
3. 相对湿度　冬季 　　　　　　夏季	小 2% 小 10%	7. 风速　平均风速 　　　无风日数	小 10%～30% 多 5%～20%
4. 雾　　　冬季 　　　　夏季	多 30%～100% 多 10%～30%	8. 空气中污染 凝 结 核 微量气体	多 10 倍 多 5～50 倍

三、城市空气污染

城市中,集中的工业、密集的人口以及化石燃料的大量使用,使空气中增加了许多有害成分,高密度的建筑物不利于这些污染物的稀释与扩散,加重了它们的浓度和滞留时间,超过一定数量时,就会对有机体产生不良的影响以至伤害。

城市中空气污染物的来源有两种:固定源和流动源。固定源是指污染物从固定地点(如火力发电厂、钢铁厂等各种类型的工厂)排放,从这些固定源向空气中排放的污染物主要是来自煤炭、石油等化石燃料的燃烧,以及工业生产过程中排放的废气。表 4-8 是主要工业企业向空气中排放的主要污染物。

表 4-8　各类主要工业企业排放的主要污染物

工业	企　业	向空气中排放的污染物
电力	火力发电厂	烟尘、二氧化硫、二氧化碳、氮氧化物、多环芳烃、五氧化二矾
冶金	钢铁厂	烟尘、二氧化硫、一氧化碳、氧化铁粉尘、氧化钙粉尘、锰
	焦化厂	烟尘、二氧化硫、一氧化碳、酚、苯、萘、硫化氢、烃类
	有色金属冶炼厂	烟尘(含有铅、锌、镉、铜等金属)、二氧化硫、汞蒸气
化工	石油化工厂	二氧化硫、硫化氢、氰化物、烃类、氮氧化物、氯化物
	氮肥厂	氮氧化物、一氧化碳、硫酸气溶胶、氨、烟尘
	磷肥厂	烟尘、氟化氢、硫酸气溶胶
	硫酸厂	二氧化硫、氮氧化物、砷和硫酸气溶胶
	氯碱工厂	氯化氢、氯气
	化学纤维厂	硫化氢、二氧化硫、甲醇、丙酮、氨、烟尘、二氯甲烷
	合成橡胶厂	丁间二烯、苯乙烯、乙烯、异戊二烯、二氯乙烷、二氯乙醚、乙硫醇、氯代甲烷
	农药厂	砷、汞、氯
轻工	造纸厂	烟尘、硫醇、硫化氢
	仪器仪表厂	汞、氰化物、铬酸
建材	水泥厂	粉尘,二氧化硫,氮氧化物
	沥青油毡厂	烟尘、苯并[a]芘、石棉、一氧化碳

由于煤炭是我国大部分城市的主要能源,因此我国城市的空气污染多属煤烟型污染。燃烧一吨煤排放的各种污染物的量可参看表4-9。

表4-9 燃烧一吨煤排放的各种污染物的数量

单位:kg

污染物	电厂锅炉	工业锅炉	取暖锅炉
SO_2	60	60	60
CO	0.23	1.4	22.7
NO_2	9	9	3.6
碳氢化合物	0.1	0.5	5
烟尘(一般情况)	11	11	11
烟尘(燃烧完全)	3	6	9

流动源是指排放污染物的地点不固定的污染源,主要是指交通工具,如汽车、火车、飞机和轮船等。这种流动污染源与工厂等固定污染源相比,虽然排放量小而分散,但数目庞大,活动频繁,排放出来的污染物总量还是不容忽视的。在这些交通工具中,汽车是最大的污染源,主要的污染物是一氧化碳、氮氧化物、碳氢化合物等。

进入城市空气中的污染物种类很多,已经产生危害或已为人们所注意到的有100多种。概括分为两大类:气体污染物和颗粒状污染物。气体污染物主要有硫氧化物、氮氧化物、碳氧化物以及碳氢化合物等(表4-10)。它们从多方面影响城市乃至全球的环境(图4-12)。

表4-10 空气中主要污染物的组成和来源

种 类	组 成	来 源
硫氧化物	大多数为SO_2,部分为SO_3	来自于含硫矿物燃料的燃烧废气,它们和固体微粒结合,具有特别的危险性
氮氧化物	主要是 NO 和 NO_2	它们是在高温条件下,氮和空气中的氧化合生成,主要来自汽车发动机和以矿物燃料为动力的发电站
一氧化碳	CO	是一种无色、无味、无嗅的气体,可使人眩晕、昏迷,甚至可因降低血液的输氧能力而引起死亡。它是碳氢化合物不完全燃烧的产物,其主要来源是汽车
碳氢化合物	是分子中只含有碳原子和氢原子的物质	它们主要是矿物燃料不完全燃烧的产物
粒状污染物	包括各种大小的固体和液体微粒	一半来自于燃料的燃烧过程或者是来自于物质的粉碎过程,有些粒状污染物的有害作用是其化学成分引起的,而有的则仅仅是由颗粒太小造成的

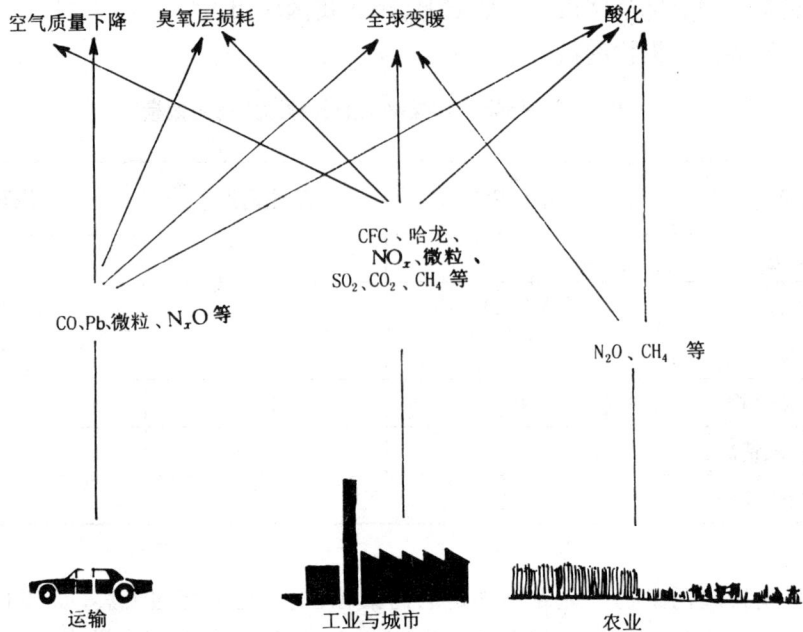
图 4-12 空气污染的来源及其影响

附注 4-2

硫氧化物:主要是 SO_2 以及少量的 SO_3。这是城市中分布很广,影响很大的污染物质。城市中 70% 的 SO_x 来自于燃料的燃烧,而其中的 80% 又是燃煤的结果(煤的含硫量约为 0.5%~6.0%)。在稳定的天气条件下,SO_2 聚集在近地面的低空,它能与水生成亚硫酸(H_2SO_3),当它氧化成 SO_3 时,遇水立即生成硫酸(H_2SO_4)并形成硫酸烟雾,故通常空气中找不到 SO_3。SO_3 的毒性比 SO_2 大 7 倍。

SO_2 对人的健康危害首先是刺激人的呼吸系统,尤其是患有肺部慢性病和心脏病的老年人最易受害。SO_2 还有促癌作用,当空气中有微粒物质存在时,其危害可增加 3~4 倍。所以在空气质量评价时常采用 SO_2 浓度与微粒浓度的乘积作为指标(附注表 4-2-1)。

附注表 4-2-1 根据不同资料来源汇总的空气中 SO_2 浓度的参考数值

(转引自:Kupchella & Hyland,1994;中国 GB-3095-82;美国国家环保局;前苏联 CH-245-71)

项　　　目	SO_2 浓度(除标明外,其余均为 mg/m³)
空气本底值	0.57~1.14μg/m³(0.2~0.4ppb*)
未工业化的城市空气	0.028(0.01ppm*)
哮喘病人开始感到痛苦	1.423(0.5ppm)
嗅觉的阈值	1.423~2.857(0.5~1.0ppm)
正常人开始感到支气管痉挛	2.857(1.0ppm)
肺功能损伤(职业极限,8 小时暴露)	14.285(5.0ppm)
肺水肿	57.14(20.0ppm)
居住区空气质量标准(日平均)	0.16(中国)(0.056ppm)
	0.40(美国)(0.14ppm)
	0.054(前苏联)(0.019ppm)
	0.114(日本)(0.04ppm)

* 按国家标准规定,ppb、ppm 将予废除,此处因引用的是原文,故保留,下同。

氮氧化物:主要为 NO 和 NO_2,它们是在高温燃烧时,由空气中氮与氧反应而生成,汽车排气是城市空气中氮氧化物的主要来源。由于 NO 不易溶于水,对人体的危害不大,但当它转变为 NO_2 时就具有和 SO_2 相似的腐蚀性和生理的刺激作用。NO_2 可促使形成黄色到橙红色浓雾并降低可见度,它是空气中光化学烟雾形成的重要物质。紫外线有促使空气中 NO 转变为 NO_2 的作用。

NO_2 能损害植物,当浓度为 $1.0mg/m^3$ 时,经过 35 天可使柠檬树叶枯黄脱落,$0.5mg/m^3$ 或者更低浓度时,经过 8 个月,将使橙子的产量降低。NO_2 还能引起急性呼吸道病变,在每天浓度为$(0.126\sim0.166)mg/m^3$ 的条件下,经过六个月,儿童支气管发病率增加(附注表 4 - 2 - 2)。

附注表 4 - 2 - 2　根据不同资料来源汇总的空气中 NO_x(以 NO_2 计)浓度的参考数值

(转引自:Kupchella & Hyland, 1994;中国 GB - 3095 - 82;美国国家环保局;前苏联 CH - 245 - 71)

项　　目	NO_x 浓度(除标明外,其余均为 mg/m^3)
空气本底值	$8\mu g/m^3$(4ppb)
城市空气本底值	少量~0.16(80ppb)
老鼠呼吸率增加	1.6(数小时)(0.8ppm)
可察觉刺激性气味	2~6(1~3ppm)
人的呼吸道阻力增加	5.0(1 小时)(2.5ppm)
呼吸道阻力可逆性增加	10.0(10 分钟)(5.0ppm)
职业极限,每日 8 小时	10.0(5.0ppm)
肺水肿,致命的浓度	200~300(1 小时)(100~150ppm)
居住区空气质量标准(日平均)	0.10(中国)(0.05ppm)
	0.10(美国)(0.05ppm)
	0.085(前苏联)(0.043ppm)
	0.04(日本)(0.02ppm)

碳氧化物:CO 和 CO_2 都是正常空气中近地面层固有的气体,自然情况下它们的浓度很小。CO 的本底浓度大约是 $0.1mg/m^3$,但是在重污染地区可达$(80\sim150)mg/m^3$,主要是由工厂和汽车的废气排放而造成。发达国家城市空气中 80% 的 CO 是汽车排放的。因此,一天内 CO 的浓度变化随着城市行车数量的情况而变化。早晚上下班时 CO 浓度达高峰值,交通繁忙的道路上和交叉道口常出现高浓度的 CO。一般城市空气中的 CO 水平对植物及微生物均无害,但对人体有害,因为它能与血红素结合生成羧基血红素(carboxy hemoglobin,COHB)。这种结合能力比血红素与氧的结合能力大 200~300 倍,因此使一部分血红素不是在肺中吸收氧而是吸收 CO,结果降低血液中氧的浓度而产生缺氧症状。所以当 CO 浓度增加时,典型的症状是心血管痉挛。在 CO 浓度超过 $12mg/m^3$ 的空气中,即使有正常的含氧量,血液也不能对组织充分供氧。在含有 $18mg/m^3$CO 的空气中暴露 8 小时,血液中的 CO 血红蛋白即可达到 2.5%。如果血液中 CO 血红蛋白达到 5%,血液携氧的功能将进一步降低以至发生生理的损伤。对大多数人来说,空气中的 CO 含量在 $12mg/m^3$ 以下是没有问题的,但是到 $120mg/m^3$ 时,差不多所有的人都会感到头痛、眩晕、感觉迟钝,在$(360\sim480)mg/m^3$ 时,即使几分钟,就可以损伤视觉,甚至可能产生恶心和腹痛。暴露在 $1\,200mg/m^3$ 的 CO 浓度中不到 1 小时即可致死。

CO_2 在空气中的含量很低,其化学性不大活泼,对人体健康并无直接影响,但是由于它可吸收红外线,使近地面层的空气增温,产生"温室效应"。由于人类活动,空气中 CO_2 的浓度有愈来愈高的趋势。在 1880 年时,空气中 CO_2 的浓度只有 $568mg/m^3$,目前已经达到 $660mg/m^3$。近一百年来由于人类活动使空

气中的 CO_2 增加了 360×10^9 吨,相当于空气中 CO_2 总量($2\,324 \times 10^9$ 吨)的 15.5%。如果空气中 CO_2 浓度仍以目前每年大约 0.2% 的平均速度增长,那么,到 21 世纪中叶空气中 CO_2 浓度将达到 $1\,320\text{mg/m}^3$ (Woodwell et al.,1983)。

空气中 CO_2 浓度的增加并不都是由于煤和油燃烧的结果。研究者(Stuiver,1979;Bolin,1977;Woodwell et al.,1983)指出,从 1850 年到 1950 年因土地利用,使得陆生生物量减少了 7%。众所周知,陆生植物是可以利用 CO_2 制造食物的,它的生物量减少则意味着 CO_2 消耗减少,从而提高了空气中 CO_2 的浓度。

碳氢化合物:包括烷烃[甲烷(CH_4)、乙烷(C_2H_6)等]、烯烃[如乙烯(C_2H_4)]、炔烃[如乙炔(C_2H_2)]、脂环烃和芳香烃[如萜烯(C_5H_6)$_n$]等。自然界的碳氢化合物主要来自于生物的分解作用,其中甲烷每年占 3×10^8 吨,挥发性的萜烯和异戊二烯占 4.4×10^6 吨。野外空气中甲烷正常含量是 $(0.67 \sim 1.00)$ mg/m^3,其他碳氢化合物含量少于 0.07mg/m^3。城市中的碳氢化合物的主要来源是石油燃料的不充分燃烧和挥发,其中汽车占有很大比重,尤其是在汽车减速行使时会产生大量的碳氢化合物(附注表 4-2-3)。此外,石油炼制、化工生产也产生多种类型的碳氢化合物。一般说来,城市空气中的碳氢化合物虽然对人体健康无害,但能导致生成有害的光化学烟雾。经证明,在上午 6:00~9:00 的三小时内排出的浓度达 0.20mg/m^3 的碳氢化合物(甲烷除外),在 2~4 小时后就能产生光化学氧化剂,其浓度在 1 小时内可保持 0.07mg/m^3,从而引起危害。

附注表 4-2-3　汽车污染物排放量与车速的关系

污染物种类	单位	加速	减速	定速	空档
碳氢化合物	mg/m³	200~540	2 000~8 000	170~370	200~670
NO_x	mg/m³	2 000~8 000	10~100	2 000~6 000	20~100
CO	%	1.8	3.4	1.7	4.9

碳氢化合物中只有乙烯对植物直接有害,它在光化学反应中能促使生成对眼睛有刺激作用的甲醛。碳氢化合物中的多环芳烃化合物,例如 3,4-苯并芘具有致癌作用。

光化学烟雾:光化学烟雾的一次污染物是氮氧化物、碳氢化物、一氧化碳等,主要是汽车行驶过程中汽油、柴油燃烧时排放的废气,它们在阳光作用下发生一系列复杂的化学反应,结果产生有毒的二次污染物,包括醛类、O_3 和过氧化乙酰硝酸酯(PAN)等。由这些氮氧化物、碳氢化合物及其光化学反应的中间产物、最终产物所组成的特殊混合物,被称为光化学烟雾。附注图 4-2-1 是光化学烟雾形成过程的概况。

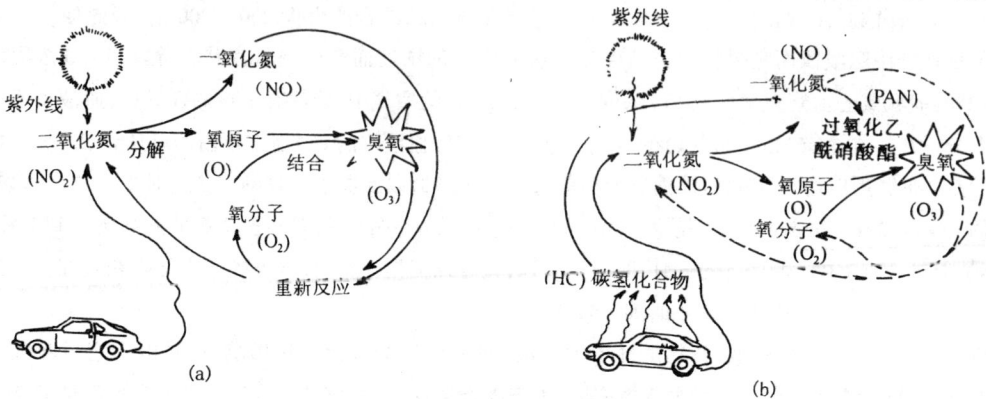

附注图 4-2-1　光化学烟雾形成过程概图(引自:Kupchella & Hyland,1989)

空气中的 NO_2 在波长 $0.29\sim0.4\mu m$ 的紫外线照射下发生光解反应,产生活泼的氧原子:

$$NO_2 \xrightarrow{\text{紫外光照射}} NO + O$$

生成的氧原子很快可以与空气中的氧分子反应生成臭氧:

$$O + O_2 + M \longrightarrow O_3 + M$$

M 为其他吸收能量的分子。臭氧分子可与 NO 按下式反应,并不断循环:

$$O_3 + NO \longrightarrow NO_2 + O_2$$

但是当空气中有碳氢化合物存在时,氧原子以及臭氧可与其反应生成具有较高反应活性的多种自由基(R),例如:

$$O + HC \longrightarrow R\cdot + R\dot{C}O$$

$$O_3 + HC \longrightarrow R\dot{C}O_2 + RCHO(醛)或 R_2CO(酮)$$

$$R\dot{C}O + O_2 \longrightarrow R\dot{C}O_3$$

酰类游离基被 NO 还原后,再被氧分子氧化形成过氧化酰类游离基:

$$R\dot{C}O_2 + NO \longrightarrow NO_2 + RCO\cdot$$

过氧化酰类游离基与 NO_2 反应形成过氧化酰硝酸酯,如果是过氧化乙酰基,即为 PAN:

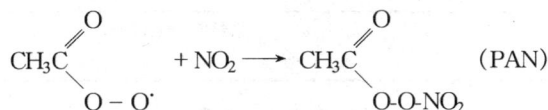

$$\underset{O-O\cdot}{\overset{O}{CH_3\overset{\parallel}{C}}} + NO_2 \longrightarrow \underset{O-O-NO_2}{\overset{O}{CH_3\overset{\parallel}{C}}} \quad (PAN)$$

这些二次污染物的形成除阳光照射外,空气中存在的碳氢化合物是形成光化学烟雾的重要条件,否则臭氧就会和 NO_x 不断循环而无法产生具有刺激作用的醛、酮类化合物。光化学烟雾首先于 1946 年在美国洛杉矶被揭露,故称这种空气污染为洛杉矶型空气污染。由于光化学烟雾与汽车排放的氮氧化物、碳氢化合物有关,它们的浓度在上午上班时间(8 时左右)达到最高点,经 3~4 小时阳光照射后,中午时光化学烟雾出现最高值,到了晚间这些污染物浓度显著降低。由于这种光化学烟雾的形成需要高温和强日照,所以夏秋季节最为严重,冬季最轻。

光化学烟雾中的 PAN,过氧化苯甲酰硝酸酯(PB_2N)、甲醛、丙烯醛对眼睛有刺激作用,臭氧会引起胸部压迫、粘膜刺激、头痛、咳嗽、疲倦等症状。光化学烟雾对植物也很危险,在 PAN 的作用下,植物发生坏死,老年植物出现在叶茎,幼年植物出现在叶尖,它使单子叶植物叶子产生淡棕色坏死条纹。

颗粒污染物是指空气中分散的微小的固态或液态物质,其颗粒直径在 $0.005\sim100\mu m$。根据物态颗粒可分为:烟(smoke)、雾(fog)和尘(dust)(图 4-13)。烟是指因蒸气冷凝作用或化学反应生成的直径小于 $1\mu m$ 的固体颗粒,如煤不完全燃烧时所产生的复杂有机物,其中不仅是单纯的碳粒还有苯并[a]芘等致癌物质;雾是指直径在 $100\mu m$ 以下的液滴;尘是指空气中各种固体颗粒,小的不到 $0.1\mu m$,大的可达数百 μm。空气中的烟雾经常同时存在且难以区分,故常用烟雾(smog)一词表示,如金属烟雾、硫酸烟雾等。

颗粒按其粒子大小和沉降速度可分为降尘(falling dust)和飘尘(floating dust),前者粒径大于 $10\mu m$,在垂直作用下很快降落到地面;后者粒径小于 $10\mu m$,能在空中飘浮,可以扩散很远。粒径小于 $100\mu m$ 的所有颗粒称为总悬浮颗粒(TSP)。通常粒径在 $1\mu m$ 以下的固体或液体颗粒,当其悬浮在气体介质中时称为气溶胶(aerosol)。飘尘小于 $2.5\mu m$ 的微粒对人的危害最大,大于 $10\mu m$ 的颗粒几乎都可被鼻腔和咽喉所捕获,因而不能进入肺泡,在肺泡内沉积最多的是 $2\sim4\mu m$ 的颗粒,小于 $0.4\mu m$ 的颗粒可以自由地进入肺部。

空气中颗粒污染物的危害作用除直接影响人体健康外,还能遮挡阳光,降低气温,增加城市的雾和降水,影响城市气候,同时降低能见度,影响交通,增加交通事故。能见度 $r(km)$ 与颗粒浓度 $C(\mu g/m^3)$ 的关系式为:$r=k/C$(常数 $k=1207.5mg\cdot m^{-2}$)。当 24 小时内颗粒浓度超过 $100\mu g/m^3$ 时,这时能见度为 12km,飞机就不能飞行(何强等,1994)。颗粒物对人体健康的危害除考虑其物理特性外,还要考虑它的化学性质。例如,铅粒,其直径大都为 $0.5\mu m$,空气中 97% 的铅是由汽车排放的,其毒性特别大。铅中毒的症状是思维迟钝、大脑麻痹、癫痫的反复发作、慢性肾疾病,严重者甚至会死亡。此外,有些颗粒如和吸附在外的有机化合物如苯并芘、苯并蒽等结合,危害更大。

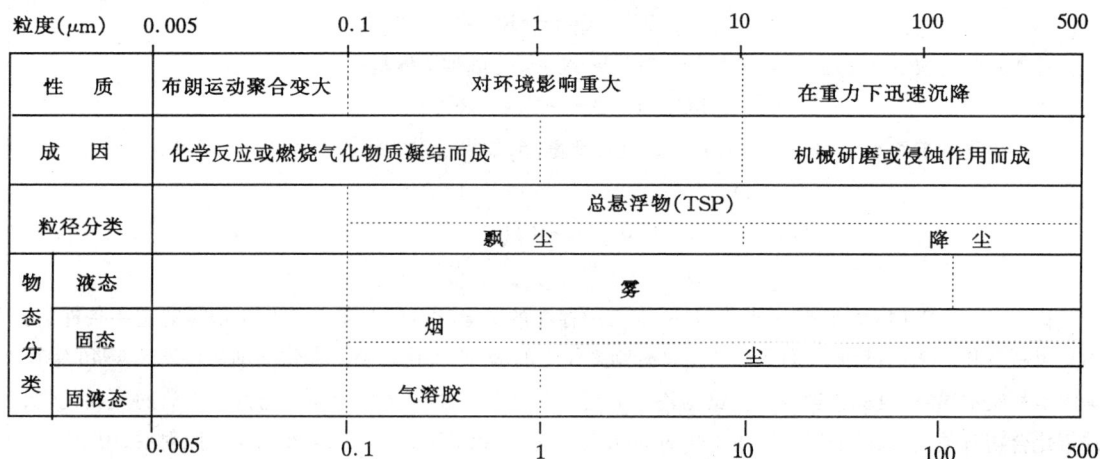

粒度(μm)	0.005	0.1	1	10	100	500

性 质	布朗运动聚合变大	对环境影响重大		在重力下迅速沉降	
成 因	化学反应或燃烧气化物质凝结而成			机械研磨或侵蚀作用而成	
粒径分类	总悬浮物(TSP)				
		飘 尘		降 尘	
物态分类 液态	雾				
固态	烟		尘		
固液态	气溶胶				

0.005	0.1	1	10	100	500

图 4-13 颗粒的粒度、性质、成因和物态的分类

城市空气污染不仅与燃料性质和污染种类有关,也与该地区地理位置和气候条件有联系。Clausen(1975)曾把它划分为两个基本类型:伦敦型空气污染和洛杉矶型空气污染(表 4-11)。

表 4-11 伦敦型和洛杉矶型空气污染的特征(Clausen,1975)

特 征	伦敦型	洛杉矶型
气温(℃)	1℃~4℃	24℃~32℃
相对湿度(%)	>85(+雾)	<70
风速(m/s)	无风	<2
最大能见距离(m)	90	600~1 600
最常出现的时间	12~1 月	8~9 月
主要燃料	煤+石油	石油产品
烟雾中的主要成分	SO_2,煤烟 CO	NO_x,碳氢化合物,CO,O_3,PAN
形成类型	热力	光化学+热力
反应类型	还原型	氧化型
每天集中的时间	早晨和晚间	中午
对人的危害	刺激呼吸	刺激眼睛结膜

伦敦型空气污染的主要组成成分是硫氧化物和烟尘,它们主要来自煤燃烧过程中的废气,所以又称为"煤炭型空气污染"。由于冬季消耗燃料较多,排放烟尘量大,再加上冬季辐射逆温频率大,湍流弱,烟尘不易扩散,因此冬季(12～1月)空气污染最为严重。就日变化而言早晨最为集中,晚间次之。当硫氧化物和雾一起形成硫酸烟雾时毒性更大,尤其在风速低和逆温层引起的空气滞留的条件下,危害更严重。历史上伦敦灾难性的空气污染事件都与当时的天气条件有关。我国各大城市的空气污染基本上属于这种类型。

洛杉矶型空气污染是光化学烟雾,它的一次污染物主要是氮氧化物、碳氢化物、一氧化碳等,在强烈的阳光照射下,由光化学反应生成二次污染物,如臭氧及过氧乙酰硝酸酯(PAN)为主的光化学氧化剂。洛杉矶型空气污染物主要来自石油和石油化工产品的燃烧,所以又称"石油型空气污染"。由于能引起光化学反应的太阳辐射主要是波长小于 $0.37\mu m$ 的紫外线,地球上纬度高于 60°的地区,紫外线受空气中微粒散射损失太多,不易引起光化学反应。光化学烟雾受害严重的地区大多在北纬 30°～35°的地区。其浓度的季节变化以夏秋为浓,冬季最淡,正好与煤炭型污染的年变化相反,日变化也和煤炭型相反。光化学烟雾污染一般只在白天出现,以中午为最浓,夜晚因无日照,一般不会出现光化学烟雾的现象。

四、城市环境对空气污染的影响

城市空气污染程度虽然取决于污染源排放的污染物特性和排放总量,但是它对周围环境造成影响的大小则和气象、地形、地物等因素有关。

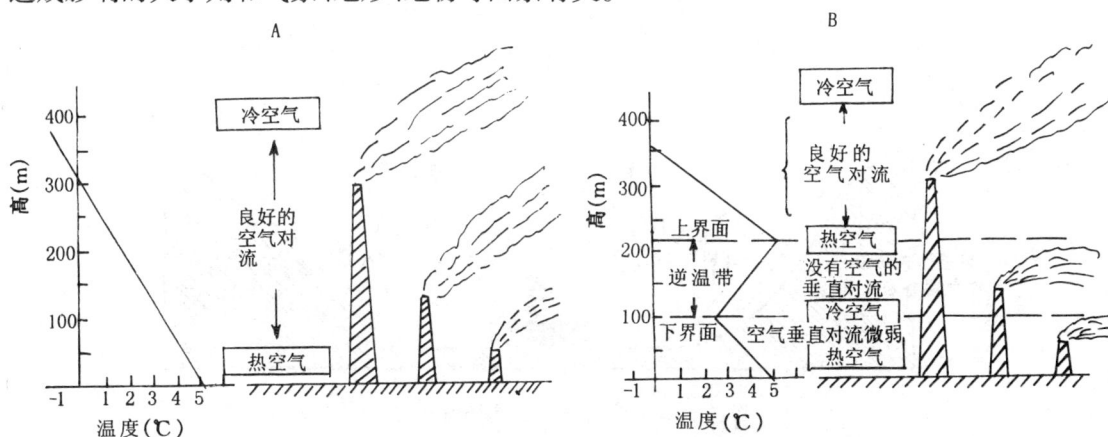

图 4－14　大气稳定度与烟气扩散(引自:Adam,1988,重绘)

A:良好的大气垂直对流,此时随着高度增高,温度持续降低。　B:逆温气候条件下的烟雾状况,此时随着高度增高,温度经历两次逆转。在暖空气团和冷空气团间不发生大气的垂直对流,大气稳定,其结果空气污染物在这狭小的空间中积聚,烟雾增加,在有风时暖冷空气才能混合

在气象因素中,首先是风向和风速与该地区的空气污染有着密切的联系,风向决定着空气中污染物的输送方向,在污染源下风的地区,空气污染就比较严重,相反,在上风的地区,空气污染就相对较轻。风速决定着空气中污染物的扩散稀释速度,风速越大,污染物受到空气稀释作用越大,同时也由于气流扩散增强,污染物与空气的混合加强,所以在条件基本相同时,风速越大,空气中污染物的浓度就越低。

自然界的风一般都具有湍流特征,空气中污染物的扩散也是靠空气湍流实现的。人们通

常看到,烟上升到一定高度以后,就转向水平运动,烟团越来越大,而且上下左右无规则地摆动,这种现象就是由大气湍流造成的。湍流越强,越有利于扩散和稀释。湍流又与大气稳定度有关。大气稳定度指大气中某一高度上的一团气体在垂直方向上的稳定程度。如地面附近大气的温度比上空高,近地面大气的密度小于上空的大气密度,这时大气就会上下对流,大气处于不稳定状态;当地面温度低于上空,出现逆温层时,此时大气处于稳定状态,大气难于发生上下对流,烟囱排放出来的废气不易扩散稀释(图4-14),如果这样的气象条件长时间持续,很容易引起大气污染。一年之中,夏季的垂直温差较大,冬季较小,冬季常出现逆温层,容易形成大气污染;一天之中,白天垂直温差较大,夜间较小,夜间容易发生大气污染。一般说来,在冬季的夜间,如果处于无风的天气,最容易形成大气污染。

我国东南临海,西北为大陆,冬以西北风为主,夏季则东南风占优势,因此,在一个工业城市里,冬季空气污染最严重的区域在城南,而夏季则在城的西北。

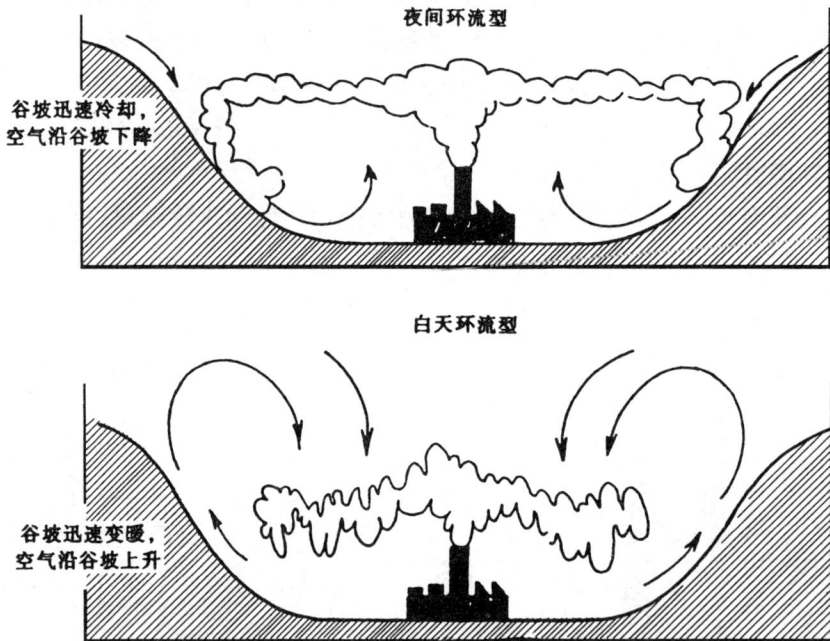

图4-15 谷地昼夜空气环流状况

不同的地形条件也会形成局部地区的特殊气流,对当地的空气污染产生重要影响。例如,沿海地区常出现海陆风,这是由于海水的比热和热容量比陆地大,白天在阳光照射下,陆地升温快,所以形成由海区吹向陆地的海风,夜间正好相反,又转为由陆地吹向海面的陆风。沿海的工业城市,为了海运方便,一般都将工业区设在海滨,生活区放在内地。白天污染物顺着海风吹向内地生活区,如果生活区背面再有山,污染物遇山阻挡产生回流,易对生活区造成严重的污染。日本的神户、大阪、川崎、横滨等城市都存在这种情况,成为防治空气污染的难题。在山区的工业城市中,山谷风对空气污染影响也是很大的,白天山坡上的温度比山谷中的温度高,气流沿谷底向上吹,形成谷风,夜间山坡的温度比山谷低,冷空气沿山坡滑向谷底,形成山风,这样工厂排放出来的污染物常在谷地和坡地之间回旋,不易扩散(图4-15),容易形成大气污染。美国多诺拉、比利时的马斯河谷烟雾事件都与这种地形条件有密切关系。

此外,城市中的建筑物对污染物扩散稀释也会产生影响,影响程度的大小与建筑物的形状、大小、高度以及烟囱的高度有密切关系。城市中建筑物的屋顶和街道受热不均,可形成"街道风",当风从城市上空吹过时,会在街道的背风面和迎风面形成一个局部地区环流,使得污染物在建筑物背风面聚集,其浓度可比迎风面高出许多,这种"街道风"对汽车排放出的污染物的扩散的影响最为突出。

第二节　城市水文与水污染

城市化的主要特征是人口集中和建筑物密度的增加。由于城市中兴建了大量的房屋和道路,扩大了不透水的地面,改变了降水、蒸散、渗透和地表径流;水渠和下水管道的修建,缩短了汇流时间,增大了径流曲线的峰值;大量的人口,在生产和生活过程中需水量增加,减少了地下水的补给,同时因污水排放量的增加而污染了水体,这一切使得城市的水文特征与郊区有很大差别。

一、城市的水文特征

一地的水分平衡(Q_W)一般表示如下:

$$Q_W = (P + R_i + G) - (E_1 + E_2 + R_o + M + S)。$$

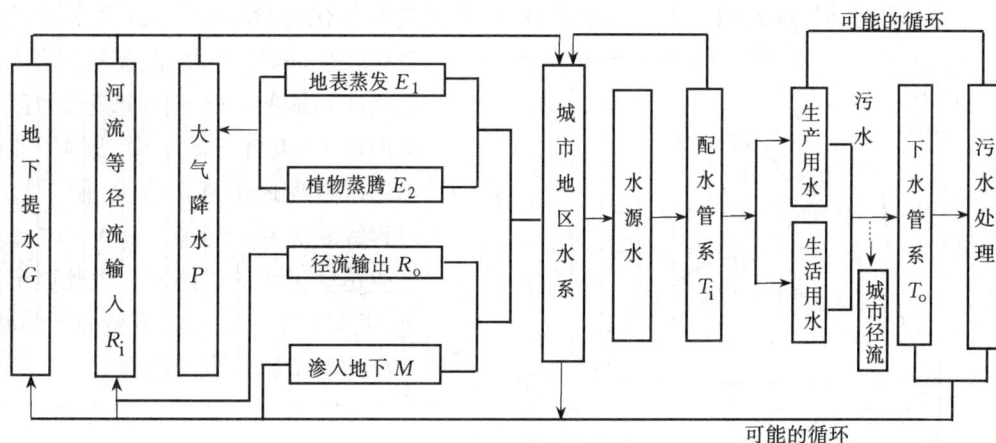

图 4-16　城市化地区水循环图(引自:杨凯,袁雯,1993;部分改动)

式中,P 为降水量;R_i 为河流等流入的水量;G 为地下水提取量;E_1 为地表蒸发水量;E_2 为植物蒸腾水量;R_o 为径流流出水量;M 为渗入地下水量;S 为生态系统组分内贮水量。在城市地区的水分平衡中,不仅包括天然水循环,而且还包括人工控制的上、下水管道中的水循环(图 4-16)。

城市水分平衡公式可表示为:

$$Q_W = (P + R_i + G + T_i) - (E_1 + E_2 + R_o + M + S + T_o),$$

式中,T_i＝上水管道进水量;T_o＝下水管道出水量。

城市化对上述公式中各项都会产生影响,从而改变了城市地区的水文特征。首先,在输入项中,城市化对大气降水(P)影响比较明显。前面已经讲过,城市地区年降水量一般比农村地区高5%～15%,雷暴雨增加10%～15%。在地面水流入量中,除径流流入量(R_i)外,还有上水道进水量(T_i),有时可高达降水量的数倍以上;城市中地下水的提取量(G)也是较高的,特别在一些缺水的城市中。

在输出项中,城市中地下水位低,地下径流及土壤含水量减少,可供蒸发的水量减少,加之植被少,风速小,蒸发和蒸腾都比农村少,下渗量(M)相应减少。由于城市中耗水量一般比较大,径流流出量(R_o)比郊区小,增加了人工管道中的出水量(T_o)。从表4－12中可以明显地看出城市地区的降水量、径流总量、地表径流量及地表径流系数均明显大于周围农村地区;而蒸发量、地下径流量及地下径流系数则明显小于周围农村地区。

表4－12　北京城市中心区与郊区水文特征比较(转引自:杨凯,袁雯,1993)

地 区	降水量 mm	径流总量 mm	地表径流 mm	地下径流 mm	蒸发量 mm	地表径流系数	地下径流系数
城中心区	675	405	337	68	270	0.50	0.10
城外平原	644.5	267	96	171	377	0.15	0.26

前面已经讲到,城市不仅降水量增加,而且雷暴雨数量增多。由于水泥、沥青等封闭地面,透水性极差,植被稀少,下渗等损失量均减少,径流量加大,城市地区径流量有明显增加。加之城市地区路面平坦,水渠和下水管道铺设齐全,汇流速度加快,使得城市地区洪水流量过程线变得尖陡,峰值增大,汇流历时缩短,峰值出现时间提前。同时由于城市地区不透水地面增大,土壤下渗减少,故雨停以后,补给退水过程的水量也减少,使得整个洪水过程线底宽相应缩短(图4－17),增加了产生迅猛洪水的可能性。因此城市洪涝灾害,尤其对于大江大河下游地区的城市,是一个非常值得注意的问题。

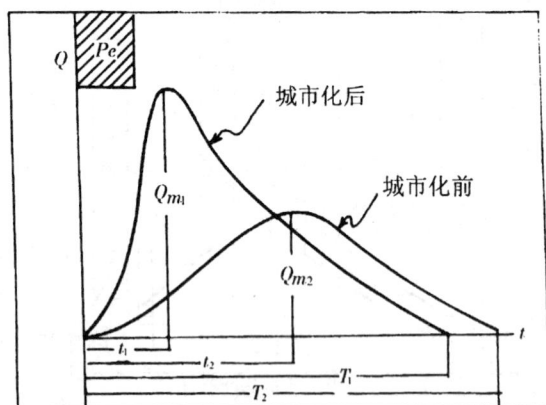

图4－17　城市化前后洪水过程线比较
(引自:杨凯,袁雯,1993)

Q_{m1}、Q_{m2}为洪峰流量;t_1、t_2为峰现历时(滞时);T_1、T_2为洪水过程线底宽(洪水历时);P_e为有效降雨

城市水分平衡不仅受生物、物理等环境因子(气候、土壤、地形、地质、植被等)的影响,而且也受人为因素的影响。最明显的是不同的土地利用类型,它在调节城市水平衡上具有重要的作用。

此外,城市化带来人口集中,用水量上升,尤其是工业的发展,导致用水量持续增加。每造一吨纸需水250m³,生产一吨化肥需耗水600m³。在那些降水量少,或河流供水不足的地区,地下水成了城市主要水源,但是如果用量过度,将导致地下水位下降。地下水位下降几十米的城市并不少见,意大利米兰十年内下降了20m,北京地下水水位也以每年0.5m～1.0m的速度下降。长期抽用地下水还可能引起地面下沉,例如天津 1966 至 1972 年,6 年间地面平均沉降速度为每年 44.95mm,上海市 1921 年到 1965 年地面沉降明显,最严重的地区下沉了 2.37m,市区及其邻近地区形成了一个碟型洼地。地面下沉将导致江水、海水倒灌,或是地面积水,给防汛、排水、交通等市政工程造成困难。

城市水文循环是一个复杂的动态系统,而且城市化所造成的水文变化,不仅限于市区,也影响它的郊区和腹地,因此城市水文的研究不能只限于城市,还应包括它的腹地和开敞地区。

二、城市的水污染

城市水污染有多种来源,首先是城市降水可能把空气中许多污染物,例如尘埃、废气、重金属等携带到地面;其次城市的径流也会(含有大量的工业生产和日常生活中的污染物)污染城市水体。城市的水污染可分为五大类:①无机物污染;②有机物污染;③生物污染;④热污染;⑤放射性物质污染。

1. 无机物污染

(1) 酸碱及一般无机盐类。污染水体中酸的主要来源是许多工业的各种酸洗废水,粘胶纤维和造纸废水等,雨水淋洗含二氧化硫的空气后,汇入地表水体也能造成酸污染。水体中的碱主要来源于碱法造纸、化学纤维制造、制碱、制革以及炼油等工业废水。酸碱污染水体,pH值发生变化,损害缓冲作用,抑制水体中生物生长,妨碍水体自净。酸碱污染不仅改变了水体的 pH 值,而且可大大增加水中一般无机盐类,从而增加水的渗透压,对淡水生物的生长造成不良影响。世界卫生组织规定饮用水中无机盐总量的合适值为 500mg/L,极限值为 1 500mg/L。

酸、碱、盐污染造成的水质硬度增加,在我国北方的一些城市,如北京、西安等地非常明显。在工业发展的影响下,城市地下水硬度不断升高,北京地下水硬度平均每年升高 0.5~0.7 度,现在虽然还不能说明硬度的这种升高会对人体健康产生何种影响,但是工业用水水处理费用的提高造成经济上的损失是显而易见的。

(2) 氰化物。水体中的氰化物主要来源于工矿企业排放的含氰废水,如电镀废水、焦炉和高炉的煤气洗涤与冷却水,以及有关化工厂废水和选矿废水等。氰化物有剧毒,一般人只要一次误服 0.1 克左右的氰化钾或氰化钠就会死亡。含氰废水对鱼类毒性很大,当水中 CN^- 含量达到 0.3~0.5mg/L 时,便可造成鱼类死亡。

(3) 重金属污染。重金属污染主要是指汞、镉、铅、铬以及类金属砷等生物毒性显著的重金属元素污染,也指具有一定毒性的锌、铜、钴、镍、锡等的污染。目前最引起人们注意的是汞、镉、铅、砷。重金属污染的最主要特征是其在水体中十分稳定,它们常被水中悬浮颗粒吸附沉入水底淤泥中,因此底泥中重金属含量相对比较高,往往成为长期的次生污染源,是污染水体治理中的一大难题。上海市苏州河底泥的处置就是目前苏州河治理过程中有待攻克的一大难关。

(4) 颗粒沉淀物。指土粒、沙粒和从地面冲下来的无机矿物质的沉淀,也可以是一些没有分解的生物残体,如硅藻等,颗粒沉淀物也是水体污染的基本指标之一。

2. 有机物污染

(1) 耗氧污染物。它们是一些可生物降解的有机物质,主要来自生活污水和某些工业废水。这些化合物被微生物分解需要消耗大量氧气。如果水中的含氧量降低到一定程度,可引起鱼类死亡。耗氧污染物对水质的影响常根据水中溶解氧(DO)、生化需氧量(BOD)、化学耗氧量(COD)以及氧下垂曲线(OSC,oxygen sag curve)来判断。

附注4-3

溶解氧(DO)是指溶解在水中氧的含量,是衡量水质的一个重要参数。当大量有机物污染水体时,水中溶解氧可被大量消耗,甚至接近于零。鱼在水中生活需要水中有一定溶解氧含量。温水鱼种要求水中溶解氧的含量一天之内至少有16小时保持在6.7mg/L以上,其余8小时不得低于4mg/L。我国渔业用水的DO标准为7.5mg/L。

生化需氧量(BOD)是指水中有机物质在微生物生化作用下,进行分解所消耗的氧量。生化需氧量愈高,表示水中有机污染物愈多。有机物经微生物氧化分解需要很长的时间(约100天)。在实际工作中,通常用被检测的水体在20℃条件下,经过5天后减少的溶解氧量来表示,称为5日生化需氧量(BOD_5)。一般家庭污水的BOD_5在200mg/L左右,有些工业废水中的BOD_5每升可高达几千毫克。

化学耗氧量(COD)是指化学氧化剂氧化水体中有机污染物时所需的氧量。化学耗氧量愈高,表示水体中有机污染物愈多。测定化学耗氧量时所用的氧化剂主要是重铬酸钾和高锰酸钾,化学耗氧量测定快速,但不同的氧化反应条件,测定的结果可能不同,因此只能相对地反映水体中有机物的含量。

氧下垂曲线(OSC)是指水体中在耗氧和复氧的协同作用下产生的一种如附注图4-3-1所示的曲线。当污染物消耗水中的氧时,起初水中溶解氧的下降速度快于水中复氧速度,在溶解氧的最低点,复氧速度等于耗氧速度,在此点以后,复氧速度超过了耗氧速度,最后水中溶解氧又恢复到正常值,这个过程就是水体固有的自净能力。氧下垂曲线的水平轴既可用时间单位表示,也可以用距离单位表示。

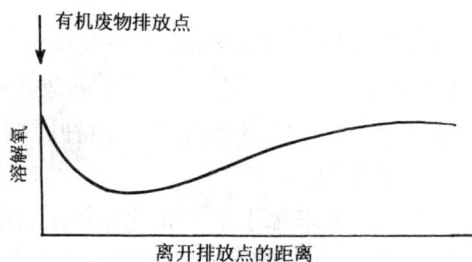

附注图4-3-1　氧下垂曲线(引自:Masters,1974)

---

(2) 难降解有机物污染。现代化学工业给环境带来许多难分解的化合物,其中如随着石油大量开采和应用所造成的油类污染,这些油类污染物质对水体的污染愈来愈严重,特别是沿河沿海城市,发达的工业和繁忙的航运造成的油类污染特别严重。此外又如酚类化合物污染,它们主要来源于冶金、煤气、炼焦、石油化工、塑料等工业企业排放的废水。另外,粪便和含氮有机物的分解过程中也产生少量酚类化合物,所以城市生活污水也是酚类污染物的来源。酚有毒性,但人体对它有一定的解毒能力。如经常摄入的酚量超过人体的解毒能力时,人体会慢性中毒,发生呕吐、腹泻、头痛头晕、精神不安等症状。水中含酚为(0.1~0.5)mg/L时,对鱼类虽无直接毒害,但能使鱼肉带异味而影响食用。饮用水如用氯法消毒,水中含酚超

过 0.002~0.003mg/L 时,消毒后的水有氯酚臭味,影响饮用。

3. 生物污染

(1)病原微生物。水体中病原微生物主要来源于生活污水和医院废水,以及制革、屠宰、洗毛等工业废水和畜牧污水。病原微生物包括细菌、病毒和寄生虫。病原性细菌是大规模流行病的传播者。幸运的是,排到自然水体中的肠道细菌一般只能存活几天时间。但是,传染性的病毒性疾病如传染性肝炎可由饮水而传染。通过摄食途径进入人体的还有寄生虫,如引起阿米巴痢疾的阿米巴原虫以及使人患蛇状线虫症的丝虫等。

(2)水体富营养化。由于生活污水中的粪便和含磷洗涤剂以及化肥等经雨水的冲洗,使得水体中氮、磷、钾、硫等植物营养盐增多,促进水体中藻类大量繁殖,导致水体的富营养化。在藻类繁殖旺盛时可在水面形成"水华"。水体富营养化后,水中溶解氧显著下降,水体混浊、透明度低,严重时水味变得腥臭难闻,鱼类死绝。

4. 热污染

工业生产过程中,特别是发电站,需要排放出大量冷却水,这种废热水进入水域时,其温度比水域的温度平均约要高 7℃～8℃。在某些情况下,温水是人们需要的,例如,利用发电厂的余热养鱼可以提高鱼的产量,但是当鱼适应了这种水温后,一旦由于管理不善或事故,使水温降到原先水平,就会引起鱼的死亡。水体热污染还将促使水中生物代谢速度加快,从而引起生物需氧量的增加,相应的水中溶解氧却随温度升高而下降,因此,当生物对氧的需要量增加时,所能利用的氧反而减少了。温度升高时,废物的分解速度也加快了,需氧增多,更增加了水中的缺氧状况,结果在大多数情况下不能满足鱼类生存所必需的氧气最低值。因此可能出现这种情况,如果单独向河流排放一定数量的污水并未产生明显的伤害作用,当又排入热污染水时,河流就可能成为无生命的"死水"。

水温升高也使水生生物群落发生变化,水体中何种藻类占优势,在相当大的程度上决定于温度(图 4-18)。蓝藻多生活在高温水中,常是造成水体不良气味的主要原因。此外,由于水源周围温度升高,栖息在该地区的昆虫将提前苏醒,这种节律的改变,有可能破坏自然界的生态平衡,这也是热污染可能导致的对环境的不良影响。

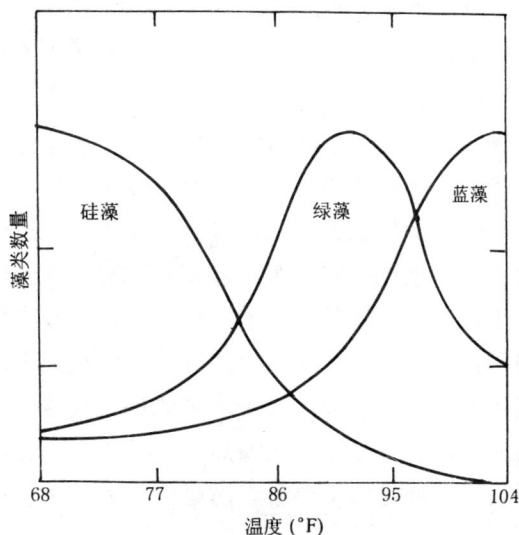

图 4-18　温度对各种藻类生长的影响
(Cairns,1956;转引自:Masters,1974)

5. 放射性物质污染

大多数水体在自然状态下都有极微量的放射性物质,但水体被放射性物质污染主要是由开采、加工放射性矿石所造成。城市中的放射性污染多来自核电站、医院等应用有关放射物质的实验室。放射性物质在水环境中虽然不多,但能像DDT那样在食物链中蓄积,在同位素广泛使用的情况下应予以充分关注。

城市的水污染包括地面水污染和地下水污染,地下水污染常常容易被忽视,但它的影响却更为深远。

第三节 城市土壤和土壤污染

城市里的土壤是在地带性土壤背景上,在城市化过程中受人类活动影响而形成的一种特殊土壤。除了那些已被人工彻底破坏和地表被各种建筑材料覆盖的土壤已完全丧失了土壤的传统价值外,即使仍然暴露的土壤,由于人类活动的影响,其物理性、化学性以及其中的生物等各种性质都发生了显著的变化。

一、城市土壤性质

城市土壤形态多样,有的被剥去了表土,心土露在外面,许多土壤的自然剖面都被翻动了,有的仅仅是土壤物质的堆积。由于人类践踏或重物积压,土体紧实,团粒结构被破坏,土壤结构差,透水性不良,天然降水只能有一小部分渗入地下,土壤湿度较小,容易被侵蚀。

在酸雨的影响下,城市土壤的 pH 值较低,有的地方则由于尘埃、垃圾和废水的污染导致了富营养化和碱化,生产和生活过程中产生的废弃物也常混入土壤中,致使城市土壤中含有较多的人为侵入体以及重金属等物质。此外,城市土壤中还含有较多的微生物,它们不仅能吸收 CO,而且还能分解乙烯、SO_2、CO_2 等。

城市人口和建筑物密度大多是从市中心向外围呈同心圆形式逐渐减少,在不同强度的人为影响下,城市土壤亦呈同心圆形式分布。市中心的土壤多已不再是生产性的土壤,只是作为城市绿地、操场或其他用地。这些土壤原来的自然剖面已经被破坏,其中常混杂有生活和生产活动中排放的废弃物,以及较多的砖瓦、石砾、垃圾等非自然的新生体。由于大量混凝土的使用,使土壤中钙含量增加,土壤 pH 值较高,重金属含量也较多。市区内土地利用状况不同,土壤空间分布也存在着差异。在公园、学校和住宅区的绿地上,因无直接污染,土壤中污染物含量较少,土壤有机质含量较多,土壤水分状况较好,土壤微生物活动旺盛。道路两侧的土壤中常栽种行道树,两旁是封闭的路面,土壤湿度较小。由于车流量大,汽车尾气排放、轮胎磨损等,进入土壤的污染物种类较多,重金属含量普遍增加,其中 Pb、Zn 尤为显著,愈近公路含量愈高,并且集中在土壤的表层(图 4-19)。工厂周围土壤属性比较复杂,其特征是污染严重,污染物成分、浓度以及 pH 值、土壤微生物等视工厂类型而有所不同。

近郊城乡结合部的土壤多作为蔬菜和副食品生产基地,由于接近城市,受城市生产和生活的影响比较显著,除了承受工业向大气排放的污染物外,有时还把垃圾作为肥料直接施入田中,或用污水灌溉,这样虽可改善土壤肥力,但却增加了污染的可能。同时,近郊地区的土壤经过人们长期精耕细作,腐殖质层深厚,较为肥沃,但化肥、农药、除草剂使用普遍,土壤中农药残留量也较高。随着城市范围的不断扩展以及乡镇工业的发展,这类土壤也不断受到污染和蚕食,保护这部分土壤的生产力是不容忽视的问题。

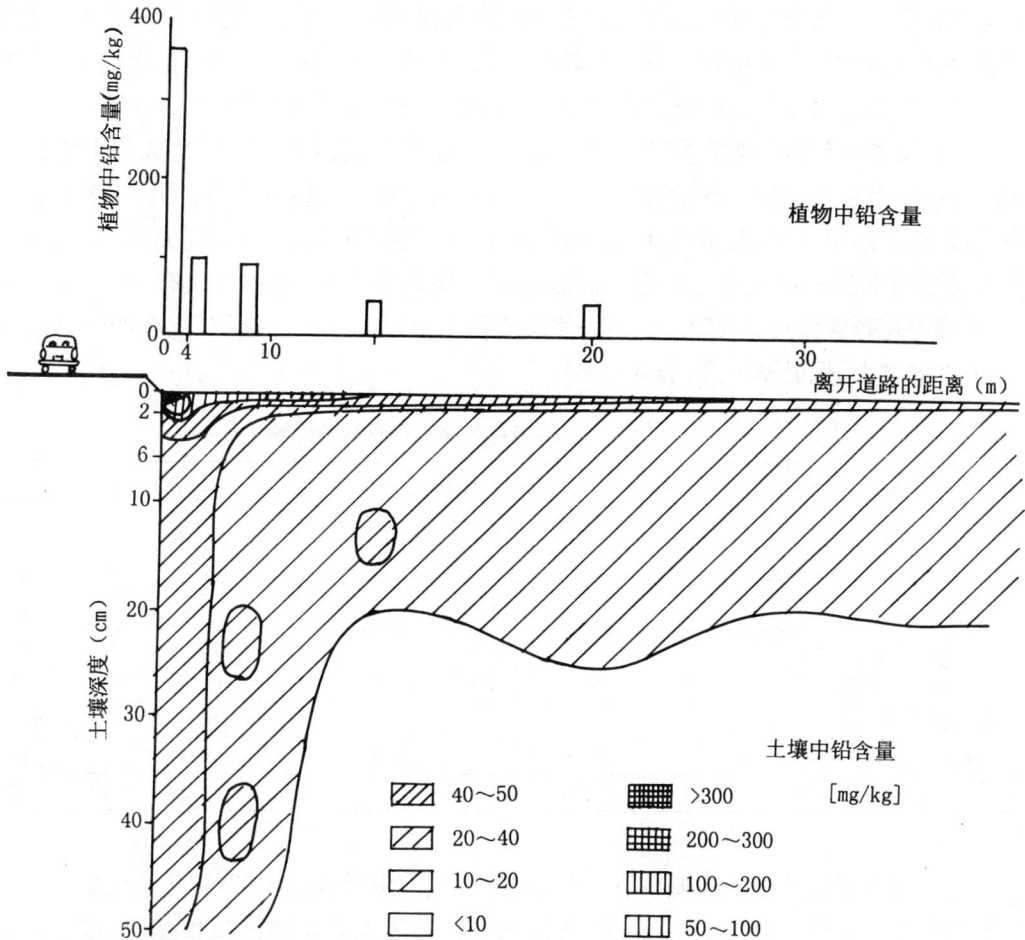

图 4-19　道路附近土壤中的铅含量(引自:Ellenberg 等,1981)

二、城市土壤污染

土壤是生产食物的基地,同时也是有机物分解的地方,与人们的生活关系极大。土壤污染没有像水污染和大气污染那样受到人们的重视,因为它的污染没有像水和大气那样直观。但是土壤一旦受到污染,污染物就能通过各种途径直接或间接持续地危害人们的生活和健康,对它的治理也比大气污染和水污染治理困难。

根据污染物进入土壤的方式,城市土壤污染可分为:

(1) 水污染型污染。主要是由污水灌溉所造成的污染。在日本已受污染的耕地中,80%是由水污染所造成的。我国西安、北京、天津、保定、上海、广州等城市也发现污灌区的土壤都存在不同程度的重金属污染。此外,油和苯并[a]芘等也可能随着污水进入土壤,这将视污水成分而定。

(2) 大气污染型污染。城市工业生产、交通运输以及其他活动所排放的废气,以飘尘、降尘等形式降落,造成土壤污染。我国估计每年约有 2 000 万吨降尘(据 1978~1980 年统计)降落到地面。上海市每平方千米月平均降尘量为 18.9 吨(城区高达 24.2 吨,郊县为 11.6 吨),加上 0.164mg/m³ 的飘尘,是土壤污染的一个重要方面。

土壤受大气污染的程度视离开污染源的距离而不同。据对上海冶炼厂附近土壤理化分析表明,距厂房越近,土壤中重金属含量越高。以铅为例,距厂房 50 米处,铅含量高达 170mg/kg,是土壤中自然本底值(10mg/kg)的 17 倍,离厂房 1 000 米处,降低至 1/3 以下。

(3) 固体废弃物污染型污染。主要是垃圾、废渣等固体废弃物所造成的土壤污染。目前我国城市垃圾年产量达 1.5 亿吨以上,一半以上的垃圾进入城郊土壤,多数均未进行无害化处理,而是随意还田,导致大量的瓦砾、灰渣、碎片、金属盐类、病菌、虫卵等进入土壤,使土壤的理化生物性质受到影响或改变。据京津塘地区土壤调查表明,施用垃圾有 10~20 年历史的地块,土壤中瓦砾含量可达 25%~50%,使表土层上形成了一层垃圾层,土壤的物理性状明显变差,失水率增大,保肥率下降(表 4-13)。

表 4-13　垃圾对土壤物理性状的影响

项　　目	对　　照		每公顷施 30 万千克垃圾	
层次(cm)	0~20	20~40	0~20	20~40
瓦砾量(%)	15.5	16.8	37.5	31.8
粉粒量(%)	11.8	15.8	7.8	12.2
粉砂量(%)	71.9	67.6	53.8	56.2
失水率(%)	16.9	13.6	18.1	16.4
折合每公顷每天失水量(kg)			5 085	12 285
阳离子代换量(ml/100g)	17.4	21.7	15.1	16.8
保氮率下降(%)			13.1	22.2

上海市嘉定区地近中心城市,由于长期使用城市生活垃圾作肥料,导致土壤中汞含量明显高于上海市的其他郊县。松江、金山、青浦三县(区)为上海市的商品粮基地,过去曾大量使用含汞农药,表土层也积累了较多的汞。崇明县远离城市中心,大面积分布的是旱作土壤和盐土,表土中含汞量相对较低,南汇、奉贤县情况类似(表 4-14,图 4-20)。

表 4-14　上海市 10 个郊县(区)汞的背景水平及差异性(引自:王云等,1992)

F 值 中 位 值		上海	嘉定	宝山	川沙	南汇	奉贤	松江	金山	青浦	崇明
上海	0.106 2		＊＊	＊＊			＊＊				＊＊
嘉定	0.166 7	11.34		＊＊	＊＊	＊＊	＊＊		＊	＊＊	＊＊
宝山	0.061 6	16.96	44.88		＊			＊＊	＊＊	＊	
川沙	0.106 3	0.20	9.69	7.11			＊				＊＊
南汇	0.072 3	3.68	25.64	3.69	1.18			＊＊	＊		＊＊
奉贤	0.084 0	15.67	44.85	0.20	6.17	2.59		＊＊	＊＊	＊	
松江	0.114 9	1.38	3.80	19.98	1.82	8.24	18.84			＊	＊＊
金山	0.150 0	0.59	4.95	15.92	0.98	5.68	14.56	0.12		＊	＊＊
青浦	0.103 5	1.99	20.46	6.31	0.42	0.29	5.01	5.49	3.60		＊＊
崇明	0.057 4	29.21	29.20	0.15	12.95	7.52	0.90	34.62	27.74	11.98	

＊＊,显著差异(α=0.01);＊,差异(α=0.05)。

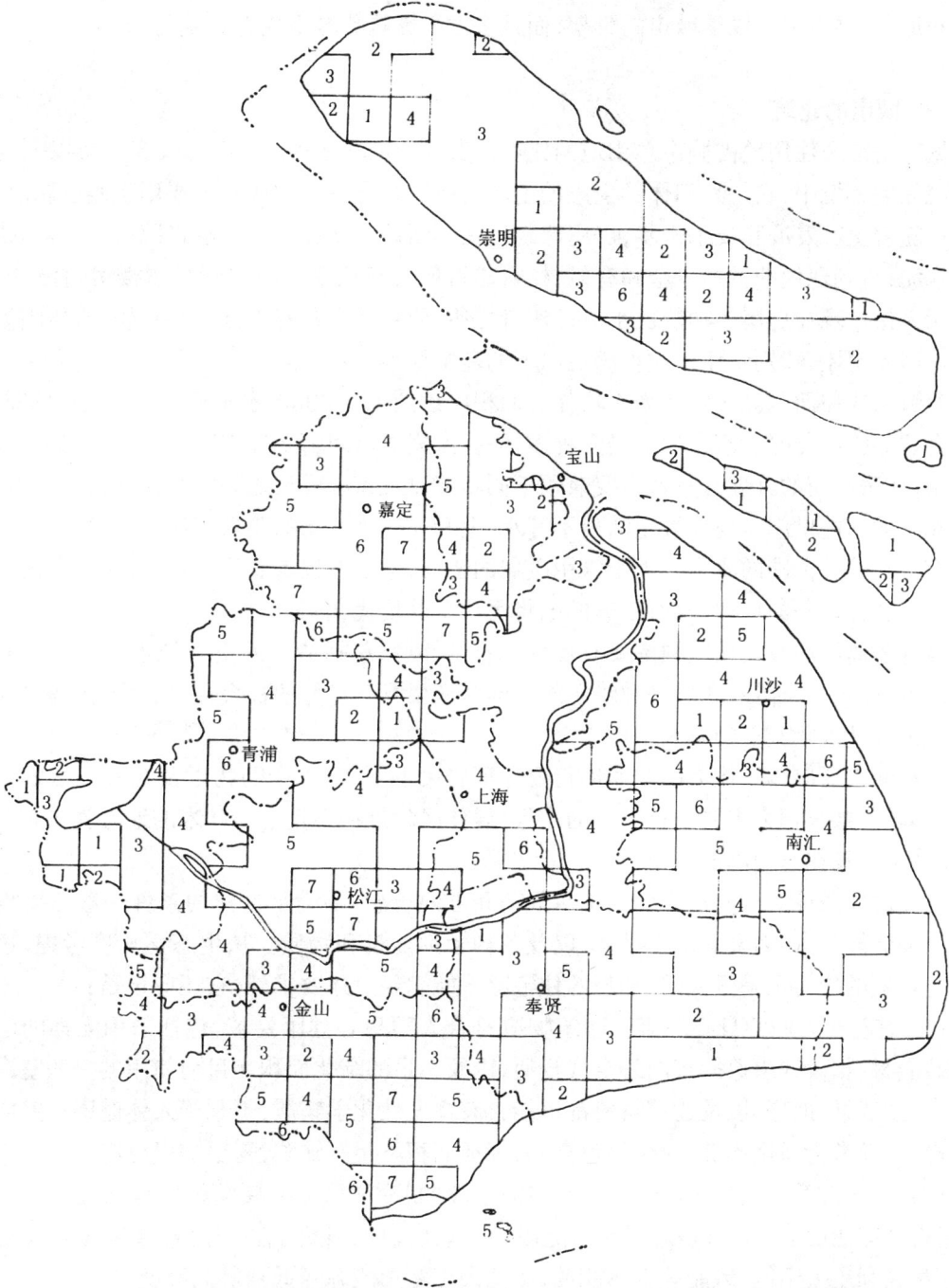

图 4-20　上海土壤汞(Hg)元素环境背景值图(单位:mg/kg)(引自:王云等,1992)

图中:1—≤0.0433;2—0.0434~0.0618;3—0.0619~0.0920;4—0.0921~0.1259;
5—0.1260~0.1687;6—0.1688~0.2124;7—>0.2124

第四节　城市的建筑和交通

城市是人口高度聚集的地方,人们为了生活、生产及社会经济活动的需要,建造了大量的房屋和道路,这不但构成了城市的骨架,而且多方面影响着城市生态系统的功能。

一、城市的建筑

城市生活居住用地占城市总用地的比例一般为 30%～50%,人们每天有一半以上的时间生活在住宅环境中,它是人们休养生息的主要场所。人类早期的住房主要用于避风遮雨、防兽驱虫。随着生产发展和技术进步,房屋建筑也在不断地进步和发展。建筑用材从草木、砖石到钢筋水泥,直到现代的各种合金和有机材料,建筑形式则从草棚简屋到瓦屋楼房,直到超高层的摩天大楼。现在房屋的功能已不只是栖身之所,而且还承担着工作、学习、娱乐、休闲等多种功能。因此房屋,特别是住房应该满足以下的基本要求。

足够的居住面积。一般认为人均住房面积应达到 $10～20m^2$ 才能满足现代生活的需要。

合理的空间分隔。家庭生活是多种多样的,家庭成员间由于性别、年龄等不同都会有各自的需求,住房空间的合理分隔就是要兼顾不同功能以及家庭成员之间的交往和独处的需要。

充分的水电供应。现代人生活离不开水、电和煤气。对水的要求不仅要有足够的数量,而且要有合乎饮用标准的质量。由于家用电器的普及,电已不仅是照明,而且关系到室内环境的调控以及各种设备的启用,没有足够的电将无法享受现代文明。

良好的周围环境。住宅周围要有良好的自然环境,包括清洁的空气与水体以及足够的园林绿地等,以供儿童游戏和居民散步游憩。同时还要具有良好的社会环境,为居民提供和谐安全的氛围以及人际交往的有利条件。

便利的交通出行。住宅的交通出行要保证居民上下班、上街购物以及儿童上学的安全便利,在仍以公共车辆为主要出行工具的今天,居住区附近在不超过 400 米的地方就应有公交车站,使乘车者能在 5～6 分钟内到达。

上述居住条件主要是从人们的生活舒适和方便着想,要满足这样的条件一般需要投入大量的附加能量,包括大量的供水、供电以及各种辅助能量和物质。从生态学角度考虑,这样的住宅对环境的压力仍是很大的,理想的住宅除了能满足上述要求外,它还应该是:

(1) 有益于人们的身心健康。建筑物应符合人类身心健康要求,包括采用无毒的建筑材料和装潢材料,设计中保持室内外空气畅通,以及充足的绿化面积。目前使用的一些室内装潢材料,包括墙纸、地毯,以及建筑材料都可能含有挥发性化学物质,不利于人体健康。室内通风仅靠电力,经常会通风不良;缺少绿色空间,绿地面积不足等缺陷,需要加以克服。

(2) 充分利用自然能源。现代建筑中的取暖、制冷和采光需要消耗大量的能源。有人估计,它占全球能源消耗的 45%,而自然能源却又被白白地浪费了。因此符合生态学要求的房屋,应尽量利用太阳能、风能等自然能源,而把人工辅加能源降低到最低程度。

(3) 物质的循环利用。在一个生态系统中,物质是不断循环的,上一个环节的废物,可以是下一环节的原料,周而复始,不断地循环利用。符合生态学要求的建筑应该遵循这一原则,实现废弃物重复利用,尽量使垃圾就地消化或半消化,发展不用水或少用水的卫生洁具等。

(4) 减少对环境的负面影响。减少建筑物对周围环境的影响也是生态建筑追求的目标,这不仅涉及内部废弃物的处置,同时也涉及建筑物的布局和建筑材料的使用。目前有些地方建筑过密、过高所造成的局地小气候改变,以及玻璃幕墙所产生的光污染都是需要防范的问题。

符合以上要求的建筑,贯彻了"3R"原则[即:reduce(节约);reuse(重复利用);recycle(循环)],就可以称之为"生态型"建筑,它应该成为城市建筑,特别是住宅建筑追求的目标。

目前城市住宅建筑种类很多,有高层楼房、多层楼房、独院式住宅以及平房等。随着城市人口的增长和城市的发展,城市住宅的结构、层数、密度等都发生了变化,普遍存在着不管城市的具体条件,楼越盖越高,追求高层、超高层的现象。固然,高层住宅可以便利人们的工作、购物,缩短居民工作、生活的空间距离,将同样的人口容纳在较小的土地上,可以节约较多的土地,这对于解决城市住房紧缺、用地紧张、交通拥挤等问题有一定的作用,在地价昂贵、人际交往频繁、金融贸易繁忙的特大城市也许是必不可少的,但是它对人们的日常生活以及生理、心理健康的影响也是不容忽视的。

高层建筑比较封闭,自然通风条件差,室内污染物浓度增高,有些污染物和病菌可在建筑物内以及通风管道集中、繁殖;此外,高层建筑经常采用的人工照明差,容易引起眼睛疲劳及视力下降。因此,长期在高层建筑里工作和生活的人们易患眼病及呼吸道疾病等所谓"高层建筑综合征"。

此外,身居高层的人,往往发生视觉恐怖、感觉恐怖和噪声恐怖,久住高层住宅的人易得心脏病。成群的高层建筑,还会使人感到单调、冷漠,缺少传统建筑的特色,在美学上也很枯燥,难以体现一个地区的建筑特色。现在有些人认为建筑高层化就是城市现代化,有的城市人口并不很密集,土地并不很紧张,也耗费大量资金搞高层化来体现"现代化",可谓走入了误区。

二、城市的道路交通

城市道路是联结城市各种用地以及与外界联系的纽带,是城市的"血管",在城市的生产、生活和城市发展中起着重要的作用。

一个城市的道路用地比例可以反映出一个城市的现代化程度。表4-15是国内外一些城市的道路用地的比例。

表4-15 国内外一些城市的道路用地比例及人均道路面积

城市	道路用地(%)	人均道路面积(m²)	城市	道路用地(%)	人均道路面积(m²)	城市	道路用地(%)	人均道路面积(m²)
上 海	8.3	4.50	巴 黎	25	5.90	西柏林(前联邦德国)	11	—
天 津	5.1	7.50	华盛顿	45	—	东 京	12.3	7.55
北 京	21	5.60	纽 约	35	28.00	香 港	—	5.70
伦 敦	23	27.02	洛杉矶	50	—	大 阪	—	13.35

根据道路密集程度的变化可以了解城市发展的速度。若将城市道路密度分为五级:1 级为<100 000 m²/km²,2 级为(100 000~500 000) m²/km²,3 级为(500 000~1 000 000)m²/km²,4 级为(1 000 000~2 000 000) m²/km²,5 级为>2 000 000 m²/km²。东京1950 年市区道路密度为2 级,郊区为1 级,但到1970 年市区各区都是4 级和5 级,郊区为2 级和3 级。

城市生态系统中的各个组成部分通过城市道路连成一个整体。随着城市化的发展,城市中物质流通量日益增加,城市客运、货运交通日益频繁。人口密度的不断增加,给城市交通带来了巨大的压力。据资料统计,1996 年上海市老城区人口密度达每平方千米 22 633 人,交通流量很大,负荷沉重不堪,造成交通拥挤、阻塞,影响了城市功能的正常发挥。

城市道路交通的发展应当与人口的发展同步,然而我国的多数城市,道路交通发展与人口发展不相适应。20 世纪 80 年代以来,城市中物质、人员流动量已成倍增长,道路交通却仍维持在 60 年代的水平(表 4 – 16)。我国许多大城市人均道路占有面积低于全国平均水平。据 1996 年统计,天津为 7.5 m²,上海为 4.5 m²,武汉为 2.0 m²,广州为 5.0 m²,北京为 5.6 m²,深圳为 3.2 m²。在经济发达国家的一些大城市,如伦敦人均为 27 m²,纽约为 28.0 m²,大阪为 13.35 m²,但这些城市的交通仍很拥挤,这是因为交通量不仅与人口的密度有关,而且与城市的生产、生活等方面的活动水平有关。如上海的人均道路占有量在全国不算最低,但却成为最拥挤的城市之一,因为上海城市的生产和经济活动远远高于其他城市。

表 4 – 16　城市交通基本情况统计表(《中国统计年鉴》,1997)

项　　目	单位	1957 年	1965 年	1978 年	1985 年	1990 年	1995 年	1996 年
公共车辆(汽车、电车)总数	辆	6 174	11 060	32 098	45 155	62 215	136 821	148 109
平均每万人拥有量	辆	1.0	1.6	3.5	3.9	4.8	7.3	7.3
道路铺设长度	km	18 259	24 000	36 410	38 289	94 820	130 308	132 583
平均每万人拥有量	km	3.0	3.4	3.3	3.3	6.4	7.0	7.0
铺设道路面积	10⁴m²	14 421	21 000	33 019	35 872	89 160	135 810	143 139
平均每万人拥有量	10⁴m²	2.4	2.4	3.0	3.1	6.0	7.3	7.6

城市作为人类高度聚集的生态系统,是在和它周围地区进行不断的物质交换中存在和发展的。因此,一个城市除了市内交通外,还要有对外交通,它是联系城市与城市、城市与乡村的纽带,是这个城市生态系统产生和发展的重要条件,也是构成城市人工环境的主要物质要素。城市对外交通的方式多种多样,包括铁路、公路、内河水路、航海和航空。它们都各有特点:铁路运输量大、安全、有较高的行车速度,一般不受季节、气候的影响,可保证常年正常运行;水运具有运量大、成本低、投资省的特点,但速度比较慢;空运的活动空间广阔,速度最快,最适宜于远程快速运输,但成本高,受气候条件限制大,对城市的干扰也比较大;汽车(公路)运输最灵活机动,能深入城乡每个角落,运输设备简单,是适应性最强的运输手段,随着汽车性能的不断改进,公路技术等级的不断提高,汽车运输的运距在不断增加。由于航空技术的发展,空运在交通运输量中所占的比重也将不断增加。

第五节　城市噪声

随着城市人口的迅猛增长和工业的急剧发展,城市噪声越来越强。所谓噪声,一般被认为是不需要的,使人厌烦并对人们生活和生产有妨碍的声音。它包括:①过响声,如机器运转、喷气发动机的隆隆声、嘶叫声等;②妨碍声,声音虽不太高,但妨碍人们的交谈、思考和休息等;③不愉快声,如摩擦声、碰撞声、尖叫声等。

一种声音是否是噪声不单独取决于声音的物理性质,也和人类的生活状态有关,不同年龄、不同健康状况、不同处境对噪声的理解都可以是不同的。城市噪声妨碍人们的休息与健康,是当今城市中生活的人群面对的一大环境问题。

一、城市噪声的特征和来源

噪声属于感觉公害,它没有污染物,在空中传播时并未给周围环境留下什么毒害性的物质,它对环境的影响不积累、不持久,传播的距离有限,一旦声源停止发声,噪声也就消失。

噪声具有声音的一切声学特性和规律,噪声对环境的影响和它的频率、声压和声强有关。噪声强度用分贝(dB)作单位,噪声愈强,影响愈大。

附注4-4 与声音强弱有关的物理量(节录自:何强等,1994)

1. 频率

声音是物体振动以波的形式在弹性介质(气体、固体、液体)中进行传播的一种物理现象。这种波就是通常所说的声波。声波的频率等于造成该声的物体振动的频率,其单位为Hz(赫兹)。一个物体每秒钟的振动次数,就是该物体的振动频率的赫数,亦即由此物体引起的声波的频率赫数。例如某物体每秒钟振动100次,则该物体的振动频率就是100Hz,对应的声波的频率也是100Hz。声波频率的高低,反映声调的高低。频率高,声调尖锐;频率低,声调低沉。人耳能听到的声波的频率范围是20至20 000 Hz。20Hz以下的称为次声,20 000 Hz以上的称为超声。人耳有一个特性:从1 000Hz起,随着频率的减少,听觉会逐渐迟钝。换句话说,人耳对低频率噪声容易忍受些,而对高频噪声则更感烦躁。

2. 声压

声波在空气中传播时,空气分子在其平衡位置的前后也沿着波的前进方向前后运动,使空气的密度也随之时疏时密。在密处,与大气压相比,其压力稍许上升;相反,在疏处,其压力则稍许下降。在声音传播的过程中,空气压力相对于大气压力的压力变化,称为声压,其单位为帕[斯卡(Pa)]。

$$1Pa = 1N/m^2,$$

式中,N(牛[顿])是力的单位。

3. 声强

声强就是声音的强度。1秒钟内通过与声音前进方向成垂直的、1平方米面积上的能量称为声强(用 J 表示),其单位是 W/m^2。声强 J 与声压(用 p 表示)的平方成正比,其关系式如下:

$$J = p^2/\rho c,$$

式中: ρ——介质的密度(kg/m^3);

c——声音的传播速度(m/s)。

4. 声压级

由于平常遇到的噪声声压大小差别极大,例如飞机发动机噪声的声压为20Pa,而刚能听到的蚊子飞过的噪声声压约为0.000 02Pa。两者声强之比为:

$$\frac{J_{飞机}}{J_{蚊子}} = \frac{p^2_{飞机}/\rho c}{p^2_{蚊子}/\rho c} = \frac{20^2}{(2 \times 10^{-5})^2} = 10^{12} : 1$$

即前者的声强是后者的1万亿倍,声压之比也达100万倍。声强或声压的变化范围如此之大,在应用上极不方便。如果采用声强之比(亦即声压之比)的对数就十分方便:

$$L_p = \lg \frac{J}{J_0} = \lg \frac{p^2}{p_0^2} = 2 \lg \frac{p}{p_0},$$

式中：　p——被测声压；

　　　　p_0——基准声压，其值为 $2\times10^{-5}\text{N/m}^2$；

　　　　L_p——声压级 B(贝)。

用贝作声压级的单位还是太大，常用它的十分之一即分贝(dB)作单位。此时声压级应用下述公式进行计算：

$$L_p = 20\,\lg\frac{p}{p_0}\,(\text{dB})。$$

所以声压级就是被测声压与基准声压之比的对数乘以 20 的分贝数。声压和声压级可以互相换算。

[例 1] 强度为 80dB 的噪声，其相应的声压为多少？

解：

因为　　　　　$L_p = 20\lg(p/p_0)$，

$$\lg p = \frac{L_p}{20} + \lg p_0 = \frac{80}{20} + \lg 2\times10^{-5} = \lg 2\times10^{-1}，$$

所以　　　　　$p = 0.2\text{Pa}。$

声压和声压级的换算值见附注表 4-4-1。

附注表 4-4-1　声压与声压级的换算值

声压级(dB)	0	10	20	30	40	50	60
声压(Pa)	2×10^{-5}	$2\times10^{-4.5}$	2×10^{-4}	$2\times10^{-3.5}$	2×10^{-3}	$2\times10^{-2.5}$	2×10^{-2}
声压级(dB)	70	80	90	100	110	120	
声压(Pa)	$2\times10^{-1.5}$	2×10^{-1}	$2\times10^{-0.5}$	2	$2\times10^{0.5}$	20	

0 dB 的声音为刚刚能被人们听到的声音，称为听阈。dB 数愈大，噪声愈强，120dB 是痛阈，使人听来感到难受，并引起耳聋。

如果有几种声音同时发生，则总的声压级不是各声压级的简单算术和，而是按照能量的叠加规律，即压力的平方进行叠加的。

[例 2] 设有两个噪声，其声压级分别为 L_{p1}dB 和 L_{p2}dB，问叠加后的声压级 L_{p1+2}为多少？

解：　　　　　由 $L_{p1} = 20\lg(p_1/p_0)$　得　$p_1 = p_0 10^{\frac{L_{p1}}{20}}$，

　　　　　　　　$L_{p2} = 20\lg(p_2/p_0)$　得　$p_2 = p_0 10^{\frac{L_{p2}}{20}}$，

而　　　　　$p_{1+2}^2 = p_1^2 + p_2^2 = p_0^2\left(10^{\frac{L_{p1}}{10}} + 10^{\frac{L_{p2}}{10}}\right)$，

或　　　　　$\left[\dfrac{p_{1+2}}{p_0}\right] = 10^{\frac{L_{p1}}{10}} + 10^{\frac{L_{p2}}{10}}$，

所以总的声压级：

$$L_{p1+2} = 20\lg\frac{p_{1+2}}{p_0} = 10\lg\left[\frac{p_{1+2}}{p_0}\right]^2，$$

即 $$L_{p1+2}=10\lg(10^{\frac{Lp1}{10}}+10^{\frac{Lp2}{10}})。$$

由计算总声压级 L_{p1+2} 的公式可见：

（1）当 $$L_{p1}=L_{p2}，或\,L_{p1}-L_{p2}=0\,时，$$
$$L_{p1+2}=L_{p1}+10\lg2=L_{p1}+3(dB)，$$

即总声压级等于任一声压级加上 3dB。这 3dB 就是两个声音同时存在时声压级的增值（α），任意两种声压级不等的声音共存时，其 α 值见附注表 4-4-2。

附注表 4-4-2　分贝和的增值

声压级差（$L_{p1}-L_{p2}$）	0	1	2	3	4	5	6	7	8	9	10
增值（α）(dB)	3.0	2.5	2.1	1.8	1.5	1.2	1.0	0.8	0.6	0.5	0.4

此值加在两声压级中较大的一方。利用 α 值大大简化了声压级叠加的计算过程。

（2）如有几种声音同时出现，其总的声压级必须由大到小地每两个声压级逐一比较，依次加上相应的 α 值而得。例如声压级分别为 85，83，82 和 78 dB 四种声音共存时，计算顺序为：85-83=2，查表 α 为 2.1，其分贝数为 85+2.1=87.1，依次类推。总声压级约为 89dB。

5. 等效声级

由于许多地区的噪声是时有时无、时强时弱的，例如道路两旁的噪声，当有车辆通过时，测得的 dB（A）就大，没有车辆通过时，测得的 dB（A）就小，这与从具有稳定声源随时间的变化甚小的区域中测出的 dB（A）数值极不相同。为了较准确地评价噪声的强弱，1971 年国际标准化组织公布了等效持续 dB（A）声级，它的定义是：

$$L_{eq}=10\lg\frac{1}{T_2-T_1}\int_{T_1}^{T_2}10^{0.1}L_p\,dt。$$

即把随时间变化的声级变为等声能稳定的声级，这被认为是当前评价噪声最佳的一种方法。式中 T_1 为噪声测量的起始时刻，T_2 为终止时刻，不过由于式中的 L_p 是时间的函数，不便于应用，而一般进行噪声测量时，都是以一定的时间间隔来读数的，比如每隔 5 秒钟读一个数，因此采用下式计算等效连续 dB（A）声级较为方便：

$$L_{eq}=10\lg\frac{1}{n}\sum_{i=1}^{n}10^{L_i/10}。$$

式中，L_i 为等间隔时间 t 读得的噪声级；n 为读得的噪声级 L_i 的总个数。

反映夜间噪声对人的干扰大于白天的是昼夜等效 dB（A）声级（用 L_{dn} 表示），其计算公式如下：

$$L_{dn}=10\lg\left\{\frac{1}{24}\left[15\times10^{0.1L_d}+9\times10^{0.1(L_n+10)}\right]\right\}\quad[dB(A)]。$$

式中，L_d——白天（7:00～22:00）的等效 dB（A）声级；

L_n——夜间（22:00～7:00）的等效 dB（A）声级。

公式中，夜间加上 10 分贝以修正噪声在夜间对人的干扰作用大于白天的情况。

此外，统计 dB（A）声级（用 L_n 表示）则是反映噪声的时间分布特性。常见的有：

L_{10}——表示 10% 的时间内所超过的噪声级；

L_{50}——表示 50% 的时间内所超过的噪声级；

L_{90}——表示 90% 的时间内所超过的噪声级。

例如 $L_{10} = 70$ dB(A),就是表示一天(或测量噪声的整段时间)内有 10% 的时间噪声超过 70 dB(A),而 90% 的时间噪声都低于 70 dB(A)。

考虑噪声的强弱必须同时考虑声压级和频率对人的作用,这种共同作用的强弱称为噪声级。噪声级可用噪声计测量,它能把声音转变为电压,经过处理后用电表指示出分贝数。噪声计中设有 A、B、C 三种特性网络,其中 A 网格可将声音的低频大部滤掉,能较好地模拟人耳的听觉特性。由 A 网络测出的噪声级称为 A 声级,其单位为 dB(A)。A 声级越高,人们越觉吵闹,因此现在大都采用 A 声级来衡量噪声的强弱。图 4-21 列出一些声源的噪声级 dB(A)值及其对人的影响,可供参考。

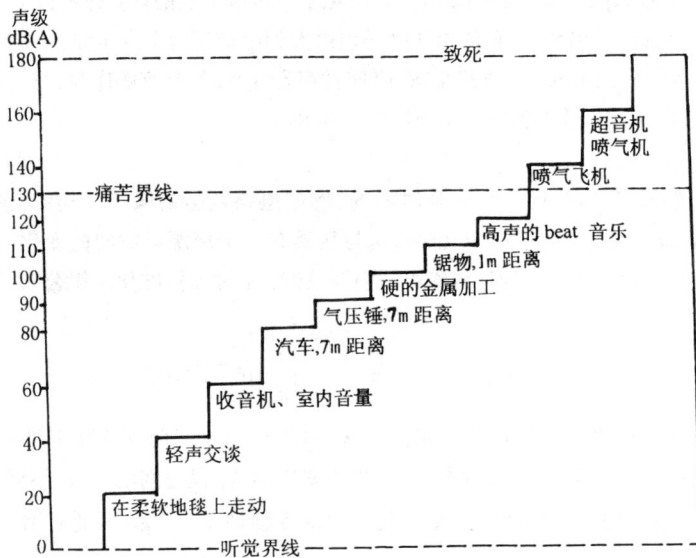

图 4-21　不同噪声级对人的影响(引自:Adam,1988)

就城市环境噪声而言,其来源大致可分为交通噪声、工厂噪声和生活噪声。

(1) 交通噪声:城市环境噪声的 70% 来自交通噪声。交通噪声主要来自交通运输工具的行驶、振动和喇叭声,如载重汽车、公共汽车、拖拉机、火车、飞机等交通运输工具等重型车辆的行进,这些都是活动的噪声源,其影响面极广。喇叭声在我国城市噪声中最为严重,电喇叭大约为 90~110 dB,汽喇叭大约为 105~110 dB(距行驶车辆 5 米处),我国城市交通噪声普遍高于国外。

随着航空事业的发展,航空噪声也十分严重,一般大型喷气客机起飞时,距跑道两侧 1km 内语音通话受干扰,4km 内不能睡眠和休息,超音速飞机在 15 000 米的高空飞行,其压力波可达 30~50km 范围的地面,可使很多人受到影响。

(2) 工厂噪声:工厂噪声来自生产过程和市政施工中机械振动、摩擦、撞击以及气流扰动等而产生的声音。一般电子工业和轻工业的此类噪声在 90dB 以下,纺织厂约为 90~106dB,机械工业噪声为 80~120dB,凿岩机、大型球磨机达 120dB,风铲、风镐、大型鼓风机在 130dB 以上。工厂噪声是造成职业性耳聋,甚至是年轻人脱发秃顶的主要原因。它不仅给生产工人带来危害,而且厂区附近居民也深受其害,特别是市区内的一些街道工厂,与居民住宅区只有一墙之隔,其噪声扰民严重。

(3) 生活噪声:指街道和建筑物内部各种生活设施、人群活动等产生的声音。如敲打物体、儿童哭闹、收音机和电视机的大声播放、卡拉 OK 声、户外喧哗声等,均属此类。生活噪声一般在 80dB 以下,对人没有直接的生理危害,但都能干扰人们谈话、工作、学习和休息,使人心烦意乱。

二、噪声的等级与标准

噪声在 0～120dB(A)的范围内分为三级:

Ⅰ级　30～59dB(A):可以忍受,但已有不舒适感,达到 40dB(A)时开始困扰睡眠。

Ⅱ级　60～89dB(A):对植物神经系统的干扰增加,听话困难,85dB(A)是保护听力的一般要求。

Ⅲ级　90～120dB(A):显著损害神经系统,造成不可逆的听觉器官损伤。

关于噪声标准是国际上争论的一大问题,因为它不仅与技术有关,而且牵涉到巨额的投资问题,所以,虽然"国际标准化组织"(ISO)推荐了国际标准值,但不少国家还是公布了自己的标准。随着人们对噪声危害认识的日益加深和科学技术的不断进步,人们已经开始从只注意噪声对听力的影响,发展到噪声对心血管系统、神经—内分泌系统的影响,从而制定出更加科学的噪声标准,这是当前国际上研究噪声标准的趋势。目前的噪声标准主要分为三类:

(1) 听力保护标准:按照"国际标准化组织"的定义,500Hz、1 000Hz 和 2 000Hz 三个频率的平均听力损失超过 25dB(A)时,称为噪声性耳聋。目前大多数国家将听力保护标准定为 90dB(A),它能够保护 80％的人;有些国家定为 85dB(A),它能够使 90％的人得到保护;只有在 80dB(A)的条件下,才能保护 100％的人不致耳聋。目前我国制订的听力保护标准规定现有企业为 90dB(A),新建、改建企业要求达到 85dB(A)(《工业企业噪声卫生标准》)。

(2) 机动车辆噪声标准:由于城市噪声的 70％来源于交通噪声,如果车辆噪声得到控制,则城市噪声就能大大降低。我国制订的相应的试行标准见表 4-17。

表 4-17　我国机动车辆噪声试行标准

车辆种类	1985 年以前执行标准 dB(A)	1985 年以后执行标准 dB(A)
载重汽车(3.5～15t)	89～92	84～89
轻型越野车	89	84
公共汽车(4～11t)	88～89	83～86
小轿车	84	82
摩托车	90	84
轮式拖拉机(＜44 130W)	91	86

(3) 环境噪声标准:噪声环境复杂多样,所以环境噪声标准的制订最为复杂,通常是从噪声引起烦恼的角度来考虑环境噪声的标准。噪声对休息睡眠与交谈思考的干扰是日常生活中最易引起烦恼的因素,因此环境噪声标准的制订,主要是以对睡眠和交谈思考的干扰程度为依据。就睡眠而言,一个 40dB 的连续噪声,会使 10％的人的睡眠受到影响,在 70dB 时受到影响的人达 50％。30～35dB 的噪声对睡眠基本上没有影响。因此我国也把安静住宅区夜间的噪

声标准订为 35dB(A)。表 4-18 中列出不同区域白天与夜间的环境噪声标准。

表 4-18 我国城市区域环境噪声标准单位:等效声级(L_{eq})[dB(A)]

适 用 区 域	昼 间	夜 间
特殊住宅区	45	35
居民、文教区	50	40
一类混合区	55	45
二类混合区、商业中心区	60	50
工业集中区	65	55
交通干线道路两侧	70	55

三、噪声的危害

40dB 是正常的环境声音,一般被认为是噪声的卫生标准,在此以上便是有害的噪声。噪声的危害主要表现为以下几方面:

(1) 干扰睡眠:睡眠是人消除疲劳、恢复体力和维持健康的一个重要条件。但是噪声会影响人的睡眠质量和数量,老年人和病人对噪声干扰更敏感。当人的睡眠受到干扰而辗转不能入睡时,就会出现呼吸频率增高、脉搏跳动加剧、神经兴奋等现象,第二天会觉得疲倦、易累,从而影响工作效率。久而久之,就会引起失眠、耳鸣多梦、疲劳无力、记忆力衰退等。这些在医学上称为神经衰弱症候群。在高噪声环境下,这种病的发病率可达 50%～60% 以上。

(2) 损伤听力:噪声可以使人造成暂时性的或持久性的听力损伤,后者即耳聋。一般说来,85dB 以下的噪声不至于危害听觉,而超过 85dB 则可能发生危险。表 4-19 列出在不同噪声级下长期工作时,耳聋发病率的统计资料,由此可见,90dB 的噪声,耳聋发病率明显增加。

表 4-19 工作 40 年后噪声性耳聋发病率(%)

噪声级值 dB(A)	国际统计	美国统计
80	0	0
85	10	8
90	21	18
95	29	28
100	41	40

(3) 对人体生理的影响:一些实验表明,噪声会引起人体紧张的反应,刺激肾上腺素的分泌,因而引起心率改变和血压升高,20 世纪生活中的噪声是心脏病恶化和发病率增加的一个重要原因。

噪声会使人的唾液、胃液分泌减少,胃酸降低,从而易患胃溃疡和十二指肠溃疡。一些研究指出,某些吵闹的工业企业里,溃疡病的发病率比在安静环境中高 5 倍。

噪声对人的内分泌机能也会产生影响。在高噪声环境下,会使一些女性的性机能紊乱,月经失调,孕妇流产率增高。近年还有人指出,噪声是诱发癌症的病因之一。有些生理学家和肿瘤学家指出,人的细胞是产生热量的器官,当人受到噪声或各种神经刺激时,血液中的肾上腺素显著增加,促使细胞产生的热能增加,而癌细胞则由于热能增高而有明显的增殖倾向。

（4）对儿童和胎儿的影响:在噪声环境下,儿童的智力发育缓慢。有人做过调查,吵闹环境下儿童智力发育比安静环境中低 20%。噪声对胎儿也会产生有害影响,研究表明,噪声使母体产生紧张反应,会引起子宫血管收缩,以致影响供给胎儿发育所必需的养料和氧气。有人对机场附近居民的研究发现,噪声与胎儿畸形有关。此外,噪声还影响胎儿和婴儿的体重,吵闹区婴儿体重轻的比例较高。极强的噪声[如 175dB(A)],还会致人死亡。

（5）对动物的影响:强噪声会使鸟类羽毛脱落,不能生蛋,甚至内出血,以至死亡。如 20 世纪 60 年代初期,美国 F-104 喷气机作超声速飞行试验,地点是俄克拉何马市上空,每天飞越 8 次,共飞行 6 个月,结果,在飞机轰隆声的作用下,一个农场的 10 000 只鸡被噪声杀死 6 000 只。

（6）对建筑物的损害:20 世纪 50 年代曾有报道,一架以每小时 1 100 千米的速度(亚音速)飞行的飞机,作 60 米的低空飞行时,噪声使地面一幢楼房遭到破坏。在美国统计的 3 000 起由喷气式飞机使建筑物受损害的事件中,抹灰开裂的占 43%,损坏的占 32%,墙开裂的占 15%,瓦损坏的占 6%。

第六节　城市垃圾

城市垃圾主要是指城市生活垃圾,不包括工业废弃物。城市垃圾(全称城市固体垃圾)是人们日常生活、工作中产生的废弃物,随着城市人口的增加和生活水平的提高,数量越来越大,成分越来越复杂。它不仅对土壤、空气、水体造成污染,同时也是苍蝇、蚊虫、鼠类以及病原菌的孳生地,成为当今城市中的一大环境问题。

城市垃圾的产生量与居民物质生活水平以及市政建设情况密切相关,不同国家不同城市人平均日产量不同。美国平均约为 2 千克,日本和英、法、德等国为约 0.8～1 千克。1996 年,我国平均为 1.14 千克,北京市为 0.97 千克,上海为 0.81 千克。据日本东京市统计,1968 年至 1977 年的 10 年中,人均垃圾产生量的增长曲线,与人均收入的增长曲线基本上是一致的。

上海市垃圾产生量也在逐年增加(表 4-20)。20 世纪 90 年代初垃圾日产量约为 7 000～8 000t,目前已达到 8 900～10 000t,且每年以 7%～10%的速度增加。

表 4-20　上海市 1978～1996 年的垃圾清运量

年份	清运垃圾($\times 10^4$t)	生活垃圾($\times 10^4$t)	建筑垃圾($\times 10^4$t)	清运粪便($\times 10^4$t)
1978	214	108	106	418
1979	250	125	125	374
1980	272	131	141	331
1981	272	146	126	329
1982	296	169	127	325
1983	280	166	114	284
1984	308	185	123	272
1985	305	196	109	252

表4-20(续)

年份	清运垃圾(×10⁴t)	生活垃圾(×10⁴t)	建筑垃圾(×10⁴t)	清运粪便(×10⁴t)
1986	328	226	102	263
1987	325	228	97	262
1988	329	240	89	249
1989	344	250	94	246
1990	382	279	103	243
1991	393	296	97	229
1992	428	301	127	242
1993	488	335	152	234
1994	558	358	200	240
1995	668	372	296	216
1996	736	419	317	217

城市垃圾成分和产生量一样,不同国家不同城市也不相同(表4-21),随着城市的发展,垃圾成分也在变化(图4-22)

表4-21 **不同国家垃圾成分的比较**(含量百分比)(北京环卫所,1989)

国家 \ 成分	有机物	废纸	塑料	金属	玻璃	灰渣	其他
中国	36.52	3.13	0.70	0.74	1.18	56.9	0.83
英国	27	38	2.5	9	9	11	3.5
法国	22	34	4	8	8	20	4
荷兰	2	25	4	3	10	20	17
前联邦德国	15	28	3	7	9	28	10
意大利	25	20	5	3	7	25	15
加拿大	22.5	42	—	8	6	10	11.5
美国	12	50	5	9	9	7	8
瑞典	12	55	—	6	15	0	12
瑞士	20	45	3	5	5	20	2

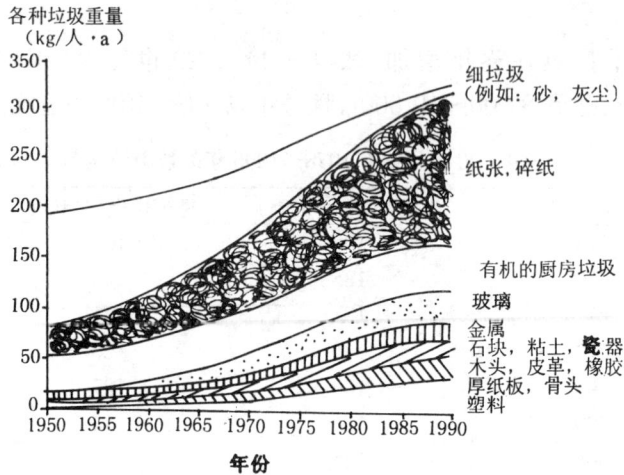

图4-22 德国斯图加特市垃圾成分的变化(引自:Adam,1988)

从这些比较中可以看出，随着城市的发展以及人们生活水平的提高，废纸在城市垃圾中的比例逐渐增加，煤灰比例则逐渐减少，可回收利用的物质，如金属、玻璃、塑料等在发达国家城市垃圾中的比例较高，这种情况也反映在上海市历年垃圾成分结构的变化中（表4-22）。

表4-22　上海市历年垃圾成分结构(重量百分比%)

年份	区域	厨房垃圾	废纸	塑料	纤维	木竹	煤灰	金属	玻璃	砖瓦	其他
1982	混合区	40.29	1.54	0.14	0.60	－	50.60	0.89	0.20	5.74	－
	煤气区	40.02	1.60	0.16	1.00	1.60	44.93	0.41	0.10	4.58	－
1983	燃煤区	15.07	1.20	1.90	0.40	－	76.53	1.04	1.37	1.86	
	煤气区	79.60	2.70	3.40	－	－	－	3.00	0.80	1.20	9.30
1984	混合区	38.30	1.43	0.18	0.36	0.33	55.00	0.24	0.53	3.63	
1985	混合区	36.61	2.92	1.30	1.03	2.17	48.70	1.01	1.04	5.22	
	煤气区	88.80	3.74	1.17	0.80	0.67	－	1.01	0.67	0.15	2.99
1986	燃煤区	27.03	2.00	1.35	0.29	4.93	57.74	2.70	1.06	2.96	
	煤气区	78.34	3.47	1.86	3.09	1.96	－	2.00	1.74	3.58	3.96
1987	燃煤区	31.47	2.59	1.66	0.26	7.10	51.12	2.85	1.31	1.64	
	煤气区	58.03	3.57	2.16	4.04	3.88	－	2.30	1.90	4.58	9.54
1988	燃煤区	15.36	2.14	1.07	0.96	1.66	66.09	0.64	1.41	1.90	0.08
	煤气区	81.55	4.30	2.99	1.94	1.68	－	1.02	2.91	3.52	0.09
1989	燃煤区	21.87	2.05	1.37	1.22	0.71	67.87	0.66	1.60	2.65	－
	煤气区	81.53	5.41	3.46	1.66	1.42	－	1.09	3.61	1.82	
1990	燃煤区	20.94	1.85	1.70	0.73	0.74	70.56	4.10	1.29	1.76	0.02
	煤气区	82.09	4.26	4.19	1.14	1.14	－	0.95	3.74	2.19	－

由此可见，随着城市的发展，上海市城市垃圾中的废纸、塑料、金属、玻璃所占的比例将会有较大的增长，而煤灰所占的比例将会有所减少。

上面所列举的各类城市垃圾并未涉及其中所含的有害有毒物质。随着垃圾数量的增加，其中所含的废塑料、染料、化学药品、废电池、杀虫剂、除草剂等也都会相应地增加，而在许多废弃物中均含有重金属，可以污染环境并造成危害。

汞(Hg)：汞普遍存在于荧光灯管、长效碱性电池、电路开关以及实验室的垃圾中，据推测，随垃圾进入环境的汞中约有1/4来自于电池。

铅(Pb)：在彩色颜料、软锡管、盒子、蓄电池中均含有较多的铅。

锌(Zn)：锌也是制造电池的原料，含锌的废电池是城市垃圾中锌的来源之一。

镉(Cd)：镉电池中以及其他人造物质中含有很多镉。在前联邦德国的城市垃圾中每年有200多吨镉，一般大城市垃圾中的镉含量均较高。

根据我们对上海市老港废弃物处置场垃圾堆中重金属的测定(表4-23)表明,垃圾虽经填埋复土,堆场中的铜、锌、铅、镉含量均较堆场附近的土壤中为高。

表4-23　上海老港垃圾堆场土壤中重金属含量(mg/kg)

土壤＼项目＼元素		铜				锌			
		范围	均值	中位值	V^*%	S^*	范围	均值	中位值	V^*%	S^*
填埋场	0～15cm	17.31～33.17	21.98	20.83	23.3	5.11	67.68～82.92	72.10	70.88	6.6	4.84
	15～30cm	20.76～54.97	31.85	25.50	39.5	12.57	72.12～139.72	90.65	82.99	21.5	19.52
	30cm以下	151.90～340.00	227.39	197.16	34.4	78.28	210.80～885.93	507.17	537.62	46.6	238.35
覆土源土		14.20～16.60	15.40	—				65.94			
背景值	A层	13.5～43.7	27.2	27.2	—	1.37	38.9～131.6	81.3	78.2	—	1.20
	C层	15.2～35.0	24.4	21.9	—	1.33	42.7～93.7	74.7	74.7	—	1.17

土壤＼项目＼元素		铅				镉			
		范围	均值	中位值	V^*%	S^*	范围	均值	中位值	V^*%	S^*
填埋场	0～15cm	11.08～20.46	14.74	13.13	22.0	3.25	ND～0.093	0.029	0.010	122	0.036
	15～30cm	11.64～40.53	17.01	14.15	50.2	8.54	ND～0.125	0.045	0.031	95.5	0.043
	30cm以下	30.44～140.93	85.71	83.98	44.3	37.95	0.100～1.466	0.563	0.548	62.9	0.354
覆土源土		6.68～8.36	7.52	—			ND				
背景值	A层	11.9～34.2	25.0	24.9	—	1.24	0.052～0.331	0.138	0.128	—	1.598
	C层	11.6～27.3	21.0	22.0	—	1.30	0.029～0.313	0.133	0.108	—	2.003

* V%表示变异系数,S表示标准差,ND表示未检出。

除此之外,城市垃圾中还含有许多有机物质,如木材防腐剂、石油类物质以及许多其他高分子化合物。这些物质都会造成环境污染并危害人们的健康。城市垃圾处置是城市生态建设的主要内容之一,有关情况详见第13章第3节。

思 考 题

1. 城市辐射平衡的特点是什么?

2. 什么是城市热岛,它是如何形成的?

3. 城市降水有什么特点?

4. 城市市区和郊区在主要气候要素上有哪些不同?

5. 伦敦型烟雾和洛杉矶型烟雾有什么不同?

6. 城市水分平衡的特点是什么?

7. 城市水污染的种类与特点有哪些?说明城市地区的土壤性状及污染物的来源。

8. 从生态学角度看,理想的住宅应该具备哪些条件?

9. 城市噪声来源和它的危害有哪些?

10. 生活垃圾发展趋势如何?它的处置对策有哪些?

第五章

城市生态系统的生物环境

我们把城市生态系统看成是以人为中心的人工生态系统,上一章已经讨论了这个生态系统的非生物的无机环境,这一章将着重讨论城市生态系统中的生物环境,重点是关于植物、动物和微生物。

第一节　城　市　植　物

植物是城市生态系统中唯一的初级生产者,虽然它们的生物量较之在其他自然生态系统中所占的份额要少,但是它们在维持城市生态系统的生态平衡方面仍然起着重要的作用。

城市化深刻地改变了城市地区植物赖以生存的环境条件,城市地区的植物无论是种类成分还是由它们组成的群落都不同于周围农村空旷地区。

一、城市植物区系

植物区系(flora)是指一定地区范围内全部植物的分类单位,包括所有的科、属和种的数量。对一个城市植物区系的研究,是要对这个城市化地区所有的植物种类进行科、属、种的鉴定,并对它们的地理成分和历史成分进行分析。一个城市的植物区系多样性除与该城市所处的地理位置有关外,还与它的面积以及城市化程度,特别是与环境污染有关。表5-1是中欧一些城市中蕨类植物和有花植物种数与城市面积大小关系的统计。

表5-1　一些城市的野生植物(蕨类及有花植物)与其面积的关系
(引自:Sukopp & Werner, 1983; Adam,1988)

城　　　市	人口($\times 10^6$)	调查面积(km^2)	蕨类及有花植物种数	资料来源
杜伊斯堡及其郊区	—	1 280	1 481	Dull & Kutzelnigg,1980
汉堡	1.70	747	1 387	Mang,1981
西柏林(前联邦德国)	1.93	480	1 396	Sukopp et al.,1981
维也纳	1.60	415	1 348	Forstner & Hubl,1971
华沙	1.29	445	609	Krawiecowa & Rostanski,1976
汉诺威	—	225	914	Haeupler,1976

表 5-1(续)

城　　市	人口($\times 10^6$)	调查面积(km^2)	蕨类及有花植物种数	资料来源
布瑞兹韦克	0.269	192	800	Brandes, 1977
不来梅哈芬	0.143	80	518	Kunick, 1979
符茨堡	0.127	88	454	Hetzel & Ullamann, 1981
萨尔劳伊斯	-	43	560	Maas, 1981
哈措根奥拉赫	-	4.9	531	Meister, 1980
埃尔兰根(老城)	0.10	0.5	268	Nezadal, 1974(补充)

我国以城市为单位对植物区系进行研究的并不多,目前仅见的只有少数几个城市的植物志或植物名录。如《广州植物志》(侯宽昭等,1956)和《上海植物名录》(徐炳声,1959)。前者记录了广州市区和郊区(约为380km^2)范围内维管束植物1 561种和80个变种,分属871属和198科。后者收录了上海地区种子植物1 719种(包括269个变种和变式),分属于836属和166科。这些著作多从植物分类出发,着重于科、属、种的描述和鉴定,很少或者完全没有涉及城市化对植物区系成分影响的讨论。

城市化对植物区系的影响,一方面是乡土植物种类的减少,另一方面是人布植物(anthropochore)的增多。人布植物是指随着人类活动而散布的植物,诸如农作物和杂草等,也包括人类有意或无意引入、后来逸出野生化了的植物,这类植物也称归化植物(alien, naturalized plants)。早期人类活动范围有限,人布植物分布也很有限,自从工业革命以来,大约从1840年开始,世界范围内的交通和商业活动迅速增长,城市化迅速发展,促使人布植物分布范围不断扩大。一般认为城市化程度越高,人布植物在植物区系总种数中所占的比例也越大。因此,可以把人布植物百分率(归化率)作为评判城市化程度的一个指标。Falinski(1971)曾以波兰为例,提出一个划分的标准(表5-2)。

表5-2　波兰城乡人布植物区系组成(引自:Falinski,1971)

环　　境	乡土植物(%)	人布植物(%)
森林中的居民点	70~80	20~30
乡　村	70	30
小　镇	60~65	35~40
中等城镇	50~60	40~50
城　市	30~50	50~70

日本全国高等植物有4 000余种,归化植物约600种,其归化率为15%(沼田真,1987)。根据饭泉茂(1972)对日本仙台市植物区系的研究,老市区的归化率为50%,住宅地区为35%,远高于日本全国的归化率水平。

上海共有种子植物1 719种(徐炳声,1959),除去216种(包括变种和变式)为温室栽培外,露天生长的为1 503种(包括变种和变式),其中观赏树木468种(包括134个变种和变式),行道树 14 种,花卉 327 种(包括 33 个变种和变式),蔬菜 88 种(包括 28 个变种和变式),农作物 16 种(包括 1 个变种)。仅统计观赏树木、行道树木、花卉及蔬菜四类,上海市的人布植物已占总区系的 60.7%,如果再加上由于人类活动而散布的杂草,人布植物的百分率还要高。

Sukopp 等人(1973,1983)在研究西柏林(前联邦德国)植物区系时发现,就城市总体而言,它的植物种类较之于乡村地区还要多些(表 5-3)。其原因可能是城市景观多样性高,存在着不同结构的居民点,不同用途的开敞空间,和许多面积虽小,但环境很不相同的生境,可为从湿生到旱生,从阴生到阳生,从嫌氮到喜氮,从喜酸到喜碱等不同生态习性的植物提供生长地点,但人布植物种类百分数明显呈现出从郊区向城市逐渐增多的趋势。

表 5-3　西柏林(前联邦德国)不同地区的植物区系特征(根据:Sukopp & Werner,1983)

项　目	城　市		郊　区	
	建筑物密集区	建筑物稀疏区	近郊区	远郊区
植被覆盖面积(%)	32	55	75	95
维管束植物(种/km²)	380	424	415	357
人布植物(%)	49.8	46.9	43.4	28.5
老植物(中世纪末期以前已存在的)(%)	15.2	14.1	14.5	10.2
新植物(1500 年以后引进的)(%)	23.7	23.0	21.5	15.6
一年生植物比例(%)	33.6	30.0	33.4	18.9
每 km² 稀有种数	17	23	35	58

城市中植物区系的特点还表现在植物的生态习性上。Kunick(1982)以及 Wittig 和 Durwen(1982)分析比较了城市与郊区植物区系的生态指示值(ecological indicator value)(详见附注5-1),发现城市中植物的光照、温度、氮肥、土壤反应和大陆度的指示值均较高,湿度指示值较小,即城市植物对光照、温度、氮肥、土壤 pH 值要求较高;对水分要求较低,更为耐旱(图 5-1)。

附注 5-1　Ellenberg 的植物生态指示值

Ellenberg(1979,1982,1991)曾将中欧植物按其光照、温度、大陆度、湿度、土壤反应以及土壤氮肥的适应程度划分为 9 个等级,具体指标见附注表 5-1-1。

附注表 5-1-1　中欧植物的生态指示值等级划分(引自:Ellenberg,1979)

	1	2	3	4	5	6	7	8	9
光照(L)	强阴生植物,可生长在 1% 相对光照条件下,很少能耐受 30% 相对光照	介于1~3	阴生植物,大多生长在 >5% 相对光照下,也可能在较明亮的地点出现	介于3~5	半阴生植物,大多生长在 >10% 相对光照下,在全光照条件下极少见	介于5~7	半阳生植物,多生长在全光照条件下,但在 30% 的全光照条件下也能见到	阳生植物,例外地出现在相对光照 <40% 的条件下	强阳生植物,只在全光照条件下生长,<50%相对光照条件下不见到
温度(T)	只生长在严寒气候下(北方、极地或高山)的植物	介于1~3(许多高山种类)	大多生长在寒冷气候下(山地到亚高山)的植物	介于3~5(主要是山地植物)	中温类型,主要集中生长在中欧的低地到亚山地条件下的植物	介于5~7(平原到海边)	大多数生长在温暖气候条件下的植物(在中欧北部较少见)	介于7~9(主要是亚地中海植物)	只生长在非常温暖的气候条件下(地中海)的植物

	1	2	3	4	5	6	7	8	9
大陆度(K)	强海洋性气候植物,限于中欧,极少到中欧的西部	海洋性气候植物,重点分布在中欧西部	介于2~4(中欧大部分地区)	亚海洋性气候植物,主要在中欧地区并向东延伸	从亚海洋到亚大陆的中间类型	亚大陆性气候植物,主要分布在中欧的中部到东部	介于6~8	大陆性气候植物,主要在中欧东部,并向中部延伸	强大陆性气候植物,中欧地区不见
湿度(F)	极端干旱的土壤,如裸岩上的植物	介于1~3	干旱土壤上的指示植物	介于3~5	在中等湿润土壤条件下的植物	介于5~7	主要在潮湿(但不过湿)土壤上的植物	介于7~9	通气不良的过潮湿土壤上的植物
土壤反应(R)	只生长在强酸性土壤上的植物	介于1~3	大多数生长在酸性土壤上的植物	介于3~5	大多数生长在弱酸性土壤上	介于5~7	生长在中性土壤上的植物	介于7~9,常见于石灰岩上的植物	只生长在石灰岩或碱性土壤上的植物
土壤氮肥(N)	只生长在氮素极贫乏的土壤上的植物	介于1~3	大多在贫瘠土壤上的植物	介于3~5	生长在中等含氮的土壤上的植物	介于5~7	大多在富含矿质氮的土壤上的植物	氮的指示植物	仅见于含氮非常丰富的地点(如堆肥)的植物

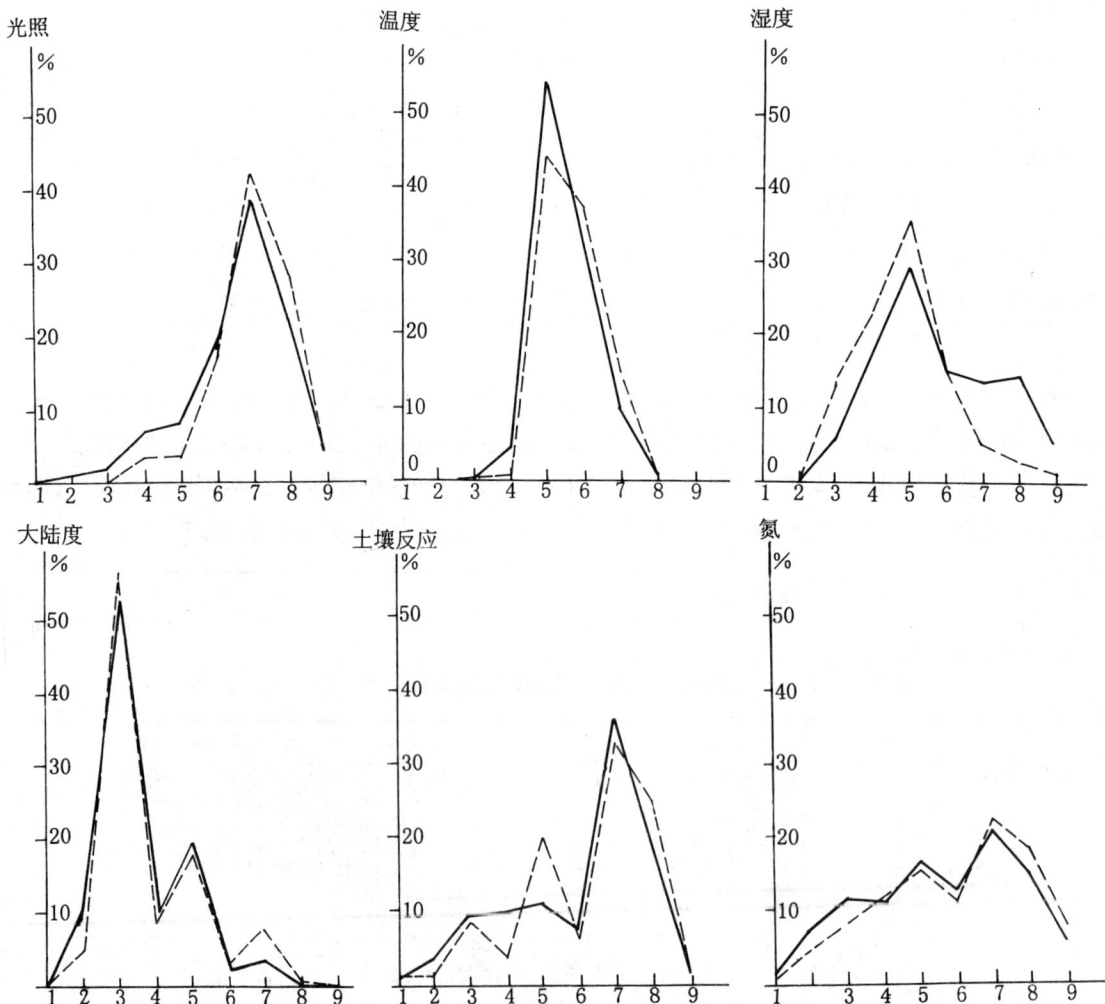

图 5-1　城市(多特蒙德)及其郊区植物区系生态指示值的比较(引自:Wittig & Durwen,1982)
虚线为郊区植物指示值,实线为城市植物指示值,横座标为生态指示值(共9个等级)

植物对城市环境的适应能力是不同的,Wittig 等人(1985)在研究了 13 个中欧城市植物分布的基础上,曾按植物对城市环境的适应能力把植物划分为以下五类:

(1) 极嫌城市植物(highly urbanphob plant):在城市里完全看不见或只有极少例外可在市区见到的植物,它们多是一些在贫营养水体、未受污染环境中生长的植物。在中欧常见的有:石竹埃若禾(*Aira caryophylla*)、林生山鸒豆(*Lathyrus sylvestris*)、山萝花(*Melampyrum pratense*)等。此类植物在上海常见的如:短毛金线草(*Antenoron neofiliforme*)、三白草(*Houttuynia cordata*)、水晶花(*Chloranthus fortunei*)以及六月雪(*Serissa serissoides*)、百蕊草(*Thesium chinensis*)、紫金牛(*Ardisia japonica*)等。

(2) 中度嫌城市植物(moderately urbanphob plant):主要生长在城市内空旷地区或特殊生境(如大公园、大别墅内)的植

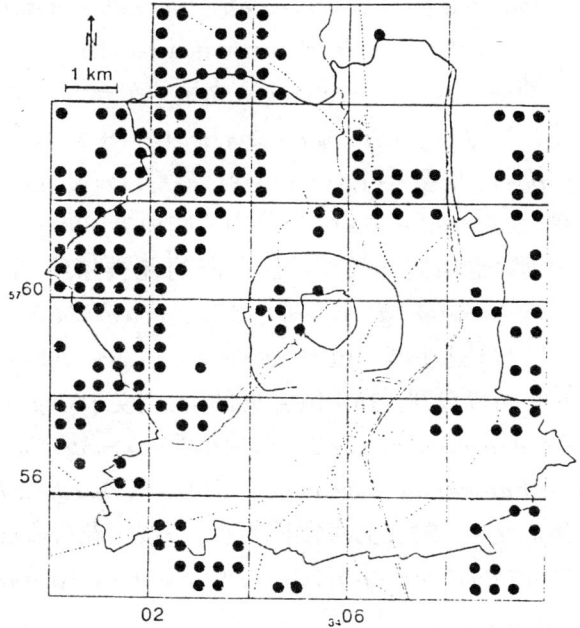

(a) 栎林银莲花

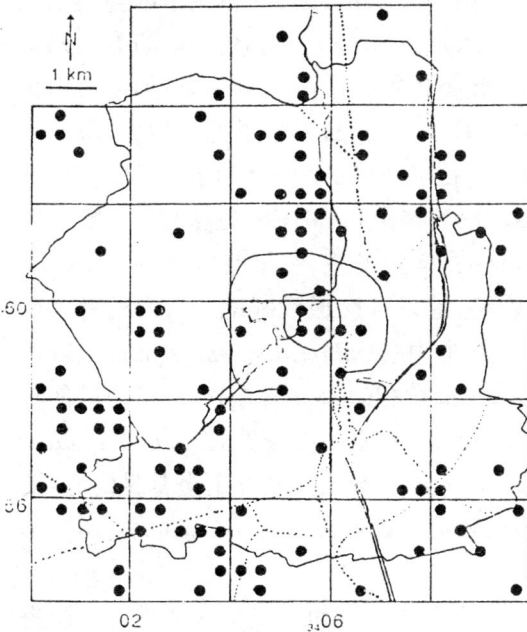

(b) 小叶牛膝菊

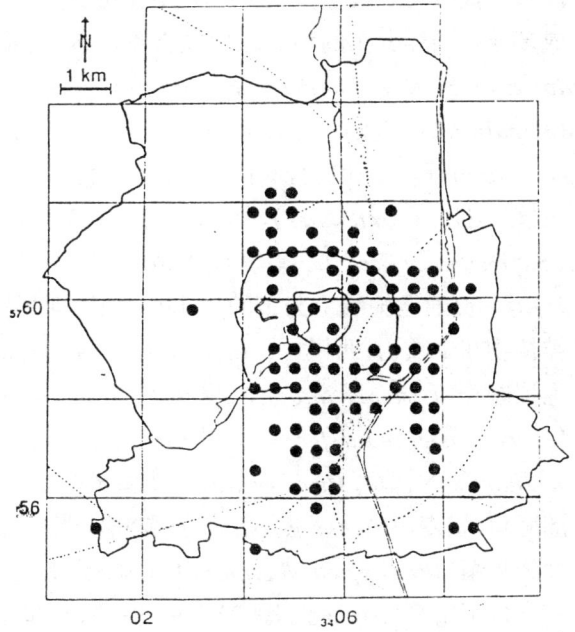

(c) 鼠大麦

图 5-2　嫌城市植物(a)、中性城市植物(b)、极适生
城市植物(c)的分布图(引自:Wittig 等,1993)

物。在中欧常见的有:栎林银莲花(*Anemone nemorosa*)(图5-2a)、斑叶阿若母(*Arum maculatum*)、巴黎露珠草(*Circaea lutetiana*)、须草(*Deschampsia caespitosa*)等。在上海常见的如:天葵(*Semiaquilegia adoxoides*)、绶草(*Spiranthes sinensis*)、地榆(*Sanguisorba officinalis*)等。

(3) 中性城市植物(urban neutral plant):在城市内和城市外都能分布的植物。在中欧常见的有:小牛蒡(*Arctium minus*)、鼓子花(*Calystegia sepium*)、野胡萝卜(*Daucus carota*)、小叶牛膝菊(*Galinsoga parviflora*)(图5-2b)、黑麦草(*Lolium perenne*)、车前(*Plantago major*)、早熟禾(*Poa annua*)、萹蓄(*Polygonum aviculare*)、春蓼(*Polygonum persicaria*)、繁缕(*Stellaria media*)等。其中一些种类如鼓子花、野胡萝卜、车前、早熟禾、萹蓄、繁缕在上海地区也属同样类型,在上海的此类植物还有朴树(*Celtis tetrandra* var. *sinensis*)、构树(*Broussonetia papyrifera*)、蛇含(*Potentilla kleiniana*)、蛇莓(*Duchesnea indica*)等。

(4) 适生城市植物(moderatly urbanophil plant):广泛分布在城市建成区内的植物,但在郊区也可以看到。在中欧常见的有:白苋(*Amaranthus albus*)、藜苋(*Amaranthus blitoides*)、艾蒿(*Artemisia vulgaris*)、总状花藜(*Chenopodium botrys*)、狗牙根(*Cynodon dactylon*)、大麻叶泽兰(*Eupatorium cannabinum*)、月见草(*Oenothera biennis*)、加拿大一枝黄花(*Solidago canndensis*)等。此类植物在上海常见的有:一枝黄花(*Solidago decurrens*)、葎草(*Humulus scandens*)、金银花(*Lonicera japonica*)、白英(*Solanum lyratum*)、臭荠(*Coronopus didymus*)、牛筋草(*Eleusine indica*)等。

(5) 极适生城市植物(highly urbanophil plant):几乎限于城市建成区内生长的植物,在郊区只是偶尔见到极少数个体。其中又可分为泛城市分布的(holourban),即在城市内各类地区或多或少同样分布的种。在中欧常见的有:臭椿(*Ailanthus altissima*)、绛花醉鱼草(*Buddleja daridii*)、鼠大麦(*Hordeum murinum*)(图5-2c)等。此类植物在上海常见的有:加拿大白杨(*Populus canadensis*)、海桐(*Pittosporum tobira*)、黄杨(*Buxus sinica*)、齿果毛茛(*Ranunculus muricata*)等。工业区分布的(industriophil),即大多分布在工业区的种。在中欧常见的有:飞廉(*Carduus acanthoides*)、加拿大莓系(*Poa compressa*)、毛连菜(*Picris hieracioides*)、肥皂草(*Saponaria officinalis*)等。此类植物在上海常见的有:加拿大飞蓬、一年蓬(*Erigeron annuus*)等。交通运输线上分布的(orbitophil),即局限于铁路、港口等交通设施地区分布的种。此类植物在中欧为:西风古(*Amaranthus retroflexus*)、美洲豚草(*Ambrosia artemisiifolia*)、灰白毛拟庭荠(*Berteroa incana*)、旱雀麦(*Bromus tectorum*)、蓝蓟(*Echium vulgare*)、喜马凤仙花(*Impatiens glandulifera*)、大叶独行菜(*Lepidium latifolium*)、中型委陵菜(*Potentilla intermedia*)、黄木樨草(*Reseda lutea*)、淡黄木樨草(*Reseda luteola*)。此类植物在上海常见的有:美洲豚草、雀麦(*Bromus japonicus*)、美洲紫菀(*Aster subulatus*)、野塘蒿(*Conyza bonariensis*)、多裂翅果菊(*Pterocypsela laciniata*)、野蔷薇(*Rosa multiflora*)等。

以沼田真(Numata,1997)为首的一批日本植物生态学家对千叶市的植物区系进行了调查和研究。在272km²范围内,千叶市共有种子植物980种,蕨类植物119种,苔藓植物136种,地衣53种,大型真菌276种和水生植物(包括大型藻类和水生植物)28种。各类植物都按种画出了它们在千叶市范围内的分布图,从这些图中(图5-3)可以看出植物分布与城市化环境的关系。

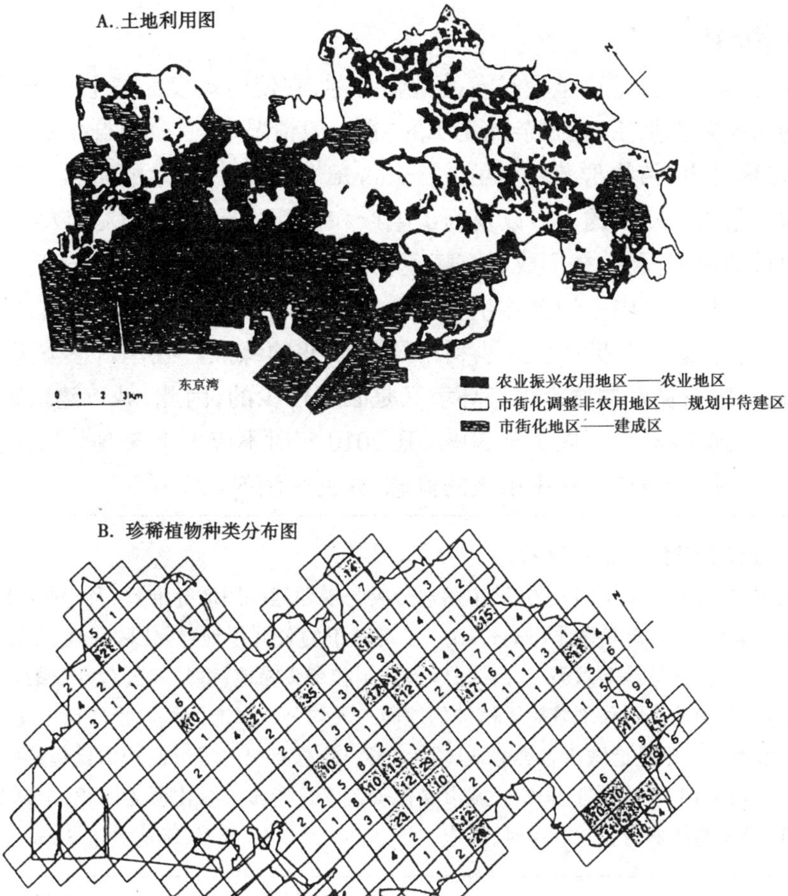
A. 土地利用图
东京湾
0 1 2 3km
农业振兴农用地区——农业地区
市街化调整非农用地区——规划中待建区
市街化地区——建成区
B. 珍稀植物种类分布图
C. 珍稀动物种类布图

图 5－3　千叶市土地利用与重要动植物分布图(引自:沼田真,1997;稍有改动)

网格中数字表示生物种类数

二、城市植被

植被(vegetation)是地面上生长着的植物总称,它使地球表面披上一袭绿色的覆盖。植物在地面上的生长并不是孤立的、杂乱无章的,在一般情况下,总是成群生长,出现在有联系的种类组合中,特称之为"植物群落"(plant community)。因此,一地的植被又是由许多群落所组成。城市地表集居着众多的人口以及为了生产和生活需要建造的大量人工建筑物,这一切必然改变了植被的原来面貌,并形成具有特色的城市植被(urban vegetation)。

城市植被包括城市内一切自然生长的和人工栽培的各种植被类型,它的一个显著特点就是覆盖率低,这是因为城市地区土地利用结构改变的缘故。我国许多城市植被覆盖率不到20%,而植被对维持良好的城市生态环境又是必不可少的,因此,城市建设部制定的城市绿化覆盖率指标是,到2000年不应少于30%,到2010年时不应少于35%(建设部门绿化覆盖率的概念并不完全等同于植被科学中植被的概念,详见附注5-2)。

附注5-2　建设部门有关绿地的概念

根据我国建设部1991年印发的《城市用地分类与规划建设用地标准》以及1993年印发的《城市绿化规划建设指标》的规定,城市绿地(green area)是指城市的公共绿地、居住区绿地、单位附属绿地、防护绿地、生产绿地以及风景林地等六类。公共绿地指公园和街头绿地,都是向公众开放的、有一定游憩设施的绿化用地,包括其中的小路和水域等无植被的地面。人均公共绿地面积是指城市中每个居民占有的公共绿地面积。城市绿地率是指城市各类绿地(以上六类)的总面积占城市面积的比例,到2000年时,不应少于25%,到2010年时,不应少于30%。城市绿化覆盖率是指城市绿化覆盖面积(全部绿化种植垂直投影面积)占城市面积的比例,到2000年时,不应少于30%,到2010年时,不应少于35%。

城市植被不但覆盖率低,而且群落类型也有改变,并多呈孤岛状分布,总的特征是自然群落比例少,人工、半人工群落的比例增加。同时出现一些城市中特有的群落类型,如耐践踏的植物群落、一年生宅旁杂草群落、多年生宅旁高秆杂草群落、草坪群落以及墙面屋顶群落等(见附注5-3)。

附注5-3　城市中一些特有的群落类型

附注表5-3-1　耐践踏植物群落(引自:Sukopp & Wittig, 1993)

种　　类	1	2	3	4	5	6
平铺漆枯草(*Sagina procumbens*)	IV	·	I	I	I	·
银叶针藓(*Bryum argenteum*)	IV	·	I	I	I	·
角齿藓(*Ceratodon purpureus*)	III	·	I	I	I	·
母菊(*Matricaria discoidea*)	I	IV	I	I	I	I
萹蓄(*Polygonum aviculare agg.*)	III	IV	II	IV	II	I
大车前(*Plantago major*)	II	II	IV	I	I	I
黑麦草(*Lolium perenne*)	I	·	·	IV	I	I
白三叶草(*Trifolium repens*)	I	·	III	·	I	I

（续　表）

种　类	1	2	3	4	5	6
红拟漆姑（Spergularia rubra）	II	I	I	I	IV	·
鹅不食蚤缀（Arenaria serpyllifolia）	I	·	·	·	III	·
光赫尼亚萍（Herniaria glabra）	·	·	·	·	III	·
小酸模（Rumex acetosella）	·	·	·	·	II	·
早熟禾（Poa annua）	III	IV	IV	III	II	IV
独行菜一种（Lepidium ruderale）	×	×	×	·	·	·
小画眉草（Eragrostis poaeoides）	×	×	×	·	·	·
药用蒲公英（Taraxcum officinale）	I	I	III	I	I	II
荠菜（Capsella bursa - pastoris）	I	I	II	I	I	I

附注表 5－3－2　城市一年生植物群落（引自：Sukopp & Wittig, 1993）

种　类	1	2	3	4	5	6	7	8
鼠大麦（Hordeum murinum）	IV	·	·	·	·	·	·	·
不实雀麦（Bromus sterilis）	III	I	I	I	·	·	·	·
藜（Chenopodium album agg.）	II	IV	II	III	II	III	II	I
莴苣一种（Lactuca serriola）	I	I	IV	III	II	·	·	·
高大大蒜芥（Sisymbrium altissimum）	·	·	I	IV	I	II	·	I
渐尖缤藜（Atriplex acuminata*）	·	·	·	·	IV	·	·	·
总状花藜（Chenopodium botrys）	·	·	·	·	·	IV	·	I
虫实一种（Corisperum leptopterum）	·	·	·	·	·	I	IV	I
印度车前（Plantago indico）	·	·	·	·	·	I	I	IV
钾猪毛菜（Salsola kali ruthenica）	·	·	·	·	·	I	I	III
小白酒草（Conyza canadensis）	II	II	III	II	I	III	II	II
千里光（Senecio viscosus）	·	I	I	III	·	II	II	I
无味三肋果（Tripleurospermum inodorum）	·	II	III	III	IV	·	I	·
药用大蒜芥（Sisymbrium officinale）	II	II	II	I	I	·	·	·
旱雀草（Bromus tectorum）	·	·	I	I	·	I	I	I
龙葵（Solanum nigrum）	I	I	I	I	II	I	·	·
荠菜（Capsella bursa - pastoris）	I	III	II	II	I	·	·	·

（续　表）

种　类	1	2	3	4	5	6	7	8
苦苣菜(*Sonchus oleraceus*)	I	II	II	II	I	·	·	·
狗尾草(*Setaria viridis*)	·	·	·	·	·	I	I	II
萹蓄(*Polygonum aviculare agg.*)	I	III	III	II	II	II	II	I
早熟禾(*Poa annua*)	II	II	II	I	I	II	·	·
艾蒿(*Artemisia vulgaris*)	I	III	II	III	III	II	I	·
田蓟(*Cirsium Arvense*)	I	II	II	II	III	·	·	·
药用蒲公英(*Taraxacum officinale*)	·	I	II	I	I	·	·	·
葡萄冰草(*Agropyron repens*)	·	II	II	II	III	·	·	·

附注表 5-3-3　宅旁高秆杂草群落(引自:Sukopp & Wittig, 1993)

种　类	1	2	3	4	5	6	7
小牛蒡((*Aretium minus*)	IV	·	·	·	·	·	·
艾菊(*Tanacetum vulgare*)	·	IV	II	I	I	I	I
黄香草木犀(*Melilotus officinalis*)	·	I	IV	II	I	I	I
白香草木犀(*Melilotus albus*)	·	I	IV	II	·	I	I
蓝蓟(*Echium vulgare*)	·	I	·	IV	I	I	·
黑毛蕊花(*Verbascum nigrum*)	·	·	·	I	I	·	I
毒鱼草(*Verbascum thapsus*)	·	·	·	II	I	·	I
黄毛蕊花(*Verbascum thapsiforme*)	·	·	·	II	·	·	I
灰白毛拟庭芥(*Berteroa incana*)	·	·	·	I	IV	·	I
毛莲菜(*Picris hieracioides*)	·	I	I	I	I	IV	·
麝香飞廉(*Carduus nutans*)	·	·	·	·	·	·	IV
月见草(*Oenothera biennis*)	·	I	I	III	I	I	II
野胡萝卜(*Daucus carota*)	·	III	III	III	II	IV	I
黑点叶金丝桃(*Hypericum perforatum*)	·	II	I	IV	I	II	II
黄木犀草(*Reseda lutea*)	·	·	I	I	I	I	III
淡黄木犀草(*Reseda luteola*)	·	·	I	I	I	I	III
飞廉(*Carduus acanthoides*)	·	·	I	I	II	I	II
艾蒿(*Artemisia vulgaris*)	IV	III	II	III	II	I	I

（续　表）

种　类	1	2	3	4	5	6	7
蓟（Cirsium vulgare）	Ⅱ	Ⅱ	Ⅱ	Ⅱ	Ⅰ	Ⅱ	Ⅱ
雪白麦瓶草（Silene alba）	·	Ⅰ	Ⅰ	Ⅰ	Ⅰ	Ⅰ	Ⅱ
大荨麻（Urtica dioica）	Ⅲ	Ⅱ	Ⅰ	Ⅰ	·	·	·
小白酒草（Conyza canadensis）	·		Ⅰ	Ⅲ	Ⅱ	Ⅱ	Ⅱ
无味三肋果（Tripleurospermum inodorum）	·	Ⅰ	Ⅱ	Ⅱ	Ⅱ	Ⅱ	Ⅱ
葡萄冰草（Agropyron repens）	Ⅱ	Ⅲ	Ⅰ	Ⅰ	·	Ⅰ	Ⅰ
田蓟（Cirsium arvense）	Ⅲ	Ⅲ	Ⅲ	Ⅱ	Ⅱ	Ⅱ	Ⅱ
鸭茅（Dactylis glomerata）	Ⅱ	Ⅱ	Ⅰ		Ⅱ	Ⅰ	Ⅰ
大蟹钩燕麦草（Arrhenatherum elatius）	Ⅰ	Ⅰ	Ⅰ			Ⅰ	Ⅰ
加拿大早熟禾（Poa compressa）	·	Ⅰ	Ⅰ				Ⅰ
天蓝苜蓿（Medicago lupulina）	·	Ⅰ	Ⅰ			Ⅰ	Ⅰ
六日早熟禾（Poa pratensis agg.）	·	Ⅰ	Ⅰ		Ⅰ	Ⅰ	Ⅰ
长叶车前（Plantago lanceolata）	·	Ⅰ	Ⅰ	Ⅰ		Ⅰ	Ⅰ
鹅不食蚤缀（Arenaria serpyllifolia）	·	Ⅰ	Ⅱ	Ⅲ	Ⅲ	Ⅱ	Ⅲ

注：Ⅳ，80%以上样地出现；Ⅲ，60%～80%样地出现；Ⅱ，40%～60%样地出现；Ⅰ，20%～40%样地出现；×，见于该群落次级类型的标志种；·，没有分布。

Bornkamm（1988）用栽培度（grade of hemorobiosis）来表示人类对植被的影响程度，并借此确定城市的生境类型（表5-4）。

表5-4　温带森林气候区中的栽培度（引自：Bornkamm，1988；稍有改动）

等级	名　称	栽培影响	土地利用	基　质	植　被	新植物（区系%）
1	未栽培的 ahemerobic	未受影响	未受影响的各种自然植被地段及自然保护地	自然状态	自然植被	0
2	弱栽培的 oligohemerobic	低度放牧和少量砍伐的森林，多少保存有自然植被	粗放林业形成的茂密森林以及影响较小的盐生草甸、固定沙丘、发展着的沼泽	几乎没有什么改变	近自然植被	<5
3	半栽培的 mesohemerobic	受到传统林业或粗放农业周期性的或较轻的影响	牧场，草场，人工林和大田	没有彻底改变而接近于自然	非自然植被	5～12
4	β-真栽培 β-euhemerobic	受到传统农业或集约性林业强烈的或持续性的影响	农田，饲料地，果园	已经改变	远自然植被	13～17
5	α-真栽培 α-euhemerobic	使用杀虫剂、大量施肥、人工排水的工业化农业和园艺	工业化农田，园艺场	已经改变	远自然植被	18～22
6	强栽培的 polyhemerobic	受到机械和化学因素的强烈影响	休耕地，宅基地（不生产植物产品）	已被强烈地改变	结构组成非常简单的植被	23
7	后栽培的 metahemerobic	完全清除了植被	建筑物，道路	完全改变	特殊的人工植被	—

用这种等级可以半定量地确定植被因人为影响而远离自然植被的程度。植被的栽培度愈高，它们愈不遵循自然演替规律，因此就需要更多的能量输入才能维持它们的存在。这里所指的能量是广义的，包括物理的能量、劳力、金钱和物质。在上述等级系列中，变化最剧烈的是5级和6级，到6级时已不打算再栽培任何植物了。从第1级发展到4级、5级时，出现了许多新的生境，种数是增加的，但再进一步发展，种数就减少了。新植物种数则是稳定地从第1级

到第6级逐渐增多。自然植被从1级到7级逐渐减少以至最后消失。在栽培度变化的同时,物理、化学因子也在发生改变,物理因子的变化是由于树木砍伐、火烧,其次是由于翻耕、挖掘、除草、践踏、车辆行驶以及其他类似活动引起的结果。最大的影响是由于建筑房屋和铺路,完全破坏了生境,封闭了土壤,在市中心封闭的地面可达90%以上。其结果使得第一性生产者生物量减少,从而改变了城市的气候和水文;化学因子的变化则是重金属污染以及有害气体污染等造成的。在欧洲冬季撒在路面的防滑盐类是一大问题,柏林市内20%行道树都因此而受到不同程度的伤害。在自然的和人为的因子共同作用下,使得城市植被的分布格局与城市的同心圈层结构相叠置(图5-4)。

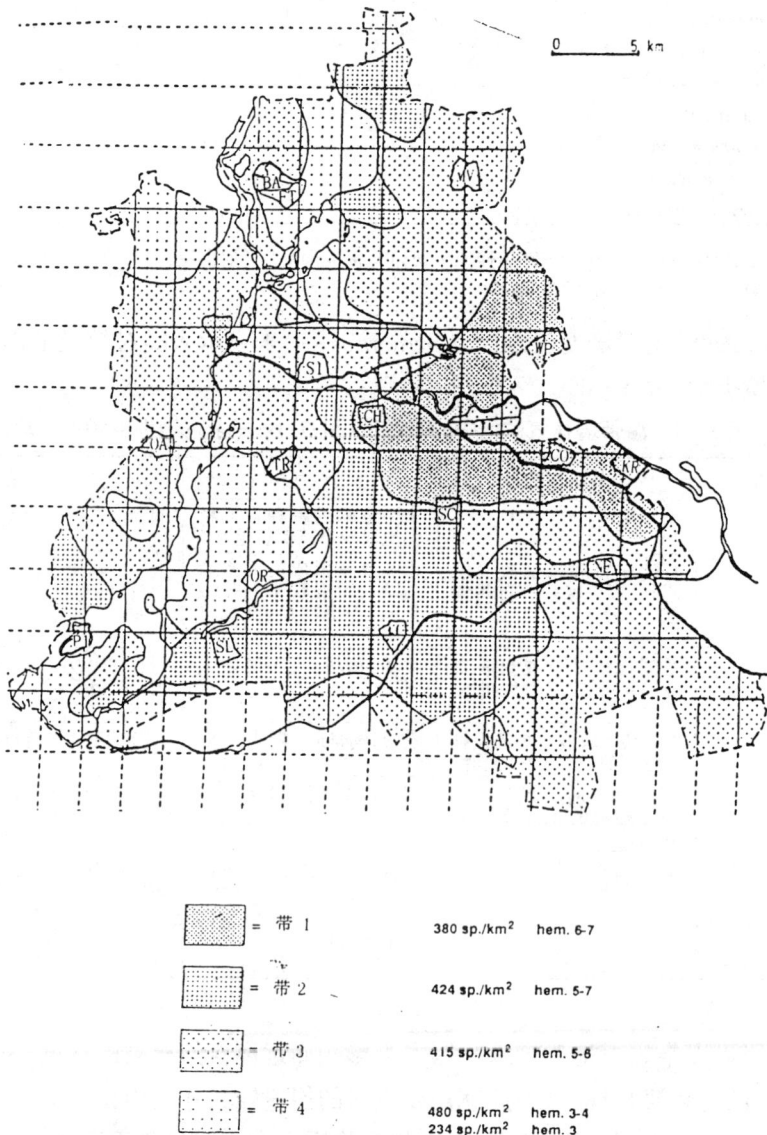

图5-4 西柏林城市的植物分区(Kunick,1974;转引自:Bornkamm,1988)
带1为密集建筑区;带2为稀疏建筑区;带3为近郊区;
带4为远郊区;hem.为栽培度(见表5-4) sp.为种类数

此外,大泽雅彦(1985,1988)曾根据人为活动对植被影响的强度,把城市植被分为人工栽培群落、残存自然群落和城市杂草群落三个类型。

人工栽培群落(artificial planted communities):包括市区道路两旁、街心花坛及住宅区内人工种植的绿化群落,以及郊区的农田和人工防护林等,它们是被人为地引入城市区域的群落类型。

残存自然群落(natural communities):指人为活动影响之前就已经存在,并且在城市化过程中未被清除的原生的或次生的自然群落,如寺庙周围及房前屋后的风水林等,这些群落现今大都呈小面积孤岛状分布。

上述的两个类型,都是只有在一定强度的人工管理和人为保护的条件下,才得以在城市区域中存在的植物群落。

城市杂草群落(urban weed communities):是城市化后,不受人的意识支配而出现的植物群落。在城市杂草群落中除了归化植物外,还有当地的乡土种。这些乡土种具有适应当地城市特殊生境、抵抗各种人为干扰的生存对策,可以称之为真正的城市杂草种。

城市中残存的自然植被,在城市化过程中也常发生深刻的变化。沼田真等人(1977)曾于1950年到1971年间对日本东京自然教育园内天然植物群落的变化过程作过研究。该园面积为20hm²,原是东京自然植被保存较好的地段,其中有该地区常见的各种植物群落,如日本米槠(*Castanopsis cuspidata* var. *sieboldii*)林、日本赤松(*Pinus densiflora*)林、枹树(*Quercus serrata*)林,榉树—糙叶树(*Zelkova serrata* - *Aphananthe aspera*)林、灯台树(*Cornus controversa*)林及立柳(*Salix subfragilis*)林等,此外还有草地、池塘、湿地等等。经21年间的观察发现树木生存率发生了变化,树木演替过程中日本赤松、日本栗(*Castanea crenata*)、黑松(*Pinus thunbergii*)等树木首先受到严重的伤害并枯死,日本米槠虽然枯死较少,但长势衰退,日本冷杉(*Abies firma*)和柳杉(*Cryptomeria japonica*)等早在1950年以前就已受害。这主要由于城市内各种树木对大气污染敏感性不同,受害程度各异所致。例如赤松在SO_2的质量分数为0.02×10^{-6}时就有50%植株枯损,黑松在$0.04 \sim 0.05 \times 10^{-6}$时,有50%植株受害。有些阔叶树种敏感性较差,因此1950年前后,自然教育园内的赤松—黑松林向着山桐子(*Idesia polycarpa*)林演替,黑松—赤松林向着黑松—灰叶稠李(*Prunus grayana*)林演替。

由于环境条件的恶化,日本米槠生长衰退,日本米槠林群落内树种组成也发生变化,正常的日本米槠林是由日本米槠、日本桃叶珊瑚(*Aucuba japonica*)、紫金牛(*Ardisia japonica*)、女贞(*Ligustrum japonicum*)、八角金盘(*Fatsia japonica*)、阔叶土麦冬(*Liriope platyphylla*)、常春藤(*Hedera rhombea*)、冬青(*Ilex integra*)、柃木(*Eurya japonica*)等30种左右的常绿植物所组成。由于环境变化,立木层树冠变小和高层树木的衰退,其中生长了很多紫珠(*Callicarpa japonica*)、荚蒾(*Viburnum dilatatum*)等林缘植物,以及木兰(*Magnolia kobus*)、糙叶树(*Aphananthe aspera*)、灯台树(*Cornus controversa*)、枹树(*Quercus serrata*)等次生林成分。黑松—赤松林群落以及灯台树林群落种类组成的变化见表5-5和表5-6。

表5-5 东京自然教育园内的黑松、赤松林的演变(引自:Numata,1972)

种 类	1952年6月		1964年11月		1971年11月	
	株数	BA*(cm²)	株数	BA(cm²)	株数	BA(cm²)
乔木层:						
黑松(*Pinus thunbergii*)	13	7 548.0	9	7 084.0	8	6 585.7
赤松(*Pinus densiflora*)	5	2 715.3	1	878.0	1	987.8
灰叶稠李(*Prunus grayana*)	1	907.5	7	1 000.0	8	1 741.3
柳杉(*Cryptomeria japonica*)	1	176.6	1	199.0	—	—
无柄叶栎(*Quercus sessilifolia*)	1	153.9				
灯台树(*Cornus controversa*)	—	—	7	502.0	5	522.8
日本野桐(*Mallotus japonicus*)	—	—	2	267.0		
日本木兰(*Magnolia kobus*)	—	—	1	70.0	1	127.6
黄檗(*Phellodendron amurense*)	—	—	1	70.0		
糙叶树(*Aphananthe aspera*)	—	—	1	23.0		
柃木(*Eurya japonica*)	—	—			5	253.0
日本米槠(*Castanopsis cuspidata* var. *sieboldii*)	—	—			4	129.1
舟山新木姜(*Neolitsea sericea*)	—	—			1	90.7
短叶栎(*Quercus acuta*)	—	—			1	35.8
小 计	21	11 501.3	30	10 073.0	34	10 252.6
灌木层:						
希氏石栎(*Shiia sieboldii*)			82	205.3	48	405.0
日本柃木(*Eurya japonica*)			54	189.7	42	381.8
日本桃叶珊瑚(*Aucuba japonica*)			73	162.1	88	337.4
台湾械(*Acer formosum*)			88	118.9	38	91.0
紫珠(*Callicarpa dichotoma*)			18	66.8	9	41.1
舟山新木姜子(*Neolitsea sericea*)			19	39.2	9	31.0
栎一种(*Quercus serricea*)			6	37.3	4	17.2
日本红淡比(*Cleyera japonica*)			9	35.6	8	81.4
荚蒾(*Viburnum dilatatum*)	1	?	11	29.9	—	—
灯台树(*Cornus controversa*)	1	?	1	15.6	1	0.1
朴树(*Ceitis sinensis* var. *japonica*)			2	15.1	1	9.6
尖叶栎(*Quercus acuta*)			1	12.6	1	2.5
灰叶稠李(*Prunus grayana*)	6	?	1	9.6	2	32.8
波缘冬青(*Ilex crenata*)			10	6.8	2	3.7
八角金盘(*Fatsia japonica*)			2	6.0	5	22.3
日本女贞(*Ligustrum japonicum*)			8	5.5	3	1.1
桑一种(*Morus bombycis*)			2	3.9	—	—
日本野桐(*Mallotus japonica*)	1	?	2	3.9		
交让木(*Daphniphyllum macropodum*)			1	1.8	—	—
青㭴(*Quercus myrsinaefolia*)			3	0.9	3	3.1
盐肤木(*Rhus chinensis*)			1	0.8	—	—
日本厚朴(*Magnolia obovata*)					1	9.6
南五味子(*Kadsura japonica*)					2	0.2
木防已(*Cocculus trilobus*)					2	0.1
小 计	9		394	967.5	269	1471.0

*样地面积—300m²;林木层高一>15m;林木亚层高一 6~15m;灌木层高一 1.5~6m;BA—基面积。

表 5-6　东京自然教育园内的灯台树林的演变(引自:Numata,1972)

种　类	1952 年 6 月		1965 年 9 月		1972 年 1 月	
	株数	BA* (cm²)	株数	BA(cm²)	株数	BA(cm²)
乔木层:						
灯台树(*Cornus controversa*)	15	9 870.9	14	13 384.1	11	9 359.0
糙叶树(*Aphananthe aspera*)	1	572.3	1	877.8	1	826.6
灰叶稠李(*Prunus grayana*)			1	50.2	2	137.8
山桐子(*Idesia polycarpa*)					2	968.4
日本木兰(*Magnolia kobus*)					2	54.0
日本常春藤(*Hedera rhombea*)					2	32.7
朴树(*Ceitis sinensis* var. *japonica*)					1	14.2
南五味子(*Kadsura japonica*)					1	1.0
小　计	16	10 443.2	16	14 312.1	22	11 393.7
灌木层:						
东瀛珊瑚(*Aucuba japonica*)			33	184.6	115	518.1
桑(*Morus bombycis*)			5	71.8	5	53.0
茶(*Thea sinensis*)			30	52.7	38	57.8
希氏接骨木(*Sambucus sieboldiana*)			3	46.8	2	4.3
舟山新木姜子(*Neolitsea sericea*)			5	46.5	10	68.2
山茶(*Camellia japonica*)			2	46.2	8	93.7
朴树(*Celtis sinensis* var. *japonica*)			12	45.9	9	75.3
希氏卫茅(*Euonymus sieboldiana*)			17	44.2	7	63.4
日本辛夷(*Magnolia kobus*)			3	28.5	5	19.0
光叶榉树(*Zelkowa serrata*)			8	24.3	—	—
苦木(*Picrasma quassioides*)			1	23.7	1	17.3
胡桃一种(*Juglans ailantifolia*)			3	19.7	—	—
日本栗(*Castanea crenata*)			1	19.6	—	—
紫珠(*Callicarpa dichotoma*)			5	15.6	4	6.5
灯台树(*Cornus controversa*)			2	13.8	4	15.9
日本女贞(*Ligustrum japonicum*)			4	13.7	2	13.8
糙叶树(*Aphananthe aspera*)			4	12.4	11	40.7
荚蒾(*Viburnum dilatatum*)			1	9.2	1	1.0
卫茅(*Euonymus alatus*)			1	6.7	1	8.3
灰叶稠李(*Prunus grayana*)				4.9	1	11.9
花椒一种(*Xanthoxylum piperitum*)					1	3.1
南五味子(*Kadsura japonica*)					28	7.1
辽东楤木(*Aralia elata*)					1	3.9
三叶木通(*Akebia trifoliata*)					2	0.7
小　计			134	783.0	254	1 079.9

*样地面积—400m²;林木层高—>10m;林木亚层高—5~10m;灌木层高—1.5~5m;BA—基面积。

城市自然植物群落中种类组成的变化,以及一些树种长势下降、提前落叶,和一些树种(如灯台树、珊瑚木)异常增多,都是与城市空气污染(图 5-5)、鸟类减少、害虫增加、气候变化等综合影响有关,这些现象可以看作是整个城市生态系统对生态环境恶化的一种反应。

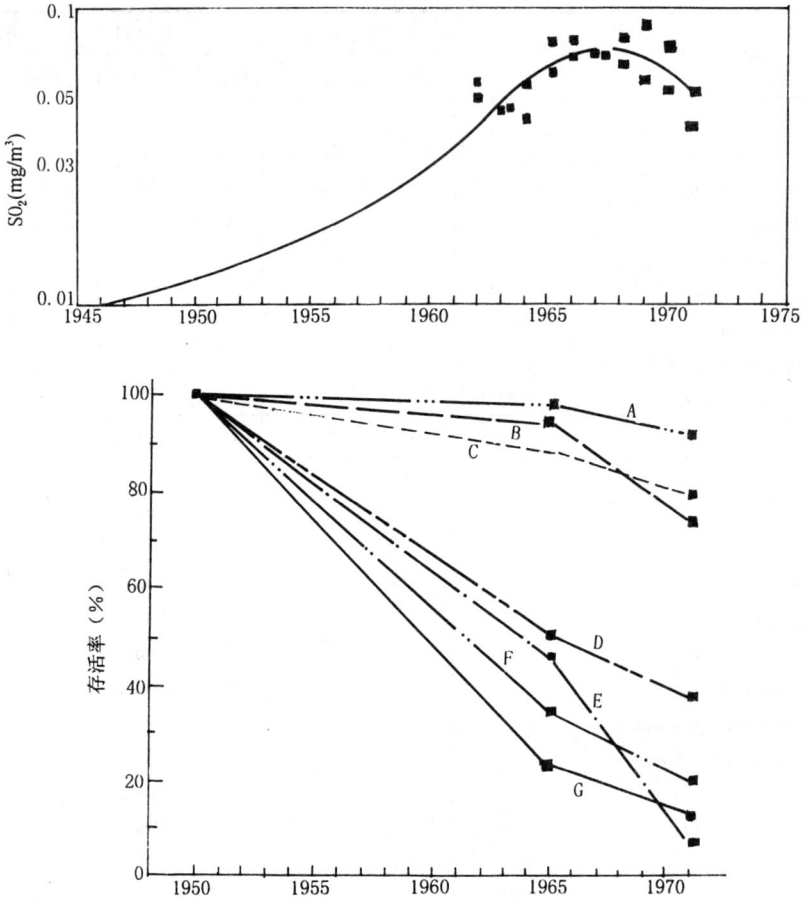

图 5-5 东京林木存活率的逐年变化(以 1950 年为 100%)与空气中 SO₂ 年
平均浓度变化的关系(引自:Numata,1977)

1938 年时空气中 SO₂ 年平均浓度为 0.005mg/m³,1963 年增加到 0.045mg/m³,整个 20 世纪 60 年代一直在加剧,
70 年代初开始有所改善。A. 日本米槠; B. 山樱; C. 榉树; D. 黑松; E.日本柳杉; F. 日本栗 G. 赤松

城市中呈小面积孤岛状分布的残存自然植被,其维持机理和演替过程也有与地带性自然植被不同的特点。达良俊等人(1992)以日本千叶市面积为 3.2hm²、孤立分布在靠近居民住宅区残存的日本赤松林为对象,对日本赤松大面积枯死后,主要组成种群的动态变化及演替过程进行了 8 年的定点研究,发现在日本赤松林演替的各个阶段中,除了人工种植的树种以外,植物种能否侵入以及侵入林内的顺序,主要决定于周围种源母树的存在与否以及种子散布能力的大小。在演替的中后期阶段,群落主要是由鸟类散布的种类所组成,特别是在顶极群落的种类组成中,大量出现鸟类散布型人布植物,而缺乏那些重力散布以及其他动物散布的种类,与地带性自然植被顶极群落的种类组成有较大的差别。因此,种子的散布能力和种源母树的存在,直接影响到孤岛状分布的群落内种群动态的变化,并左右着演替的进程。特别是那些具有种子产量高、散布能力强、初期生长速度快等典型先锋种特征的榆科树种,如糙叶树、日本朴树(*Celtis sinensis* var. *japonica*)等,因其能够较容易地侵入林内,并迅速生长至林冠层,同时又由于它们的个体寿命较长,可在顶极群落内与其他顶极树种共同构成林冠,处于长期支配群落

的地位,此类植物被称为顶极性先锋种。具有顶极性先锋种的群落,是城市孤岛状自然植被的另一个特征。

三、城市植被的作用

植物的生长和分布既受城市环境的影响,但也多方面作用于城市环境。城市环境的改善除靠工程设施外,最终还得通过发展合适的植被才能达到目的。所以评价城市的环境质量,植被覆盖率是一个重要的指标。城市植被作用可归纳为以下几方面。

(1) 改善气候:城市植被,特别是树林,夏季能使气温降低,冬季则可使气温略有升高。据实测,在同一时间内,草地表面平均温度为 26.7℃,而相距仅 5~6m 的屋前深色坪台上温度达 48.9℃,相差竟有 22.2℃ 之多(王文瀚,1965)。当街心的气温为 29.4℃ 时,经过一片草地和行道树,树阴下的气温为 26.1℃。在广州市内住宅区,曾于夏季下午 4 时半对绿地降温情况做过测定,观察到离地 1.5m 高度处,马路中心的气温是 35℃,树下的气温是 33.4℃,室内气温为 32.4℃(华南工学院亚热带研究室,1978;转引自:周淑贞等,1994)。宁波地区,夏季树林里的最高气温比市内空旷地区的最高气温低 1.6℃~3.6℃,冬季时树林里的最高气温比市内空旷地区的最高气温高 1℃~1.9℃。植被还有明显的遮阳作用,密茂的草地可以遮挡 80% 左右的太阳光线,茂盛的树林能遮挡 50%~90% 的太阳辐射热。由于植被的遮阳作用,可以使建筑物和地表温度明显降低,一般绿地比没有绿化的地面辐射热低 4~15 倍,这就是夏季绿地所以能降温的主要原因。此外,植被的蒸腾作用又吸收大量的热量,亦能起到调节周围气温的作用。对于人口过密带来的人为热污染,通过植被蒸腾作用进行调节是一项可行的措施。

植被的蒸腾作用,增加了空气的湿度。据测定,一株白杨夏季白天每小时可由树叶蒸腾出 25kg 水分,如 1 公顷土地上有 2 500 株白杨树,夏季每个白天可蒸腾 750 吨的水分,这无疑能大大改善干热城市的空气湿度,并伴有显著的降温效果。此外,植被,特别是林地还可以降低风速,并促使空气对流,夏季这种微风常常使人感到凉爽。

植被对气温、空气湿度、风速等影响是同时存在的,其效应的强度还要取决于群落类型、结构和面积的大小。

(2) 净化空气:植物在光合作用过程中吸收 CO_2,放出 O_2。据估算,$1hm^2$ 阔叶林在生长季节,每天能消耗 $1t$ CO_2,释放 $0.75t$ O_2,$1hm^2$ 生长良好的草地,每小时能消耗 $15kg$ CO_2,释放 $10.9kg$ O_2。如果以成人每天需消耗 $0.75kg$ O_2,排出 $0.9kg$ CO_2 计,对于 1 个城市居民来说,平均 $10m^2$ 的森林或 $50m^2$ 以上的草坪,就能得到足够的氧气供应,并清除呼出的二氧化碳。

植物在进行气体交换时,除了吸收 CO_2,放出 O_2 外,还能吸收一定数量的污染物质,如二氧化硫、氟化氢、氯气、氧化氮、一氧化碳、多种碳氢化合物以及重金属粉尘等,同时还可以吸滞烟尘及放射性物质,除去污染物质或降低它们的浓度,限制污染物的散布,起到净化空气的作用。

门田(1969)研究发现,赤松、黑松和柳杉在树叶受到轻度伤害时,其含硫量是对照区的 2~4 倍。10 年生的黑松林树叶(计量为 $1.5kg/m^2$),6 月上旬,树叶含硫量为 0.1%,到 8 月下旬上升到 0.4%,在夏季的三个月中,$1.5kg$ 树叶,吸硫量可达 $5g$,平均每天吸收 $50mg$,在风速为每秒1米时,1.5kg树叶可以完成0.002mg/s的净化功能(转引自:中野尊正等,1986)。据Smith(1981)报道,1公顷栽有槭树、栎树、杨树、椴树、桦木和松树的模式森林,每小时每平方米的植物表面能吸收$4.1×10^4\mu g$的SO_2,加上每小时每平方米的土地表面能吸收$0.7×10^6\mu g$的SO_2,因此1公顷模式森林每年可吸收SO_2计748吨。另根据南京市园林处等测定,当SO_2随气流通过高15m、宽15m的悬铃木林带以后,浓度降低了47.7%(转引自:孔国辉等,1983)。

(3)降低噪声:众所周知,树叶繁茂的密林可以隔音和吸音。非但树林,草坪也有隔音和吸音的作用。林地及草地等防音的效果,视其宽度、高度、形状、种类组成有很大差异。

在城市交通干线、道路两侧,以乔木配合女贞或小叶黄杨,宽度在2~3m,即可衰减交通噪声。宽度为4m的乔木与灌木相结合的绿地,在与噪声源相距11m时,与旷地对照区相比,噪声通过绿篱后可衰减8.5dB。

(4)防灾减灾:茂密的森林能收到防火的效果,乔木与矮树相间的多层林,枝叶不加修剪时防火效果更为明显,但必须随时清除枯死枝干。如果作为避难场所应有$3hm^2$以上的面积,在外围密植不易燃烧的防火树种就更为有效。城市的森林对于防震也有一定作用,此外,对于暴雨、河流泛滥、滑坡、崖崩等都有防护效果。

(5)保健卫生:由于植物具有净化空气、减少噪声、分泌杀菌物质等多种功能,它的卫生保健作用愈来愈受到人们的重视,提倡森林浴就是这个道理,目前很多城市在进行城市卫生保健植物群落配置的研究。

(6)心理健康:绿地总使人感到舒适和惬意,缺少绿地的地方会使人产生失落感。住宅附近成片的绿地有助于消除身心疲劳和精神压抑,及培养儿童、青少年的公益观念。通过日常对自然界的荣枯(生长、开花、凋谢、季节变换)和生命活动(鸟类、小动物等生活动物)的接触,还可以促进孩子们的自觉性、创造力、想像力以及热爱生活和积极进取精神。

(7)观赏游憩:城市植被是城市中的绿色风景线,每种植物都有各自独特的形态、色彩、风韵、香味,这些特色又随季节及周年的更替而更加丰富多彩,并与建筑、雕塑、水体、山石等相互映衬,增加了环境的美感。不同民族、不同文化背景的人们常把一些植物人格化、抽象化,成为某种概念上的象征。如象征坚贞不屈、气节凛然的松、竹、梅"岁寒三友",象征依依不舍的垂柳,象征和平的油橄榄等等,形成了独特的意境美。因此城市植被不仅增加了城市的色彩,也赋予了城市更深的文化内涵,为人们提供观赏游玩、纳凉散步、体育锻炼等的理想场地。

四、植物对城市环境的指示意义

植物的生长、发育受环境影响,它们的分布受环境制约,因此可以利用植物生长、发育、分布等变化推测环境的状况,即植物指示环境的作用。这种指示作用可以在群落、种群、个体、器官以至细胞和基因等水平上得到反映。目前应用较广的是个体和群落的指示作用。在前面讨论城市植物区系和植被时多少已经涉及到区系的指示作用。一般而言,只要人们对城市的植物区系和植被进行系统的调查,其结果总能反应城市环境的空间分异。Godde & Wittig(1983)对明斯特(Münster)城市植被和区系的研究表明,喜温植物和喜温植物群落分布与城市中温度分布是一致的(图5-6)。

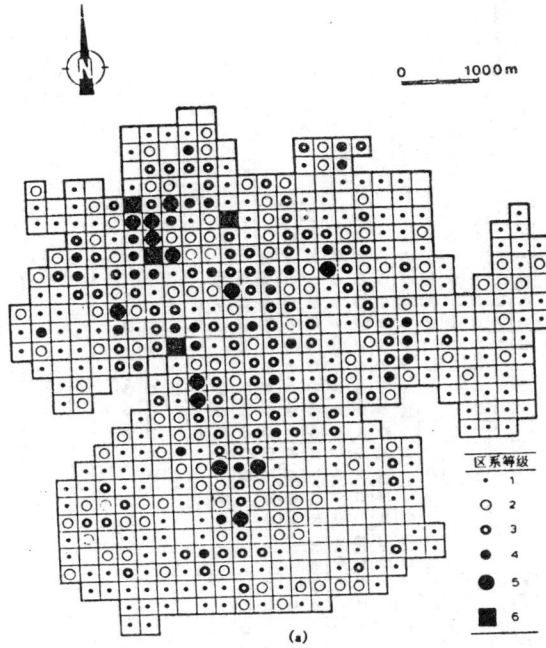

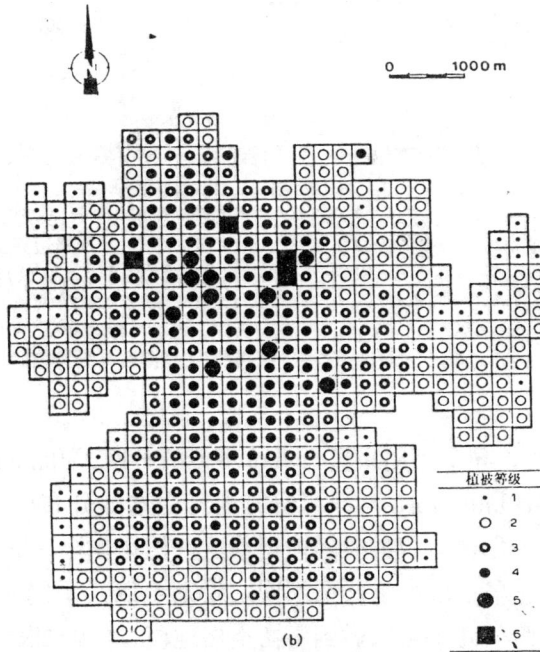

图 5-6 （文字说明见下页）

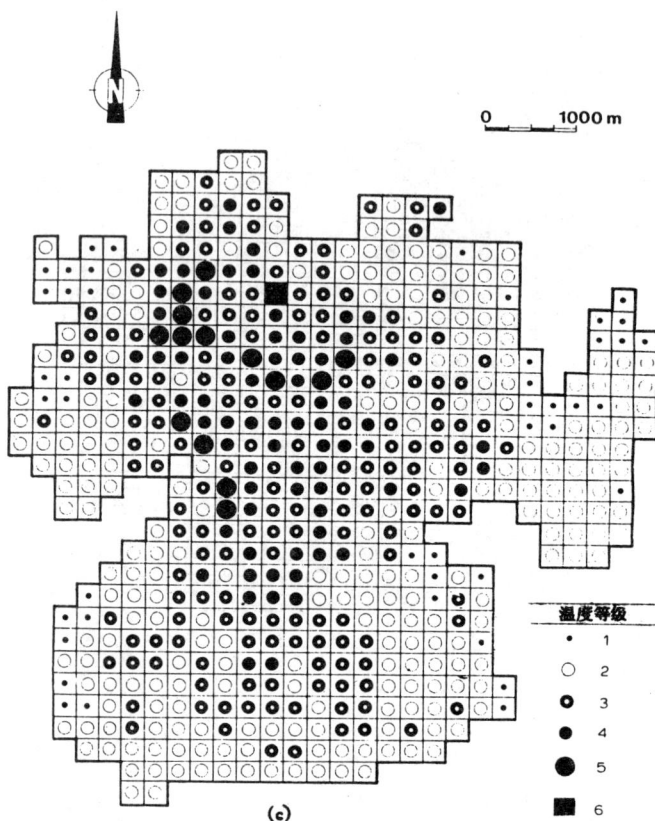

图5-6　明斯特市植物区系、植被分布对城市温度的指示作用
（引自：Godde 和 Witting，1983）

图5-6(a)为区系等级图：在每个网格(250m×250m)内调查记录全部植物种类,按 Ellenberg 给各种植物所定的温度指数,统计温度指数为6级以上的植物种所获得的点数(6级为1点,7级为2点,在网格边界上的种取其1/2值)。1级(0.5~3.0点);2级(3.5~6.0点);3级(6.5~9.0点);4级(9.5~12.0点);5级(12.5~15.0点);6级(15.5~18.0点)。图5-6(b)为植被等级图,按平均温度指示值划分(Ellenberg,1976):1级 (5.0~5.2点);2级(5.3~5.5点);3级(5.6~5.8点);4级(5.9~6.1点);5级(6.2~6.4点);6级(≥6.5)。图5-6(c)为综合温度等级分布图:网格中的区系等级得分和植被等级得分的平均数,小数点后数字取整数,例如某一网络中区系等级指数为3,植被等级指数为2。平均数2.5四舍五入后得温度等级数3

　　城市中植物物候期的差异也可用来进行城市环境的分区,为此 Ellenberg (1956)创立了一种植物生长气候图(Wuchs klimakarte):即在研究地区内选择分布广泛、物候期变化明显的测试植物,用最快速的方法在尽可能短的时间内记载这些植物在全区的各种物候期,标绘在地形图上,即为生长气候图。它与一般的物候图不同之处是可以几乎同时对测试植物在不同地点的物候进行全面观测,在野外几乎可以做到不留空白地段,这就比根据少数观测点利用数值插入法所绘制的物候图能更好地反映各点的环境变化。这种图目前广泛应用于欧洲的城市生态研究(Schreiber,1983)。

　　不同植物对污染物敏感程度不同,而且有些植物对污染物的反应有明显的专一性,因此

可以根据植物受害情况，判断环境质量(Steubing & Jäger,1982)。植物受害情况可以概括为质和量两方面。质的变化表现为植物长势强弱、健康程度、开花现象等；量的变化如叶面积、叶重量、着生叶量、树干直径生长、树高生长、新梢伸长量等，每个项目都可作为评价指标。但在实际应用时最好找出几个指标，以便对生长发育予以综合判断。Schubert(1982,1991)曾根据欧洲赤松针叶的寿命、针叶的伤斑以及针叶长度对城市生态环境进行分区(图5-7)。

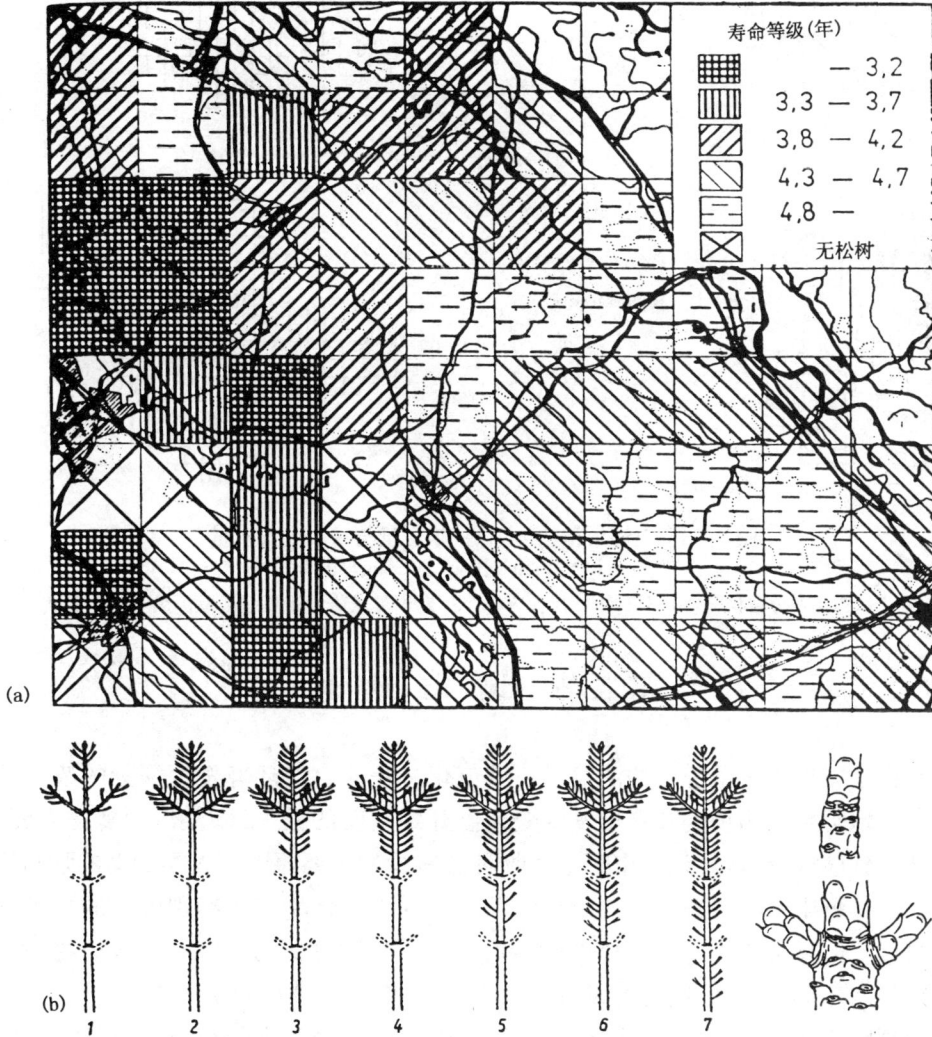

图5-7　欧洲赤松针叶寿命等级及其分布图
(a)Dübener Heide 地区 1973～1976 年欧洲赤松(*Pinus sylvestris*)
针叶平均寿命等级分布图；(b)欧洲赤松针叶寿命等级的划分(Schubert,1991)

　　植物在生长过程中能在体内积累某些有毒物质,其积累数量与生境中污染物浓度有关。分析城市内不同地点同种植物体内某种物质含量,可以对环境质量进行分级,在这方面可以分析树叶(图5-8),也可以分析树皮或整个植株,监测的项目有硫、氟、重金属元素,以及浸出液的 pH 值和电导率等。

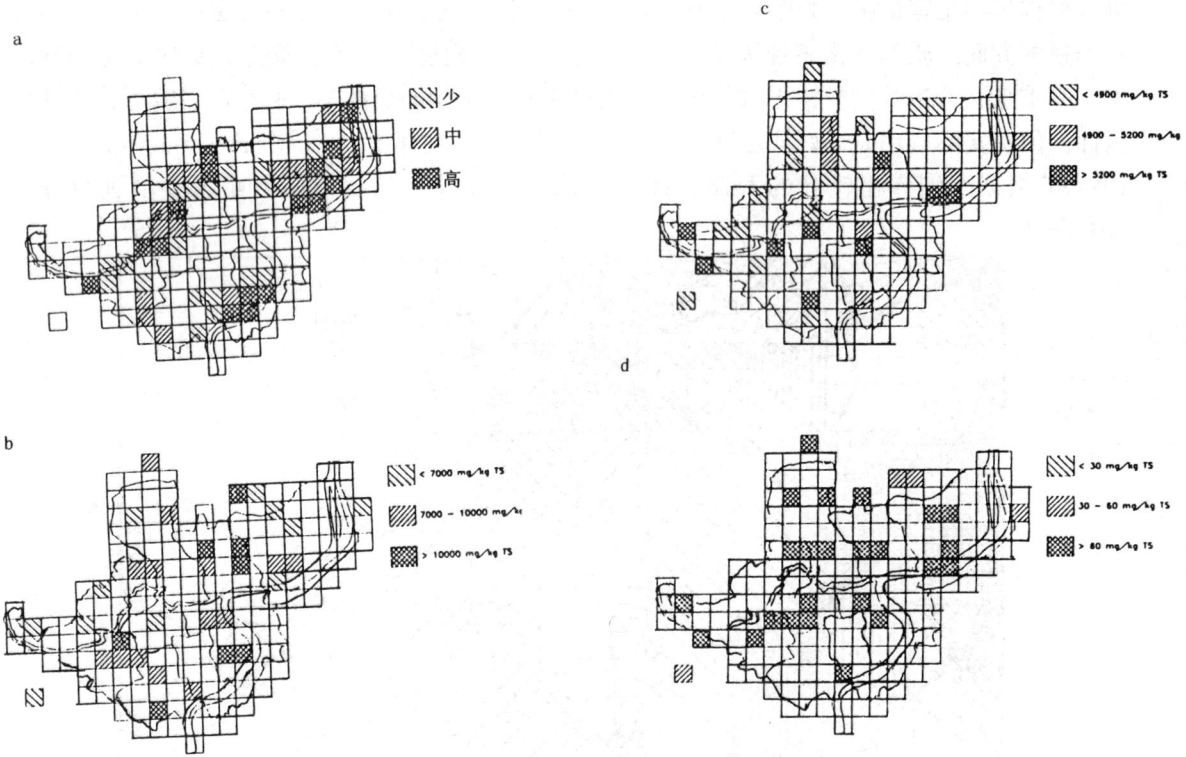

图 5-8　上海市植物体内硫、氟含量与城市大气质量
的关系(引自:Steubing & Song,1994)
a. 上海市工业分布状况　b. 悬铃木叶片含硫量　c. 欧洲黑麦草含硫量　d. 欧洲黑麦草含氟量

第二节　城 市 动 物

　　城市动物是城市生态系统中的消费者。城市化过程使自然环境发生深刻的改变,不可避免地会引起当地野生动物种类和数量发生变化。开阔空间的丢失,以及作为食物来源与隐蔽条件的植被受到破坏,都是导致城市野生动物种类减少的主要原因。人类活动的强烈干扰、污染和交通噪声是野生动物消失的另一个重要因素。其中对环境变化特别敏感的鸟类,受到的影响尤为明显。但是某些能忍受环境变化,并能与人伴生(companion)的有害动物,则变得更加适应城市生态环境,如家栖鼠(commensal rodents)、蜚蠊(cockroach)等。

　　城市动物区系(urban fauna)是指在城市范围内全部动物种类的组成,包括脊椎动物与无脊椎动物。按动物类群分有兽类、鸟类、两栖类、爬行类、鱼类及昆虫等;按动物栖息的环境则可分为室内动物及室外动物,后者再分为陆生动物、水生动物和土壤动物等。因此,对一个城市进行动物区系调查是一项综合性工作。这里仅对城市中与人类生活环境关系密切的几类动物作一叙述,其中包括小型兽类、鸟类、有害昆虫(蝇类、蚊类、蜚蠊)及户养动物。

一、城市小型兽类区系与群落
　　城市小型兽类主要以家栖鼠为主,其他种类还有:鼬(*Musteal*)、狸(*Nyctereutes*)、狐

（*Vulpes Vulpus*）等。

城市家栖鼠,包括褐家鼠(*Rattus norvegicus*)、小家鼠(*Mus musculus*)和黄胸鼠(*Rattus flavipectus*)等,主要栖息在各类建筑物及仓库等场所。外界气候因素对城市鼠类群落结构影响较小,但城市生态环境的改变与城市鼠类种类组成的变化是息息相关的。例如我国南方城市,原来以砖木结构为主的城市建筑物逐渐被钢筋水泥的房屋所取代,随之善于攀登、喜栖于砖木结构建筑中的黄胸鼠,逐渐转变为以善于随货物移动,适宜栖于建筑物各个角落的小家鼠为主的鼠类群落。在城市下水道中的褐家鼠和人类住宅中的小家鼠也比自然环境中的更丰富(Brooks,1973)。

城市化的发展,城市范围不断扩大,城市周围的农田和丘陵坡地被道路、工厂、住宅小区所取代,使原来栖息在该地的狐、狸、鼬、野兔(*Lepus*)及农田鼠类等许多小型哺乳动物随着城市的扩大而迅速向外退却。东京的狸(*Nyctereutes procyonoides*)、鼠及兔的分布区的变化,充分体现了这一特征(图5-9)。

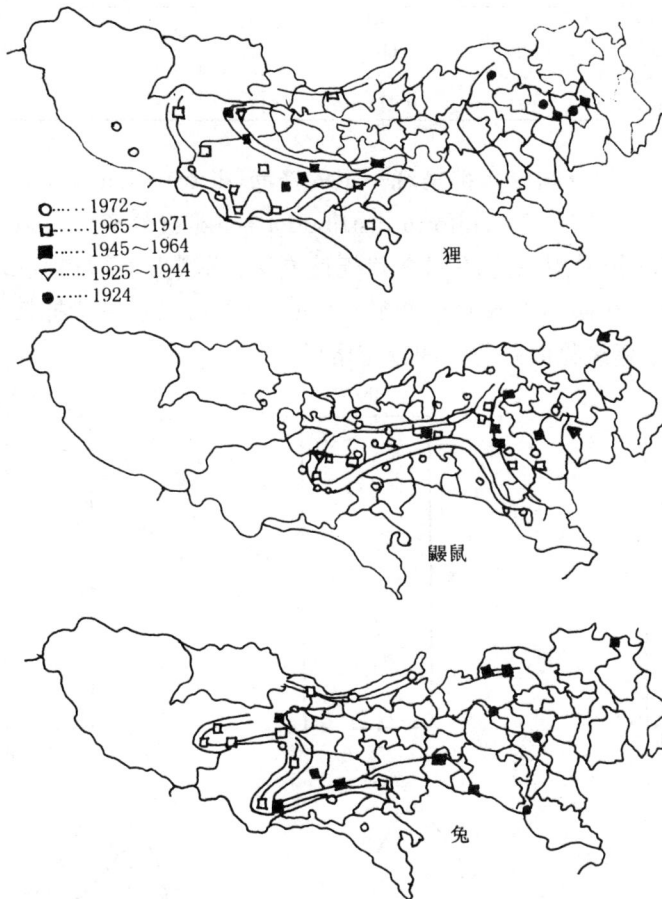

图5-9　东京哺乳动物向外退却速度(转引自:中野尊正等,1978)

伶鼬(*Mestela nicalis*)、白鼬(*M.erminea*)以及其他一些小型兽类的分布和种群丰富度亦呈现出随城市发展而逐步降低或消失的现象,但各种动物的这种变化速率是不同的。

能适应城市生活环境的动物,可在城市中生存繁衍,形成城市的动物群落。在野生小型兽类中,唯一能在城市中定居繁衍的只有鼠类。根据1988年1月至1989年6月,连续18个月对上海市区14个街道的钢筋水泥的新工房、石库门旧里弄、老式工房及平房简屋中的鼠类分布调查,观察到各种建筑物中均以小家鼠为主(表5-7),并且发现厨房是三种家栖鼠最常出没的地方,占各类场所鼠类数量总数的64.93%(表5-8)(祝龙彪,1990,1991)。

表5-7　不同类型住房鼠类群落结构(引自:祝龙彪等,1990)

鼠　种	新工房		石库门旧里弄		老式工房		平房简屋	
	只	%	只	%	只	%	只	%
小家鼠	2 932	81.08	5 802	74.22	3 120	81.93	5 083	76.06
褐家鼠	305	8.44	1 012	12.94	415	10.90	859	12.86
黄胸鼠	379	10.48	1 004	12.84	273	7.17	740	11.08
合　计		100.00		100.00		100.00		100.00

表5-8　住宅建筑物不同场所鼠类数量比较(引自:祝龙彪等,1991)

鼠　种	厨房	走廊	扶梯	公共堆物	屋顶层	厕所	天井	合　计
	只	只	只	只	只	只	只	只
小家鼠	9 044	982	770	1 940	233	361	823	14 153
褐家鼠	4 860	202	199	600	32	167	494	6 554
黄家鼠	862	280	203	273	249	32	137	2 036
合　计	14 766	1 464	1 172	2 813	514	560	1 454	22 743

城市中各种动物种群的空间分布都呈现一定的格局(distribution pattern),主要有聚集分布(clumped distribution)、均匀分布(uniform distribution)和随机分布(random distribution)等(图5-10)。根据不同动物采用一定的调查和统计方法,能测出动物在城市中的分布状态。例如用平均拥挤度(mean crowing)、聚集性指数(cluster index)以及平均拥挤度与种群密度之间的关系,可以分析城市建筑物内鼠的空间分布格局。

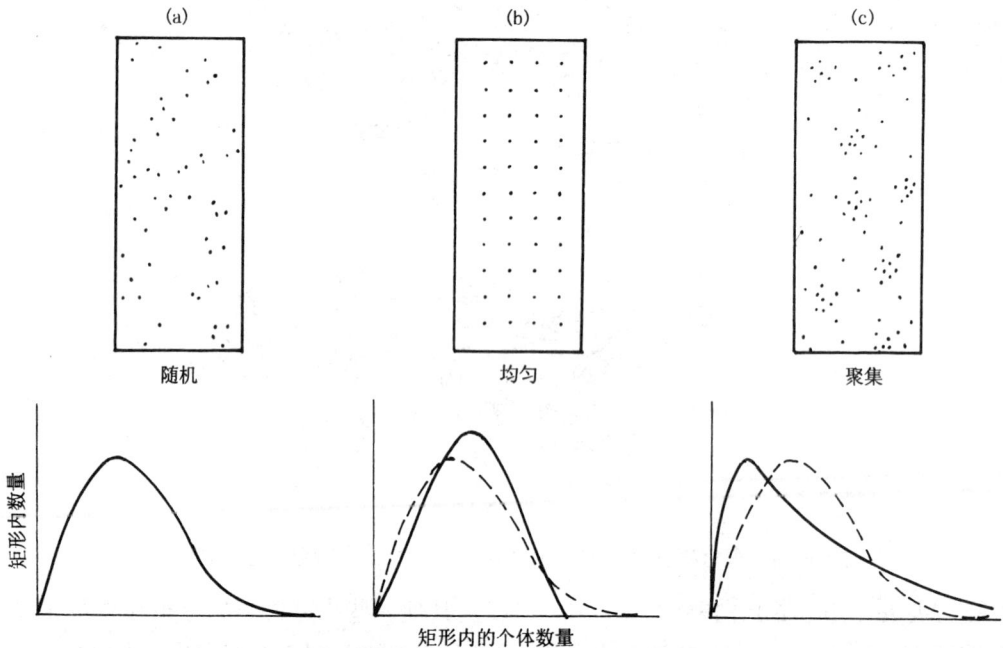

图5-10　种群分布的基本形式
(a)随机分布;(b)均匀分布;(c)聚集分布

附注 5 - 4

1. 平均拥挤度

采用 Lloyd(1967)公式计算:

$$M^* = \frac{\sum\limits_{i=1}^{n} x_i(x_i - 1)}{\sum\limits_{i=1}^{n} x_i},$$

式中,M^* 为平均拥挤度,表示"每个单位中对于每个个体与其他个体挤在一起的平均个体数";x_i 为每个样本单位内的某物种个体数。

伊藤嘉昭等(1977)认为平均拥挤度与个体数为 0 的单位没有关系,而与种群平均密度 M 和方差 S^2 有关,其计算式为

$$M^* = M + \frac{S^2}{M} - 1 。$$

2. 聚集性指数

以平均拥挤度 M^* 与种群平均密度 M 之比表示,即聚集性指数为 M^*/M

当 $M^*/M = 1$ 时,个体为随机分布;

$M^*/M < 1$ 时,个体为均匀分布;

$M^*/M > 1$ 时,个体为聚群分布。

Iwao(1968)指出,M^* 与 M 之间具有回归关系:$M^* = \alpha + \beta M$。

α 为 M^* 坐标轴上的截距,表示无限小密度的每个小区的平均个体数,Iwao 称 α 为基本集合度指数(index of basic contagion)。当 $\alpha = 0$ 时,分布的基本成分是单个个体;$\alpha > 0$ 时,是个体群;$\alpha < 0$ 时,个体间相互排斥。

β 是 M^* 坐标轴的角度,表示相应于平均密度的空间利用的状态,即单位集群数。Iwao 称其为密度聚集度系数(density - contagionsness coefficient)。当 $\beta \approx 1$,个体群为随机分布;$\beta < 1$ 时,个体群为均匀分布;$\beta > 1$时,个体群为聚集分布。

[例] 1988 年 1 月至 12 月,连续 12 个月对上海市区连片的 14 个街道的四种类型的住宅建筑物进行鼠类调查,将获得数据按街道为单位分析出了鼠在各类住宅建筑物中的空间分布格局计算如下。

首先整理出以 14 个街道为单位的逐月住宅中各种鼠的种群平均密度(M),方差(S^2),平均拥挤度(M^*)和聚集性指数(M^*/M),附注表 5 - 4 - 1 为小家鼠的数据。

从附注表 5 - 4 - 1 可见小家鼠的逐月聚集性指数(M^*/M)均大于 1,说明小家鼠在城市住宅建筑的个体是呈聚群分布的。

附注表 5 - 4 - 1 城市住宅建筑物中小家鼠聚集性指数(引自:祝龙彪等,1991)

月份	M	S^2	M^*	M^*/M
1	35.286	34.933	68.988	1.955
2	22.357	16.443	33.450	1.496
3	51.143	33.939	72.665	1.421
4	47.786	46.717	92.457	1.935
5	35.286	26.648	54.466	1.544
6	35.875	36.396	71.801	2.002

7	13.500	16.039	31.556	2.337
8	23.875	23.256	45.527	1.908
9	54.286	44.592	89.916	1.656
10	103.571	81.973	167.450	1.617
11	109.143	115.858	231.130	2.119
12	84.571	97.760	196.570	2.324

　　同法也整理出褐家鼠和黄胸鼠的 M^*/M 值,并看到这两种鼠的个体也是聚集分布的。同时测定小家鼠、褐家鼠和黄胸鼠的平均拥挤度与种群密度的回归方程,它们的 α 值分别为 11.925 4,7.659 4, 7.132 8,都大于 0(附注表 5-4-2),表示上述三种鼠在城市住宅建筑物的个体群都呈聚集型空间分布(祝龙彪,1991)。

附注表 5-4-2　城市住宅建筑物中三种鼠的 M^* 与 M 的回归方程(引自:祝龙彪等,1991)

鼠种	$M^* = \alpha + \beta M$	r(回归系数)	F 测验
小家鼠	$M^* = 11.9254 + 1.6423M$	0.9596	†
褐家鼠	$M^* = 7.6594 + 2.5103M$	0.6742	†
黄胸鼠	$M^* = 7.1320 + 2.2146M$	0.8727	†

† 表示回归相关系数显著。

　　3. 生态位宽度及生态位重叠

　　鼠类是具有领域性(territoriality)、巢区(home range)及竞争排斥(competitive exclusion)等生态特性的动物。城市家栖鼠的这些行为特征尤为明显(Dickman & Doncaster,1987,1989)。在城市生态系统中,通过测定各种鼠在城市环境中的生态位重叠(niche overlap)值及生态位宽度(niche breadth)值,分析家栖鼠的竞争共存机制,可以揭示害鼠对城市时空资源的利用和分摊方式,有助于制定正确的防治措施。群落中每一对物种间的生态位重叠值,可按 Schoener(1986)的公式计算:

$$A_{xy}(D) = 1 - \frac{1}{2}\sum |P_{xi} - P_{yi}|。$$

式中的 P_{xi} 和 P_{yi} 分别为物种 x 和物种 y 在第 i 项资源中出现的数量与各自个体总数的比例,$A_{xy}(D)$ 的值域从 0(没有重叠)到 1(完全重叠)。

　　某物种的生态位宽度值,则可按 Shannon-Wiener 以多样性指数为基础的生态位宽度指数进行计算,其公式如下:

$$B_x = \frac{\lg \sum N_{xi} - (1/\sum N_{xi})(\sum N_{xi}\lg N_{xi})}{\lg r},$$

式中,B_x 为物种 x 的生态位宽度值;

　　N_{xi} 为物种 x 利用第 i 项资源等级的数值,r 为生态位的资源等级数。

　　生态位宽度值的变动范围从 0 到 1,0 表示没有利用,1 表示对所有等级都同样地利用了。

　　[例]　1988 年 2 月对上海市区的四种类型住宅随机抽查,共捕得三种家鼠 1 258 只(附注表 5-4-3)。分别对三种家鼠的空间生态位宽度值及生态位重叠值进行计算。

附注表 5-4-3　三种家鼠利用空间资源比较(引自:祝龙彪等,1991)

鼠　种	空间资源类型(级)			
	新工房	石库门旧里弄	老式工房	平屋简房
小家鼠	148	257	222	381
褐家鼠	13	50	10	57

黄胸鼠	7	64	22	27

附注表 5－4－4　城市住宅区三种鼠的空间生态位

鼠　种	1	2	3
小家鼠	0.962*	0.810	0.722
褐家鼠		0.950*	0.745
黄胸鼠			0.827*

＊ 主对角线上的数值为各种鼠的生态位宽度值。

城市动物在生态位上反映的差异,与动物的习性是相关的,若将环境资源级分得更细,就更能够反映出各种动物对城市环境的空间、时间及食物资源等的分摊和利用存在的区别,包括对栖息环境的选择、数量发生高峰时间,以及取食内容和方式等方面的差异。

二、城市鸟类的区系与群落

城市鸟类种类组成变化也十分明显。上海地区的鸟类(包括亚种)原有 335 种,占到全国鸟类种数 1/3 以上,其中留鸟有 39 种,夏候鸟有 36 种,冬候鸟有 94 种,旅鸟 166 种。20 世纪 50 年代初,上海地区工农业生产污染尚不严重,绿化面积也较大,鸟类几乎处处可见。市内大的公园及大学校园,年年都有黑枕黄鹂(*Oriolus chinensis*)营巢,黄浦江及苏州河畔,每天都可以见到成群的鸥类(*Larus*)在其上空翩翩飞舞。现在市区既见不到黄鹂踪影,黄浦江及苏州河上空的鸥群也早已消失(上海市环境保护局,上海市野生动物保护协会,1986)。城市化造成环境改变,导致鸟类种类减少和组成的改变,这种现象在兰州、武汉、北京等城市都可见到。例如,20 世纪 60 年代初对兰州市鸟类调查发现,市郊有鸟类 185 种,时过 20 年,兰州市郊工厂林立、烟囱栉比、河床束窄,虽有小块人工林地,但昔日的湖泊、沼泽、苇丛、灌木、梢林、农田、河漫滩等景观,大都不复存在或正在缩小。随着环境发生巨变,鸟类种类减少到 114 种(陈鉴潮等,1984)。武汉地区原有鸟类 282 种及亚种,到 20 世纪 70 年代常见种类仅存 126 种,其中繁殖鸟 62 种,冬候鸟 49 种,旅鸟 15 种,这显然与市区内原有自然景观遭受持续性的破坏有关(胡鸿兴,1984)。北京城区 20 世纪 30 至 40 年代,曾有 4 种鹭科(*Ardeidae*)鸟类在劳动人民文化宫(太庙)内的树上筑巢,在北海和中南海也记录到雁形目(*Anserifopmes*)中的雁鸭类有 19 种栖息生存,但到 60 年代,上述地区的这些鸟类就已绝迹(郑光美,1962),到 80 年代,北京城内原来分布较普遍的一些大中型鸟类,如斑鸠(*Streptopelia orientalis*)、三宝鸟(*Eurystomus orientalis*)、黑卷尾(*Dicrurus macrocercus*)、黑枕黄鹂(*Oriolus chinensis*)等也基本绝迹,原来数量较多的灰喜鹊(*Cyanopica cyana*)已急剧减少,而对人工建筑物有着极密切的依赖关系的麻雀(*Passer montanus*)则成为目前北京城市环境中鸟类的绝对优势种(魏湘岳等,1989)。据樱井(1972;转引自:中野尊正等,1978)对日本东京鸟类调查,也发现鸟类种数逐年在递减,在明治神宫、自然教育园和滨离宫三个调查点观察到,在过去的 20 年间,鸟类区系起了较大变化,繁殖鸟的种类从 1951 年的 16 种,减少到 1971 年的 8 种,这种变化与城市环境质量变差及鸟类栖息地变得越来越单纯化有关。

城市鸟类的空间分布状态是依赖于城市生态环境的,根据对东京市区 650 个点的大山雀(*Parus mazor*)调查资料分析,发现大山雀的出现与植被分布的状态有关(表 5－9)。

表5-9　东京市区大山雀栖息繁殖与植被关系(转引自:中野尊正等,1978)

环境状况	观察点数(个)	听不到鸟声点(%)	仅听到鸟声点(%)	能看到幼鸟点(%)
几乎无森林的地区	95	90	9	1
有少量的森林呈点状分布的地区	400	24	42	34
植被丰富呈带状或点状分布的地区	155	2	49	49

三、城市的有害昆虫区系与群落

城市有害昆虫包括:蜚蠊、蝇类、蚊类等。城市有害昆虫的种类和组成存在着地区性差异。据江雪峰等(1991)对我国地处不同纬度带的五个城市中蜚蠊进行的调查,发现北方的沈阳以日本大蠊(*Periplaneta japonnica*)为优势种,占到该地蜚蠊群落中的99.6%;长江流域的上海、武汉、成都三城市则以德国小蠊(*Blattella germanica*)为主,分别占当地蜚蠊总数的82.00%、70.36%、60.58%;而福建漳州则以美洲大蠊(*Periplaneta americana*)的数量最多(表5-10)。在日本,德国小蠊、黑胸大蠊(*Periplaneta fuliginosa*)和日本大蠊正在扩大它们在城市的生活圈(沼田真,1986)。

表5-10　中国不同纬度带城市蜚蠊种类组成(引自:江雪峰等,1991)

纬度(N)	城市	捕虫数(只)	种类与组成(%)						
			德国小蠊	黑胸大蠊	美洲大蠊	日本大蠊	褐斑大蠊	澳洲大蠊	蔗蠊
42°	沈阳	7 120	0.17	—	0.22	99.6	—	—	—
31°	上海	23 370	82.00	15.31	2.69	—	—	—	—
31°	武汉	4 650	70.36	23.55	6.99	—	—	—	—
31°	成都	2 742	60.58	26.95	12.47	—	—	—	—
24.5°	漳州	4 029	—	1.50	56.10	—	29.60	10.40	2.40

城市中蝇类的种类组成随季节呈现明显的波动。南方城市的蝇密度一般6月及9月较高,而北方城市则以5~6月数量最多。如焦万彬等(1992)对内蒙古赤峰市的蝇类调查显示,该地5月份的蝇类种群数量占全年(4~11月)蝇类数量的58.63%。其中4月份以丝光绿蝇(*Lucilia sericata*)及灰种蝇(*Leucomyia cinerea*)为主,5月份则以伏蝇(*Phormia regina*)、新陆原伏蝇(*Protophormia terraenovae*)和丝光绿蝇占绝对优势,到8~9月,群落中则又以舍蝇(*Musca domestica*)为优势种(表5-11)。

表5-11　赤峰市不同月份蝇类组成与数量(引自:焦万彬等,1992)

蝇 种	数 量*(只)								
	4月	5月	6月	7月	8月	9月	10月	11月	合计
新陆原伏蝇	—	1456.50	968.25	6.00	—	—	0.50	—	2431.25
伏　　蝇	29.25	1672.25	294.75	21.50	16.75	12.50	86.25	—	2133.25
丝光绿蝇	50.50	1388.25	349.75	91.25	20.25	17.00	2.25	0.25	1919.50

表 5-11(续)

蝇　种	数　量*（只）								
	4 月	5 月	6 月	7 月	8 月	9 月	10 月	11 月	合计
厩 腐 蝇	26.00	407.75	460.25	57.75	50.50	13.75	8.75	0.25	1025.00
舍 蝇	—	0.50	19.50	9.75	114.75	403.25	41.50	—	589.25
灰 种 蝇	53.25	125.00	42.50	—	6.00	0.25	—	—	227.00
棕尾别麻蝇	—	6.75	41.00	47.75	85.75	38.00	0.25	—	219.50
常齿腹蝇	—	78.00	25.00	3.75	0.25	2.25	9.75	0.50	119.50
黑尾麻蝇	3.00	23.75	15.75	15.25	29.25	21.50	3.00		111.50
红尾拉蝇	2.25	24.50	7.25	8.25	2.25	7.00	1.50		53.00
褐须亚麻蝇	—	5.00	3.00	6.75	2.00	4.25	—		21.00
夏 厕 蝇	—	0.50	2.50	0.25	—	—	0.75		4.00
总 计	164.25	5188.75	2229.50	268.25	327.75	519.75	154.50	1.00	8855.25

* 数量为每月调查 4 个点的平均数量。

　　城市蝇类种类组成的变化,既有自然条件的作用,也受人为影响。高煜等(1991)分析了辽宁丹东市 1983～1989 年蝇类种群密度的变化,观察到该市 1985 年因遭受特大洪水袭击,蝇类孳生场所增多,致使 1985 年及 1986 年市内蝇密度较高,1987 年由于采取了综合防治措施,蝇类密度逐年递减(表 5-12)。

表 5-12　丹东市蝇类组成与数量逐年变动情况(引自:高煜等,1991)

年份	年平均捕蝇数(只/笼)								
	丝光绿蝇	家蝇	厩腐蝇	麻蝇	亮绿蝇	巨尾阿丽蝇	银屑黑蝇	宽丽蝇	合计
1983	29.48	28.33	13.59	17.63	1.44	2.93	6.52	5.59	105.51
1984	39.22	4.93	29.00	21.85	1.00	4.56	1.33	2.74	104.63
1985	74.07	6.67	24.96	23.89	17.07	8.74	1.26	5.30	161.97
1986	65.85	6.70	40.00	28.30	12.07	6.85	3.07	1.15	163.93
1987	65.22	3.17	15.00	16.81	2.21	1.89	2.60	1.70	108.60
1988	30.33	4.93	4.41	37.33	1.33	3.37	0	0	81.67
1989	7.41	3.53	8.85	22.70	9.34	1.00	0	1.52	54.35

　　关于城市蚊类区系,根据河南省洛阳市的调查,市中心区主要是淡色库蚊(*Culexpipiens*),其次为白纹伊蚊(*Aedes albopictus*),在近郊室内除了上述两种蚊虫外,还有三带喙库蚊(*C. tritaeniorhynchus*)、中华按蚊(*Anopheles sinensis*)和骚扰阿蚊(*Armigeres subalbatus*)(葛凤翔,1990)。上海地区则有中华按蚊、淡色库蚊、致乏库蚊(*C. fatigans*)、三带喙库蚊及白纹伊蚊等。近年来,在郊区发现能传播马来丝虫病及乙脑的骚扰阿蚊密度呈逐年上升趋势,其密度指

数由 1987 年的 0.29 只/m² 上升到 1989 年的 1.06 只/m²,在蚊类群落中的构成比例,也从 1987 年的 6.33% 上升到 1989 年的 20.09%(徐仁权,1990)。

城市有害昆虫群落组成,不仅城市间有差别,就是同一城市内的动物群落中的各物种的空间分布也有差别。在我国,南北各城市中的蜚蠊就有其各自分布的特点。沈阳市区的居民户、饮食店及宾馆均以日本大蠊为主;上海地区居民户以黑胸大蠊为主,而饮食店和宾馆则以德国小蠊为优势种;福建、广西、广东、贵州等地城市均以斑蠊为常见;福建漳州市区居民户和宾馆中的褐斑大蠊分别占到 47.60% 和 75.30%,饮食店以美洲大蠊为优势种(表 5 - 13)。

表 5-13　不同城市蜚蠊群落与分布(引自:江雪峰等,1991)

城市	蜚蠊种类	不同场所中蜚蠊构成比		
		居民户	饮食店	宾馆
沈阳	日本大蠊	99.74	100	97.31
	美洲大蠊	0	0	1.83
	德国小蠊	0.26	0	0.66
上海	黑胸大蠊	93.50	19.37	2.60
	美洲大蠊	5.57	4.74	1.63
	德国小蠊	0.85	75.89	95.77
漳州	褐斑大蠊	47.60	8.00	75.30
	美洲大蠊	30.20	82.70	12.30
	澳洲大蠊	19.40	4.70	9.00
	黑胸大蠊	2.80	0.20	3.40
	蔗　蠊	0	4.40	0

城市蝇类有一定的生态分布特点,城市蝇类来源,除了城市居民的生活垃圾能孳生外,许多生产单位(包括豆制品加工厂,食品加工厂及饲养场等)都为蝇类的生长繁殖提供了极为有利的条件。城市各种蝇的孳生空间分布与孳生物质有关,蝇对孳生物的选择大致可分为五大类。

人粪类:是蝇类的主要孳生物。尤以孳生麻蝇、大头金蝇、巨尾阿丽蝇、家蝇和绿蝇为多。人粪的新、陈、干厚与稀薄,有不同的蝇种出现。市区边缘的各种简易厕所,由于天天有新粪便排入,是大头金蝇的主要孳生地。化粪池的新粪表层有巨尾阿丽蝇、大头金蝇和麻蝇孳生。绿化施肥,如追浇未捣碎的新粪便,可孳生市蝇和麻蝇等。随地大便主要会孳生麻蝇,早春也孳生巨尾阿丽蝇,6~8 月孳生市蝇。

禽畜粪类:如牛粪、马粪、猪粪等是家蝇的重要孳生物。但兔粪,夏季则多为螫蝇(Stomoxys calcitrans)、黑蝇(Ophyra chalcogaster),秋季则孳生家蝇。鸽粪多孳生元厕蝇(Fannla prisca)。鸡粪,在鸡棚内新粪中有元厕蝇、黑蝇和绿蝇等孳生,在集中的鸡粪堆有大量家蝇孳生。杂粪,以动物园为典型,有绿蝇、丽蝇、麻蝇、金蝇、黑蝇、家蝇等孳生。

腐败动物类:包括动物尸体、兽骨、禽兽毛及腐烂蛋等,是绿蝇、麻蝇、丽蝇及元厕蝇的主要孳生物。

腐败植物类:包括生熟甜制品、盐腌制品、腐烂霉臭等食品,有麻蝇、螫蝇、腐蝇、家蝇、黑蝇及元厕蝇孳生。曝晒的酱制品可孳生大量麻蝇,堆放在室内的酱渣孳生家蝇和丽蝇,糖渣主要孳生家蝇,烂杂草则是孳生元厕蝇和腐蝇的主要场所。

垃圾类:垃圾包括的东西很多,主要孳生家蝇和绿蝇。垃圾箱内容物为厨房余物,可孳生家蝇、绿蝇、麻蝇、丽蝇、金蝇、黑蝇等。直接倒在宅边、浜边的厨房余物,主要孳生家蝇和绿绳。大堆垃圾则是家蝇、绿蝇和麻蝇的孳生地。

关于城市蝇类动物每年出现的时间分布与数量高峰,也因各地的地理条件及蝇种不同而各异。上海地区常于3~4月出现蝇类,5~6月数量达到第一高峰,9月为第二高峰,11月突然下降,以后趋于消失。不同时期又有不同的优势种(表5-14)。

表 5-14　上海地区不同季节的优势蝇种

季　节　型	优　势　蝇　种
春季型	巨尾阿丽蝇
春夏季型	元厕蝇、丝光绿绳、厩腐蝇
夏季型	麻蝇、黑蝇、厩螫蝇、铜绿蝇
夏秋季型	大头金蝇、市蝇
秋季型	家蝇

四、城市土壤动物

城市化使城市下垫面发生深刻变化,大量建筑物的耸立及地面的硬化,土壤结构及理化性质均发生改变,致使土壤动物区系及微生物区系等随之发生变化,现以分布极为普遍的土壤动物蚯蚓为例加以说明。蚯蚓按其生活样式可以分为:①造巢型,其潜伏层主要在土壤的 A~B 层,那里有通向地表的坑道,末端向地表开口。②非造巢型,其中 A 型的潜伏层主要在 A 层,虫体多与地面平行;A_0 型,其潜伏层主要在 A_0 和 A_0~A_1 层,当 A_0 发展不好或部分缺乏时,蚯蚓则将 A_1 的表层堆高而潜伏其下(大野,1973)。受城市化影响最大的是 A_0 型。城市化除去林下地被层植物,扫去落叶,地面被人踏实等都影响蚯蚓的生存。在林阴道树木附近、街心花园等处,A 型蚯蚓尚能生存,但 A_0 型蚯蚓则完全不能生存。A_0 型蚯蚓也是受大气污染影响最严重的蚯蚓(引自:中野尊正等,1978)。

五、城市户养动物

城市户养动物(domestic animals)包括人类观赏、"伴侣"以及科学实验的动物,有各种观赏鸟、猫、狗、水生动物和供实验用的鼠、猴等。在这些户养动物中,城市动物园是提供观赏动物的集中地。据《国际动物园年刊》1978 年统计,世界上 104 个国家和地区有城市动物园 887 所,其中欧洲 335 所,北美 281 所。另外,有 50 个国家只有 1 所动物园,还有 50 个发展中国家是空白。拥有动物园最多是美国,有 201 所,英国次之,87 所,日本 70 所,前联邦德国 55 所,法国 39 所。按类型分,有完全圈养的、半野放的等。我国现有独立的城市动物园 37 所,其中北京动物园拥有 570 种,5 000 余只动物;上海动物园及上海野生动物园也有近 5 000 只观赏动物。

除了城市动物园外,户养动物数量最多的是鸟类,其中人工放养的鸽甚多。在全球广泛宣传保护野生动物、保护鸟类的今天,很多国家城市生态环境有所改善,并有野生动物保护节,如爱鸟周、爱鸟日等。市民们保护野生动物意识有所增强。科伦坡可称为"鸟的王国",它除了有不许"杀生"的宗教律令外,更以法律的形式严禁打鸟。当然,更重要的还是潜移默化的美学教育的结果,使爱鸟观念深入人心,鸟成了市民的益友。我国昆明城区每年冬季有数以万计的红嘴鸥(*Larus ridibundus*)在空中翩舞,在碧波荡漾的湖面上飞翔,成了城市美好生活不可少的一部分。

在户养动物中,养狗、养猫在西方很多国家的城市十分盛行。狗、猫被视为宠物,如巴黎养狗成风,数量竟达 50 余万只,市区到处都有狗食店、狗衣店、狗澡堂、狗美容院、狗医院,专业狗兽医就有 550 多名。由于户养动物数量庞大,给城市环境卫生管理亦带来很多问题。巴黎人行道上每天排泄的狗屎就有 20 吨,市政府要雇佣 80 名清洁工,驾驶特制扫屎车、轮番行驶于总长 1 500km 道路上,仅此,每年开支就达 300 万美元。

六、城市动物与人的关系

1. 城市动物可作为环境质量的评价依据

鸟语花香是人们向往的幽雅生态环境。城市化常使城市环境发生巨大变化,包括城市温度上升、地面硬化、地下水位降低,以及环境污染等等。除了用环化技术可以监测外,生物学指标也是衡量城市环境的重要内容。例如从地衣及苔藓的种类和数量的减少或消失,可以指示空气中 SO_2 的污染程度。同样以动物的种类、数量以及机体形态的畸变等等,也能反映城市环境的质量。在城市生态系统的食物链中,处于初级消费者或次级消费者的动物,受环境变化影响十分明显。日本学者在研究东京的日本米槠的健康度时,指出树叶寿命缩短,提早凋落是由于虫害所致。但深入分析,发现害虫的增多是与该地的食虫鸟银喉长尾山雀(亦称燕雀)的数量锐减或绝迹有关,而鸟类区系的变化,又是由空气污染所引起的(转引自:中野尊正等,1978)。

除了从对环境变化敏感的某些动物的数量减少或消失可预示城市环境质量外,也可以从某些动物的出现或增加来反映城市环境的变化。M. Cristaldi 等(1986)就是利用野生啮齿动物数量及机体畸变等内容,作为评价城市环境的生物学指标,发现鼠患的增加与环境脏乱,特别是杂物堆放及垃圾到处大量堆放有关。动物的畸变与环境污染中的有害物质,包括放射污染,化学污染(杀虫剂和工业废水)及生活污水污染中的有害物质进入食物链有关。例如,他们在核电站厂区、污染沟边捕获的鼠,其精子的畸变率显著增高,特别是观察到了生殖细胞出现脱皮、精子发生阻断等现象。

2. 城市动物的危害

城市很多动物,如鼠、蚊、蝇、蜚蠊等等对人都是有害的。有些能严重破坏城市的生产和经济建设。意大利曾对全国动力系统的事故进行过调查,发现约有 1/3 事故是由鼠引起的。美国也曾对城市火灾进行过统计,发现约有 1/4 是因鼠啃坏电线、电缆或窜入高压开关造成的。我国鞍山钢铁厂从 1960 年至 1986 年的 26 年间,共发生因鼠引起的停电事故 80 次,每次损失都很巨大。上述有害动物,对人的最大危害莫过于能传播各种疾病。鼠能携带 200 余种病原体,这些病原体中至少有 57 种可使人致病,如引起鼠疫、流行性出血热、钩端螺旋体病、鼠伤寒等等。人类历史上受鼠传染疾病致死者,仅鼠疫一种,就夺去了两亿人的生命。蚊虫能传播疟疾、丝虫病、流行性乙型脑炎、登革热、黄热病等。蝇类能传播霍乱、副霍乱、痢疾、伤寒、副伤寒、脊髓灰质炎、肠炎、结核病等。蜚蠊也能携带几十种病原体,传播痢疾、霍乱、乙型肝炎、脊髓灰质炎、口蹄疫等,蜚蠊携带的致癌物质——黄曲霉素可达 29% ~ 50%。

户养动物中的狗、猫等也能传播多种疾病,如狂犬病、出血热等。

3. 人对城市动物的影响

城市由于人类的强烈活动,正如前面所述,使原来自然界的一些动物不断地向外退却或消失,而使与人伴生的一些动物又有显著增加。人们采取了很多调控措施,包括减少环境污染、增加绿化、降低噪声及制订一些保护性法规来招引一些有益动物,以美化城市环境。而对有害的动物则采取有效的杀灭方法加以控制,如整治环境,消除孳生地,加强杀灭技术,以达到有效地控制蚊、蝇、鼠、蜚蠊等有害动物的数量。

在城市生态系统中,动物与人的关系是复杂的。人对城市动物区系的变化起着直接或间接的重要作用。表现在:①人干扰野生动物,既能控制有害野生动物数量,又能保护有益野生动物的生存。②人向城市引入户养动物。③一些外来的野生动物进入城市。④这些动物在城市里形成新的食物链。

第三节　城市微生物

微生物在城市生态系统中占有极其重要的地位,它们既是许多疾病的病原,又是能量流动和物质循环不可缺少的环节。城市各种固体废弃物的排出量日益增多,已造成了城市环境的严重污染,危及人体健康。而通过微生物处理,有许多废弃物可以作为宝贵资源加以利用。下面仅就城市各种环境中微生物群落特点作一简述。

一、空气中的微生物群落

空气微生物群落包括细菌、霉菌、放线菌等等。有些细菌、霉菌等能使人、动物、植物致病,很多细菌、霉菌使工农业原料和产品腐败霉烂。空气中无固定的微生物丛,由于空气中缺乏微生物直接利用的养料,微生物不能独立地在空气中生长繁殖。空气中的微生物丛是由暂时悬浮于空气中的尘埃上携带着的微生物构成的。人类和动物的活动乃至植物的生长繁殖都向空气中散播微生物,它们的种类和数量受人类和动植物的影响。从环境保护角度看,它们是空气污染物。空气微生物是空气洁净度的一个重要标志,也是大气污染状况的一个重要参数(陈皓文等,1993)。

1. 室外空气中的微生物

室外空气中的微生物是由水体、土壤及生物生长活动,并由气流、尘埃、土粒等搬运而进入大气的。此外,许多地方性特殊的工业、农业、市政设施,诸如基建工程、污水排放、车辆运输、机械作业、疏通沟渠及清除垃圾等都可造成微生物的散播。

室外空气中微生物的数量与人和动物的密度、植物生长状况、土地利用和地面的铺设情况以及气温、湿度、气流、日照等因素有关。气挟微生物数量因季节而有明显的变化,少数种类(如曲霉、青霉)则常年相对稳定。湿度对真菌类和好氧菌类数量的变化影响明显,基本呈正相关,但对厌氧菌类影响不明显。一般讲,空气微生物的数量较少,代谢活性低或几乎没有代谢活性,大部分为非致病性的腐生微生物,如芽孢杆菌属、产硷杆菌属、八叠球菌属、微球菌属的细菌以及一些放线菌、酵母菌和真菌等,真菌中常见的有芽枝霉属、出芽茁霉属、青霉属、葡萄孢属和葡柄霉属,与细菌不同的是真菌不断地向空中释放孢子。

空气传播微生物的最终结局是由一系列复杂的因素决定的,包括气温、湿度、日光、携带微生物的颗粒大小及微生物本身的性质等。微生物在空气中的浓度与距离地面的高度呈对数下降,据张宗礼等(1988)对天津市距地面不同高度(2m、20m、40m)调查,气挟菌数量有显著的差别(表5-15)。

表5-15　**不同高度空间气挟菌类数量分布**(引自:张宗礼等,1988)

菌　别	高　　度		
	2m	20m	40m
真 菌 数	2 720*	1 490	740
需氧菌数	9 560	5 120	2 210
厌氧菌数	9 180	3 500	860
合　　计	21 460	10 110	3 810

　*表示每立方米菌落形成数。

室外空气不是传染疾病的重要传播因子,这是因为室外病原体的浓度很低,而且存活的时间不长,但是例外的情况是真菌病,如组织胞浆菌病和球孢子菌病,它们都是由繁殖在土壤中的真菌引起,并由空气传播的。某些真菌孢子在引起人的呼吸道变态反应性疾病中是很重要的。

　2. 室内空气中的微生物

许多在室外空气中存在的微生物随气流带入,也存在于室内空气中。但室内空气中微生物的主要来源还是人、动物和植物。一个建筑物中空气微生物丛的组成,是与动植物携带微生物的种类和数量,以及人和动物的机械性移动(如扫地、铺床、更衣、猫和狗的活动),尤其是与人和动物从呼吸道排出的微生物的数量有关。在寒冷的季节,门窗不常开启,通风不良,室内空气经常是污浊的,空气中微生物丛的数量与时俱增。狭小的房间,什物器具堆积、人群拥挤的场所尤其严重。

室内空气中含有的微生物包括非致病性微生物和致病性细菌、病毒、立克次氏体、放线菌以及真菌等,通过空气传播的致病性细菌主要有结核杆菌、白喉杆菌、炭疽杆菌、产气荚膜杆菌、百日咳杆菌、结核分枝杆菌、嗜肺军团杆菌、金黄色葡萄球菌、化脓性链球菌和脑膜炎球菌等。通过空气传播的致病性病毒有流行性感冒病毒、鼻病毒、腮腺炎病毒、麻疹病毒、天花病毒、水痘病毒和腺病毒等。此外,还有肺炎支原体和引起 Q 热的贝纳氏立克次氏体。

空气中的真菌对人的危害性可以概括为三方面:①污染食品,使其发霉、变质、腐败甚至在其中产生霉素,如毛霉属、青霉属真菌可以使有机物质腐败,黄曲霉可以产生黄曲霉毒素。②引起变态反应,对呼吸道的影响尤为显著,可引起枯草热、过敏性鼻炎、支气管喘息及过敏性间质性肺炎等。如曲霉菌引起的"蔗渣工人肺"和"农民肺",这是蔗厂工人和农民的一种职业病,由于反复吸入蔗渣和稻草中的真菌孢子而高度致敏,出现哮喘和肺炎症状。引起变态反应的霉菌大多数为非致病性真菌如毛霉属、根霉属真菌等,它们的孢子、菌丝或生长中的代谢产物均为变态反应原,但最主要的变态原还是其孢子。由于孢子数量大,体小而质轻,易于飘散,最易为人吸入。③引起真菌病,某些曲霉可引起"曲霉肿",其多发生在已痊愈的陈旧性肺结核空洞内。侵袭性的曲霉病常侵犯肺部或其他组织,该病多系全身性重症疾患的继发感染,常导致病人死亡。

在人类的传染病中,室内空气传播是主要的途径,许多呼吸道疾病及少数其他传染病都是由空气传播的,其传播方式有三种:

(1) 尘埃:尘埃是空气中微生物的重要载体。尘埃主要来自纺织物特别是被褥、手帕、衣服和鞋袜、不断脱落的头皮屑、头发和排泄物。密度较大的颗粒尘埃因地心引力而迅速下沉,但直径为 $1\mu m$ 或小于 $1\mu m$ 的颗粒则长久地呈悬浮状态。扫地、拂尘、抖衣服、叠被、人或动物的活动均能引起微生物在空气中传播。金黄色葡萄球菌主要来源于鼻腔,衣服、被褥则是重要的传播媒介。在结核病院的尘埃中分离出结核杆菌,在患者床侧地板的尘埃中也发现白喉杆菌和溶血性链球菌。

(2) 飞沫:微生物还存在于从呼吸道喷射出的飞沫中。当说话、咳嗽和打喷嚏时,空气受到发自气管、喉、鼻咽部和唇齿间的冲力,在一定的压力下,将上呼吸道分泌的液体爆破成飞沫。说话时溅出的飞沫较少,直径较大,下落的距离较近。咳嗽时有大量直径较小的飞沫喷出。打喷嚏的播散作用最强烈,一个喷嚏可以喷出一百万个或更多的飞沫,其中 90% 以上的飞沫直径都在 $5\mu m$ 以下,长期飘浮空中。飞沫小滴中的细菌、病毒,可以从人传染给人。

(3) 飞沫核:飞沫核是较小的飞沫经蒸发后剩下的核心。飞沫核的直径 97% 在 $0.5\sim12\mu m$ 之间,而以 $1\sim2\mu m$ 者为最常见。在绝对静止的空气中,它们以 $31\sim91cm/h$ 的速度下沉,但在大气中则悬浮不定。由于气流的运动,附着于飞沫上的微生物迅速散布于室内。

由此可见,尘埃、飞沫及飞沫核是某些致病微生物附着的介质,通过呼吸进入人体,引起疾病。各种致病微生物对外界环境的抵抗力不同,其传播方式也不一样。如脑膜炎球菌只借飞沫传播,白喉杆菌可经飞沫及飞沫核传播,结核杆菌抵抗力最强,三种方式都可传播。

二、水中的微生物群落

水中微生物来源是多方面的,包括大气、土壤、植物、动物和人。生活于水中的微生物种类很多,有细菌、病毒、真菌、藻类以及钩端螺旋体和原生动物等。水中细菌丛的组成差别甚大,取决于水中的有机物成分、无机物成分、pH 值、浊度、光、温度、氧气、压力等。

地下水由于土壤过滤的结果,营养成分相对较少,细菌比地面水(河、江、湖)中为少,主要是革兰氏阴性无芽孢杆菌,特别是无色杆菌属和黄杆菌属,少数是革兰氏阳性杆菌、微球菌属,几乎没有真菌。而地面水随着水体的富营养化,黄杆菌属和无色杆菌属越来越少,但假单胞菌科、芽孢杆菌科、肠杆菌科的细菌增多。河水中还有弧菌、螺菌、硫细菌、微球菌、八叠球菌、诺卡氏菌、链球菌、螺旋体。地面水常受污染物污染,生活污水中含有大量粪便并富有细菌。在污水中可发现荧光假单胞菌、绿脓杆菌、普通变形杆菌、枯草杆菌、阴沟杆菌、大肠埃希氏菌、粪链球菌等。

水是传染疾病的重要途径之一,通过水传播的病原体包括细菌、病毒、原生动物、蠕虫、霉菌、螺旋体等。这些病原体多从人或动物的粪便排出,通过污水排放、粪便下河、土壤经雨水冲洗等直接或间接地污染各种水源,可引起肠道传染病暴发或流行。

水中各种致病微生物主要有:志贺氏菌属、大肠埃希氏菌、沙门氏菌、霍乱弧菌、副溶血性弧菌、结核杆菌、钩端螺旋体、土拉杆菌、嗜肺军团杆菌、空肠弯曲菌、小肠结肠炎耶尔森氏菌等。致病微生物在自然水中一般可以存活一段时间,某些致病微生物在一定条件下,在水中能生长繁殖,如霍乱弧菌和副溶血性弧菌。城市医院污水是一个突出的问题,特别是一些没有污水处理设备的小型医院,收容传染病患者十分危险,在污水排出口水源常可分离到伤寒、副伤寒、沙门氏菌、埃尔托型霍乱弧菌、痢疾杆菌等。

水中病毒也常能引起水源性病毒病流行。早在 20 世纪 40 年代,美国 Melnick 氏在排入纽约市河流的污水中找到了脊髓灰质炎病毒,并证明它和当时该地小儿麻痹病的流行有关。1955~1956 年,印度暴发了一次水源性肝炎,患者近 3 万例,死亡 73 例。美国目前由细菌如伤寒杆菌引起的水源性伤寒暴发已减少约 5 倍,但由病毒引起的水源性肝炎的暴发却在增加,成为当前最主要的水源性流行性疾病之一。国内由饮水或食用带有病毒的贝壳类而引起的肝炎流行也有多次报道。1976 年辽宁地区曾因雨量过大,造成粪坑外溢,水源被污,引起甲型肝炎水源性大流行,患者超过 1 000 人。20 世纪 80 年代,浙江及上海地区(1988)、也先后暴发过甲型肝炎大流行,流行病学调查结果,认为其和进食受病毒污染的贝壳类有关。

通过水传播的病毒性疾病还有急性胃肠炎、结膜炎等。水中的病毒,主要来自粪便和尿,一般为抵抗力较强的肠道病毒等,种数在 100 种以上(郁庆福等,1984)。水中可能出现的主要肠道病毒及其可能引起的疾病列于表 5-16。病毒在体外不能繁殖,因此,城市各地各类水中病毒含量,随污染情况而异,和卫生条件、社会经济水平及疾病流行情况有关,有季节波动。在美国,发现在夏末秋初病毒含量最高。

表 5-16　水中可能存在的人肠道病毒(引自:郁庆福等,1984)

病　　毒	所致疾病和症状
脊髓灰质炎病毒	麻痹、脑膜炎、发热
埃可病毒	脑膜炎、呼吸道疾病、皮疹、腹泻、发热
柯萨奇 A 组	疱疹性咽峡炎、呼吸道疾病、脑膜炎、发热
柯萨奇 B 组	心肌炎、先天性心脏畸形、皮疹、发热、脑膜炎、呼吸道疾病、胸膜炎
新型肠道病毒	脑膜炎、脑炎、呼吸道疾病、急性出血性结膜炎、发热
甲型肝炎病毒	传染性肝炎
甲型肠胃炎病毒(Nowalk 病毒)	流行性呕吐、腹泻、发烧
乙型肠胃炎病毒(轮状病毒)	流行性呕吐、腹泻、发烧
呼吸道病毒	尚不清楚
细小病毒	伴随儿童呼吸道疾病
腺病毒	呼吸道疾病、眼部感染

病毒含量单位以 PFU 表示,即可以引起宿主细胞感染的 1 个空斑形成单位(plague forming unit)的病毒。污水中的病毒含量,美国休斯顿为(100~200)PFU/L,印度为(1 000~11 600)PFU/L,南非为(180~463 500)PFU/L,以色列为(6 000~106 000)PFU/L。

饮用水中,经处理,虽然细菌已经消除,但肠道病毒仍可存活,例如美国曾报道在含氯量达(1.2~1.3)mg/L 时,仍可找到脊髓灰质炎病毒。印度报道在含氯量为(0.2~0.8)mg/L 时,大肠杆菌指标合格,病毒仍存在,每 30~60 升水中的含量为(1~7)PFU。

国际上对水中细菌的卫生标准,特别是饮用水的标准,已有比较统一的规定。但饮用水的病毒学标准,迄今尚未统一。1978 年世界卫生组织(WHO)建议饮用水应尽可能不含有肠道病毒。Bitton(1980)根据国际情况,曾对水中微生物学标准作了介绍(表 5-17)。

表 5-17　**水中微生物学标准**(Bitton,1980;转引自:郁庆福等,1984)

水的种类	细菌学标准	病毒标准(假定的)	备　注
饮用水	总大肠菌群数<1 个/100mL	<1PFU/378L 0PFU/10L	Melnick J.L 建议 WHO 及欧洲标准
娱乐用水	总大肠菌群数<1 000 个/100mL 粪大肠杆菌数<200 个/100mL	<1PFU/3.8L	Melnick J.L 建议 联邦水污染控制署
游泳池水	总大肠菌群数 0 个/100mL 细菌总数<100 个/100mL	无	游离氯为最好的水质指标
回用水	细菌总数 100 个/100mL 总大肠菌群数 0 个/100mL 粪大肠杆菌数 0 个/100mL	0 个/10L 0 个/(100~1 000)L	Grabow O.K 为南非建议 WHO(1980)

三、土壤中的微生物群落

土壤是微生物生长发育的良好环境,溶解在土壤中的有机物和无机物为微生物提供了丰富的营养来源和能量来源。土壤经常保持着适当的水分和酸碱度,氧气充足,温度适宜稳定,而且土壤覆盖防止了太阳紫外线对微生物的杀害,故土壤又有"微生物天然培养基"的称谓。土壤中微生物的数量最大,类型最多,是人类利用微生物资源的主要来源,但土壤也经常受病原体污染,在传播疾病中起着重要作用。

土壤中的微生物群落包括细菌、放线菌、真菌、螺旋体、藻类、病毒和原生动物。其中以细菌为最多,占土壤微生物总数量的 70%~90%,放线菌、真菌次之,藻类和原生动物等的数量较少。绝大多数微生物对人类是有益的,它们有的能分解动植物的尸体及排泄物为简单的化合物,供植物吸收;有的能将大气中的氮固定,使土壤肥沃,有利城市植被生长;有的能产生各种抗菌素。但也有一部分土壤微生物是人类及动植物的病原体。

城市土壤中病原微生物的主要来源有三方面:①使用未经彻底无害化处理的人畜粪便施肥。②用未经处理的生活污水、医院污水和含有病原体的工业废水灌溉或利用其污泥施肥。③病畜尸体处理不当。但是动植物尸体及其排泄物中的,以及带有致病微生物的污水中的进入土壤的那些致病菌,由于营养要求严格,一般不适合在土壤中生存。只有能形成芽孢的致病菌进入土壤才能长期存在,几年甚至几十年。如炭疽杆菌在土壤中可生存 15~60 年,其他如破伤风杆菌、产气荚膜杆菌和肉毒杆菌等都能长期存在于土壤中。一般无芽孢的致病菌进入土壤后最多只能生存几小时或数月。一些致病菌在土壤中生存时间见表5-18。病原体污染的土壤可以直接或间接引起肠道传染病,如伤寒、痢疾的流行;可以污染伤口产生破伤风、气性坏疽等创伤性感染;被炭疽杆菌污染的草地、牧场、动物饲养室可引起草食动物炭疽病的发生、流行,并且在相当长时间内引起本病的不断传播。带有病原体的土壤,往往也是城市食品如罐头、冷饮、牛乳等污染的来源。

表5-18　一些致病菌在土壤中生存时间(引自:郁庆福等,1984)

致 病 菌	在土壤中生存时间
结核杆菌	5个月至2年
伤寒杆菌	3个月
化脓性球菌	2个月
志贺氏杆菌	1～3个月
霍乱弧菌	8～60天
巴氏杆菌	14天
布氏杆菌	3个月
炭疽杆菌	15～60年

土壤中放线菌的数量也很大,仅次于细菌,占土壤中微生物总数量的5%～30%,每克土壤中有几千万到几亿个放线菌孢子。放线菌借菌细胞的分裂、出芽和形成孢子等方式进行繁殖。放线菌的一个丝状体的体积比一个细菌大几十倍至几十万倍,因此,虽数量较少,但土壤中的生物量,却接近于细菌。土壤中的放线菌种类较多,常见的有链霉菌属、诺卡氏菌属、小单孢菌属和高温放线菌属。

土壤中真菌广泛生活在近地面的土层中,每克土壤中有几万到几十万个,从数量上看,真菌是土壤微生物中的第三大类。它们在土壤中以菌丝体和孢子形式存在,估计每克土壤中含活真菌重量约0.6mg。土壤中的真菌多属于藻菌纲,如毛霉属、根霉属;子囊菌纲,如酵母菌;半知菌纲,如青霉属、曲霉属、镰刀菌属、木霉属、轮枝霉属、头孢霉属和念珠霉属等。此外,土壤中还有许多藻类,大多数是单细胞的硅藻和绿藻,以及原生动物,如纤毛虫、鞭毛虫和肉足类等。土壤中也有肠道病毒,在传播肠道疾病上也有一定的流行病学意义。

土壤微生物的分布随着土壤的结构、有机物和无机物的成分、含水量以及土壤理化特性的不同而有很大差异,而且随着土壤深度的增加,各类微生物都急剧减少(表5-19)。

表5-19　不同深度土壤中的土壤微生物数量(引自:郁庆福等,1984)

单位:10^3 个/克

深度(cm)	土　壤				
	需氧菌	厌氧菌	放线菌	真菌	藻类
3～8	7 800	1 950	2 080	119	25
20～25	1 800	379	245	50	5
35～40	472	98	49	14	0.5
65～75	10	1	5	6	0.1
135～145	1	0.5	—	3	—

思 考 题

1．城市生态系统中的生物部分包括哪些成分？它们各有什么特点？

2．何谓"区系"？何谓"群落"？它们之间有什么联系？

3．城市植物区系的哪些方面可以标志城市化的发展水平？

4．对你所生活城市中的植物，按其对城市环境的适应性进行分类，并举出几种典型植物的名称。

5．何谓植被的栽培度，如何用栽培度确定城市生境类型？

6．你能举出城市中典型植物群落的名称吗？

7．城市植被对改善城市生态环境有哪些作用？

8．植被的哪些特征可以用来指示城市生态环境？

9．城市动物区系有何特点？它们的分布规律是怎样的？

10．为什么说动物是人类的朋友，它们对城市生活有哪些积极作用？

11．城市动物的消极面表现在哪些方面？人们应该采取哪些对策？

12．试述城市微生物类型及其与人类的关系。

第六章

城市生境与生境制图

生境(habitat)是生物有机体(个体、种群或群落)占据的空间范围内全部环境条件的总称。生境一词来源于拉丁文"habitare",住所的意思。在德文文献中常用"biotope"作为它的同义词,其词源出自希腊字"bio"(生物)和"topos"(地点)。一般认为"biotope"(生境)加上"biocoenose"(生物群落)就是生态系统,所以许多以德文写作的作者在提到群落生境时多用"biotope",而把"habitat"局限用在某个种或种群的生境。以英文写作的作者有时也用"biotope"这个词,但是他们把它理解为环境条件与生物群落具有高度一致性的最小地理单元,也就是环境条件和生物群落相互适应的一致性的特定地面,例如,一个腐烂的树桩,一块沙质海滩等。我们这里不作仔细区分,而把它们看成是同义语。

前面两章已经讲过,城市化过程多方面地改变了城市的非生物环境和生物环境,因而城市中除了自然生境外,还有许多人为生境,这些不同生境为人群以及各类生物提供了不同的栖息地。研究城市生境并对它们的空间分布进行制图是城市规划和城市自然保护的基础。

第一节　城市生态分区

人为活动对环境的影响强度从城市外围向城市中心不断增加,致使不同地区无论在无机的物理环境和有机的生物环境方面都存在着空间上的差异(图6-1)。Sukopp等(1973,1982)曾将城市按同心结构划分为以下四个区:密集建筑区、稀疏建筑区、近郊区和远郊区。这是一个理想化的状态,事实上很难有哪一个城市是完全按照单一的核心由内向外依次排序的,在许多情况下存在着多个核心,它们之间相互重叠交叉(图6-2)。特别是还有一些特殊设施,例如机场、体育场、大型购物中心、文教中心、大型停车场、市内森林、湖沼,岛屿状地分散在城市的不同地点,犹如城市中的"飞地"。除了这些"岛屿"外,许多城市还有一些条带状的人工的或天然的构筑物,如铁路、高速公路、运河以及河流等,从城外通向城内,穿过不同的城市区,促成分区的复杂变化。

城市分区在很大程度上是由城市总体布局决定的。而城市总体布局形式,除了受城市性质和规模以及城市发展的经济技术水平制约外,还受自然条件,包括山地、河流等地质地貌的影响。城市分区关系到一系列的生境条件的变化,它将直接或间接地对人们在城市中的各种活动产生影响,这是在进行城市总体布局时必须考虑的。

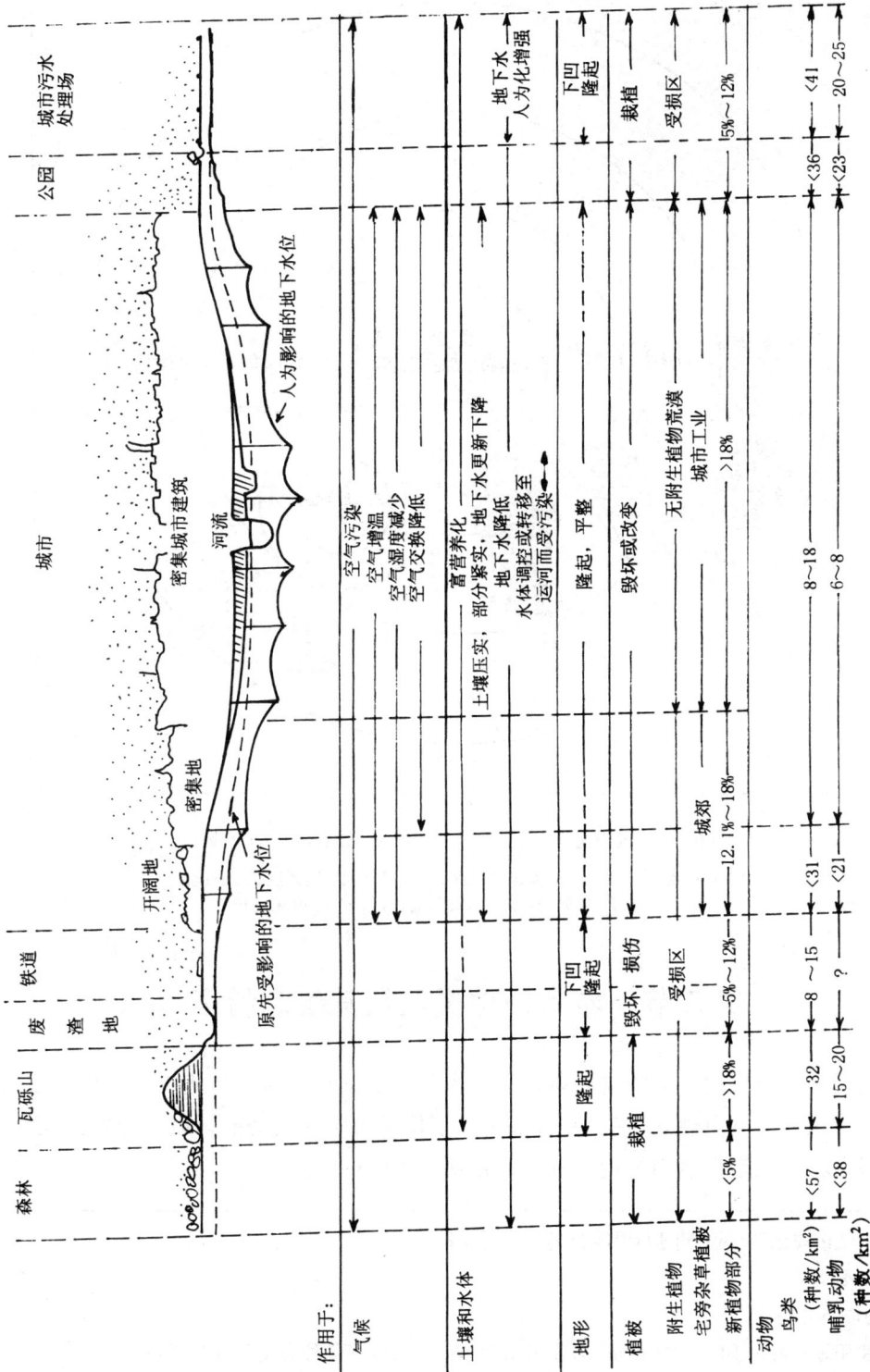

图 6-1　城市生境的空间分异(引自:Sukopp et al., 1973,1982)

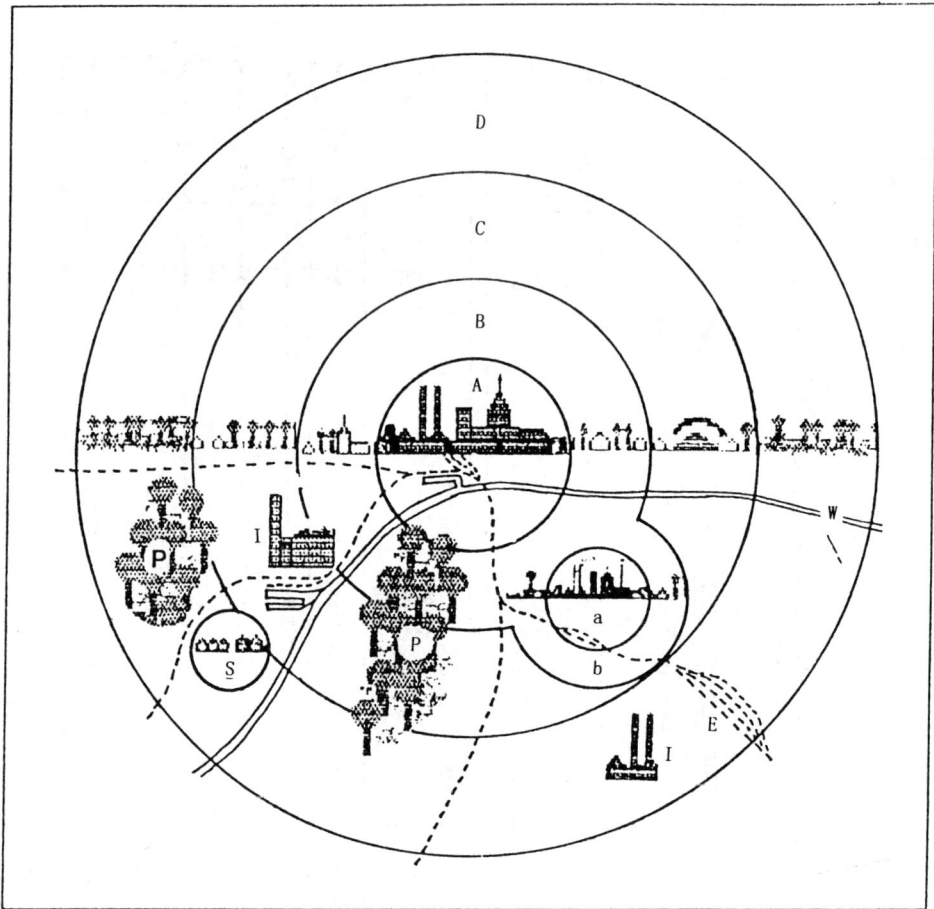

图 6-2 城市分区模式(引自:Sukopp & Wittig, 1993)

A, a,密集建筑区;B, b,稀疏建筑区;C,近郊区;D,远郊区;E,铁道;
I,工厂区;P,停车场和绿地等;S,居住区;W,河流和港口

第二节 城市用地类型及其生态特征

土地利用是人类根据一定的自然条件和社会经济活动目的对土地施加影响而形成的比较固定的利用方式。在城市规划、建设和管理中为了使城市各项活动能得以充分发挥,必须对用地进行选择、安排,制定出适当的用地标准和比例(附注6-1)。

附注6-1 城市规划和建设部门的用地分类及用地标准

1. 用地分类

常分为以下几类:

① 居住用地:居住小区、居住街坊、居住组团和单位生活区等各种类型的成片或零星用地。

② 公共设施用地:居住区及居住区级以上行政、经济、文化、教育、卫生、体育以及科研设计等机构和

设施的用地。

③ 工业用地:工矿企业的生产车间、库房及其附属设施等用地,包括专用的铁路、码头和道路等用地。

④ 仓储用地:仓储企业的库房、堆场和包装加工车间及其附属设施等用地。

⑤ 对外交通用地:铁路、公路、管道运输、港口和机场等城市对外交通运输及其附属设施等用地。

⑥ 道路广场用地:市级、区级和居住区级的道路、广场和停车场等用地。

⑦ 市政、公用设施用地:市级、区级和居住区级的市政公用设施用地,包括它们的建筑物、构筑物及管理维修设施等用地。

⑧ 绿地:市级、区级和居住区级的公共绿地及生产防护绿地,不包括专用绿地、园地和林地。

⑨ 特殊用地:特殊性质的用地包括军事用地、外事用地、保安用地等。

⑩ 水域和其他用地:包括水域、耕地、园地、林地、牧草地、村镇建设用地、弃置地、露天矿用地等。

以上各类城市用地按其共性,则可概括分为工业、仓储、交通运输、生活居住和绿化五大类。

2. 用地的控制指标

城市规划部门根据我国城市现状和发展特点制定出城市用地的控制指标。一般城市总用地指标为$(75\sim90)m^2/$人,首都及经济特区为$(100\sim120)m^2/$人。单项人均建设用地指标是:居住用地为$(18\sim28)m^2/$人,工业用地为$(15\sim25)m^2/$人,道路广场用地为$(7\sim15)m^2/$人,绿地$\geq9m^2/$人(其中公共绿地$\geq7m^2/$人)。规划建设用地结构指标为:居住用地占建设用地的比例是$20\%\sim32\%$,工业用地占建设用地的比例是$15\%\sim25\%$,道路广场占建设用地的比例是$8\%\sim15\%$,绿地占建设用地的比例是$8\%\sim15\%$(根据:《城市用地分类与规划建设用地标准》,中华人民共和国国家标准,GBJ 137-90)。

城市中不同的土地利用方式不仅改变了土地的性质,同时也对它的环境条件,包括小气候、土壤、水文以及动物、植物等产生影响,加强了城市生境的分化。从研究城市生态出发,特别是为了适应城市生境制图的需要,结合土地利用类型和生境特点,对城市生境类型作如下划分,并对各种类型的生态特征进行概括(表6-1)。

表6-1　大城市主要生境类型及其气候、土壤、植物、动物等特征

	对气候及大气环境的作用	对土壤和水的作用	对植物生活力及群落组成的作用	对动物组成的作用	对新种的引入和扩展的作用
1. 市中心商业用地	增高气温;空气污染物加重	地面封闭;水污染加重	乡土植物消失,植物一般生长不良	室内动物增加;鸟类消失	观赏植物引入
2. 住宅用地 稀疏住宅	适宜的小气候	土壤腐殖质含量增加,富营养化加重;水量输入增加	建立了乔、灌、草相结合的绿地和果园,有喜湿和需肥的植物种类	对利用枯枝落叶及杂食的动物有利	鸟类、食用植物和观赏植物的扩展分布
密集住宅	污染物增加;温度增高	污染加重	敏感植物(如地衣等)消失	种类减少,主要为室内动物和家养动物	同上

表 6－1(续)

3. 公共建筑用地 建筑稀疏	小气候较适宜	土壤腐殖质含量有所增加,水量输入增加	有乔、灌、草相结合的小型绿地,有中生、喜肥植物种类	多为利用枯枝落叶等杂食动物和一些室内动物	观赏植物和伴人植物以及杂草;常见动物为麻雀
建筑密集	空气污染增加,温度有一定增高	地面封闭;污染加重	敏感植物生长不良或消失,抗污染植物增加	室内动物为主,及少量家养动物	观赏植物引入,且多分布于中心
4. 工业用地	空气明显增温,产生特有的空气污染	产生特殊污染的污染物,通过大气或管道在土壤中富集	植物受害;乡土及原先植物消失	只有特殊的人工饲养动物	随加工原料带来的特殊的伴生植物,如羊毛加工厂、谷物加工厂内的植物
5. 交通用地	大气增温,湿度降低,空气污染,特别是粉尘污染和噪声等加重	土壤板结,排水不良,重金属污染加剧,水体富营养化	植物生长受抑制,抗污染种类增加	增加灌丛和道路边的动物种类	新植物种输入的主要通道,特殊的铁路、港口植物区系
6. 绿地	适宜的小气候,降低空气污染	过度利用和践踏会产生土壤侵蚀或板结以及促进水体富营养化等	有利于耐践踏的植物、喜氮肥的植物生长	有利于森林动物及灌丛动物的散布	观赏植物及其伴生植物分布的中心;自然保护区是乡土植物集中分布地;植物园是外来引种植物的主要分布地点
7. 市内闲置备用地	小气候适宜,空气污染物一般较轻	土壤氮含量都较高,水体富营养化一般较低	乡土植物及伴人植物混生,常组成特殊的废弃地群落	有利于小型哺乳类动物、鸟类等栖息	新植物及人布植物的散布地
8. 仓储用地	小气候一般,大气污染随仓储性质而定	土壤板结,排水不良,水体污染随仓储性质而定	有小型的乔、灌、草绿地及特殊的抗污染植物	室内动物增加,其他抗污染的动物种类随仓储性质而定	新植物、人布植物分布的重要地点
9. 市郊农业用地	适宜的小气候,多为清洁的空气	多保存着耕作土壤剖面,并配备有排灌系统	适合于栽培植物生长以及农田杂草	保存着土壤动物区系以及鸟类、两栖、爬行、昆虫等种类	人布植物分布的中心

(1) 城市中心商业区。商业、金融活动集中的地区,建筑物鳞次栉比,拥有大量标志城市特征的建筑,如市政厅、博物馆、大剧院以及有纪念意义的建筑物。土地利用强度很高,地面80％以上为不透水沥青水泥所封闭,野生动植物几乎绝迹。能够看到的大都是人工栽种的花草树木以及少量的户养动物,在路边和缝隙处偶尔有一些耐践踏的一年生植物生长。其中又可分为:

① 老城区。多指城市刚形成时的城市范围,建筑物多较低矮,道路也较狭窄,有的城市尚留下残存的城墙,它既是该城市的特殊生境,也构成了该城市的独特景观。

② 新城区。多指在老城外扩展的中心城区范围,建筑物比较高大,道路密集,多为繁荣的商业金融区。

(2) 居住区。居住区比较复杂,尤其是一些历史悠久的大城市变化很大。其中可以分为:

①传统居住区。如北京的四合院,上海的石库门建筑(图6-3,见彩图),它们多分布在老城区及其边缘地带,这些建筑大多低矮(一般在三层以下)只有较小的天井和花坛。

②多层居住区。这些都是20世纪50～60年代以后建成的居住区,大多数房屋都在三层以上,其中又可分为建筑密集紧凑仅具小片绿地的新村和开敞的具成片绿地的新村(图6-4,见彩图)。

③高层公寓区。指连片的高层夹杂着多层建筑物的居住区,一般均具有附属绿地(图6-5,见彩图)。

④花园住宅区。指拥有较大花园绿地的别墅群体(图6-6,见彩图)。

⑤农村居住区。建筑物一般较低矮、分散,多位于近郊,受城市影响较大。

(3)公共建筑区。其中包括大型公共建筑、公用设施以及文教卫生机构所在地区。

①文教卫生区。包括文化、教育、卫生、科研以及行政管理等机构集中的地区,这些机构一般都有成片专属绿地(图6-7,见彩图),少数缺少绿地的可以作为亚类处理。

②公用设施区。包括水、电、煤气供应场地,消防场地等。

(4)工业区。其中包括各类工厂和工矿企业场地。

①建筑密集工业区。建筑物和生产设施密集,80%～100%地面被封闭,多为中小型工厂集中区域。

②建筑物稀疏工业区。建筑物及生产设施较稀疏,有大片绿地,一般多为现代大工业区。

③三废处置场地。指城市污水处理场、生活垃圾处置场、工业废料堆场等。

(5)交通运输用地。它们是城市对外的通道,承担着物资、人员内外交流的任务,是许多外来的动植物进入城市的主要通道(图6-8,见彩图)。其中包括:

①铁路设施。其中可分为:a.只有少量绿地的车站;b.周围有绿地的铁路路基。

②公路设施。其中又可分为:a.只有少量行道树的马路;b.有绿化带的林阴大道和公路;c.缺少绿化带的大型停车场。

③民用机场。其中又可分为:a.有少量绿地的机场及附属设施;b.有大片绿地的飞机起降场地。

④港口码头。包括码头及其附属设施,封闭地面多达80%以上。

(6)仓储场地。包括大型堆栈、库房及其附属设施,80%以上的地面被封闭。

(7)市内闲置备用地。包括城市各种用地类型中的废弃地和暂未利用的空地,其上可能正在进行着植被演替过程,开始时多为一年生草本植物群落,接着是多年生草本植物群落,依次再出现灌木群落,最后发展到地区稳定的顶极群落类型,具体的群落种类组成则视地区的气候、局部的土壤基质以及丢荒时间长短而不同(图6-9)。

(8)园林绿地。城市园林绿地比较复杂,从强度管理的观赏公园直到相对接近自然的森林公园,主要分为以下几种类型:

①公共绿地。包括公园及街头绿地。人工管理强度较大,其中以草坪、花坛为主,种类多为人工引种的灌木、花草等,树木稀少,一般也多为人工引种。

②体育场、休养地。有成片较为单一的植被和少量封闭的地面(20%)。

③公墓。公墓的植被有以树木为主的,有以花草为主的。一般均有较多的封闭地面和附

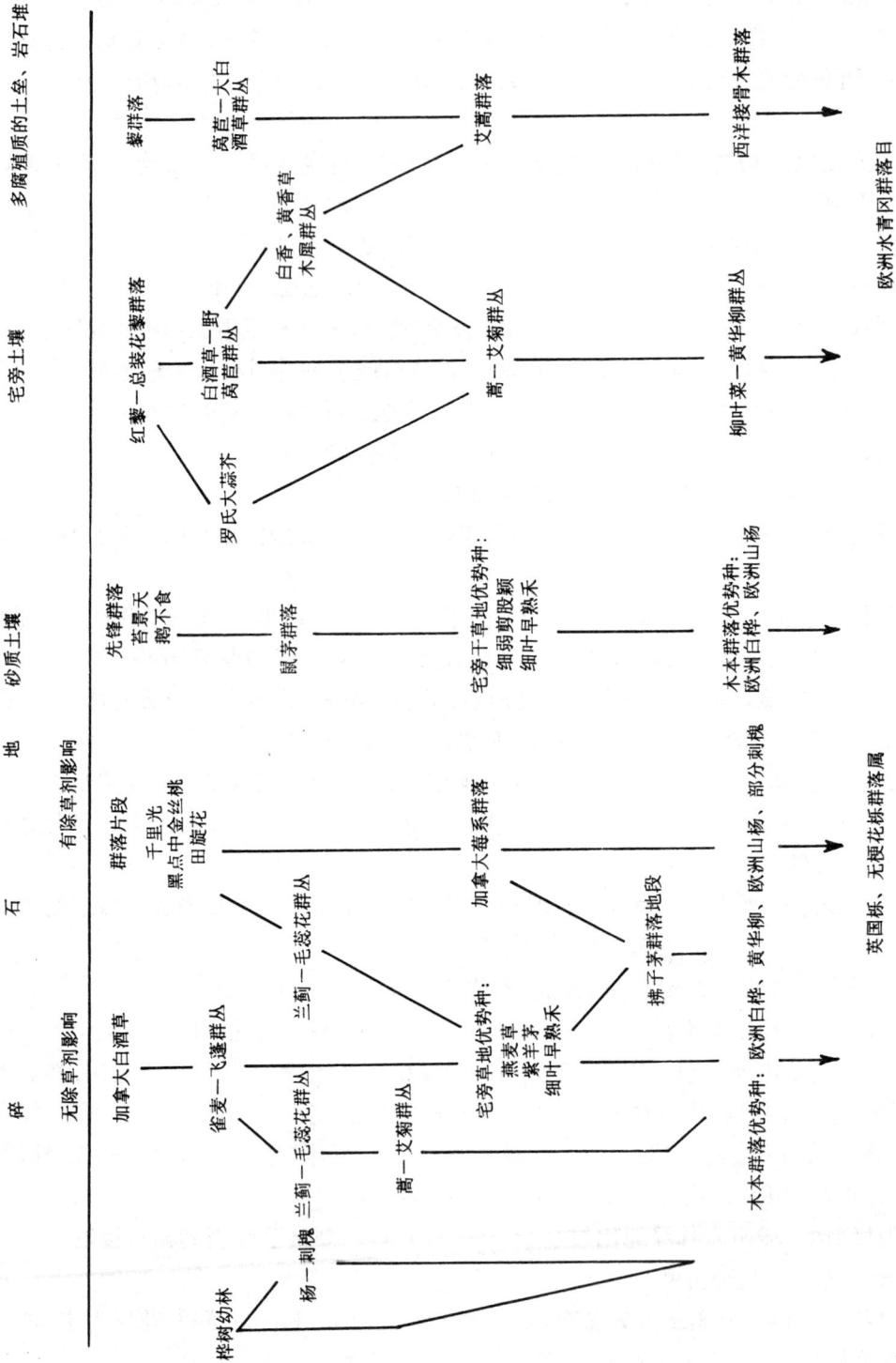

图 6－9　埃森(Essen)市内闲置地上的演替过程图式(引自：Wittig et al,1993)

属建筑物。

④ 植物园和动物园。其中以引种的动、植物为主。

⑤ 森林公园。以森林植被为主,可能配以各种游乐设施。

⑥ 自然保护区。以自然的和半自然的植被为主。

⑦ 本地区其他自然和半自然的植被生长地段。包括各种森林、灌丛和草本植被以及各种防护林。

(9) 农业用地。包括各种农业生产用地。

① 作物大田。如粮食、棉花、油菜地等。

② 经济植物园。如花卉、香料、药材园地等。

③ 蔬菜地。包括露天栽培的以及大棚种植的蔬菜地。

④ 果园。柑橘、桃、梨……等各种水果园。

(10) 水域。在不同水深、水质条件下有不同的水生植被,可分为:

① 河流和水渠。多为流动的水体,沿岸带较狭窄,有少量水生植物群落。

② 湖泊和池塘。流动和不太流动的水体,沿岸带较宽,水生植物群落从岸边到水体中央呈带状分布。

(11) 地区的特殊生境类型,诸如:

① 海岸滩涂。在潮水的作用下,不同基质的海岸,可以形成宽度不等的海岸滩涂,在不同的气候条件下其上发育着特殊的海岸和滩涂植被。

② 沼泽。可分为木本沼泽、草本沼泽和苔藓沼泽。

③ 沙丘。包括不同类型的沙丘。

④ 悬崖及陡坡。包括石头、水泥堤岸。

⑤ 其他。

上述用地类型划分只是一些大类,而且不同城市也可能不同,因此需要根据实际情况进行增减,并在大类下进一步划分亚类。

第三节　城市生境制图

城市生境制图(biotope mapping),是在类型划分的基础上把各种生境类型落实在地图上。它的意义在于:可为城市规划提供生态学的根据;可为鉴定各个地区生态环境状况提供依据;可为制定城市环境保护战略奠定基础;可为建立城市自然保护区提供依据;可为监测城市环境演变提供历史资料。

一、城市生境制图的种类

一般把生境制图分为三种,即选择性制图、代表性制图和整体性制图(Sukopp & Weiler, 1988)。

选择性制图(selective mapping)是只对有保护价值的生境或者在某种情况下有潜在保护价值的生境进行制图。这种图的制作首先要确定生境的保护价值,然后进行制图。它的主要优点是快速,对人员和经费的要求均不高,它能迅速为城市建设规划和自然保护规划提供建议。然而,这种方法常常不能单独使用,因为它只局限于评价某一种生境,很可能把其他大量的具有重要作用的可供生物避难的生境遗漏掉。

代表性制图(representative mapping),对各种生境类型选择一些实例进行调查,并把这些结果扩大到全区范围内具有相同结构的生境,从而获得具有生物特征和生态特征的生境类型图。

整体性制图(overall mapping),对整个地区全部实际存在的生境类型的生物特征和生态特征进行调查制图。

各种制图都没有截然的界线,可以根据实际情况加以变动(图6-10,见彩图)。德国"城市生境制图工作组"(1993)曾建议,如有可能最好综合性制图或进行生境代表性制图。

二、城市生境制图的步骤和方法

城市生境制图分为以下三个阶段。

(1) 准备阶段:

① 确定制图地区的范围。根据制图要求在适当比例尺(比例尺为1:5 000~1:25 000)的地形图上画出制图地区的边界。

② 收集汇总制图地区的有关资料。收集研究制图地区有关动植物调查、土地利用、自然景观、人文景观的各种现状的和历史的文字资料和图件,其中包括不同时期的航拍相片和卫星相片。

③ 确定生境类型,编出制图指南。一般情况下,生境类型多以植被为标志,但在城市中,由于生境受土地利用类型的强烈影响,因此在确定研究地区生境类型划分时,常在土地利用类型图和野外考察分区的基础上作出制图指南(参考第六章第二节)。

(2) 调查阶段:

① 选择代表性地段(特别是在选择性和代表性制图时),对其中生物丰富的、有保护意义的地点进行全面调查。调查项目包括植物区系[包括地衣、苔藓、蕨类和种子植物等和植被(按Braun-Blanquet方法,见附录)]、动物区系(包括哺乳动物、鸟类等;调查方法见附录)、重点保护的小生境、景观类型等,作出调查地区生境类型谱和比例尺为1:5 000~1:10 000的生境图,以及上述各单项调查的名录和分布图。

② 调查资料汇总。根据典型代表地段的调查资料和有关的图件资料,编制全区的生境类型图(比例尺1:10 000),需要保护的地段和小生境分布图,重要物种、群落分布图以及其他专项图及其说明书。

(3) 总结汇编阶段:

① 在上述研究调查的基础上根据自然保护、景观管理、生物生存、城市生态建设的要求编写相关的规划措施,诸如:生境和物种保护规划、地区珍稀濒危物种和群落名录、地区珍稀濒危生境名录、生物生存和保护区建设规划、土地和土壤保护规划等。

② 进一步推动上述各项规划措施在城市生态规划、生态建设和生态管理中的应用,以期取得实际效果,并在相隔一段时间后重新制图,追踪和监测它们的变化。

图 6-3　上海的石库门居住区

图 6-4　上海的多层居住区

图6-5 上海的高层公寓区

图6-6 上海的花园住宅区

图 6-7　华东师范大学校园

图 6-8　铁路沿线的植物群落

图 6-10 1984 年上海市西南部城乡交错带生境类型图（引自：高峻，1999）

A1. 农村居住用地；A2. 城镇居住用地；A3. 大型文教用地；A4. 工厂与仓储用地；B1. 道路用地；B2. 铁路用地；B3. 机场用地；B4. 码头用地；C1. 水田；C2. 菜地旱田；C3. 林地；C4. 公共绿地和特殊用地；D. 休耕绿地；E. 水域

比例尺
1：65000

思 考 题

1. 什么是"生境"？试述城市生境和城市土地利用类型间的联系。

2. 对你所了解的城市进行生态分区，并以简图表示之。

3. 列举城市中主要生境类型的环境条件特征。

4. 城市生境制图有哪些种类？它们在城市规划和建设中有什么作用？

5. 选择城市中的某一地区进行生境制图的实际试验。

第七章

城市生态系统的人群

　　城市是人类社会经济发展的必然产物,是人类景观生态演替的必然结果。城市作为一种重要的人工生态系统,它是由城市居民与其生存环境相互依赖、相互联系、相互作用而形成的一个整体,是人类在对自然生态系统加工、改造的基础上建立起来的人工生态系统。人在城市生态系统中的地位和作用主要表现在:①同自然生态系统和农村生态系统相比,城市生态系统中生命系统的主体是人群,而不是各种植物、动物或微生物。所以,城市生态系统中人口的发展代替或限制了其他生物的发展。②在城市生态系统中,人是城市的操纵者和生产者,但从生物学的角度讲,人又是城市生态系统的顶极消费者。③人在城市生态系统中既是调节者又是被调节者,城市人群根据自己的生存需要创造并不断加工着城市生态环境,同时又要不断地从心理、生理、精神和观念及行为等方面进行自我调节,以适应自己所创造和加工的城市生态环境。

第一节　城市人口的规模和构成

　　城市人口的规模和构成从数量和组成上反映了城市人口在城市生态系统中的主要特征和作用。前者是指一定的城市地域内聚集的人口总数量及其分布密度,是反映城市规模的主要标志之一;后者是指城市人口的组成和结构,它可以表明城市人口在城市生态系统中的地位和作用。

一、城市人口的规模

　　城市人口的规模表现为数量和分布密度两个方面。它不仅能反映城市规模,同时亦可表明城市生态系统的人口负荷程度。

　　1. 城市人口的数量

　　在城市单位人口的生态作用强度不变的情况下,城市人口数量可以反映这个城市对其地域资源环境系统压力的情况。若一个城市的人口数量、经济活动与其地域资源环境总体上是适应的、协调的,则该城市在经济发展和人口消费过程中所产生的对生态环境的压力处于系统所能承受的范围之内。在这种情况下,经济效益和生态效益容易达到统一,城市生态和经济容易出现良性循环及协调发展的局面。如果城市人口数量过大,经济活动的强度和范围超过了一定限度,则城市人口就和城市资源在总体上出现不协调和不适应等情况,并将伴随着一系列城市生态与经济的恶性循环。

　　一般认为,从有利于城市的经济效益、社会效益和生态效益的统一的角度来看,城市人口规模在 50 万左右较为合理,100 万人左右的城市就差一些,超过 100 万就会有一系列的生态问题难以解决。特大城市发展过快,在这些城市中所出现的生态问题也就更为突出。我国从 1952 年到 1980 年的 28 年间,全国城市人口共增长了 5 163 万人,其中 100 万人口以上的特大城市人口增长最多,达 2 335 万人,占增长总数的 45.7%。到 1996 年底,全国非农业人口超过百万的特大城市已达 34 个,其中超过 200 万人口的城市有 11 个,因此带来的环境和生态问题也就比较多。由此可见,要使我国的城市人口同城市资源大体上协调,必须严格控制大城市特别是特大城市的人口规模,而对中小城市可适当放宽。

2. 城市人口的密度

城市人口密度是指单位面积上的人数。适当的人口密度可以增强人类改造自然的能力,促使生活丰富多彩,节省时间和空间,从而提高社会效益。恩格斯在谈到伦敦当年 250 万人口的城市规模时就指出这种集聚"使 250 万人的力量增加了 100 倍"。这个理论可以用一个假设半径为 10 千米的圆来说明,当这个圆周内的人口密度为 1 人/km^2 时,圆周内的总人口数为 314 人,而当其上升到 25 000 人/km^2 时,该范围内的人口总数就几乎增至 800 万。这个数字的意义在于它能够反映人际交往的最大数值。当密度为 1 时,这个数值是 314～1,而当密度为 25 000 时,这个数值就增至 8 000 000～1 了。城市对于人的心理、行为、态度的影响,可以从这些数值的变化中考察出来。因为,据认为,人际交往次数的增加,会引起社会关系的急剧变化。但城市对人口的负荷力是有限的,城市人口密度过高将导致诸如交通拥挤、环境恶化、住房紧张、犯罪率上升等一系列问题,使得生活质量下降,人群紧张感增强,各种城市病加剧。因此,过高的人口密度将会成为城市生态系统发展的限制因子。相反,过低的人口密度也不利于城市生态系统的发展,如乡村人口因为居住分散,分布稀疏而难以享受高质量的公共服务;同时,适宜的人口密度也是人们进行正常的社会交往的前提。

但是,什么样的城市人口密度最为合适却是一个很复杂的问题。近年来,有些学者认为市区人口密度在每平方千米 1 万人是比较适宜的。我国城乡建设部门曾提出城市人口密度控制指标:百万人以上的特大城市不超过 1.2×10^4 人/km^2,省会、加工工业城市和地区中心城市不超过 1×10^4 人/km^2,港口城市不超过 0.6×10^4 人/km^2,县镇不超过 0.9×10^4 人/km^2。但目前我国大部分城市人口密度都高出了这个指标。

二、城市的人口构成

城市人口的构成包括结构和组成两方面,它不仅能反映城市生态系统功能状况,也可表明它的发展潜力。

1. 城市的人口结构

城市的人口结构包括:年龄结构、性别结构、知识结构、职业结构等。也可按自然结构和社会结构来划分城市的人口结构。自然结构包括年龄结构、性别结构和人口增长速度等,它们反映城市人口数量变化的可能性和趋势;社会结构主要包括人口的知识结构、职业结构、民族构成和所有制成分等,它们反映城市人口在社会经济系统中的特征和作用。

人口的年龄结构指城市人口各年龄组的人数占总人口的比例,一般表示方法是将现有人口按 5 岁一组进行统计,并将各组人口绘成年龄结构图,由此可确定该城市人口结构的类型,如超老年型人口结构、老年型人口结构、成年型人口结构、年轻型人口结构等。例如,按国际公认的标准,若一个城市(或国家)65 岁以上的人口占总人口的比重达到了 20%,该城市(或国家)的人口结构属于超老年型的人口结构;若 65 岁以上的人口占总人口的比重达到 7%,或者 60 岁以上人口达到 10%,就属于老年型人口结构。早在 20 世纪 60 年代,英国、法国、前联邦德国和瑞典等城市化程度很高的国家,65 岁以上人口占总人口的比重就已超过了 11%;20 世纪 80 年代初,日本、美国也已先后成为老年型人口结构国家。到 2000 年,我国 65 岁以上人口将占总人口的 7.4%,开始成为老年型人口结构国家。在我国的一些大城市中,人口老龄化进程比全国早 15～20 年,上海市在 1982 年已率先成为我国第一批老年型人口结构的城市。由于城市中老龄人口的增加会使城市老年保健、老年文化教育、养老保险等各方面需求增加,因此,城市人口老龄化会给城市生态系统的稳定增加负荷。

性别结构是指男女性比,一般情况下性比应为 1(图 7-1),但在一些工矿城市,性比大于 1。城市人口结构也还有其社会结构的特点,这主要指人口的职业结构、文化程度结构和民族结构等(图 7-2)。这些结构反映城市人口在城市生态系统中的种种不同特征。例如人口

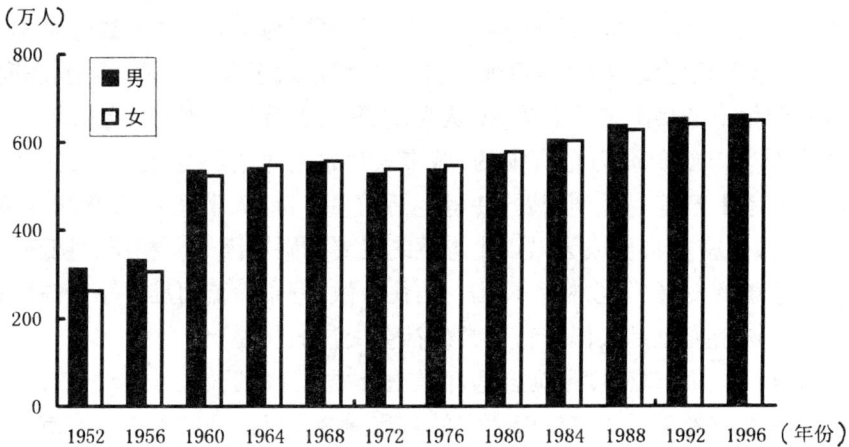

图 7-1　上海市人口中男、女数量的变化(资料来源:《上海统计年鉴》,1997)

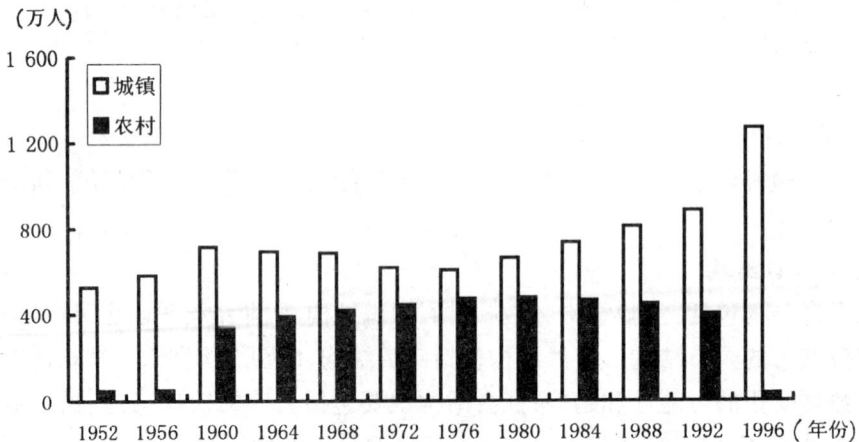

图 7-2　上海市城镇人口、农村人口数量变化(资料来源:《上海统计年鉴》,1997)

的职业结构能反映城市人口在第一产业、第二产业和第三产业的分布情况(图7-3)。人口的文化程度结构能反映城市人口的文化素质状况,它对于人在劳动中能否实现人与自然之间物质的合理交换,实现城市生态系统的良性循环起着巨大的作用。如果一个城市的人口的文化程度普遍较高,则这个城市的决策和管理人员、工程技术人员、城市规划人员、科学研究人员和各类学校教师的力量就比较雄厚,城市劳动力普遍的文化技术水平较高。这对实现城市生态系统中的物质良性循环和能量、价值、信息的合理流动,将起着重要作用。城市的民族结构能反映一个城市总人口中的不同民族所占的比例。各民族在长期的历史发展中所形成的各种消费特点(食品特点、服装特点、建筑特点等)又同各自的传统文化特点和宗教信仰相结合,使其具有相对固定的特性,这就使不同民族的城市人口对资源的消费和对城市生态环境的影响有较大差别。

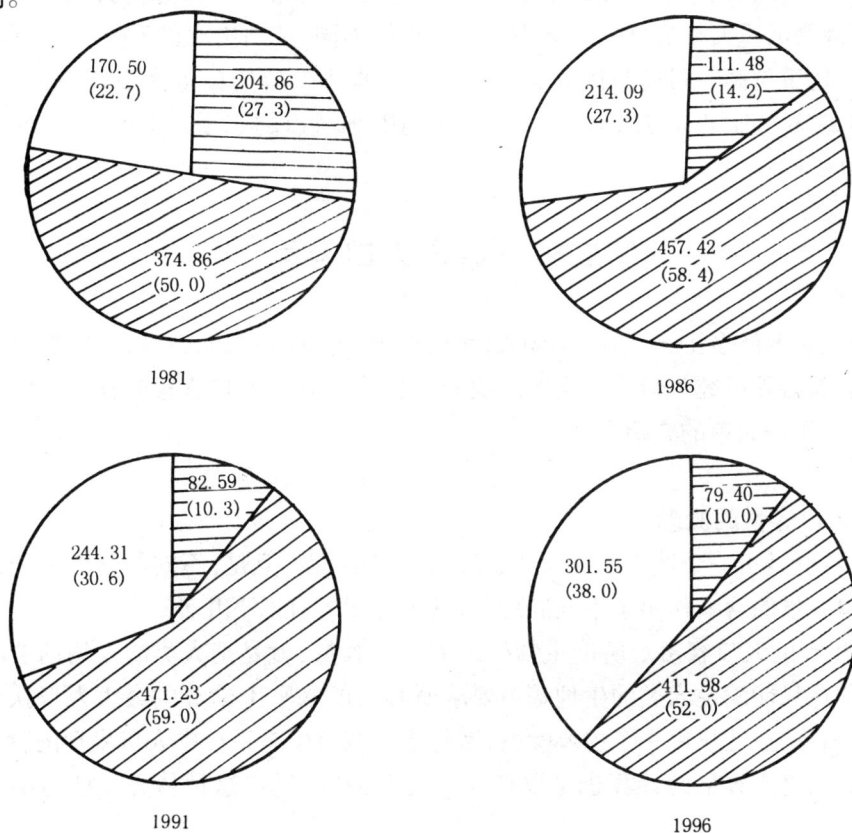

图7-3 上海市人口的职业构成图(资料来源:《上海统计年鉴》,1997)
图中数字单位为万人,括号内数字指示各产业人口比例(%)
▨ 第一产业　▨ 第二产业　□ 第三产业

2. 城市的人口组成

城市的人口组成亦称人口分类,一般有以下四类。

(1) 基本人口:指在工业、农业、交通运输业以及其他不属地方行政、财政、文教单位中工作的人口。基本人口不是由城市规模决定的,相反,它却对城市规模起确定性作用。

（2）服务人口：指为当地服务的企业、行政机关、文教卫生、商业服务机构中的人口，服务人口的多少随城市规模大小而定。

（3）被扶养的人口：指未成年的、丧失劳动能力的以及没有参加劳动的人口，包括老弱病残、儿童、学生以及无业人口，它一般是随就业人数而变动的。

（4）流动人口：指在本市无固定户口的人口。一般又分为常住流动人口和临时流动人口。前者指临时工、季节工、借调人员、支援人员等。后者指因多种活动过程而在短时间内滞留的人员。流动人口的比例直接牵涉到城市交通、商业、服务等行业的服务效果及社会生活质量。流动人口随城市性质和季节而异。一些政治、经济、文化、旅游中心城市流动人口比例较高。据1997年的调查统计，上海有外来流动人口约370万，约占全市户籍人口数的1/4。

城市各类人口在总人口中的比例即为人口构成，亦即劳动构成。分析劳动构成的现状是估算人口发展规模的重要标志之一。城市性质和规模不同，劳动构成也不同。一般说来，城市越大，服务人员比重越高。目前我国规定的特大城市服务人口的比重为20％～24％，低于美国特大城市的27％～31.4％的比重，只相当于它们中小城市的水平。上海市1996年服务人口比重约为38％。

第二节　城市人口容量

地球上究竟能养活多少人？在一个国家和城市中，能够生存的人口极限究竟有多大？要回答这些问题，就必须研究人口容量问题。我们将着重对城市人口容量的概念、特征、有关理论及研究方法等作一简单的介绍和讨论。

一、城市人口容量的概念

城市人口容量是指一个城市所能承载的最大人口数量。但是，不同的学者基于不同的研究角度，对人口容量的含义作出了不同的理解，其中主要的有以下几种。

（1）生物生理的人口容量。所谓生物生理的人口容量，就是把人类的人均消费水平压缩到最低水平，即在只能满足人类的生理基本要求所必需的水平上估算的最大人口扶养数。这种人口数量的估算，往往只用一个主要参数，即将维持城市生态系统中人口生存的食物数量作为主要参数，而且食物数量的计算也是以植物性食品为主，显然这种估算往往与实际不相吻合。

（2）环境人口容量。环境人口容量即资源承载力，它是指一个特定的城市生态系统中资源可供养的人口，这一概念主要是强调人口容量的自然基础。土地承载力可以认为是环境人口容量的一个特例，它与资源承载力的区别在于它抽取了资源中的土地资源作为研究重点。土地承载力的核心含义就是指在自然、经济、社会因素的制约下，一定地区产出的食物能养活的人口数量。

（3）经济人口容量。经济人口容量强调人口发展与经济发展过程的协调与统一，其核心含义就是指一定的经济发展水平下，一个特定的城市生态系统中的生产资料所能容纳的劳动人口数量。

（4）现实条件的人口容量。这种人口容量是根据城市居民的现实消费水平,参照可以预见的生活水平、生产力水平、资源储量和消耗量的变动情况,而估算的未来某一时刻某一特定的城市生态系统所能容纳的最大人口规模。

（5）适度人口容量。适度人口容量的概念,是适度人口思想在人口容量研究上的反映,它是对适度人口理论的发展。由于可以从多种角度考虑所谓的适度人口,从而也就有各种不同意义上的适度人口容量。如从环境保护和生态系统稳定的角度出发,适度人口容量可以是足以制止严重威胁生态平衡和环境退化趋势的人口数量;如从合理利用资源的角度出发,适度人口容量可以是能够实现人口与资源的优化利用相结合的人口数量;等等。一个城市的适度人口容量还可分为单目标的适度人口容量和多目标的适度人口容量。

二、城市人口容量的基本特征

人口容量与动物种群的环境容量在许多方面存在着相似之处。譬如,人口容量同样具有区域性,由于各种自然因素的影响而呈现波动,人口过度增长会导致人口容量下降,等等。然而,人类与一般的动物是有本质区别的,人除了具有自然属性外,还具有社会属性,在人与自然的关系方面,人类不只是简单地适应自然,而且还可以能动地利用自然和改造自然。与动物种群的环境容量相比较,人口容量具有下述几个方面的基本特征。

1. 人口容量是超越自然生态系统的高容量

如果人类只是作为自然生态系统中的消费者之一,按其在营养金字塔结构中所处的地位,人口的环境容量是十分有限的。即使在初级生产力较高的温带森林生态系统中,所能支持的人口密度也仅有 1 人/km² 左右,而目前世界上平均的人口密度已经大大地超过了这个数字,早已形成了超越于自然生态系统的具有高人口容量的人工生态系统。

2. 人口容量的基础是农业生态系统

人工生态系统之所以具有超越自然生态系统的高人口容量,就是因为它是建立在农业生态系统的高产出的支持之上的。自然生态系统的总初级生产量虽然远远高于农业生态系统,但其初级生产量的大部分被绿色植物的自身呼吸所消耗。例如,热带雨林中植物呼吸的消耗量占总初级生产量的71%左右,而其余的部分则被消费者所消耗,所剩的净生产量几乎接近于零。而在农田生态系统中,农作物的总初级生产量中有较大部分是净初级生产量,同时,由于人们抑制了有害生物种群(包括各种害虫和农田杂草)的增长,这就使得农田生态系统得以保持很高的净产出率(一般在50%以上)。就人类的生产方式而言,人们通过采集活动所获得的植物性食品,其干重的年产量仅在每公顷400~2 000 克之间,而传统农业生产方式下的农田可达到500~2 000 千克,现代农业生产方式下的产量则更高,一般可达 2 000~20 000千克。

3. 高人口容量需要依靠高投入来维持

农业生态系统的高产出是人类生态系统的高人口容量的基础,但是,农业生态系统的生态平衡是在人类农业生产活动的高投入下维持的生态平衡。农业生态系统的高产出需要通过浇水、施肥、松土、除草、育种、使用农药等措施来实现。据统计,1951~1966 年间,全世界食品的生产量增加了 34%,为此而投入的氮肥增加了 146%,杀虫剂增加了 300%,用于生产动力燃料的石油每年要消耗 6 000 万吨以上。

4. 人口容量受众多因素制约

在自然生态系统中，影响动物种群环境容量的因素是该种群可利用的资源种类、数量及其分布状况，其制约作用集中表现在少数几种紧缺的必需的资源所决定的食物生产量上。但是，以人为中心的城市生态系统是一类自然—经济—社会复合系统，制约人口容量的因素非常众多。

首先，食物资源是制约人口容量的主要方面，而人类生存所需要的食物是由农业生态系统供给的。但是，在农业生态系统中，影响食物生产量的不仅有各种自然因素，如土壤、气候、地形地貌等，而且还有复杂的社会经济因素，如农业投入的水平、科技进步的速度、农业生产结构等等。

其次，除了食物资源外，其他一些较为紧缺的必需的资源也是影响人口容量的制约因素，其中最为突出的是能源与淡水资源。就能源而言，它对人口容量的影响不仅表现在农业生产或食物供应上(包括现代农业所必需的农用机械、化肥和农药，以及维持农业动力系统所必需的能源)，而且还表现在整个人类生态系统及其子系统之间的物质交流上。可以说，工业和城市容量的所有方面都与能源相关。就淡水资源而言，它虽然是一种可再生的动态资源，但由于它的多用途性及区域分配的不平衡性和有限性，也就使它成为影响人口容量的制约因素。随着农业、工业、市政、民用、旅游、交通、电力等事业的发展，水源不足的矛盾已在许多国家或地区日益突出，且已成为制约这些国家或地区发展的重大障碍。而且，水资源与食物和能源比，还存在着极大不同之处：食物和能源短缺的地区一般可以通过地区之间的贸易得到一定程度的弥补；但要在地区之间调济水资源，就需要兴建引水工程，不仅需要花费巨额资金，而且有些地区由于地理条件的限制，很难实现。对于这些地区，水资源对人口容量的制约就是根本性的。

第三，在一定的生产力水平下，分配制度也会对人口容量产生很大的影响和制约。据有关资料表明，在营养不良现象相当普遍的发展中国家，虽然全国人均摄入的热量水平已与世界粮农组织公布的最低标准大体一致，但由于贫富悬殊以及其他社会原因，多数人摄入的热量均低于全国平均水平。因此，在这些国家，饥饿对人口的威胁是在所难免的。这就是说，社会制度所导致的分配不公也会导致一个国家或地区人口容量的下降。

5. 人口容量是一定生活(消费)水平下的容量

人类与动物的根本区别之一，就是人类的生活(消费)水平随着生产力的发展而不断地提高。现在，人类生活的要求不只局限于吃饱、穿暖等生理需求方面了，还包括各种文化娱乐、休闲旅游等精神享受方面。而一般动物的生活需求则主要在于满足其生物生理需要。人类的这种不断扩大和提高的生活需求反映在人口容量上，就意味着人口容量并不是某一环境下所能维持的生物学意义上的最高人口数量，而是指在一定的生活(消费)水平下，人类生态系统所能维持的最高人口数量。

6. 人口容量参数的不确定性

人口容量参数的不确定性主要表现在以下几个方面：

(1) 资源系统支持能力的不确定性。准确地估算人口容量的第一个困难是不能确定资源系统支持人口的能力究竟有多大。这是因为人们不仅无法确定那些人类尚未探明、尚未发现、甚至尚未认识的资源所潜藏着的支持能力,而且即使对于已认识、已开发的或已具开发条件的资源,由于国家或地区发展战略、资源政策和社会行为的差别所导致的估算中所持前提的不同,其估算的结果也会出现不同。

(2) 人类消费水平的不确定性。在人口容量的估算中,对人类需求,尤其是人口消费水平的假设不同也会导致估算结果的不同。以人类对食物资源的消费为例,首先,按照人均日耗热量和按照人均日耗蛋白质计算出的结果就会不同。其次,在人类所需热量和蛋白质总量中,来自动、植物性食品的比例不同,对食物花色品种上的需求不同也会导致计算结果的不同。

(3) 科技发展水平的不确定性。尽管人们公认,科学技术在某些领域内的重大突破,将会大幅度地提高人口容量,譬如,生物工程技术的新突破将会提高食物的生产能力,热核技术的发展将会促使能源工业的新发展,从而扩大人口容量。但是,这些先进的科学技术究竟在什么时候,或者什么年代能够取得突破性的进展,则是很难准确预测的。

三、城市人口容量的水桶理论与人口压力系数

1. 人口容量的水桶理论

人口容量的水桶理论认为,如果我们把某一特定的人类生态系统(全球、一个国家或地区)比作一个形状既定的水桶,则该系统的人口容量就是装在这个水桶中的液体的"重量",它取决于三个系数:一是水桶的"底面积"(S),二是水桶的"壁高"(H),三是液体的"比重"(P),其人口容量(W)就是:

$$W = S \cdot H \cdot P。$$

所谓"底面积",是指自然资源和自然条件。区域的自然资源和自然条件是人口容量的重要决定因素之一,这些资源和条件可划分为土地、水、矿产、生物、海洋和气候、地形等。所谓"壁高",是指经济发展水平,它是人口容量动态特征的主要依据。一个地区的自然资源和自然条件是相对稳定的,其经济水平的高低及时序波动是人口容量变化的最敏感因素。经济发展导致人口容量扩张的机制,就其本质而言是"人手"容纳"人口"。尽管从 Malthus 到罗马俱乐部,都把人口增长渲染得像洪水猛兽一般,但是,近百年来全球的人口增长仍然伴随着人均创造财富的增长和人们生活水平的提高。这说明"人手"创造的价值总是超过"人口"的消费的价值。当然,我们不能过分夸大这种创造能力。随着现代经济的增长,不断地消耗着地球的原生环境,动摇和压缩着我们依存的"底面积",超出一定的限度,可能导致总体人口容量的下降。所谓"比重",是指人口的消费水平的倒数,在自然资源与经济发展水平一定的前提下,人均消耗水平的提高将导致人口容量的缩小(丁金宏,1991)。

2. 人口压力系数

人口压力系数是用来反映一个特定的城市生态系统的人口压力状况的量化指标,其公式如下:

$$C = \frac{P}{W} ,$$

上式中,C 为人口压力系数;P 为现实人口数;W 为人口容量。由上式可知,$C < 1$ 表示现实人口数小于人口容量;$C = 1$ 表示现实人口数等于人口容量;$C > 1$ 表示现实人口数大于人口容

量,即人口已经超载。

人口压力系数在人口分布方面,具有以下几个方面的特点:

(1) 用人口压力系数表示城市生态系统的人口压力状况,既科学又有定量化的概念,这从根本上改变了传统的以人口密度的高低来判断人口压力大小的缺陷。因为人口密度的高低并不能正确地反映出人口压力的大小。

(2) 人口压力系数可为人口迁移和人口再分布提供科学依据。因为人口迁移的方向取决于人口压力系数的大小,迁移的方向总是从人口压力系数大的地区移向人口压力系数小的地区。

(3) 可以从形成机制上揭示人口分布现状的本质。

(4) 可以为人口的控制和人地关系的协调提供科学依据。如果某地区的人口压力系数大于1,则表明该地区的人口已经超载。因此,该地区的发展应该采取以下策略:第一,应该严格控制人口的增长;第二,应该创造条件,发展经济,扩大人口容量;第三,如果有条件,应该组织人口外迁。

四、人口容量研究方法

迄今为止,对人口容量的研究虽然还没有一套真正成熟完善的方法可循,但归纳起来,至少有以下几种方法可供借鉴。

1. 早期传统的单因子分析法

这种方法是依据农业生产所提供的粮食或某种资源的生产能力或以对食物生产起主要限制作用的某种资源来进行人口容量估算。尤其是以粮食生产能力进行估算的方法应用最广。这种方法,由于考虑因子少,简单易行,目前仍是进行人口容量初步估算的常用方法。

2. 资源综合平衡法

这种方法是由澳大利亚学者于1973年首先提出来的,目前已得到广泛应用,它可避免单因子分析法的某些不足,通过多目标决策分析,综合研究各种资源对人口发展的限制。

3. 土地资源分析法

这种方法是由世界粮农组织在1979年召开的"未来人口的土地资源"专家咨询会议上提出来的。它以土壤评价为基础,依据资源的生态特点划分出不同的农业生态区,并给出各类农业生态区的三种假设投入水平(低、中、高),依各种作物的不同要求进行匹配,估算出各种作物的产量并换算成蛋白质、热量;然后再与每人每年需求的蛋白质和热量进行对比得出区域人口容量。

以上方法各有特点,又都有一定的不足。它们大多为静态的研究方法,对制约人口容量的众多社会因素或是不考虑或是考虑不足,尤其是将人口视为外生变量,从而导致了结论的实用性和指导性作用不强。

4. 系统动力学方法

这种方法是苏格兰资源利用研究所于1984年首次应用的。他们用系统动力学方法(system dynamic,简称SD)建立了"提高承载能力的备选方案"模型,即"ECCO"(enhancement of carrying capacity options)模型,并应用这种方法进行了肯尼亚人口承载能力的实验性评价。它基于联合国教科文组织提出的人口容量定义,综合考虑人口与资源、环境和社会经济发展等众多因子的相互关系,分析系统结构,明确系统因素间的关联作用和反馈回路,建立 ECCO 模型。通过模拟不同发展战略得出人口增长、资源承载力和经济发展间的动态变化趋势及其发展目标,供决策者比较选用。这种方法能把包括社会经济资源与环境在内的大量复杂因子作为一个整体,对人口容量进行动态的定量计算,模拟各种决策方案的长期效果,并对多种方案进行比较分析。它不拘泥于对最优解的追求,而是追求对现状有所改善的最满意解。这种方法是目前较先进和正在进行推广试验的研究方法。近年来,我国一些学者曾用系统动力学方法研究区域人口容量,也取得了良好的效果。

第三节 城市环境对人类的影响

人类与环境的关系是在长期历史发展过程中形成的。这种相互关系实质上是人类在生物的进化过程中逐渐适应了环境选择的结果。但是人类对环境的适应能力是有限度的,如果环境发生改变,超过了人类调节范围,就会引起人体某些功能发生异常,甚至死亡。环境条件的改变是否会造成人类与环境之间生态平衡的破坏,一方面取决于环境因素的特性及其变化强度,另一方面也取决于不同人的不同情况,如性别、年龄、健康状况、接触不利环境时间的长短等。一般人群对环境异常变化的反映呈金字塔形(图7-4)。

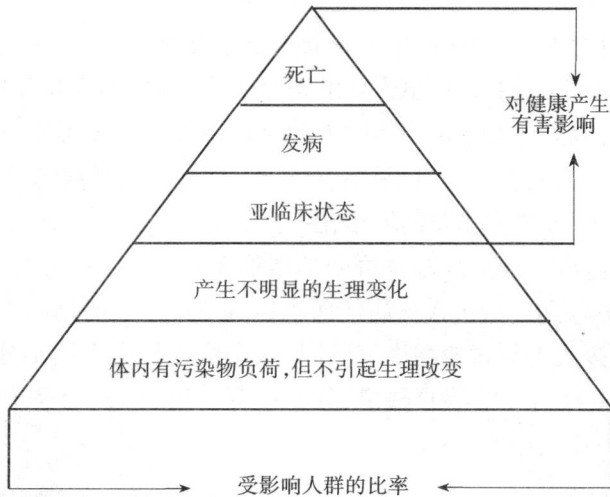

图7-4 人群对环境异常变化反应的金字塔形分布(引自:方如康等,1993)

一、城市环境对人的生活质量的影响

城市人口、工业、建筑的高度集中,在显著地提高人们生活质量的同时,也带来一系列的制约人们生活质量的、有待进一步改善的城市问题,如城市拥挤、住房短缺、基础设施滞后、生态环境条件恶化以及失业率、犯罪率增加等。

1. 城市拥挤

许多现代化城市给人们的第一个印象就是拥挤,城市用地紧张,尤其是我国的上海、北京这类特大城市的闹市区、车站码头,用"人流如潮"、"人山人海"来形容毫不夸张。人口密度天津市平均每平方千米达700～800人,上海市平均每平方千米达2 000人。据1985年底的资料,我国百万人口以上的特大城市,生活居住区人均用地指标仅为22.6 m²/人,低于我国的现行定额近期24～35 m²/人、远期40～58 m²/人,只及国外的1/3～1/4。这些大城市居住区的平均密度高达900～1 000人/hm²(表7-1)。

表7-1　我国大城市用地状况的比较(1985)(引自:《中国城市化道路研究》,1988)

项　目　城市分类	城市人口(万人)	城　市　建　设　用　地							
		用地合计		生活居住		工业(km²)	仓库(km²)	对外交通(km²)	其他(km²)
		km²	m²/人	km²	m²/人				
全国城市	11 825	8 578.6	72.5	3 496.0	29.5	2 302.6	737.5	572.3	1 670.2
一般城市	7 185	5 960.8	88.0	2 447.0	34.0	1 649.6	397.7	414.3	1 052
百万人口以上城市	4 040	2 617.8	56.4	1 049.0	22.6	653	199.8	158.0	618.2
100～200万人口城市	1 711	1 088.5	63.6	412.2	24.0	300.8	53.5	65.6	256.4
200万人口以上城市	2 929	1 529.5	52.2	636.8	22.6	352.2	86.3	92.4	361.8

2. 住房紧张

单位面积人口密度过大,对居民产生的影响主要是限制了居民在室外活动的空间,使城市用地平衡产生困难。而对居民更直接更重要的则是住房问题,即人均住房面积偏低或使单位房间的人数偏高。国外有人认为单位房间的人数是最重要的密度形式,并试图从社会学角度找出这种密度与死亡率、婴儿死亡率、自杀率、结核病、性病与精神病的发病率及少年犯罪率等社会病理的相关关系。然而住房紧张同城市化一样也是一个世界性的普遍现象。

建国后,我国党和政府十分重视改善群众的居住条件,到1988年底,已建城市住房17.7亿 m²,提供新住宅3 400万套,城市人均居住面积达到6.3m²。但是由于原有居住水平低,人口增长快,我国目前已进入青年婚龄高峰等原因,城市居民住房仍然十分紧张。据1985年统计,全国城市居民仍有1/4即712万户缺房,其中还有无房户164.5万户。大城市,尤其是特大城市缺房户与无房户比例更大(表7-2)。

表7-2　各类城市缺房户情况比较(1985)(引自:《中国城市化道路研究》,1988)

项　目　城市分类	缺房户占城市总住户百分比					危房占住宅总面积(%)
	合　计	无房户	不方便户	拥挤户		
				小　计	其中2m²以下	
全国城市	13.0	3.0	4.5	5.5	0.9	2.8
一般城市	7.0	1.0	2.5	3.5	0.8	2.8
百万人口以上城市	28.7	8.2	10.0	10.5	1.2	3.0
100～200万人口城市	18.1	5.2	4.6	8.3	1.6	2.8
200万人口以上城市	34.8	10.0	12.9	11.9	1.0	3.4

3. 城市基础设施滞后

城市基础设施滞后是城市化带来的一个普遍问题。城市交通拥挤、能源不足、淡水缺乏是各城市普遍存在的问题。下面以城市交通为例说明之。

交通拥挤是大城市的通病。国外许多大城市拥有大量的私人小汽车，迫使道路设施在高峰期间所承受的压力达到所能容纳的最大限度，致使车速降低，消耗在路途的时间增多，影响城市居民生活与生产，影响城市的机能。

我国交通拥挤更大程度反映在"乘车难"上，我国城市公共交通车辆1985年比刚解放时的1949年增长19.6倍，但同期客运量增加了71倍。1996年我国城市平均每万人拥有公交车辆7.3辆，北京为18辆，上海为16辆，天津为6辆。交通拥挤致使许多城市在高峰时间公共交通拥挤不堪，最拥挤时公共交通车上每平方米高达13人，影响了城市人民的生产、生活与社会安定。

同时，我国城市道路设施不足，不能适应交通量发展的要求。建国以来，城市人口增长了近5倍，城市工业总产值增长了300倍，城市机动车辆增长了近10倍，自行车增长了几十倍，城市自行车已达6 000万辆（自行车拥有率达到每百人35.25辆），而城市道路长度仅增长了3.4倍，道路面积仅增加了4.2倍。城市交通管理及技术装备十分落后，全国平均每万辆车死亡率达35人，直接经济损失3亿多元。因而城市车辆交通经常受阻，城市机动车平均车速由20世纪60年代每小时30～40km下降到目前的每小时15～20km。仅车速一项，每年损失运行费达10.7亿元，多耗油287.8万升。

4. 环境污染

由城市化引起的城市环境问题也是显而易见的。人类社会的各种环境问题最终将集中反映到城市，城市是环境污染最集中、最严重的地区。20世纪50年代西方国家的八大公害事件人人皆知。随着城市人口的不断膨胀与集中，城市规模不断扩大，城市的物理环境与生态环境发生了显著变化。大气与水体污染，垃圾成堆，缺乏绿地，城市形成热岛，能源与资源不足，生活质量下降。

城市中存在的一系列环境问题与社会问题已引起生态学家以及社会经济学家、城市建设工作者的普遍重视和关注。为了揭示城市自然环境和社会环境的客观规律，寻求解决各种城市问题的方法和发挥城市高效益的途径，运用普通生态学的原理和方法，以系统论、控制论和信息论为基础，以人类生态学为中心，研究城市系统的结构、功能、运行机制与调控途径的城市生态学应运而生。

二、城市环境对人体健康的影响

近年来，人们不断发现很多过去病因不明、神秘莫测的疾病与人们所生活的环境条件有着很大关系。城市环境中对人体健康影响最明显的是环境污染。人为的环境污染包括工业"三废"污染，生活垃圾、农药残毒、放射性物质污染，噪声污染，光污染，病毒和寄生虫疾病等等。在人口密集的城市，有毒有害物质通过大气、水体、食物等媒介在人群中传播、交叉感染。

1. 环境污染引起中毒

（1）急性中毒和死亡。急性中毒是由于大量的毒物在短时间内进入人体所致，即一次大剂量的毒物在人体内所引起的中毒,严重时会导致死亡。在 20 世纪 50～70 年代,由于城市环境遭到"三废"的严重污染,各种各样的急性中毒和死亡事件层出不穷,引起广大居民强烈不满,反公害斗争曾成为西方城市的一个重要社会问题。

(2) 慢性中毒。环境中有毒有害物质低浓度长期反复作用,所产生的对人体健康的危害称为慢性中毒危害,如日本三大公害病——水俣病、骨痛病、四日市喘息病就是典型的慢性中毒病例。

(3) 持续性蓄积危害。由于"三废"对环境的污染,使人类赖以生存的空气、水和食物均含有可产生对人体有害影响的化学物质。例如有机氯杀虫剂在空气、水和食物中都有微量存在,这些毒物在空气、水和食物中虽然含量很低,但随着呼吸、饮水、食物进入人体后,不易排出,能富集在人体内脏中,日积月累可达到相当高的数量。在新生婴儿的体脂中也曾发现有机氯杀虫剂的存在,显然是母亲传给他们的,这种对下一代的远期效应更应引起重视。此外,某些重金属元素如铅、汞在世界某些地区,随着外界环境中污染浓度增加,亦在人体内出现蓄积情况,使城市居民中血铅含量比农村居民高。虽然,这些毒物目前在体内的蓄积量并未达到立即可见的危害,但长此以往,进入人体积累起来,超过人体组织器官的负担,也会造成机体生理功能的改变。

2. 环境污染致癌

环境中的某些污染物具有使动物和人体发生恶性肿瘤的特性,而能引起恶性肿瘤性疾病的污染物称为致癌物。近几十年来,全世界居民死亡原因发生了很大变化,过去以急慢性传染病死亡占首位,但近年来循环系统疾病和肿瘤跃居首位(表 7-3)。

表 7-3　我国某市一个区前十位死因死亡百分比

顺　序	1953 年		1973 年		1993 年	
	死因	%	死因	%	死因	%
1	肺结核	14.8	肿　瘤	28.4	循环系病	33.3
2	麻　疹	14.0	脑溢血	19.4	肿　瘤	25.6
3	脑溢血	13.1	心脏病	16.8	呼吸系病	16.9
4	心脏病	9.9	呼吸系病	12.0	外　伤	6.5
5	肿　瘤	9.4	消化系病	6.4	消化系病	3.2
6	肺　炎	8.8	外　伤	5.1	精神病患	2.6
7	衰　老	8.5	肺结核	3.9	代　谢病	2.3
8	脑膜结核	7.5	神经系病	3.9	传染病	2.0
9	肾脏病	7.4	肾脏病	2.5	肾脏病	1.2
10	呼吸系病	6.6	风湿病	1.6	神经系病	0.8

从表 7-3 可以看出,肿瘤从 1953 年的第五位,跃居到 1973 年的首位,1993 年仍居次席;而肺结核从 1953 年的第一位,到 1973 年退至第七位,麻疹已退出前十位;循环系统疾病从

1953 年的第三、四位,1973 年的第二、三位,到 1993 年跃居首位。死因的改变说明了某些主要传染病随着防治工作的进展,已得到良好控制,但同时又反映了一些非传染的严重疾病,如循环系统疾病、恶性肿瘤死亡率逐年增高,成为当前必须防治的重点。《中国环境状况公报》(1991)公布:1991 年,我国人口总死亡率为 670/十万,比 1990 年升高 0.5%,其中恶性肿瘤是城市居民的首位死亡原因,大城市恶性肿瘤死亡率为 129.9/十万,中小城市为 104/十万。在恶性肿瘤中,肺癌死亡率最高,大城市为 35.2/十万,中小城市为 23.7/十万,分别占恶性肿瘤死亡的 27.1% 和 22.1%,且近年来呈明显上升趋势。我国居民的肺癌发病率,宏观表现为:大城市>中等城市>小城市>农村。工业城市的肺癌发病率大于非工业城市,这与大气污染的情况是一致的。什么原因使肿瘤死亡率上升的问题,世界各国都在探讨,争论很多,较普遍的意见认为与目前环境污染有关。

根据若干推测,人类的癌症主要由病毒引起的不超过 5%,主要由放射性物质引起的在 5% 以下,主要由化学物质引起的占 90%,而外界环境中这些化学物质的主要来源是"三废"。目前,已发现在人类环境中有 300 多种化学物质具有致癌作用,这些物质有的在恶劣的劳动条件下,被工人在生产过程中接触后患职业肿瘤而证实,有的已在动物实验中得到证实。

3. 环境污染引起突变和畸变

污染物或其他环境因素引起生物体细胞遗传信息发生突然改变的作用,称为致突变作用。人或动物在胚胎发育过程中由于各种原因所形成的形态结构异常,称为致畸作用。环境污染可使生物发生遗传突变和致畸变作用,已在实践中发现,并引起人们注意。据估计,美国的新生儿畸形率约为 2%,中国新生儿的先天畸形率约为 1.28%。据 1989 年 6 月公布的数据,中国现有畸形儿约 800~1 000 万。环境中某些污染物质进入机体后能使机体细胞中的基因物质改变其原有特性,当细胞分裂后,新的子细胞具有新的遗传特性,这种基因物质的改变可能是细胞染色体受到破坏的结果,也可能是一种或几种核苷酸改变的结果。如果这种污染物质作用于人的生殖细胞,则其子孙后代将要携带这种基因于其细胞内,对本代不显出影响,而可能使其子孙后代发生遗传突变,使正常妊娠发生障碍,甚至不能受孕,也可使胎儿死亡,造成流产,若足月生产可能产生畸形胎儿。能引起这种遗传突变的物质称为致突变物质。另有一类所谓致畸胎物质是外界环境中的影响胚胎正常发育的物质,重者可使胚胎的生长发育完全终止,因而使胎儿死亡;轻者可使胚胎生长发育的某一阶段,某一器官或某些组织功能受障碍,因而形成人体方面的畸形或生理功能方面的异常,但这种畸形并不具有遗传性。

三、城市环境对人的心理影响

(一)城市拥挤对人的心理影响

美国《当代心理学家》杂志在对美国各大都市进行一次调查后,列出了 286 座最拥挤城市,内华达州的里诺在这家杂志开出的名单上名列榜首,其次是宾夕法尼亚州的斯泰克利奇。拥挤的程度还与经济文化发达程度有关,发达地区人口流动大,拥挤程度就严重。香港的拥挤程度与里诺同样严重。香港精神病专家格林说:1988 年,由于过分拥挤,噪声严重,就业竞争激烈,香港精神分裂症病例剧增,有 1 700 人自杀身亡。美国心理学家舒尔茨也认为拥挤破坏了城市居民的正常秩序和正常生活,严重时可导致变态心理与行为。法国社会生理学家研究指出,人均居住面积在 $8\sim10\ m^2$ 以下,就会使社会和心理性疾病增加两倍。在社会需求不能得到充分满足的情况下,必然拥挤,而拥挤必然产生心理压力,而有些人为了满足这种需求,采取掠夺方式,就可能造成人与人之间的冲突和违反社会道德规范的行为,如挤着买车船票、挤汽车火车等。有资料表明,人口密度越高,犯罪率就越高,在市区里比郊区的犯罪率更高,同样,在人口稠密地区恐怖主义和青少年犯罪也更为频繁。城市犯罪人数的绝对数高这是无疑的,因为市区人口多犯罪人数就多,但为什么城市犯罪率会高? 一是拥挤的人群为罪犯创造了便利条件;除此之外,在大城市的人更孤独,更不爱管闲事,也为罪犯提供了外部环境。众多的实践证明,拥挤不一定给所有的人的心理和行为都带来不良影响,拥挤造成的危害,还取决于实际情景,即居住环境的设置是否合理;取决于个人的经历,即是否饱受过拥挤的考验;取决于人格因素,即是否有一定的忍耐力;同时还与经济、文化水平、个人动机、城市管理水平等等因素都有一定的关系。当然,每个居民应正确认识拥挤,从心理上减轻压力,达到心理平衡,这样就可以消除因拥挤而造成的心理病症。

(二) 城市环境污染对人心理的影响

舒尔茨说过:我们全都工作和生活在多种不同的环境之中,这些环境全都会影响我们的感觉,影响我们的行为,有时这种影响是明显的、直接的,有时则是微妙的、间接的。在 20 世纪,人类已经破坏和污染了许多自己的环境,并导致了对人类心理的消极影响。

1. 噪声污染对心理的影响

噪声对心理的影响,首当其冲的是人的心理的窗户——听觉和视觉。当人体接触强噪声时会出现耳鸣和听力下降,但只要时间不长,一旦离开噪声环境就能很快恢复正常。如果长时间在强噪声中工作会使听力大大下降,以至不能恢复正常,此时,心理就丧失了听觉这一窗户。调查表明,在 100 分贝的噪声环境中工作 10 年和 30 年的工人,分别有 5.62% 和 30.43% 出现听觉丧失。噪声对心理过程的另一影响是对视觉的影响。心理学家对 10 个人进行开车视力测试,结果发现当汽车上收录机音响达到 107 分贝时,有 8 人的视力开始下降。由于噪声使人的听觉和视觉下降,并造成注意力不集中,因此噪声是交通事故和工伤事故的罪魁祸首。

噪声对人的智力的影响对儿童比较明显,据调查,吵闹环境中儿童智力发育比安静环境中的儿童低 20%。研究表明,经常处在嘈杂环境中的七个月的婴儿,模仿大人姿势的能力大大低于正常环境中的婴儿,一直生活在噪声环境中的 18 个月大的幼儿对大小、距离和空间的理解能力明显低于同龄幼儿,长期生活在噪声环境中的 22 个月大的幼儿喃喃学语的能力也明显低于生活在正常环境中的幼儿。噪声对婴幼儿智力的影响主要原因可能是噪声严重干扰了婴幼儿的注意力,妨碍了幼儿对新事物的探索,同时,噪声主要通过网状激动系统作用于大脑皮层,干扰了大脑皮层的正常整合功能,从而影响了幼儿的学习能力。

值得注意的是,噪声使儿童的记忆力明显下降,尤其是表现在短时记忆力下降。噪声还影响人们之间的语言交流,导致人与人之间的心理障碍。

2. 空气污染对心理的影响

空气污染的种类很多,有些是人可以感觉到的,有些则是人无法感觉到的。因为,随着污染性质的不同,引起的心理表现也就不同。

恶臭是人可以感觉的一种污染。长时间在恶臭环境中工作会出现烦躁不安,无精打采,思想不集中,工作效率降低,判断力、记忆力及思维能力都会明显下降。当环境中硫化氢的浓度达到 $1.12g/m^3$ 时,虽然人们还闻不到"臭鸡蛋"的气味,然而人的大脑便已接受到强烈刺激,出现意识模糊或谵妄、躁动不安等。

一氧化碳污染也会引起一系列的心理变化。不定期在瓦斯浓度为 $125mg/m^3$ 环境中工作的工人,人的智力行为,例如算数的能力降低,当体内碳氧血红蛋白达到 2%～5% 时,人的警觉性和区别听觉信号之间差别的能力降低,同时改变了人对时间的区别和正确估计。长期生活在一氧化碳浓度较高的环境中,成人往往会表现出儿童性格,而儿童则会发育迟缓,智商低下。

在伦敦、巴黎、纽约等大城市中,空气中铅的浓度往往超过安全限度的四倍以上。空气中铅污染对儿童记忆力有显著影响,并使人的工作效率降低。西班牙和美国的调查表明,低含量的铅就会对儿童中枢神经系统有不利的影响,并造成行为反常,为此,有人提出城市犯罪率高的原因之一,可能与铅污染有关。美国卫生部对一些小学一、二年级的学生调查发现,大部分智力低下的学生,是家住在汽车来往较多的闹市区,汽车排出的含铅尾气使那里的空气受到严重污染。爱丁堡大学对爱丁堡中心区 18 所小学的 501 名儿童进行测试表明,血铅含量在 0.2～0.5mg/ml 的儿童,其综合能力分数要比血铅含量在 0.05～0.1mg/ml 的儿童低 5 分左右。

3. 水污染对心理的影响

最能说明水污染间接对人心理的影响的是以下事件:1956 年 4 至 5 月,日本九州岛发现个别病人精神压抑、烦躁易怒、无端畏惧、处事优柔寡断,看上去对事情毫无信心,沮丧泄气。心理测验表明,这些病人记忆力明显下降,注意力分散,智能低下,思维紊乱,语言表达能力减退。这个岛到 1956 年底,发现有 96 名病人有这种心理变态现象。以后,在加拿大、瑞典、印度、巴基斯坦都发生过上述征象的病人,呈区域性分布。追根溯源,这种病因是由于水源受甲基汞的污染,饮用此污染水或食用受甲基汞污染的水生生物后,人的大脑皮层运动区、感觉区和视觉区受到损害,从而造成运动、言语、智能和情感、性格发生障碍。

生活在工厂周围和污水排放下游的人群往往对水体污染反应敏感,污染物的性质不同所产生的心理和行为表现也不同。在炼焦、炼油和制取煤气等行业中工作的人会有精神不安等心理失衡表现,这是废弃的含酚化合物的污水所致。而人造纤维、玻璃纸、橡胶等工厂周围人群和厂内工人会发生性格变态,原来一个很文静的人,会突然变为一个暴躁的人,而一个很开朗的人也许会变得沉默寡言,同时可能伴有"坏萝卜"味觉,出现幻觉,视力减退,记忆力不如过去,个别人会出现意识模糊,思路不清,性需要减弱等,这种情绪是由这些工厂排放出来的一种含二硫化碳有害物的污水所致。甲醇作为一种工业原料,往往用于制造甲醛、有机玻璃、涤纶、人造丝、有机染料等工业产品,如果管理或使用不当,甲醇可随生产中的废水一起排入环境,污染水体,并对人产生影响。甲醇对视觉神经和视网膜有特殊的选择作用,使人的视力不清,视物模糊造成错觉,瞳孔对光反应迟钝,甚至造成失明,同时有倦怠无力、耳鸣、幻觉、记忆障碍,并伴有精神失常、谵妄或狂躁、疑心重、恐惧不安或忧郁等。

汽油是一种人人皆知的燃料,由于经常使用也就不免对环境水体产生污染。1987 年 5 月,湖北房县一家石油公司,由于地下输油管道破裂而漏油 10 吨,使县城附近 100 口水井受到污染,之后,有 400 多个居民诉有不适的感觉。

对人的心理和行为有影响的水污染物,迄今发现的有 30 多种,不过,这些研究还不够深入,有待进一步完善。

思 考 题

1. 人在城市生态系统中的地位和作用主要表现在哪些方面?
2. 试述城市人口规模和结构与城市发展的关系。
3. 何谓城市人口容量? 它的基本特征是什么? 如何确定城市的人口容量?
4. 城市环境对人的影响主要体现在哪些方面?

第八章

城市生态系统的生态流

生态系统的结构和功能是统一的,结构是指系统的组成成分及其相互联结的方式,功能是指贯穿系统网络的各种过程的状态变化,结构是功能的基础,而功能则是结构的表现。前几章主要是讲城市生态系统的结构,这一章重点讨论城市生态系统的功能。城市生态系统最基本的功能是生活和生产,具体表现为城市的物质生产、物质循环、能量流动以及信息传递等,正是这些循环流动把城市生态系统内的生活、生产、资源、环境、时间、空间等各个组分以及外部环境联系了起来,这一切可以统称为"生态流"(ecological flow)(王如松,1988),正是这些生态流实现了城市的新陈代谢(urban metabolism)。

第一节　城市生态系统的物质代谢

从地球化学观点看,城市也是一个物质循环系统,它也有物质的输入、输出和内部的转移变化。阐明这些物质的收支、转移和变化不仅有助于对城市生态系统特征的认识,而且是解决城市中各种问题的基础。研究城市的物质代谢,首先要对进入和流出城市生态系统的一切物质进行定量记述,并阐明它们在城市内变化的过程和机制。城市的物质代谢可概括表示如图8-1。

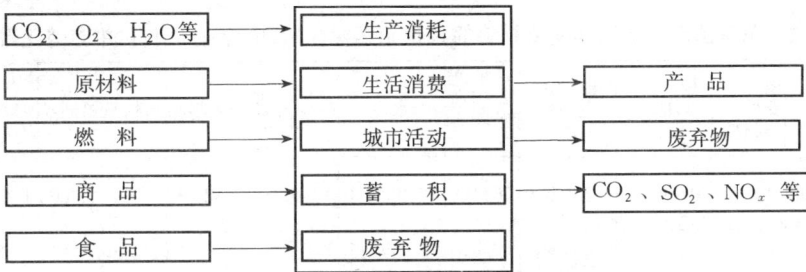

图8-1　城市生态系统物质代谢概括示意图

从市外进入城市的物质有天然输入的和人工输入的两部分,前者如空气、大部分水以及其中含有的物质,它们是由天然的空气流动和大气降水、河水、地下水流入城市的;后者包括原材料、生产资料以及生活资料,这些物质是由人工生产,经过各种运输工具以及建造的特殊管线输入城市的。

在进入城市的物质中,一部分在市内不发生变化,仅仅作为流通物质或商品保持原形再输出城市或保留在城市中,另一部分则很快被使用而改变其形态。木材、钢材、水泥、石料等建筑材料,多长期蓄积在市内,组成城市的一部分,同时也扩大了城市的空间;而生产原料,如煤炭、石油、各种矿物在市内加工后,一部分用于市内,一部分运往市外;生产过程中产生的废弃物,一部分留在市内,一部分则输出市外。物质在市内停留时间的长短,取决于物质的种类、理化性质、用途、社会经济条件等,可概括如下(见表8-1)。

表8-1 物质在城市里积存的情况

	停留时间长的	停留时间一般或可长可短	停留时间短的
自然物	土地、岩石	动物、植物、人类	空气、水
人工物	建筑物(房屋、桥梁、道路) 屋内家具、机器 书籍	服装、贮藏物、垃圾、 交通工具	食品、燃料、报刊等

在某一时间内,城市空间中存在的物质总量称为城市生态系统的现存量(standing mass),由于确定城市生态系统的上下边界存在着困难,所以城市现存量不包括岩石圈。城市中存在着物质的输入与输出,在一定时间内物质收支之差就是这个现存量的变量。

目前尚未见到对具体城市按物质类别统计现存量的完整报道,调查方法也还存在许多问题,理论上可以设想对一切部门通过实地调查直接了解物质的种类和数量,但实际上几乎无法办到。当前只能利用统计资料采取间接推算的办法,此外,也可以利用照片,特别是航片作为推算建筑物和树木体积、质量的重要辅助手段。安部喜也和松本原喜(1970)曾对东京都物质现存量进行推算,并用各种元素的现存量加以表示。他们取材的对象为建筑物(钢筋、钢筋混凝土建筑、木建筑、混凝土构件建筑)、公路(沥青、水泥)、桥梁、隧洞、铁道、地下街道、上下水道等等。推算方法是:对于建筑物用每单位面积的材料量乘以总建筑面积,得出东京都内各类物质的现存量,再乘以各物质材料每单位平均含有各元素的比率,求出各元素的总量(表8-2)。这里所列出的元素只限于主要的,并没有对一切元素都进行分析。

表8-2 东京都市区建筑物构成材料的各种元素现存量(单位:t)(引自:中野尊正等,1970)

资料		砂石、石材	稻草、麦秆、苇制品	预制件、其他木制品	建设用土石制品	平板玻璃其他玻璃制品	水泥	钢材、钢铁制品	铜制品	铝制品	铅制品	沥青	合计
材料现存量		240 000 000	262 000	10 900 000	6 250 000	763 000	17 400 000	13 200 000	48 400	4 780	33 000	1 720 000	290 000 000
元素	Al	14 500 000			663 000	610	507 000			4 780			15 700 000
	C	3 060 000	121 000	5 450 000								1 430 000	10 100 000
	Ca	8 570 000	4 720		144 000	42 500	7 980 000						16 700 000
	Cu								48 400				48 400
	Fe	8 160 000			306 000	8 030	402 000	13 200 000					22 100 000
	H	735 000	14 400	654 000								155 000	1 560 000

表 8-2(续)

K	4 900 000	3 670	54 500	50 000							5 010 000
Mg	3 270 000			113 000	18 400	169 000					3 570 000
N		8 130	54 500							17 200	79 800
Na	1 710 000				43 700	79 500					1 830 000
O	104 000 000	109 000	4 580 000	3 030 000	358 000	60 040 000				51 700	172 000 000
Pb									33 000		33 000
S										68 900	68 900
Si	55 500 000			1 910 000	256 000	1 780 000					59 400 000

(元素)

从表 8-2 中可以看出,几种主要元素含量,从大到小的顺序依次是:氧>硅>铁>钙>铝>碳,这清楚地反映出城市钢铁和水泥的特征,从当前继续进行的城市各种基建工程来看,这种特征将越来越明显。

城市物质的输入和输出的吞吐量很大。崔学增(1983)等人对唐山城市生态系统 1981～1983 年的物流进行了研究。唐山市总面积 13 472km², 其中市区面积 1 090 km², 总人口为 5.95×10^6 人,其中市区人口 1.35×10^6 人,人口密度 1 239 人/km², 根据 1981～1983 年唐山市物质流动的估算,平均每年向系统输入物质大约为 3.45×10^8t,输出物质大约为 3.43×10^8t(表 8-3)。

表 8-3　1981～1983 年唐山市物质流动估算(单位:10^4t)(引自:崔学增等,1983)

输　　　　　入		输　　　　　出	
①矿物质	2 917.44	①废渣	957.0
其中:煤　炭	2 023.5	其中:冶炼废渣	45.0
矸　石	669.0	粉煤灰	240.0
矾　土	55.34	矸　石	669.0
石灰石	167.3	化工废渣	3.0
萤　石	2.3	②废水	22 046.0
②地表、地下水	24 623.0	③废气	6 275.16
③燃烧空气	5 811.0	其中:二氧化碳	1 326.6
④农副产品	69.37	二氧化硫	15.05
⑤原料产品	1 080.0	水	352.16
		氮气	4 390.7
		氮氧化物	150.08
		灰尘	40.57
		④生活废物	3 040.26
		其中:废物	402.3
		生活用水蒸发	496.5
		污水	2 080.6
		垃圾	60.86
		⑤产品	2 028
总输入	34 500.81	总输出	34 346.42

不同规模、不同性质的城市,其输入、输出的规模、性质、代谢水平不同。工业城市的输入以原料、能源为主,输出以加工产品为主,风景旅游城市的输入以消费品为主,输出中废弃物比重较大,交通与港口城市的输入与输出以中转物资为主等等。

输入和输出收支平衡(输入略大于输出,用于城市居民生理、生活的需要)的城市,其规模、内部积蓄量变动较小,维持相对的动态平衡;输入大大超过输出的城市,是发展型的城市;输入比输出小很多的城市,表明城市的整体规模衰落。

一、城市的食物代谢

城市中人群的食物包括许多有机物和无机物,按其性质可分为植物性食品、动物性食品以及无机盐等。城市生态系统中的食物代谢是通过食物链实现的。城市生态系统中的食物链可以概括为两大基本类型(图8-2),一是栽培食物链,主要是通过人工栽培或饲养植物和动物,以供人们食用;另一类是野生食物链,主要是通过各种捕获采集方式从自然界中获取的野生生物,它的前期是在自然界中进行的。

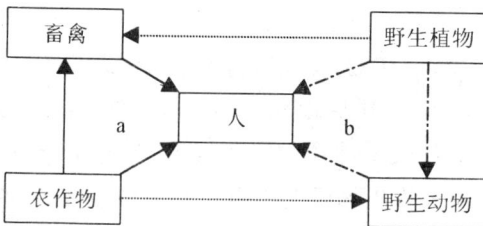

图8-2 城市生态系统中的食物链
a. 栽培食物链 b. 野生食物链

不难想像,城市中的食物链是非常复杂的,要弄清楚这些食物链的环节须进行许多分析,其中包括:

(1)食物链中的各种生物的名称、数量、分布、季节变动以及可利用程度等。

(2)食物链中的各种生物生长的条件以及它们的作用范围。

(3)各种生物在食物链中的位置,它们和食物链中其他生物的关系,以及种群动态和遗传特征。

(4)这些物种的生理学特性以及它们对环境污染的反应,特别是有害物质在体内的积累及其效应等。

(5)这些物种与人类的关系。

如果这些弄清楚了,食品不光能在数量上满足人类,更重要的是在品质上也能得到保证,这是要多学科配合才能完成的。

从城市食物代谢一般研究来说,主要是研究各类食品的供应数量、来源、消耗和排泄物的处理与去路等。

表8-4是上海市居民食物消费量表,由表中可知其年消费量为477.72×10^4t,非农业人口与农业人口消费量之比为2:1;居民家庭年人均购买的主要食品数量的次序,城镇为:蔬菜>粮食>水果>鲜奶或鱼虾>禽肉>蛋类>食油;农村为:粮食>蔬菜>畜肉>水果>鱼虾>蛋类>食油>禽肉(表8-5)。城市食品供应,一部分来源于本地生产,其余来自外地。上海本地生产的粮食、蔬菜、蛋类、禽肉、鲜奶、鱼虾超过其消费量,食油、畜肉、水果生产量低于消费量,需要从外地购进。

表8-4　上海市食物供需平衡表(1996年)(单位:10^4t)

	本地生产	零售量	消费量		合　计
			非农业人口消费	农业人口消费	
粮　食	234.78	187.00	85.01	102.38	187.39
食　油	6.34	18.17	8.95	2.06	11.01
蔬　菜	262.01	90.57	90.60	33.12	123.72
蛋　类	14.88	9.54	10.07	2.31	12.38
猪(牛、羊)肉	24.98	40.22	19.01	6.91	25.92
家　禽	36.89	10.50	12.30	2.00	14.3
鲜　奶	22.01	—	20.13	—	20.13
水　果	44.66	—	52.57	6.43	59.00
鱼　虾	28.00	19.09	20.13	3.74	23.87
合　计	674.55	375.09	318.77	158.95	477.72

表8-5　1996年上海市居民家庭年人均购买的主要食品数量(单位:kg)

	蔬　菜	粮　食	瓜　果	水产品	鲜　奶	畜　肉	家　禽	鲜　蛋	食用油
城　镇	97.2	91.2	56.4	21.6	21.6	20.4	13.2	10.8	9.6
农　村	88.9	275.0	13.5	10.0	—	18.6	5.4	6.2	5.5

表8-6　香港的营养平衡(Boyden,1971;转引自:周纪伦等,1990)

项　目	进口	本地生产	总投入	出口	再出口	废料	总输出	表面消费
体内能(10^6MJ)	21 989	1 878	23 867	549	1 834	2 596	5 339	18 528
动物蛋白(10^6kg)	62	43	105	1	2	7	10	95
植物蛋白(10^6kg)	78	6	84	2	10	13	25	59
脂肪(10^6kg)	104	15	119	1	7	15	23	96
糖类(10^6kg)	877	27	904	14	91	126	231	673
钙(10^3kg)	749	400	1 149	125	93	146	367	782
磷(10^3kg)	1 984	475	2 459	91	204	354	649	1 810
铁(10^3kg)	33	7.3	40.3	0.8	3.9	4.8	9.5	30.8
维生素 B(10^3kg)	2.48	0.33	2.81	0.04	0.11	0.68	0.83	1.98
维生素 C(10^3kg)	108	125	233	2	18	90	110	123

　　香港食物的供需情况如表8-6所示,其主要依赖于农村提供的商品粮、禽、畜和蔬菜等。香港食物系统的动物蛋白总投入(包括进口):鱼类和海鲜产品约占47%,家禽(包括禽蛋)约占25%,其余(主要是猪肉)占21%。香港进口的动物蛋白质中有32%是从南海捕到的海产品,年产约为2.9万吨,占动物蛋白总投入的28%。总投入中还有13%是香港当地的动物产品,包括鱼及海产品约6 300吨,家禽5 000吨,猪肉2 600吨,牛肉30吨,奶及奶制品20吨(表8-7)。

表8-7　1971年香港的动物蛋白投入量(单位:t)(Boyden,1971;转引自:周纪伦等,1990)

	当地的动物产品	进口产品	总　计
鱼及海产品	6 300	41 830	48 130
家禽(包括蛋)	5 000	20 380	25 380
牛肉	30	4 410	4 440
猪肉	2 600	18 830	21 430
奶及奶制品	20	3 770	3 790
羊肉(和山羊)	—	260	260
总计	13 950	89 480	103 430

二、城市的水循环

水是城市的生命线,它既是食物,又是原料,还是传递物质和能量的载体,是城市生活和生产中必不可少的物质。为了维持生存,人每天至少需要2~2.5升水,一般的生活需要5升,加上卫生方面的用途共需40~50升。

发达国家城市居民每人每日平均用水量为300~500L(包括工业用水),发展中国家约100~300L。全世界用水量最高的是芝加哥(824L),次为莫斯科、华盛顿(700L),再次为纽约、大阪(600L)和巴黎(450L)。1996年,我国城市人均日用水量208L,其中上海287L,北京269L,天津128L。

水是城市里流量最大流速最快的物质,在现代化城市中用水量更高。在人为影响下的城市中的水循环与空旷地有很大不同,一方面是由于大量的建筑物和人工铺设的不透水地面显著地改变了降水、蒸发、蒸腾、渗透以及地表径流等自然循环;另一方面又由于水渠、下水道等的修建,增加了人工控制的排灌系统,两者相互结合错综复杂。关于城市水循环在第四章第二节已作过介绍,这里仅以几个城市为例概括说明城市水分收支状况。

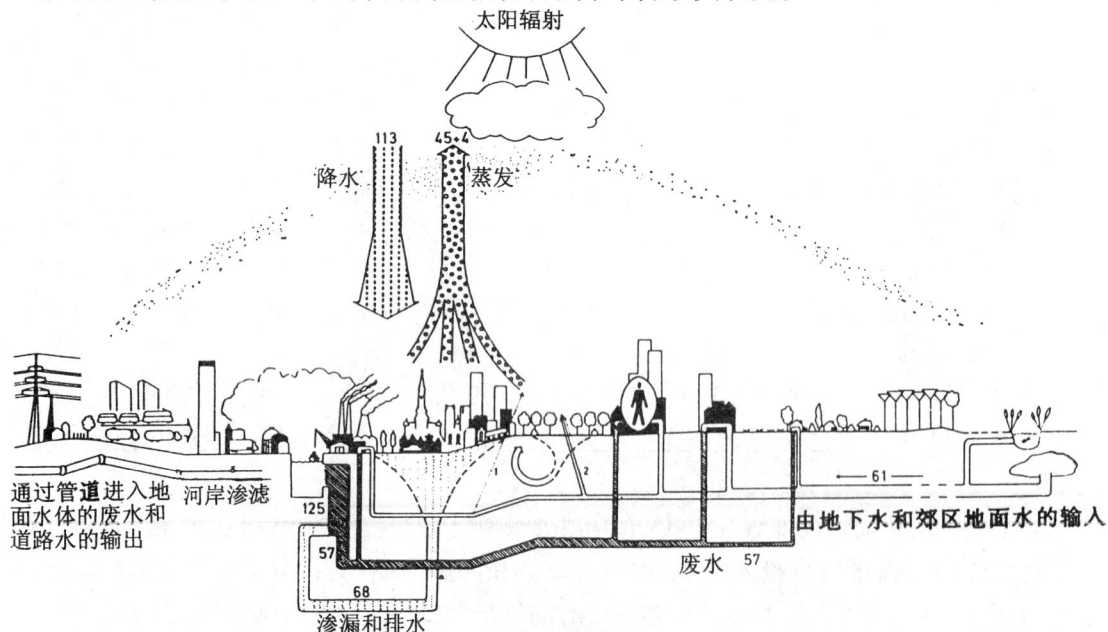

图8-3　布鲁塞尔的水量收支示意图(引自:Sukopp,1987)

图中数字的单位为:10^6t/a

布鲁塞尔是一个小城市,面积为 1 618km²,人口 100.75 万,水量的主要来源是降水,全年从降水中获得的水量为 113×10⁶t,其中 71.8% 渗入地下,28.2% 左右用于蒸发和蒸腾,城市的用水,包括工业生产用水,每人每天以 156L 计,全年约 57.37×10⁶t(图 8-3)。这部分水量主要靠径流及地下水供应,最终又以废水排出。

香港地区的供水包括淡水和海水两部分。淡水来源主要是降水、内地供水和地下水,并消耗于蒸发、蒸腾、地表径流和生产、生活。海水主要用于工业、商业和市政以及部分生活用水(图 8-4)。

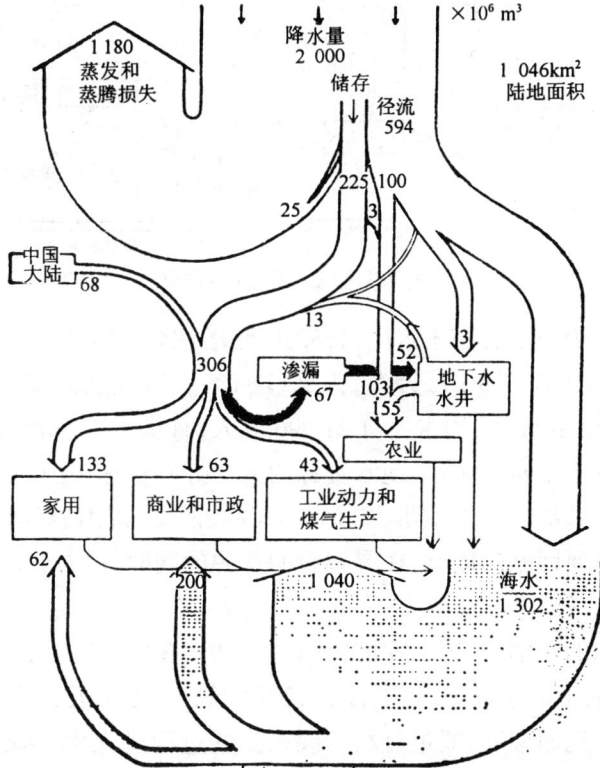

图 8-4 香港地区的水量收支(Boyden,1971;转引自:周纪伦等,1990)

东京 23 个区的水量输入部分为:降水量 641(单位为 10⁶t/a,以下同),上水道取水量为 1 640,地表水、井水、海水、工业水道等供水为 1 751,合计为 4 032。城市各项用水为3 153,其余约 14% 直接进入输出部分,在输出部分中经处理后排放的污水为 1 095,渗沥地下的为 260,蒸腾逸散的为 4.2,合计为 1 359.2,其余的部分应有 2 673 通过蒸发、地表径流以及未处理的污水流出系统(图 8-5)。

上海的水量输入部分为:降水量 76×10⁸t/a,自黄浦江、长江口取水 26×10⁸t/a。市区每日用水量约 540×10⁴t,其中工业用水占 40%,生活用水占 60%。城市污水处理能力为 190×10⁴t/d。

工业水循环利用,可以缓和用水不足,保证居民用水的基本需要。日本工业用水的复用率,1979 年已达 73.1%。君津钢铁厂每炼一吨钢铁需用水 150 吨,每日耗水 280 万吨,相当于东京市区自来水供应量的一半,但该厂回收率达 95%,每天仅需补充新水 14 万吨。全日本已有 114个城市建立了"中水道",专门收集仍可使用的工业废水,供居民洗涤、浇园之用。

食物
鱼 (0.53)
蔬菜 (1.95)
酒类 (0.71)
其他 (0.2)

降雨量 (641)

蒸腾植物　蒸发　氧化水 燃料 生物

多摩川 (512)
江户川 (521)
相摩川 (84)
利根川 (512)
井 (11)

上水道取水量 (1 640)

人体
饮料炊事等 (207)
洗净等 (547)

人体 (4.2)

排泄 (7.1)

总配水量 (1 532)
漏水 (260)

家庭用 (754)
公众浴场 (108)
事务所 (110)
学校政府机关 (98)
工业用等 (202)

(130)

污水处理 (1 095)

再利用

荒川 (436)
神田川 (143)
东京湾 (516)

地表水 (90)
井水 (245)
海水 (1 181)
工业水道及其他 (235)

工业用水 (1 881)

原料 (38)
冷却 (1 466)
洗净 (196)
其他 (181)

未处理污水

单位 10^6 t/a

地下水流　　　　表面流水

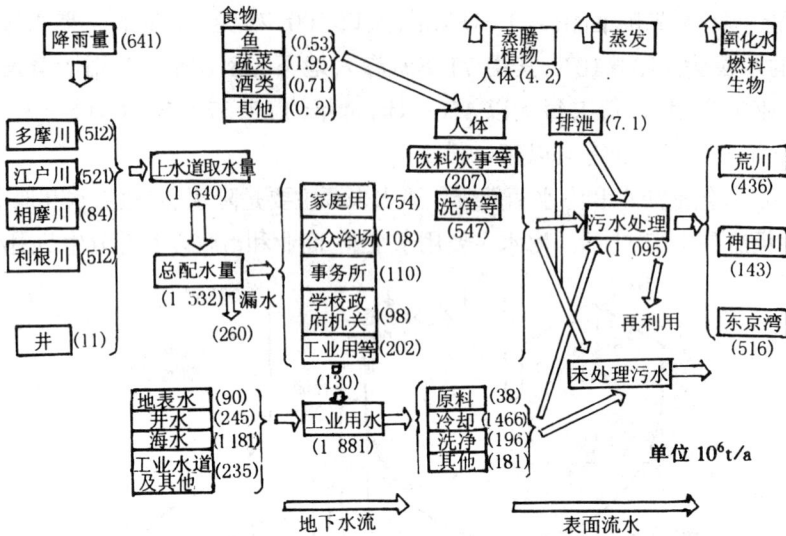

图 8-5　东京的水分收支(引自:中野尊正等,1978)

我国 1949 年仅 72 个城市有自来水厂,1982 年底增加到 226 个市,日供水 3 425 万吨,比 1949 年增加了 13 倍,用水人口 8 102 万人,普及率 84%,工业用水复用率不到 20%。至 1996 年底,城市用水普及率已达 95%,用水人口 21 996 万人,日供水 12 769 万吨。

我国是个水资源并不丰富的国家,淡水资源的人均拥有量是美国的四分之一,是前苏联的七分之一。我国北方以及沿海一些城市,如北京、天津、西安、济南、青岛、大连等,水源不足已成为限制城市发展的重要因素。因此,在寻找新的水源的同时,提高城市水循环的利用率是我们的当务之急。

随同城市内部的水的流动,有很多物质也同时移动。在上水道和下水道里流动的水,不是单纯以 H_2O 的化学式表示的水分子,其中含有溶解的或以混悬物形式存在的各种有机物和无机物。这些物质随着水流而移动,通过自然的或人为的过程进入水中或从水中移出。用作水源的河水和地下水含有各种溶解的或混悬的成分,使用时不仅要用物理方法沉淀、吸附、过滤混悬物质,还要用各种化学沉淀剂吸附、沉淀溶质,以便把它们除掉。这种临时向水中加入的,过后又要再行排出的沉淀剂,对它们的处理已成为急需解决的重大问题之一。

净化后的自来水,在各种用途中被使用过以后,又一次带进了各种物质,其成分复杂多样,以溶解于水中的有机物和混悬物较多为特征。

在工业生产中,水的利用方式有:a. 用作原料(饮料、食品等);b. 电镀工厂等用作化学反应媒介物;c. 用作搬运原料媒介物;d. 用作冷却水;e. 洗涤用水;等等。其中,b、c 和 e 项向排水中添加大量的物质,冷却用水的附加物为热量,工业热水排放成为附近水体热污染的原因。总的说来,向水体中排入污染物质最多的是食品厂、皮革厂、纸浆厂、纤维厂、电镀厂和各类化工厂。

此外,还有随同城市设施及其他城市活动而带来的用水问题,特别是用水多,且向水中排放大量物质的副食品市场、浴池、环卫部门、医院、食堂等单位部门的用水问题。由医院和研究部门排放的水中含有的化学物质、放射性物质和从加油站排出的水中含有的油类等特殊物质,其量虽小,造成的问题却不可忽视。

经利用后含有各种物质的水,将由下水道进入水处理场,无下水道时便不加处理地直接流入江、河、湖、海。进入下水道的水在到达处理场之前除掉了一些物质,如一部分有机物分解成为气体,沉淀的物体及被水泵过滤器挡住的大块漂浮物也已被除掉。在污水处理场,混悬物质经沉淀后被排出,溶解在水中的部分有机物,由细菌分解使之无机化,一部分变成二氧化碳排到空气中去,但磷酸盐和含氮化合物仍旧随水流走。在这一处理过程中,沉淀的或由微生物分解的物质成为污泥被排出系统。但如果这种污泥处理得不好,还会被雨水或灌溉水溶解而回到水循环中去。

进入河流的物质,除随废水而来的以外,有很多是被直接抛入的垃圾,或随大雨一起流进河流的地面砂土及废弃物,还有空气中直接沉降到水中的或随雨落下的物质等等。总之,随水发生的物质移动的途径是极其多种多样的。

三、城市的氧气代谢

城市内主要的氧气消耗如图8-6所示,其中一部分与生物活动有关,包括人类在内的动植物的呼吸作用、随同细菌活动发生的有机质废物的氧化分解等;另一部分是以各种化合物燃料为主的有机物燃烧时所消耗的氧气,即与能量消耗有很大关系。除了作为能源的助燃剂外,垃圾焚烧时也消耗氧气。

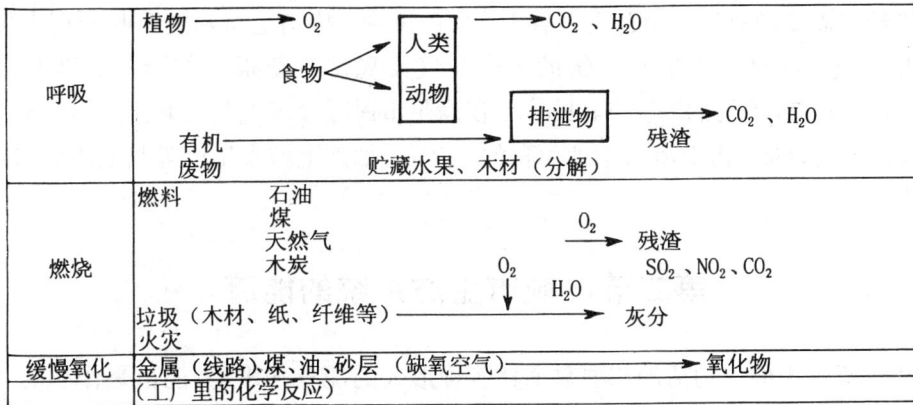

图8-6 城市的氧气消耗(引自:中野尊正等,1978)

由于上述原因以及因氧气同城市气体中的氢气、一氧化碳等发生反应,形成了CO_2、NO_x、SO_x等氧化物或水。

表8-8 京津地区氧气消耗量(10^4t/a)(引自:王如松,1988)

耗氧物\城市单位		北京		天津		廊坊	
		消耗量	耗氧量	消耗量	耗氧量	消耗量	耗氧量
重油	万吨	252	864	174	596		
其他燃料油	万吨	16	55	16	55		
煤	万吨	1 648	3 515	910	1 940	138	273

表 8 - 8(续)

液化石油气	万吨	24	86	5	19		
天然气	万米³			289 800	828		
煤气	万米³	132 897	380				
居民呼吸	万人	967	282	796	232	295	86
居民排泄物	万人	967	14	796	12	295	4
共计	万吨		5 196		3 682		362

  城市中由于呼吸和燃烧,消耗了大量氧气(表 8 - 8),并积累了二氧化碳,在有风的情况下,可以通过大气交换得到补偿和更新,但在无风或微风的情况下,如当风速在(2~3)m/s以下时,大气交换很不充分,势必造成城市局部地区氧气供应不足,对人体健康带来危害。迄今为止,任何发达的生产技术都还不能代替植物的光合作用,城市园林绿地能促进大气中二氧化碳与氧气的平衡。植物固定二氧化碳、释放氧气的速率因植物种类、植物生长状况、叶面积大小、地理纬度以及气象因素等不同而异。据有关资料说明,通常 1 万平方米的阔叶林在生长季节一天能消耗 1t 二氧化碳,释放 0.73t 氧气。如果成年人每天呼吸需氧量为0.75kg,排出二氧化碳为0.90kg,则每人需有 $10m^2$ 的森林面积,就可消耗其呼吸排出的二氧化碳,并供给其需要的氧气。由此可以看出,绿色植物,特别是树木能吸收利用大量的二氧化碳并放出氧气,这对城市生态系统的生存与气候稳定有着很大的影响。以上海市为例(1996 年人口为1 304万,面积为6 340km^2),仅满足市民呼吸氧气及二氧化碳固定平衡,全市就需有 130km^2 的森林,占上海市土地面积的 2.0%,如加上城市生产等其他活动的耗氧,上述数值还将大大增加。

第二节 城市生态系统的能流

  城市生态系统中的一切活动都要靠消耗各种形式的能量来维持,能量是作功的能力。根据热力学第一定律和第二定律,城市生态系统中的能量可从一种形式转变为另一种形式,但在能量传递过程中,并不能百分之百地转变为潜能,一部分能量在维持系统的活动中被消耗掉。因而,城市生态系统的能量转化的效率是有限的,不可能是很高的。

  一个城市的能流强度,也就是它的能量消费,可以代表这个城市的发展水平,也是衡量城市居民生活水平的主要指标。一般情况下,能量的消费量和国民生产总值的增长量是成正比的。能量不足就会影响城市发展,甚至造成重大损失。

一、城市能源

  能源种类很多,按照来源特点可分为:自然能源、矿物能源和生物能源。自然能源包括太阳能、风能、潮汐能、地热能等;矿物能源包括煤、石油、天然气及其制品;生物能源包括沼气、秸秆、木材等。按能源利用方式可分为一次能源和二次能源(图 8 - 7)。

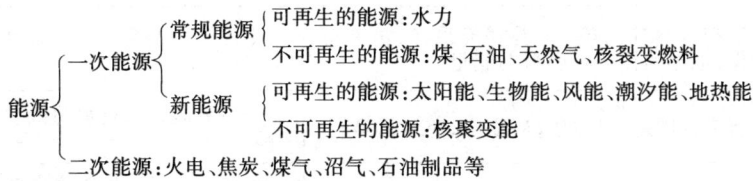

图 8-7　城市能源种类

一次能源是指从自然界直接取得、而不改变其基本形态的能源,有时也称为初级能源。二次能源是一次能源经过加工,转变成另一种形态的能源,如电力、煤气、柴油等。不过,有时一次能源和二次能源很难有明确的定义和区分。

常规能源是指当前被广泛利用的一次能源;新能源则是目前尚未被广泛利用而正在积极研究以便推广利用的一次能源,一次能源又可划分为可再生的能源和不可再生的能源。

可再生的能源是能够不断得到补充以供使用的一次能源,如水力、太阳能、生物能、地热能(也有人把它看作可再生与不可再生之间的能源)等。

不可再生的能源是需经一定地质年代(亿万年)才能形成而短期内无法再生的一次能源,如煤、石油、核燃料等,它们使用一点就少一点,总有枯竭的时候,但它们又是人类目前主要利用的能源。

对能源进行评价是一个十分复杂的问题,它涉及到政治、国防、社会、经济、资源和技术等许多方面。从生态学角度看,各种能源的主要利弊如表 8-9。

表 8-9　从生态学角度对各种能源利弊的比较

能源种类		主要的优点	主要的缺点
自然能源	太阳能	数量极大,可自由使用,既可发电,也可用于加热和冷却,没有空气污染	地区差异大,不稳定,冬季太少,难以贮备,技术要求复杂
	风能	可以自由使用,没有空气污染	不连续,没有规律,建筑面积要求大,难以贮备
	地热能	原则上到处可用,没有大气污染,较为安全可靠	技术复杂,费用太高,水潜热有限,效率较低,但冷却水需要量较大,会导致热污染增加及发生地面沉降的危险
	水力能	没有空气污染,可以和饮水、灌溉、水源保护等相结合	贮量有限,并仅存于局部地区
	潮汐能	能源丰富,没有空气污染	设备大,工程投资高
矿物能源	煤	贮量丰富,按目前消费速度足够使用1 600 年	开采昂贵,垃圾太多,污染空气严重,电厂增高水温
	石油	有多种用途,可用管道输送,较煤清洁,重金属含量较少	贮量有限,价格昂贵,需经化学前处理,污染空气
	天然气	可用管道输送,在所有矿物性燃料中最为清洁	贮存于局部地区,比较昂贵,因只能用管道输送,限制了远距离运输
	泥炭	开采容易	贮量有限,面积分散,含能量少,污染空气

表 8-9(续)

核　能	不产生空气污染,无需露天采矿,没有油污染,也不消耗化石燃料的储量	热污染以及存在着核辐射的危险,设备昂贵,技术要求高
生物能源	木材	有多种用途,可再生,矿物少,空气污染轻	产量有限,木炭发动机功率小,作燃料不合算
	酒精	有可能大面积种植作物,制造酒精	占用土地,消耗肥料,种植费用高,并需再加工
	沼气	废物再利用,可以循环	发生量有限,对大工业不适用

　　我国能源资源丰富,但人均占有量比较低。表 8-10 是我国常规能源已探明的储量及生产量,从中可以看出我国常规能源储量和生产量均以煤炭为最大。据 26 个城市的统计资料,煤炭在城市能源结构中的比例超过 90% 的有 8 个市,80%~89% 的有 7 个市,70%~79% 的有 3 个市,60%~69% 的有 5 个市,50%~59% 的有 2 个市,40%~49% 的有 1 个市(见表 8-11)。虽然没有包括全部城市,但也足以说明我国城市以煤炭为主要能源的特点。

表 8-10　我国常规能源探明储量及生产量

资　源	探明储量	生　产　量		资料来源
		1985 年	1990 年	
煤	901 500Mt	870Mt	1 080Mt	储量:①,② 生产量:③
石　油	13 200Mt	125Mt	138Mt	
天然气	396 200Mm³	12 930Mm³	15 300Mm³	
一次能源生产总量(Mt 标煤)		855	1 040	

① 张塞等主编,《中国国情大辞典》,中国国际广播出版社,1991。
② 《中国工业年鉴》(1990),中国劳动出版社,1991。
③ 中国国家统计局,《1990 年国民经济及社会发展统计公报》,中国统计出版社,1991。

表 8-11　部分城市煤炭在能源构成中的比例

城市%	济南99.4	呼和浩特98.9	太原97.9	唐山96.7	南宁95.8	贵阳91.5	郑州91.1	乌鲁木齐90.4	合肥89.1
城市%	昆明88.1	青岛87.8	长沙87.7	杭州84.1	兰州84.0	秦皇岛81.8	长春77.4	包头75.2	石家庄70.1
城市%	重庆66.8	北京64.7	广州64.3	南京62.3	吉林60.5	哈尔滨59.5	沈阳55.2	成都40	

　　作为下一代能源应具备的基本条件是:储藏量大,最好是可再生的能源;清洁而安全,对环境影响尽可能小;使用方便且能连续稳定供应;技术经济合理。从现在的观点看,大规模地开发太阳能和核聚变能,以及用太阳能直接分解水蒸气或电解水制氢作为燃料,并综合开发其他能源,是建设未来城市能源体系的重要途径。

　　当前,从城市经济发展对能源的需求增加和迫切需要解决严重的环境问题这一实际情况出发,在现有技术经济基础上应逐步合理地调整能源结构,提高化石能源有效利用率,节约能源,逐步提高自然能源利用率,加快新能源的研究和开发,以多种途径,开发多种能源来解决能源的供需平衡。

城市根据其矿物能源供应情况可以划分为以下几个类型:

(1)富能城市:这类城市本身具有丰富的能源,能够满足城市本身发展的需要,甚至可以输出一部分,如山西大同、阳泉、河南平顶山等。

(2)有能城市:这类城市本身具有部分能源,但不能满足需要,还要外部供给部分能源,如南京、西安等。

(3)缺能城市:这类城市本身缺乏能源,需依赖外部供应才能发展,如上海、天津等。

二、城市生态系统的能量收支

城市生态系统的能量输入包括两大部分,一部分是太阳辐射能和其他自然能,如风、水力、地热等;另一部分是附加的辅助能,又称体外能,如化石燃料、食品等。这些能量在使用过程中将改变形态,如化石燃料的燃烧,食品在体内氧化把化学能转变为热能等。进入城市的能量,一部分以热能或化学能的形式积累起来,另一部分又以热、声、光、电以及化学能形式输出城外(图8-8)。

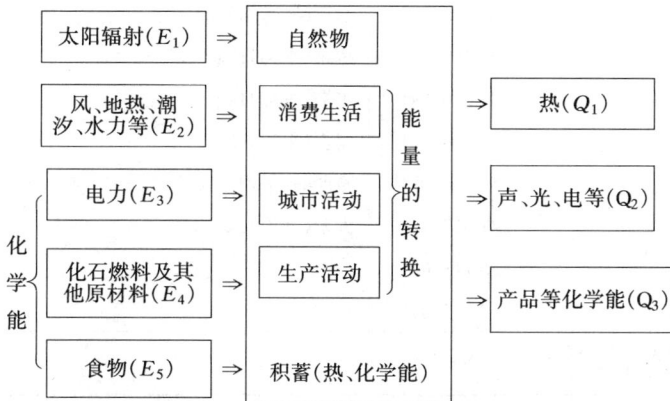

图8-8　城市能量收支框图

据此,城市能量收支平衡方程式可表示为:

$$\Delta E = (E_1 + E_2 + E_3 + E_4 + E_5) - (Q_1 + Q_2 + Q_3)。$$

城市的太阳辐射输入(E_1)是城市自然能输入的主要部分,它因城市的地理位置和所处地形部位而不同,一般随纬度增加而减少(表8-12),随海拔上升而增加,同时也受其他气候因素以及大气污染影响。其他自然能,如风能、地热、潮汐能以及水力能(E_2)等,由于它们的局地性和对技术经济要求较高,目前还只能在少数城市中得到应用。在城市的辅助能量中,电力(E_3)以及各种化石燃料燃烧(E_4)占有最大的份额,在现代城市中没有电一切活动都难以进行。在城市的能量收支中还有一个重要部分就是食物中的能量(E_5),城市中大量的人口需要食物供应。每个居民每天需由食物中获得的热量,约为10 464~12 557kJ。城市能量输出包括热散失(Q_1),以电、声形式的能量输出(Q_2)和输出产品中的能量(Q_3)。

表8-12　北半球水平面上太阳辐射的分布(kJ/cm²)

纬　度	0°	10°	20°	30°	40°	50°	60°	70°	80°	90°
夏半年	671.8	711.5	730.4	732.5	711.5	673.9	623.6	579.7	562.9	556.7
冬半年	671.8	615.3	539.9	452.0	351.6	246.9	140.2	56.5	12.6	0
全　年	1 343.6	1 326.8	1 270.3	1 184.5	1 063.1	920.8	763.8	636.2	575.5	556.7

附注8-1

为了计算能量收支可参照附表8-1-1所提供的参数值进行统计。

附表8-1-1　能量单位及几种主要能源发热量的折算

A. 基本单位：

兆焦耳(MJ) = 1 000 000J

兰利(太阳辐射单位)(1g) = 4.186J/cm²

1 J = 1W·S

B. 能量折算参考值

电力 1kWh	3 599.5kJ	食品	
汽油 1L	35 995.3kJ	水产品(平均)1kg	6 278.2kJ
煤油 1L	37 250.9kJ	蔬菜(平均)1kg	2 092.8kJ
轻油 1L	38 506.6kJ	水果(平均)1kg	2 092.8kJ
重油 1L	41 436.4kJ	鸡蛋(平均)1kg	6 278.2kJ
液化石油气 1kg	50 226.0kJ	畜产品(平均)1kg	8 371.0kJ
天然气 1m³	41 017.9kJ	大米(平均)1kg	16 742.0kJ
煤 1kg	25 113.0kJ		
垃圾(平均)1kg	7 115.4kJ		

C. 每天人的能量需求量为每千克体重167.4kJ
成人 70kg 体重每天约需 11 718kJ

以下是几个城市的能量收支。

1. 布鲁塞尔市的能量收支

布鲁塞尔是人们较早对其进行能量收支计算的市，该市面积为1 618平方千米，人口为1 007 500人，它的能量收支如图8-9所示。

从图中数字可以看出该城市的能量输入为：

(1) 太阳辐射能的输入：$E_1 = (S - B) + (\Lambda - C)$

$$= (130 \times 10^{12} - 27 \times 10^{12}) \times 4.18 + (390 \times 10^{12} - 435 \times 10^{12})$$

$$\times 4.18$$

$$\approx 243 \times 10^{12} \text{kJ/a}$$

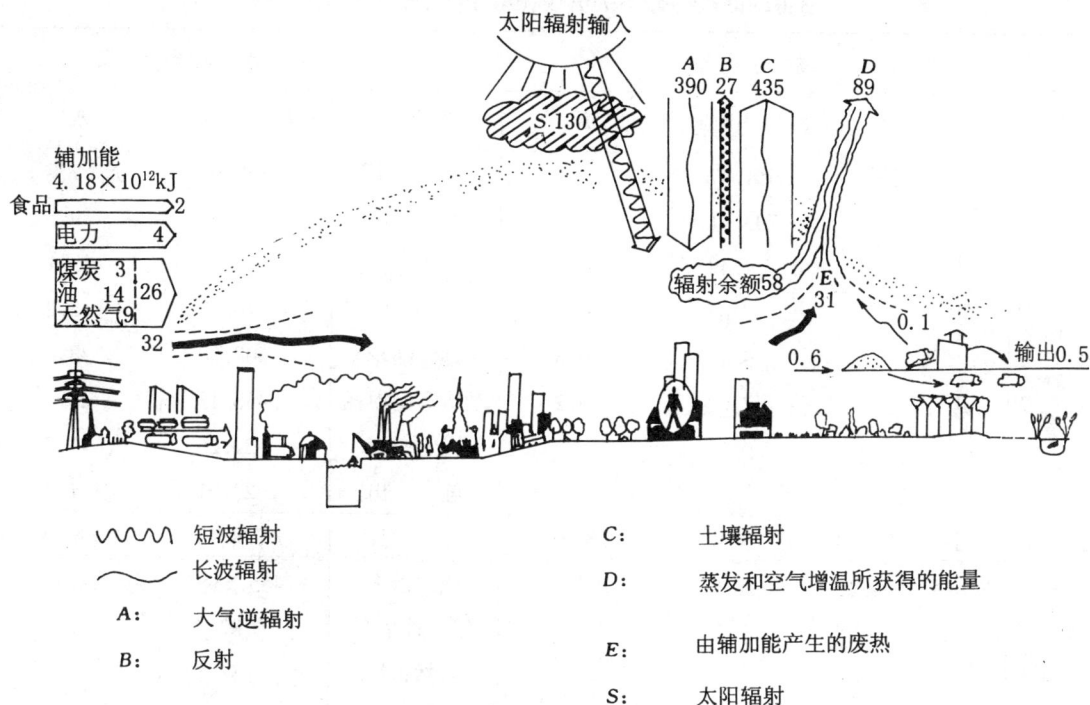

图 8-9　布鲁塞尔市的能量平衡图式(引自:Sukopp,1987)

图中数字单位为:$4.18×10^{12}$kJ

(2) 辅加能量的输入:

煤:$3×4.18×10^{12}≈12×10^{12}$kJ/a;

油:$14×4.18×10^{12}≈59×10^{12}$kJ/a;

天然气:$9×4.18×10^{12}≈38×10^{12}$kJ/a;

电力输入:$4×4.18×10^{12}≈17×10^{12}$kJ/a;

食物输入:$2×4.18×10^{12}≈8×10^{12}$kJ/a。

(3) 共计输入能量为:$243×10^{12}$(辐射能) + $134×10^{12}$(辅加能) = $377×10^{12}$kJ/a。

从以上统计数字中可以得出这样一些结论:

(1) 支持布鲁塞尔城市生态系统活动的能量,35.6%是由辅加能提供的,因此需要大量的辅加能量输入。

(2) 布鲁塞尔人均每年消耗的电能和化石能为 $1\,251×10^5$kJ,消耗的粮食为 $79×10^5$kJ,两项相加合计每人每年需要辅加能量为 $1\,330×10^5$kJ,每天约需 $36×10^4$kJ,与美国中等城市每人每天得到的辅加能 $10×10^5$kJ 相比,还是比较低的。

(3) 在输出的能量中,绝大部分($372×10^{12}$kJ)用于蒸发蒸腾以及空气的加热,结果形成了城市热岛。维持城市活动以及以物品输出城市的能量仅占总能量的1%,占辅加能的3%。

2. 香港地区的能量收支

香港的总面积为 $1\,046$km^2,人口约 500 万。Boyden 研究香港 1971 年的能量收支如表 8-13。

表8-13 **香港的能量收支**(1971)(Boyden,1971;转引自:周纪伦等,1990)

种类	输 入			利用分配及输出		
	项 目	能量($\times 10^8$MJ)	%	项 目	能量($\times 10^8$MJ)	%
体外能源	石 油	1 051.47	59.1	民 用	137.93	7.8
	电 力	703.61	39.5	商 业	169.91	9.5
	木 柴	4.49	0.3	工 业	232.54	13.1
	木 炭	7.83	0.4	运 输	216.67	12.2
	煤	9.40	0.5	远洋油轮	508.98	28.6
	焦 炭	2.62	0.2	动力车间损耗	468.13	26.3
				分散中损耗	22.26	1.2
				输 出	23.01	1.3
	小 计	1 779.42	100.0	小 计	1 779.42	100.0
体内能源	太阳辐射总量	543.96	100.0	辐射散失	455.53*	82.79
				第一性生产	37	0.07
				自然植被	31.5	
				食 物	5.4	
				稻 谷	3.26	17.21
				叶 菜	1.44	
				根茎蔬菜	0.77	
				水 果	0.06	
	小 计	543.96	100	小 计	543.96	100
	当地生产食物	5.4	8	本地消耗	186.3	78
	捕获水产品	13.7*		有机废物	28.6	12
	外部进口	219.7*	92	出 口	23.9	10
	小 计	238.8	100.0	小 计	238.8	100.0

* 为推算值。

从以上统计数据可以看出:

(1) 香港人均每年能耗(化石能)约为31×10^9J,仅为布鲁塞尔人均能耗的23%。

(2) 香港年输入的经济能(体外能)总量约为1 780$\times 10^8$MJ,其中98.6%为石油及石油产品,木柴、煤、木炭等仅为1.4%。

(3) 在经济能的利用分配中,远洋运输占第一位,其次是工业和交通,反映了香港城市转口经济的特征。

(4) 香港的体内能(生物能)自给率很低,当地生产的食物仅占食物库中能量的2.3%,加上海洋捕捞也只有8%,92%依靠进口。

3. 东京都的能量收支

表8-14和表8-15为东京都的能量消耗。

表8-14 **东京都能量消耗量**(1970)(引自:中野尊正等,1978)

物 质 名 称	消费量(或排出量)	热量换算量(10^{12}kJ)
燃料		494.8
汽油	2 780(10^6L)	100.4
灯油	2 390(10^6L)	87.9
轻油	1 470(10^6L)	62.8
重油	3 070(10^6L)	146.5
液化石油气	879(10^6kg)	46.0
天然气	24(10^6m^3)	1.0
煤(煤气、电力、工厂)	2 140(10^6kg)	50.2
电 力	2.03×10^{10}kWh	71.2
食品(t)		23.2
水产品	830 000	5.4
蔬菜	1 600 000	3.3
水果	830 000	1.8
禽及禽蛋	2 500	0.016
大米	730 000	12.1
畜产品	57 000	0.5
垃圾焚烧(t)		
容器收集的垃圾		
送来的垃圾	1 240 000	9.6
收集的大件垃圾		
大扫除的垃圾		
总 计		598.8

注:"热量换算值"为各项"消费量"乘每单位发热量。

表8-15 **东京都能量消耗量**(单位:10^{12}kJ/a)(1979)(转引自:沼田真 1987;稍改动)

	电 力	煤 气	燃 料 油				液化石油气(LPG)	合 计	
			汽油	煤油	轻油	重油		数 量	%
家庭用	35.3	45.9	71.1	28.1	3.8	0	6.0	190.2	33.8
商业用	43.4	18.6	—	—	—	—	—	61.9	11.0
工业用	19.3	5.9	3.2	9.1	2.8	199.6	0.1	240.0	42.7
运输用	—	—	0.9	0.1	30.0	—	14.0	45.0	8.0
其 他	12.7	4.7	—	—	0.2	—	7.5	25.1	4.5
共 计	110.6	75.1	75.1	37.3	36.9	199.6	27.6	562.3	100.0

从表 8-14 中可以看出,东京每年需要输入的辅加能量为 $598.8 \times 10^{12} kJ$,其中,燃料、电力输入能量占 94.5%,食品能量输入占 3.9%,其他占 1.6%,按人均计算,东京每人每年消耗能量中,石油为 $443.6 \times 10^5 kJ$,煤为 $50.2 \times 10^5 kJ$,天然气为 $0.96 \times 10^5 kJ$,电力为 $71.2 \times 10^5 kJ$,合计为 $566 \times 10^5 kJ$,和布鲁塞尔比较,东京人均年消耗能量仅为布鲁塞尔的 1/2 左右。

从表 8-15 中可以看出,东京的能量消耗中,工业占首位,2/5 的能量是供工业使用的,其次是家庭消耗,约占 1/3,与 1970 年的统计资料相比,能量的消耗反而有所下降。

4. 上海市的能量收支

表 8-16 和表 8-17 是上海市 1996 年的能量消耗情况。

表 8-16　上海市能量消耗情况(1996)

能源种类	实物消费量(10^4t)	折合标准煤(10^4t)	折合热量(10^{12}kJ)	%
燃料		2 119.34	620.8	57.6
原　煤	733.93	527.70	154.6	14.3
焦　炭	638.84	628.87	184.2	17.1
燃料油	227.43	319.28	93.6	8.7
汽　油	83.04	122.18	35.9	3.3
煤　油	39.83	58.60	17.1	1.6
柴　油	186.31	271.51	79.5	7.4
其他石油制品	139.22	191.20	56.0	5.2
电力	252.98×10^8kWh	1 403.81	411.3	38.2
食品			45.4	4.2
粮　食	187.1		31.2	
水产品	19.09		1.2	
蔬　菜	90.57		1.8	
畜产品	40.22		3.3	
家　禽	7.52		0.6	
蛋	9.54		0.6	
食用植物油	18.17		6.7	
总计			1077.5	100

表 8-17　上海市能源消费行业分配情况(1996)

生产消费					生活消费
工业	运输邮电业	商业饮食业	农林牧渔水利业	建筑业	
80.5%	8.1%	1.5%	2.2%	1.2%	6.5%

从表中可以看出:上海每年需要输入的附加能量为 $1 077.5 \times 10^{12} kJ$。其中燃料、电力输入能量占 95.8%,食品能量输入占 4.2%。在总能源消费中,生产消费占 93.5%,生活消费仅占 6.5%。其中工业生产构成了生产消费能量的绝大部分(80.5%)。按人均计算,1996 年

上海市人均年消耗能量约为$826.0×10^5kJ$，相当于布鲁塞尔人均年消耗能量的66.1%。

三、能源与城市的发展

1. 城市的能量指标

城市的能量供应、消耗和分配是城市发展水平和发展潜力的标志，一般认为下列几项指标是很重要的：

(1) 人均占有能源量和耗能量。一般说来，人均能源消耗量可作为城市国民经济发展的综合指标，人均占有能源量高的城市有利于其发展，表明城市有较大的发展潜力。

(2) 单位地表每年得到的太阳辐射总量及当地第一性生产者贮存的能量。太阳辐射是城市获得自然能的主要源泉。一个城市的太阳总辐射量是由其地理位置决定的，城市所处的纬度越低，海拔越高，总辐射量越大，反之就越小。我国西藏地区年辐射总量最高，为$(670～795)$ $kJ/(cm^2·a)$，青海、新疆和黄河流域次之，为$(502～670)kJ/(cm^2·a)$，长江流域和大部分华南地区为$(377～502)kJ/(cm^2·a)$。城市的太阳辐射能除了用于水分蒸发和空气加热外，还有一部分为植物所利用，生产有机物。这部分贮存在植物中的能量对于维持城市生态平衡具有重要的作用，也是许多城市自然能利用状况的重要指标。

(3) 附加能量的利用分配情况。附加能量用于工业、农业、交通、商业、民用各个部门的数量及比例反映着城市的性质和经济结构特征。

(4) 能量利用效率。实际利用能量与投入能量之比即能量利用效率，热力学第二定律告诉我们，燃料所蕴藏的能量不可能全部转变成有用的功，例如蒸汽发电厂所消耗的能量仅有三分之一转换成电能，其余2/3变成热而损失掉，但是技术的改进，可以减少热损失而提高能量的利用率。

(5) 单位产值能耗。我国多用万元产值能耗作指标，这是一个纯经济的标准，有助于衡量能量的经济效益和能量的分配。

2. 城市发展对能源需求的预测

城市的能量需求是一个很复杂的问题，它取决于国民经济结构、经济与人口增长的速度、能源消费构成、能源价格政策以及人民生活水平等多种因素。要对它进行准确的预测并不十分容易，目前还没有预测长期能源需求的可靠方法，通常采用以下两种预测方法：

(1) 人均能量消费法。在一定历史阶段，一个城市的国民经济发展、它的结构变化、人民生活方式的改变都有一定的规律性，过去和现在的情况将会持续到将来。人均能量消费量是国民经济发展和人民生活水平的一个综合性指标，可以按这个指标估算近期的若干年内能源的最低需求量，采用此法进行估计时，具体做法有两种：

① 按人民生活中衣食住行对能源需求估算。根据美国对84个发展中国家进行的调查表明，当每人每年的能源消费量为0.4t标准煤时只能维持生存，1.2～1.4t时可以满足基本生活需求。在一个现代化的社会里，每人每年的能源消费量不应低于1.6吨标准煤（表8-18）。如以2000年上海的人口为1 500万计，则上海能源需要量最低值约为$2.4×10^7t$标准煤。

表 8-18　现代化社会人均最低能耗及上海市目前的水平(引自:王诩亭等,1994)

项　　目	现代化社会人均最低能耗		上海市目前水平[吨标准煤/(人·d)]
	按热量计[kJ/(人·d)]	按煤计[吨标准煤/(人·d)]	
衣	8 643	0.108	0.027
食	25 950	0.323	0.265
住	25 950	0.323	0.165
行	17 286	0.215	0.039
其他	51 900	0.646	0.198
总计	129 730	1.615	0.700

② 按人均国民生产总值达 1 000 美元时对能源需求计算。根据以往统计资料表明,当人均国民生产总值达 1 000 美元时,每人每年的能源消耗量约为 1.5 吨标准煤。另按联合国和国际复兴开发银行对 20 世纪 60 年代末期世界各国的统计,人均国民生产总值为 1 000 美元时,人均的年能源消耗量约为 2.2 吨标准煤。

(2) 能源消费弹性系数法。此法较适合于预测长期能源需求量。它是根据能源消费与国民经济增长之间的关系,求出能源消费弹性系数 e (有时也称之为能源消费增长系数),再由已决定的国民经济增长速度,粗略地预测出能源消耗增长速度,如果再加上能源出口与进口以及储备量,就可估算出整个能源的需求量和产量。

能源消费弹性系数 e 等于能源消费年平均增长率与工农业总产值的年平均增长率之比,其关系的数学式如下:

$$e = \frac{dE/E}{dG/G} = \frac{dE}{dG} \cdot \frac{G}{E},$$

式中, E 为能源消费量;G 为工农业总产值,我国常采用国内生产总值(GDP),西方国家多采用国民生产总值(GNP)。

能源消费弹性系数 e 虽然受到经济结构不同的影响,但它遵循一个共同规律,即在工业化初期或国民经济高速发展时期,工业生产比重上升,超过农业生产比重,能源消耗的年平均增长速度超过国民生产总值年平均增长速度一倍以上,能源消耗增长系数 e 一般大于 1,甚至超过 2。随着工业生产的发展和技术水平的提高,石油、天然气的大量应用,燃料利用的热效率不断提高,人口增长率降低,国民经济结构改变,能源消费增长系数 e 普遍下降,大多数低于 1,一般为 0.4~1.1。表 8-19 是上海市 1986~1996 年期间能源消费弹性系数的变化情况。

表 8-19　上海市能源消费弹性系数(1986~1996)

年　份	1986	1987	1988	1989	1990	1991	1992	1993	1994	1995	1996
能源消费增长率(%)	13.8	4.3	2.8	-0.3	3.7	5.6	5.5	7.9	5.8	6.7	7.1
GDP 增长率(%)		4.4	7.5	10.1	3.0	3.5	7.1	14.8	14.9	14.3	14.1	13.0
能源消费弹性系数(e)	3.14	0.57	0.28		1.06	0.79	0.37	0.53	0.41	0.48	0.55

3. 城市能源利用的未来趋势

我国总的能源情况是：能源产量低，人均能量少，分布不均匀，能源构成以煤炭为主，一些城市的能源供应紧张，已经成为经济发展的限制因素。城市能源利用问题十分复杂，从生态学观点看，城市能源利用的未来趋势有以下几方面：

(1) 充分利用能量资源、减少浪费。大家知道，我国目前的能源结构以煤为主，存在着利用率低、经济效益差、污染严重和运输量大等四大问题，这些问题都在不同程度上与城市的环境紧密相关。因此煤的合理和充分利用是解决城市能源和环境问题的关键。首先应考虑把煤转化为气体燃料或液体燃料，并加以综合利用，从而提高热效率和经济效益，并防止污染和减轻运输负担。据推算，1 吨商品煤变为民用煤气，其效率相当于 1.9 吨煤的直接燃烧，热效率可提高近一倍。因此，实现城市煤气化，不仅是建设现代化城市的一个组成部分，同时也是解决能源供应和环境污染的重要措施。此外，还要研究改进煤的燃烧技术以提高热效和降低污染。目前我国能源总的利用率很低，只有 30%，民用能源利用率仅 20%，而发达国家可达70%。这主要是由于我国家用煤炉的效率只有百分之十几，取暖用的小锅炉效率也只有50%。在热电转换方面，我国的发电效率也比国外低。至于用电设备如电动机、压缩机、风机、泵等的效率也比较低，各类风机的效率比国外要低 10% 左右。因此除了进行煤的气化和改革燃烧技术与设备外，还应采取集中供暖和联片供热，发展高效率的电热并供装置，加强余热利用等。在石油资源利用方面应主要保证汽车、飞机、轮船的需要，提高道路的质量，减少能量消耗。据测算，汽车在未铺沥青的路面上行驶要比在沥青路面上行驶多耗油 10%～20%，使用 1吨沥青铺路，可以节约 2 吨汽油，这是个不小的数字。此外，对于小轿车和空调机应加以控制，发达国家经验证明它们的效率是很低的(马斯特斯，1974)，而代之以公共车辆和化石燃料的集中供热。

(2) 发展生物能源、开发垃圾能源，建立合理化的生产—消费体系。积极发展利用沼气是解决能源问题的一条极重要的措施，农村地区发展沼气已有许多成功经验，在城市也可以利用有机废物产生沼气。北美西欧的许多国家很早就利用城市污水处理厂生产沼气并作为动力能来使用。例如前联邦德国 1951 年就有 48 个污水处理厂提供了 1 600×10⁴ m³ 沼气，其中3.4%用于发电，51.4%转化为车用燃料，28.5%供城市煤气系统，16.7%用于加热沼气分解器。这样，污水处理厂不但节省了能源消耗，甚至向外供应能源，由单纯的消费单位变成生产企业。我国的中、小城市以及大城市的城乡结合部都有条件发展沼气能源，特别是城市近郊的大型高效饲养场更应推广沼气能源。此外应加强回收和重复利用，开发垃圾能源，建立生产—消费体系。从长远看，这些在建设生态住宅和生态城市中也是一个重要的组成环节。

(3) 开发无污染少污染的新能源。我国土地辽阔，城市分布在不同的自然条件下，能量储量的差别很大，同时技术的发展也有阶段性，因此，需要根据当地当时不同情况加紧开发无污染或少污染的新能源。目前可以考虑的方面有：

① 大力开发太阳能。太阳能是洁净的、用之不尽的可再生能源，利用太阳能不仅有利于改善城市的能源供应，而且还可以解决城市大气污染问题。因此它是未来最有前途的能源之一。据资料报道，在三天内投射到地球的太阳能等于全世界煤、石油和天然气的确证储量，或相当于全世界每日能耗的 9 000 倍，一个采光面为 2m² 的太阳灶，总热值相当于一个 1 000W

的电炉,可满足六口之家做饭的需要。前面已经提到我国西藏的太阳能最为丰富,西北内陆地区也较丰富,具有很大的发展潜力。

② 大力开发水力发电。水力能虽然不是一种新能源,但是我国水力资源丰富,已经开发的尚不足5%,而且可以兼收灌溉、调蓄之利,可大力开发利用,尤其是西南、华南地区水力资源丰富,地质地形条件很好,为发展水电事业提供了有利条件。

③ 发展核电。核电站的燃料费用低廉,发电成本要比火力发电低20%～35%,并已被证实在严格的管理下是安全可靠的。从综合效果看,核电站在经济上是合算的,特别是我国煤炭和水力资源分布极不均匀,煤和石油运输量很大,而核电具有运输量小和地区适应性强的优点。至于核辐射问题,人们(Klement 等人,1972)进行过测定,一个人从核电厂接受的平均辐射量只有 5×10^{-7}Sv/a,而带涂有荧光物质的夜光手表的辐射剂量为 5×10^{-5}Sv/a,每天看电视1小时,每年接受的辐射量为 5×10^{-5}Sv(表8-20)。相比之下核电力工业在反应堆所在地释放的放射性物质是很少的。即使这样,核电站的建设也应慎重,并且对核废料的处置需特别重视,要把辐射减少到最低程度。

表8-20　美国人1970年和2000年(预测)分别接受到的年平均辐射剂量(资料来源:Klement 等,1972)

单位:[Sv/(人·a)]

辐　射　源	1970 年	2000 年
自然本底	130×10^{-5}	130×10^{-5}
医疗设备	74×10^{-5}	88×10^{-5}
放射性尘埃	4×10^{-5}	5×10^{-5}
荧光表、电视机、空中旅行等	2.7×10^{-5}	111×10^{-5}
职业性辐射量	8×10^{-6}	9×10^{-6}
核发电厂	5×10^{-7}	5×10^{-6}
美国原子能委员会其他设施	15×10^{-8}	12×10^{-8}
总计(约数)	211×10^{-5}	225×10^{-5}

除此之外,在有条件的地方还可以发展潮汐能、风能和地热能,从长远的观点看,增殖反应堆和核聚变能将会成为人类未来的最终能源,至少在发电方面是这样的。

(4) 控制城市人口,加强能量利用与人类生态系统关系的研究。自然生态系统的任何种群数量,如果发展过快或对能量消耗过多,都会引起该系统的崩溃,这个原理也适用于城市生态系统。城市的人口规模应该和它的资源相适应,不能无限地扩大。对于能量利用也应该采取有节制的态度,不能认为社会发展进步和人们生活福利的提高必定要持续地提高人均能耗,因为能量利用对城市人们生活的影响极其复杂,是一个没有完全弄清楚的问题。Boyden (1979)研究香港地区时指出,从1961年到1971年的10年里,香港地区体外能源(经济能源)用量增加了2倍,同期结核病的死亡率,从1961年到1971年下降了1倍,严重犯罪活动的发生率增加了4倍。当然,对这些变量之间的关系不能简单地加以联系,但毕竟存在着一定的关系。它说明人们的生理和心理状态,人们的社会行为是会受到能量利用格局多方面的影响;热岛效应、车辆噪声和空气污染可能在难以察觉的情况下逐渐发生了出乎意料的深远影响。因此人们不应该单纯地追求经济发展,忽视环境和人的生活环境,要考虑当前和长远的效应,要对能量利用与人类生态系统进行更充分的研究。

第三节　城市生态系统的信息流

城市生态系统中的信息传递是一个比较新的研究领域,信息传递与联系的方式是多种多样的,它的作用与能流、物流一样,它能把城市生态系统各组分联系成一个整体,并具有调节系统稳定性的作用。

信息一词来自拉丁文"information",原文是解释、陈述的意思。信息就是知识,就是消息,指具有新思想、新知识、新技术、新方法的消息。信息与材料、能源共同组成社会物质文明的三大要素。

城市生态系统中的信息既具有一般生态系统的特征(如物理信息、行为信息和营养信息等),也具有其独特的内涵(如思想、知识、技术等)。目前,在城市生态系统信息及信息流研究中,对后者的研究较深入,而对于前者的研究尚处于探索之中。

一、信息的作用

信息具有三个作用:第一是传递知识。通过消息、情报、指令、数据、图像、信号等形式,传播知识,把知识变成生产力。当今世界每年发表的科学论文高达 2 000 万篇以上,每小时就有 20 项发明创造,有人称当今是知识爆炸的时代。信息是科学技术与生产力之间的桥梁与纽带,知识就是力量,科学技术就是生产力。今天在世界经济一体化的进程中,高技术产业比例越高的国家受益越大。自 1991 年以来,美国经济的持续增长就表明了这一点。随着世界资源与环境危机的加剧,在未来的世界经济发展中,高技术组分少的国家,其经济也将是不安全的。第二是传递情报。战争时代的军事情报,和平时代的政治经济与科技情报,城市管理中的决策依据,都要依靠灵通的信息传递。第三,"时间就是生命,效率就是金钱",信息出时间,信息出效率。据国外资料报道,交通部门采用调度通讯,可使运输能力提高 50％以上;基建部门利用电信指挥,可以提高劳动生产率 15％以上。日本有人计算,靠电话及电报传真进行业务联系,可节约交通能源 60％。

二、城市的信息流

城市既是现代政治、经济、文化的中心,又是信息的中心,对周围地区具有辐射力与凝聚力。

城市的重要功能之一,就是输入分散的、无序的信息,输出经过加工的、集中的、有序的信息。城市有现代化的信息技术以及使用这些技术的人才,如包括激光排版在内的印刷技术,包括卫星接收与发射的无线电通讯技术,电报、电话、微电脑、电子计算机、激光全息技术等。

城市有完善的新闻传播网络系统,如报纸、电台、电视台、出版社、杂志社、通讯社以及党、政、军决策机关等,因此城市有大容量的信息流。如 1985 年全国城市(按 295 个市统计)有图书馆 1 081 个,藏书 20 487.2 万册。1985 年发行图书 4.56 万种,66.7 亿册;发行杂志 4 705种,25.6 亿册;发行报纸 698 种,199.8 亿份。

邮电通信是现代城市的基础设施之一,为人们的政治、经济、文化、科学技术提供必不可少的信息,把城市社会再生产的生产、交换、分配、消费四个环节有机地联系起来。邮电通讯的发达程度,在一定程度上反映了一个国家或一个城市的经济发展水平。例如 1985 年时,我国城市电话装机总容量 729.29 万门,全国市内电话机 476.1 万部,每百人拥有电话机数 3.01 部,低于世界平均普及率 14.07 部的水平,也低于亚洲 4.08 部的水平(表 8-21,表 8-22)。在2000 年我国城市电话普及率将达到每百人 10 部(表 8-23)。

表 8-21　1985 年城市电话数(一)(引自:邮电部规划所,1988)

城市类别	个　　数	人口数(万人)	电话机数(万部)	普及率(部/百人)
200 万人口以上	8	2 929.45	122.904 9	4.20
100~200 万人口	13	1 720.82	60.356 4	3.51
50~100 万人口	31	2 290.87	65.324 8	2.85
20~50 万人口	94	2 896.70	77.975 6	2.69
20 万人口以下	178	1 987.19	51.065 0	2.57
建制市合计	324	11 852.03	377.626 7	3.19
县　　城	2 037	4 005	98.484 0	2.46
总　　计	2 361	15 830.03	476.110 7	3.01

表 8-22　1985 年城市电话数(二)(引自:邮电部规划所,1988)

城市类别	个　　数	人口数(万人)	电话机数(万部)	普及率(部/百人)
北　京	1	510.26	40.601 4	7.96
津、沪、穗	3	1 364.33	51.703 1	3.79
省会城市	25	2 997.90	104.627 2	3.49
沿海开放城市	15	647.07	19.121 6	2.94
100 万人口以上	3	428.88	8.800 7	2.05
50~100 万人口	19	1 365.77	36.339 7	2.66
20~50 万人口	84	2 571.81	67.743 0	2.63
20 万人口以下	174	1 939.01	48.690 0	2.51
建制市合计	324	11 825.03	377.626 7	3.19
县　　城	2 037	4 005	98.484 0	2.46
总　　计	2 361	15 830.03	476.110 7	3.01

表 8-23　2000 年(预测)城市电话发展水平(引自:邮电部规划所,1988)

城市类别	个　　数	人口数(万人)	电话机数(万部)	普及率(部/百人)
北　京	1	600	150~180	25~30
津、沪、穗	3	1 600	320~400	20~25
省会城市	25	4 150	750~830	18~20
沿海开放城市	15	1 050	190~210	18~20
100 万人口以上	9	1 100	110~160	10~15
50~100 万人口	46	3 200	230~320	7~10
20~50 万人口	148	5 100	250~400	5~8
20 万人口以下	398	5 200	200~300	4~6
建制市合计	645	2 200	2 200~2 800	10~12.7
建　制　镇	15 000	14 000	600~700	4~5
总　　计	15 645	36 000	2 800~3 500	7.8~9.7

三、城市信息与城市发展

在城市里,信息的价值愈来愈得到人们的认可。现代化城市显著的特点之一,就是人们逐步地以信息流代替某些物质流,如用电话交谈代替登门拜访,以电视广播进行教学,以信用卡取代汇款等等。这些都是日常生活中可以经常享受到的城市信息服务设施。信息服务是一个方兴未艾的行业。城市现代化的程度愈高,信息服务业也就愈发达。因为,当代城市发展规模巨大,来势凶猛,城市建设若无现代化的信息系统加以规划、管理和提供信息服务,是难以设想的。随着全世界城市化进程的加快,城市信息系统也就在 20 世纪 70 年代应运而生了。

城市信息系统涉及城市问题的许多方面。在它的数据库里,存贮着从社会经济到自然资源与环境的各种因素;在它的知识库里,存贮着应用于规划、建设、管理的各种分析模型和软件。它们服务于城市生态系统的各个层次和阶段,满足规划、建设、管理的各种不同的需求。

我国早在 20 世纪 30 年代就曾利用航空摄影测绘过南昌的地形图。1980 年,中国科学院和天津市科委首先组织城市航空遥感的试验,对天津市区和郊区进行了土地资源调查,大气、水源、噪声等环境监测,并结合天津市 7 年来积累的环境监测数据编制了《天津市环境质量图集》。1983 年以来,在中国科学院环境委员会的领导下,利用美国陆地卫星影像和我国国土卫星影像,对整个北京、天津、唐山、秦皇岛 5.55 万 km² 的广大地区进行了综合考察和分析,出版了《京津生态环境地图集》,并建立了 1km 网络的数据库,设计了地理分析软件系统。京津唐地区、辽沈地区、黄河新三角洲已经分别建立了交通网络数据库。上海市已完成了"上海市城市规划信息系统"的总体设计方案。

综上所述,城市信息系统研究是一项方兴未艾、不可限量的重要基础工作,概括地说:

(1) 城市信息系统是复杂的、多学科的社会性工作。

(2) 城市信息系统是历史的动态的科学档案。

(3) 城市信息系统的空间结构是多层次的。

(4) 城市信息系统需要具有较强的适用性。

(5) 城市信息系统的建立,必须根据城市特点,针对有限目标,有计划有步骤地分批分期进行。

20 世纪 80 年代以来,城市信息系统的建设愈来愈受到应用部门的重视。许多现代城市一般从航空摄影测量和遥感着手,解决信息来源和更新,然后积累数据和地图,通过系列图或图集的编制,促进数据的标准化和规范化,以加速城市信息系统的建设。例如,伦敦首先着眼于绿地和环境污染,巴黎着眼于旅游和交通,香港和檀香山着眼于地籍管理,洛阳着眼于腹地的地区经济,北京平谷县侧重于郊区农业土地合理利用,常州、沙市着眼于投资环境和市政工程的效益,湄州湾着眼于环境污染防治,等等。

思 考 题

1. 试述城市生态系统物质代谢的特征。
2. 比较城市生态系统与自然生态系统食物链的异同点。
3. 试分析城市能源的种类与利弊。
4. 能源与城市发展的关系如何?
5. 试述城市信息系统的特点及作用。

第九章

城市生态系统的系统分析

城市生态学研究的核心是城市生态系统的系统分析,即对城市生态系统内错综复杂相互关系的辩证分析、预测与调整。

目前,系统分析除了继续依赖经验、实物模型等传统手段外,越来越多地以数学和计算机作为工具。因此,系统分析又更多地是指有步骤地收集系统信息,通过建立与系统结构、功能有关的数学模型,利用计算机对信息进行整理、加工和综合,从而解释与研究对象有关的现象,对系统行为和发展作出评价和预测,并对系统作出适当调整的一种方法。由于要对系统进行调控,因而要开展系统优化方案的制定和方案的组织、执行等一系列工程措施。

城市是一类极其复杂的人工生态系统,其中各种社会、经济、自然因素通过各种功能和反馈关系结成一个错综复杂的时空网络。对于城市这个巨大的复杂系统,如果不使用强有力的分析手段,是不可能进行分析处理的,故系统分析已成为城市生态系统研究中的重要手段。

第一节 城市生态系统分析的步骤

对一个城市生态系统进行系统分析,首先要确定此系统的范围,接着就是辨识系统结构组分,选择一套观察分析的指标,收集这些指标的数据,用一定的方法对这些数据进行分析,最后对分析结果加以评判,从而得到该城市生态系统现状的描述。其步骤如图 9-1 所示。

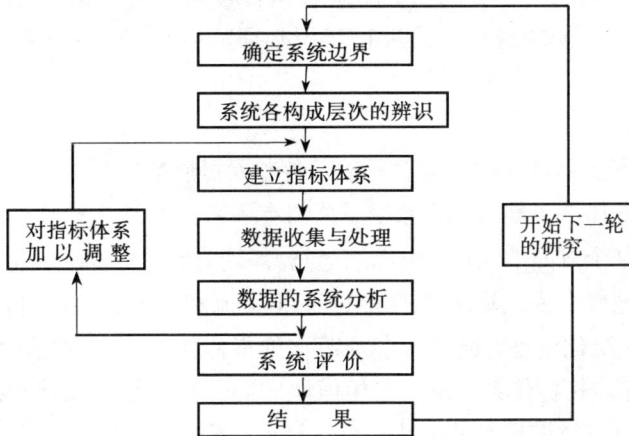

图 9-1 城市生态系统分析步骤示意图

1. 边界确定

边界确定包括对所研究系统性质的确定和范围的确定。确定研究系统的性质是系统分析的起点;系统范围可以按研究目的、经费来源和有关部门的要求以及相关单位的协同情况来选定研究的区域,划定一定的边界。城市生态系统的边界划分必须是管理上或地理上有明确定义的,如按区域生态划分、按行政界限划分、按物资集散关系划分。一般来讲,把自然地理联系以及社会经济联系较为密切的地区(如一个城市的市区和市郊)划在一起较为合理,例如从不同的功能指标出发,可将上海城市生态系统划分为如下不同的边界线或功能范围:

(1)市中心区:由浦西中心城和浦东新区中心城两部分组成。

(2)市区:由市中心区及其相邻的辅城(如宝山、闵行)、二级城市(如金山、嘉定、松江)组成。

(3)市行政区:以市区管辖范围划界,包括市辖的各个区、县。

(4)生态经济圈:以城市生态系统的物质能量流动规律及社会经济联系密切程度划界,包括上海市及邻省近沪各县。

(5)腹地:主要以原材料供应地及产品销售市场划界,包括华东地区及长江沿岸地区原材料供应地及产品销售地。

2. 系统辨识

系统辨识包括系统结构组分辨识、功效辨识和过程辨识(王如松,1988)。

(1)组分辨识:城市生态系统中结构组分辨识主要包括环境辨识、资源辨识、人口及人类活动辨识、土地利用强度辨识等。

(2)功效辨识:城市生态系统辨识的第二步是系统功效辨识,即辨别城市的生产功能、生活功能和还原自净功能等的高低和效益的好坏。生产功能常以经济效益来衡量;生活功能反映城市的生活质量,包括居民的收入水平、供应水平等;城市的还原自净功能包括污染消除效应、生物效应、地学效应等。

(3)过程辨识:对城市生态系统进行辨识,不仅要注意考察系统在空间上的纵横交错的联系,而且还要注意研究系统在实践上发展变化的趋势和规律。这是因为任何系统都有其产生、发展和灭亡的过程。城市生态系统的发展状况取决于系统中生态流的流通状况、组分协调状况和自我调控能力的高低,若这三个因素有不合理的状况存在,就可能导致系统平衡的破坏,造成系统结构与功能的退化。故过程辨识必须从生态流、生态协调及自我调控能力等方面对系统进行分析。

3. 建立指标体系

对系统的研究要落实到具体的结构单元以及各单元可能的联系上,每一项具体事物的研究都要落实到指标上。任何一个城市生态系统,总归有一系列可被观测到的属性(指标),一组属性往往只反映该系统某个方面的性质,可以通过选择某些指标集来研究城市生态系统的各个方面的联系。为了使各地或个人的研究工作能够互相交流和比较,必须对每个指标有统一的标准,对所有指标进行系统化整理,选定一个规范化的指标体系。一方面,为了适应不同研究目的,可以建立不同的相应指标体系,并且在相似性质的研究中尽量保持指标体系的一致性,这样才能使所有类似的研究结果具有可比性;另一方面,更应重视系统结构功能指标的整体性和系统性,从而才能使城市生态系统的各个方面或各项具体问题的研究相互衔接沟通。

4. 数据的收集与处理

在确定指标体系之后，进一步的工作就是收集这些指标的数据。数据的来源可以通过各种自然科学的调查方法，如大地测量、气象观察、土壤调查、水文地质测量、环境监测等获得；也可以通过各种社会科学的调查方法，如访问、抽样统计、专家咨询等获得；有的还要依据统计部门的统计报表、统计年鉴等。总之，由于城市系统包含的方面很多，其数据来源也各式各样。

收集到的数据要进行整理，应用适当的数学方法对合理的数据进行处理和分析，以说明系统的现状，并作出恰当的评价。

5. 建立模型

建立模型的目的是为了深入认识系统的结构与功能，了解系统结构与功能的相互关系及其影响因素，以便优化系统。系统分析的模型可采用多种计算机语言进行程序化，并在给定的条件下运行模型，获得系统分析结果。通过参数、初始值和外部条件的变化，模型可代表具有同类结构的不同系统或不同管理策略。至于模型的种类以及建模过程详见下节的介绍。

6. 系统分析结果的应用

模型试验得到的结果仅仅是一种主观认识，应付诸实践应用以检验其是否符合客观实际。只有在实际应用中才能最终判断模型的预测是否准确，模型的诊断和评价是否合理，模型提出的方案是否可行。系统分析结果的应用可使人们对系统的认识进一步加深，并促进对原有的系统模型作进一步的更新和修正。

第二节　城市生态系统建模与案例

模型按其与原型之间相似关系的特点可分为实物模型和抽象模型。前者是真实系统的放大或缩小，但却具有和原型系统相似的形状或具有某些相似的功能，如河道水力模型和沙盘模型等都属实物模型。后者又可分为：概念模型，即一般用文字、符号、图表或语言来模拟系统，使人们能够一目了然地掌握系统组分间的主要依存关系或主要功能过程；数学模型，是在研究真实系统掌握大量统计数据的基础上，找出系统组分间的数量变动关系，并通过数学语言将这些关系表达出来；仿真模型，是通过进一步地改变系统参数观察系统的响应，推测系统组分间相互的动态关系。数学模型和仿真模型都要通过大量的运算，计算机普及之后，一些复杂的数学运算都可由计算机完成，此类模型已逐渐成为城市生态系统分析中最常用的模型。城市生态系统建模是城市生态系统分析的核心。

一、建模步骤

1. 建立原因环图

原因环图即系统成分及其结构联系图。系统成分用自然语言标记加以鉴别，彼此间用箭头联系起来，箭头指向按照各因子的因果方向划出。系统的原因环图结构是更详细的模型框图的基础。

2. 分析函数关系

在原因环图中,只鉴别出系统成分之间的相互联系,没有给出它们的函数关系。建立模型必须知道这些函数关系,如必须确定两个输入量相加还是相乘的关系或更复杂的关系,确定关系后,各关系及参数、初始值、中间值均要定量化。

3. 模型框图

在系统成分、功能、结构、参数及成分间的函数关系被确定以后,选择计算方法,画出模型的框图,它含有计算机程序中需要的所有信息。

4. 编程

模型可以用各种计算机语言编程,如 BASIC 语言、FORTRAN 语言、DYNAMO 语言等。

5. 运行

运行是对模型进行计算。模型的目的很少通过一次运算就能达到,通常需要经过多次的运行调试,从中了解系统及其响应效果。

6. 检验和有效化

在建立模型并进行了初始运算后,必须对模型进行检验,以保证模型在结构上、行为上、经验上及应用上的有效性,这种有效化过程通常要对模型中的错误和误差加以鉴别,需要对模型和公式进行部分修改。

二、模型案例

（一）能量模型

图 9-2 是 H. T. Odum(1983)描述的一个城市的组分与其许多外部驱动函数的一般性模型。通过合并各种函数(仅保留主要驱动函数),Zucchetto(1975)给出了迈阿密的模拟模型(图 9-3)。

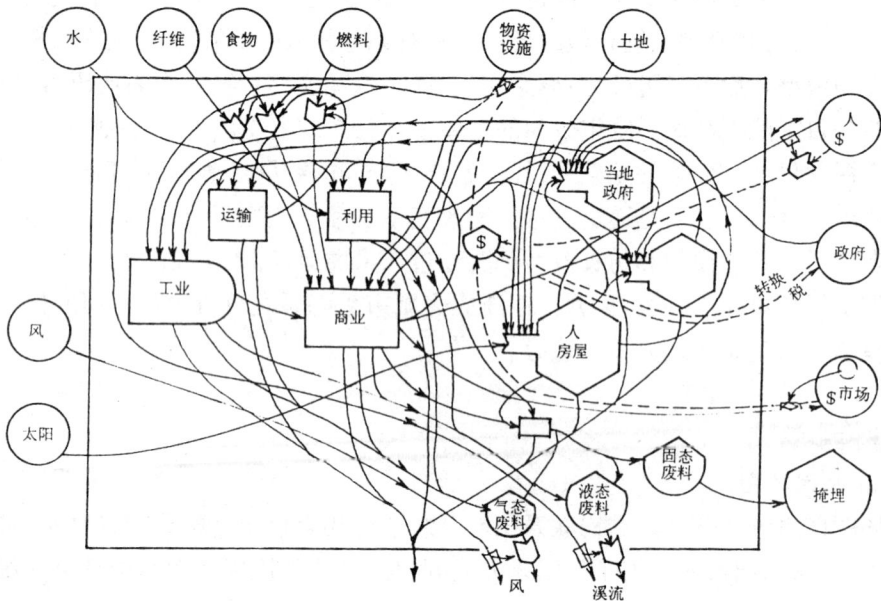

图 9-2　城市生态系统的一般性模型(引自:H. T. Odum, 1983)

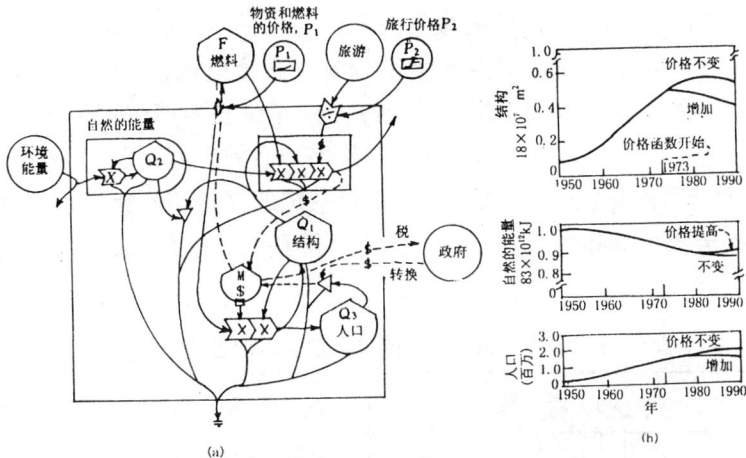

图9-3　迈阿密的模拟模型(Zucchetto，1975,转引自:Odum，1983)
(a) 能流图；(b) 模拟表示价格上涨的影响

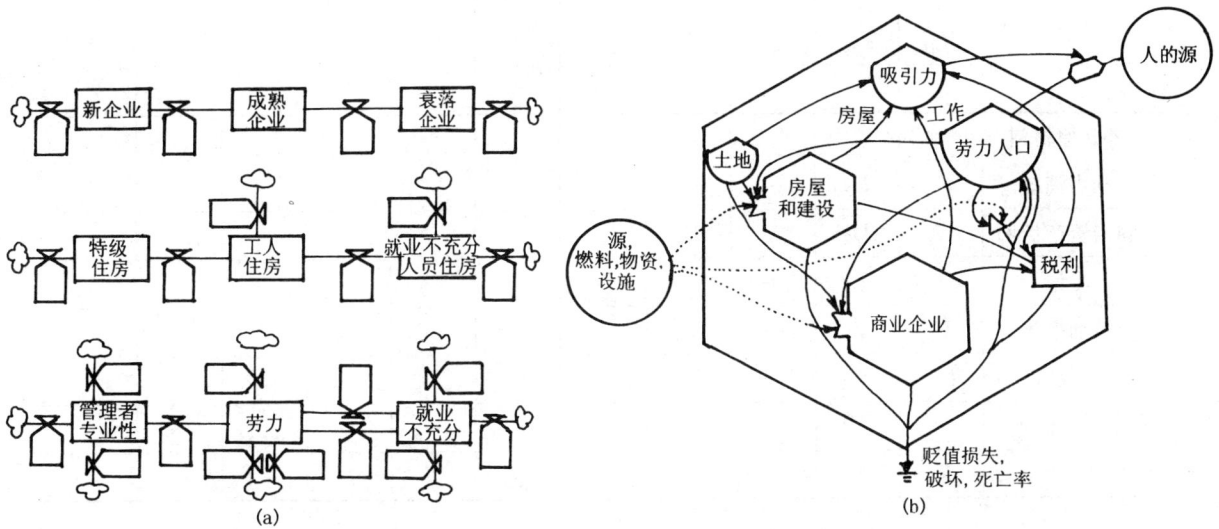

Forrester(1969)根据大量事实作出了一个城市动态模型(图9-4),其中包括了商业发展的三个阶段、房屋的三个水平和劳动力的三个水平(管理者、劳动者和非充分就业者)。图中所要表示的能源被包括在点线里。

(二) 投入产出模型

投入产出模型又称部门联系平衡模型，是利用现代数学方法和计算机来研究

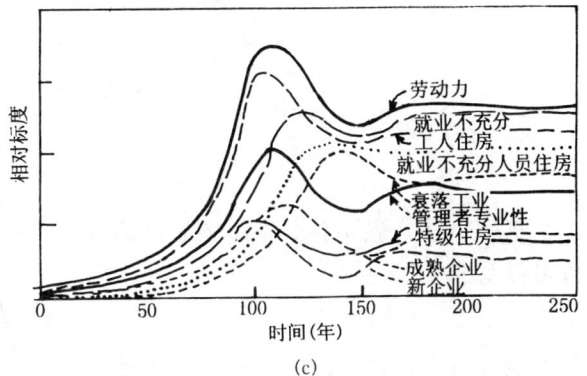

图9-4　Forrester(1969)的城市模型(引自:Odum,1983)
(a) 总结；(b)集合的能量翻译；(c) 模拟的例子

和分析各种经济活动的投入与产出之间的数量关系。现以一个农业生态工程为例,说明投入产出模型的应用。假设一农业生态工程由几个组分或亚系统组成,以 $X_i(i=1,2,3,4,5,\cdots,n)$ 表示第 i 个亚系统的总产值,以 X_{ij} 表示第 j 个亚系统在生产过程中所消耗的第 i 个亚系统的中间产品的产值,以 Y_i 表示第 i 个亚系统最终产品的产值,以 C_j 表示第 j 个亚系统的来自外部的原料和动力消耗,以 D_j 表示第 j 个亚系统的固定资产折旧,以 V_j 和 M_j 分别表示第 j 个亚系统的劳动报酬和纯收入,我们就可以得到农业生态工程系统的投入产出表的一般形式(表9-1)。

表9-1　农业生态工程系统价值型投入产出结构表

	中 间 产 品					最 终 产 品					总产值
	1	2	$\cdots$	n	小计	自用	销售	库存	$\cdots$	小计	
1	X_{11}	X_{12}	$\cdots$	X_{1n}						Y_1	X_1
2	X_{21}	X_{22}	$\cdots$	X_{2n}						Y_2	X_2
$\vdots$	$\vdots$	$\vdots$	$\cdots$	$\vdots$						$\vdots$	$\vdots$
n	X_{n1}	X_{n2}	$\cdots$	X_{nn}						Y_n	X_n
小计											
外来原材料动力消耗	C_1	C_2	$\cdots$	C_n							
固定资产折旧	D_1	D_2	$\cdots$	D_n							
小计											
劳动报酬	V_1	V_2	$\cdots$	V_n							
纯收入	M_1	M_2	$\cdots$	M_n							
小计											
总计	X_1	X_2	$\cdots$	X_n							

从水平方向看,表9-1有如下关系式:

$$X_{11}+X_{12}+\cdots+X_{1n}+Y_1=X_1,$$
$$X_{21}+X_{22}+\cdots+X_{2n}+Y_2=X_2,$$
$$\vdots$$
$$X_{n1}+X_{n2}+\cdots+X_{nn}+Y_n=X_n。$$

这一表达式表明各亚系统的总产值等于各中间产品产值与最终产品产值之和。其方程组也可简写成:

$$\sum_{j=1}^{n}X_{ij}+Y_i=X_i(i=1,2,\cdots,n)。$$

从垂直方向看,表9-1有如下关系式:

$$X_{11} + X_{21} + \cdots + X_{n1} + C_1 + D_1 + V_1 + M_1 = X_1,$$
$$X_{12} + X_{22} + \cdots + X_{n2} + C_2 + D_2 + V_2 + M_2 = X_2,$$
$$\vdots$$
$$X_{1n} + X_{2n} + \cdots + X_{nn} + C_n + D_n + V_n + M_n = X_n。$$

此方程组反映了各亚系统产品价值的组成。方程组可简写为：

$$\sum_{i=1}^{n} X_{ij} + C_j + D_j + V_j + M_j = X_j (j = 1, 2, \cdots, n)。$$

表9-1中的黑线将表分割成4部分。我们按左上、右上、左下和右下的次序，分别把它们命名为第一象限、第二象限、第三象限和第四象限。

第一象限是由 n 个亚系统纵横交叉而成，这应是一个正方形的表格，它反映出一个农业生态工程各组分或亚系统之间的生产技术联系，特别是互相提供劳动对象供生产过程消耗的情况。

第二象限反映了各亚系统最终产品的分配和去向。表中仅列出自产和自用的部分，市场销售和库存部分，根据具体情况还可能有其他去向。

第三象限为各亚系统所消耗的来自外部的原材料和动力，固定资产折旧及劳动报酬和纯收入。从总量上看，第二象限和第三象限应当相等，即：

$$\sum_{i=1}^{n} Y_i = \sum_{j=1}^{n} (C_j + D_j + V_j + M_j)。$$

第四象限反映劳动报酬和纯收入的再分配情况。在农业生态工程的经济分析中可不必考虑这个象限的内容。

显然，投入产出分析表能比较直观而全面地反映一个农业生态工程的经济特征。这些基本的经济特征是进一步做好系统分析的基础。例如，我们可以很容易地从投入产出表中得出一个农业生态工程的各种产品的价值构成，各亚系统的中间产品率和最终产品率，最终产品的构成，各产品的原料消耗、成本和利润，通过该表还可以进一步分析原材料和产品价格变动与工资提高之间的相互影响。

对于一些结构比较简单的农业生态工程系统，可以直接制表和计算分析，但对于复杂的农业生态工程系统就必须依靠计算机来进行这些工作了。表9-2是环保型投入产出表的一个简化例子。该表从水平方向看，表明各组分或亚系统的产品及副产品的去向。产品包括两大部分，即中间产品及最终产品。中间产品是该农业生态工程系统生产的尚需进一步加工的产品，可用作该系统中其他亚系统的原料、辅助材料、动力消耗用的材料或副产物。

表9-2中第一行所表示的食用菌培养亚系统产出的价值为250元的培养残渣被用作沼气发酵亚系统的原料，而生产出的产值为2000元的食用菌作为罐头食品加工亚系统的原料。最终产品是农业生态工程系统最后加工完毕，可供其他系统消费和使用的产品。本表仅按还田、自用和销售三种去向对最终产物进行划分。例如，第一行所列的食用菌培养亚系统的最终产物包括产值为300元的自用食用菌，以及价值为1700元的在市场售出的食用菌。中间产品和最终产品产值之和即为该亚系统的总产值，所以食用菌亚系统的总产值为4250元。

表中第二行为食用菌罐头加工亚系统的中间和最终产物，其中可供本系统利用的中间产物是产值为100元的食品加工下脚料，被用作沼气发酵亚系统的原料。最终产物是罐头食品，其中产值为200元的罐头食品供当地自用，产值为3800元的罐头食品供市场销售。

表中第三行为沼气发酵亚系统的产物去向。沼气生产过程中没有为该农业生态工程系统提供可用的中间产物，其最终产物为产值150元的沼气渣(被用作回田肥料)和产值为350元的沼气(被用作当地居民的生活燃料)。

从垂直方向看，表9-2表明了各亚系统的产值构成。产值也由两大部分组成。第一部分是物化劳动的转移价值，它是所消耗的生产资料的价值，如原材料、辅助材料、电力和油料等的价值之和，以及固定资产的折旧。第二部分是新创造的价值，包括各亚系统的劳动报酬及纯收入。表中第一列说明了食用菌养殖亚系统的产值构成；第二列为食用菌罐头加工的产值结构；第三列为沼气发酵的产值结构。

表9-2 农业生态工程价值型投入产出表(单位:元;引自:马世骏等,1987)

	中 间 产 品				最 终 产 品				总产值
	食用菌培养	食用菌罐头加工	沼气发酵	小计	返回农田	自用	出售	小计	
食用菌培养	—	2 000	250	2 250	—	300	1 700	2 000	4 250
食用菌罐头加工	—	—	100	100	—	200	3 800	4 000	4 100
沼气发酵	—	—	—	—	150	350	—	500	500
小 计	—	2 000	350	2 350	150	850	5 500	6 500	8 850
农作物秸秆	500			500					
电力和油料	50	200		250					
辅助材料	50	500	—	550					
固定资产折旧	100	300	50	450					
小 计	700	1 000	50	1 750					
劳动报酬	1 550	400	50	2 000					
纯收入	2 000	700	50	2 750					
小 计	3 550	1 100	100	4 750					
总 计	4 250	4 100	500	8 850					

(三)系统动力学模型

系统动力学模型(简称SD模型)适用于解决复杂大系统的模拟问题，从原理上来说是一组变微分方程组在计算机上的模拟解，其建模步骤如图9-5所示。

通过一个简单的例子——咖啡的冷却，来说明用SD模型来仿真一个系统的计算方法。SD模型所用的编程语言为DYNAMO语言。

根据牛顿热力学定律，咖啡的冷却率与杯子周围的室温和咖啡本身的温度差成正比，即:

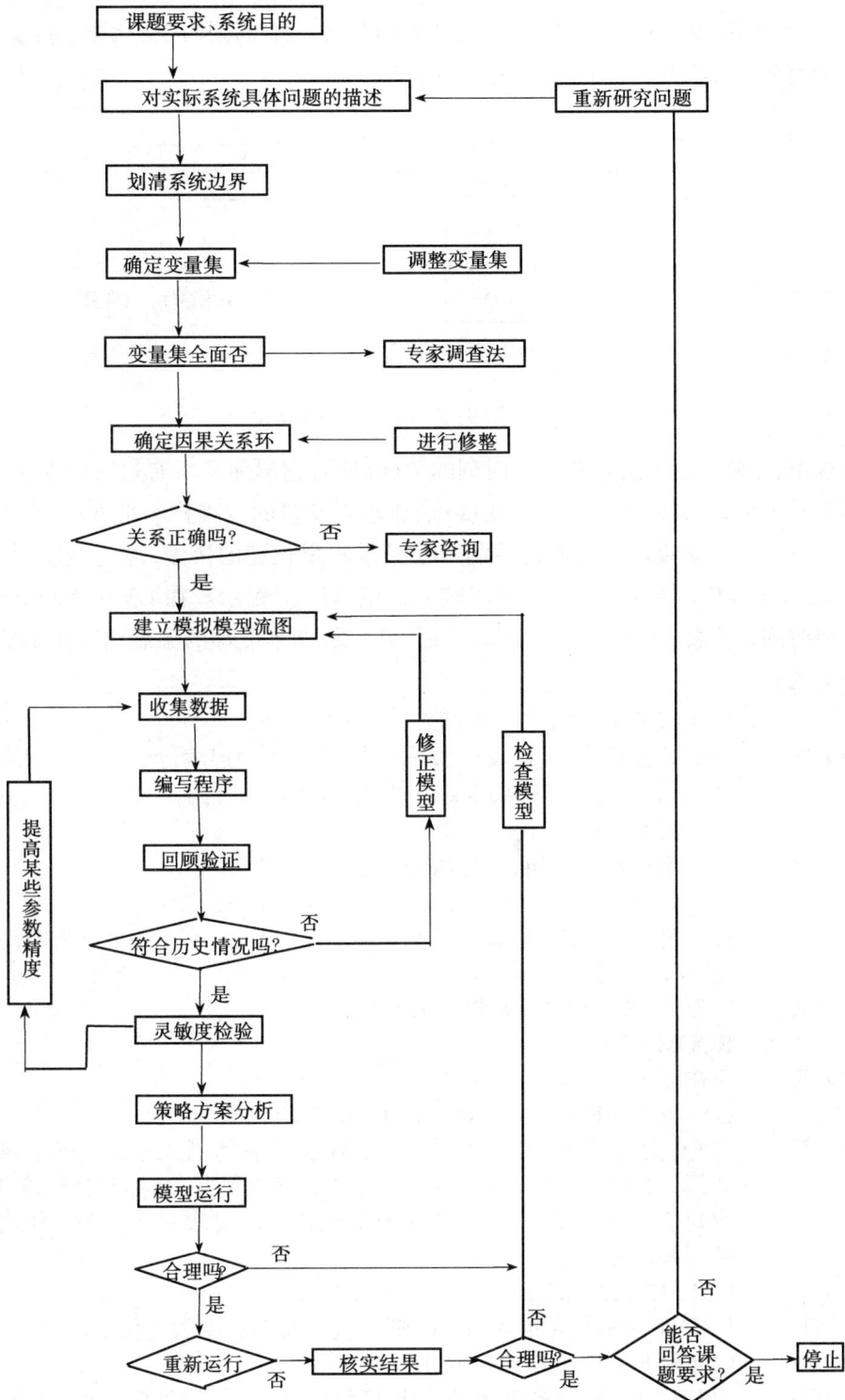

图 9-5　城市生态系统动力学建模步骤(引自:周纪伦等,1989)

$$咖啡的温度变化率 = 常量 \times (房间温度 - 咖啡温度)$$

$$咖啡温度_{现在} = 咖啡温度_{过去} + 间隔时间 \times 咖啡温度的变化率_{过去间隔}$$

可用一个简单的反馈环图(图9-6)表示如下：

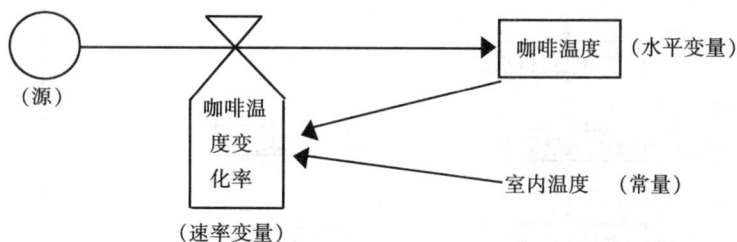

图9-6 系统反馈环图

在这里,咖啡温度取决于它前一时刻的值(温度),它累加了所有过去的变化结果,即一连串冷却率的负值的累加,称之为水平变量;描述水平变量的方程称水平方程,在 DYNAMO 语言中,以"L"表示。温度的变化率是控制水平变量积累程度的快慢,称之为速度变量,在 DYNAMO 语言中,以"R"表示,而室内温度则为常量,以"C"表示。在 DYNAMO 语言中,以"K"表示当前时间,"J"表示前一时段,"L"表示后一时段,咖啡冷却的温度仿真用 DYNAMO 语言程序表达为:

L	COFFEE·K = COFFEE + DT * (CHNG·JK)
NOTE	NOTE 为注释行,L 表示水平方程语句,X 为连续行。上一语句表示:
X	咖啡温度$_{现在}$ = 咖啡温度$_{过去}$ + 间隔时间 × 咖啡温度的变化率$_{过去间隔}$
N	COFFEE = 90
NOTE	N 表示赋初值语句,咖啡初始温度为 90℃
R	CHNG·KL = CONST * (ROOM - COFFEE·K)
NOTE	R 为速率方程语句,咖啡温度变化率 = 常量 * (室内温度 - 咖啡现在温度)
C	CONST = 20
NOTE	C 为常量赋值语句,常量 = 0.2(℃/s)
C	ROOM = 20
NOTE	室内温度为 20℃
SPEC	DT = 0.5, LENTH = 7, PRTPER = 2, PLTPER = 0.5
NOTE	SPEC 为定义仿真细目参数语句,DT 为计算间隔,LENTH 代表仿真停止的
X	时间,PRTPER 表示相继两次打印输出仿真数字的时间间隔,PRTPER = 2,表
X	示每 2 个计算间距(DT)作一个输出,PLTPER 表示仿真图上作出相邻两点
X	的时间间隔。
PRINT	COFFEE, CHNG, ROOM - COFFEE
NOTE	PRINT 表示打印语句,打印咖啡温度,咖啡温度的变化率,室温 - 咖啡温度
PLOT	COFFEE = T, CONST = R, ROOM = M
NOTE	PLOT 表示画图语句,咖啡温度曲线以 T 标示,温度变化率曲线以 R 标示。

下面是仿真输出结果:

DT	COFFEE	CHNG	ROOM－COFFEE
0	90	－14.0	－70
1	76.7	－11.3	－56.7
2	65.9	－9.2	－45.9
3	57.2	－7.4	－37.2
4	50.1	－6.0	－30.1
5	44.4	－4.9	－24.4
6	39.7	－4.0	－19.7
7	36.0	－3.2	－16.0
⋮			

SD 模型在系统分析城市生态系统的结构、功能以及发展等方面已得到应用。

1. 长兴岛 SD 模型

长兴岛 SD 模型包括人口、工业、农业、建筑业、运输业、商业、环境、投资、收入等 9 个子块（图 9－7），变量 272 个，有效方程 305 个（其中水平方程 14 个）。（详见附注 9－1）从模拟结果来看，各系统主要指标基本与实际情况相符合，但由于所研究的地区范围较小，系统内各种数据变动的偶然性较大，因此，有一些数据与统计数据存在较大的误差。

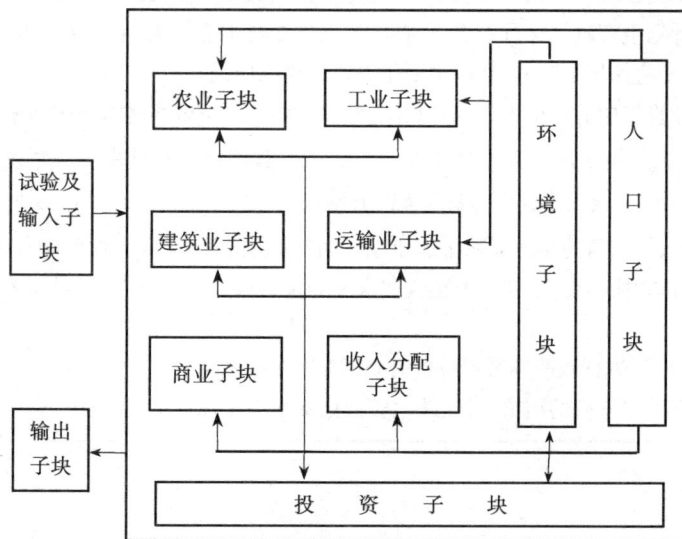

图 9－7　长兴岛 SD 模型结构图（引自：宋永昌等，1991）

附注 9－1　长兴岛 SD 模型各子块的结构与分析

1. 子块的结构

（1）人口子块：包括人口数量动态和人口与环境污染两部分，使用人口离散模型描述人口数量动态，环境污染只考虑了因人口增加而造成的燃煤和烧柴的增加及其造成的 SO_2 的增加。

(2) 工业子块：包括工业投资、劳动力使用、固定资产产出率和环保投资等内容。

(3) 农业子块：包括种植业、林业、畜牧业、副业和渔业。

(4) 建筑业子块：包括纯建业和居民建房两部分。

(5) 运输业子块：包括运输业产值和运输业污染两项。

(6) 商业子块：包括纯商业、服务业和仓储业。

(7) 环境子块：只考虑废水和二氧化硫情况。

(8) 投资子块：分为上年积累、外来资金和银行贷款三块。

(9) 收入分配子块：收入分配划分为积累、消费和税收。

2. 结果分析

在系统分析的基础上，通过建立模型来模拟长兴岛复合生态系统中社会、经济、环境等主要因子的动态变化。

为了消除物价上涨因素，模型中所用的价值量均按 1980 年不变价格计算，并假设没有大的社会风波和严重自然灾害，育龄妇女的生育率维持现状。

SD 模型在上述条件下的运行结果表明：从 1989～2000 年，长兴乡和前卫农场社会总产值将分别由 15 141 万元和 11 051 万元增长到 69 500 万元和 40 682 万元，年平均增长率分别为 14.85% 和 12.58%。国民收入分别从 5 117 万元和 3 875 万元增长到 20 871 万元和 10 838 万元，年增长率为 13.63% 和 19.85%，人均收入分别由 895 元和 2 070 元增长到 3 622 元和 6 070 元，年增长率为 13.5% 和 10.27%。

从各业的投资情况来看，长兴乡和前卫农场的农业投资比下降，工业投资比上升，商业投资比下降。但它们的运输业与建筑业投资比的趋势有所不同，这与其相应的行业发展速度有关。

到 20 世纪末，如计划生育政策保持不变，长兴岛的人口变化不会很大，城乡人口从 1995 年起基本上保持稳定，前卫农场则一直保持下降的趋势，主要是人口迁移的原因。

若环保投资在工业投资中的比例维持现有状况，到 2000 年，长兴岛各季枯水期水体中 BOD_5 浓度达到 6.06mg/L，大气中，工业集中区 SO_2 浓度达 0.046mg/m³，其他地区空气中 SO_2 浓度为 0.018mg/m³，SO_2 年排放量为每年 516 吨，废水排放量为每年 459 万吨。

在今后的十几年中，长兴岛的耕地面积将逐年减少，特别是长兴乡，每年减少量占 20hm² 以上，模型对城乡的农牧业产值、作物播种面积、各行业粮食需求及产量、畜牧业发展情况及前卫农场的作物播种面积都作了预测。

在应用长兴岛 SD 模型进行预测和政策分析时，其结果的可靠性主要取决于该模型的结果与实际统计值的符合程度。根据误差分析的结果，各系统主要指标基本与实际情况相符合。

2. 北京城市 SD 模型

在确定变量集和选择指标时，采用了 Delphi 法加以辅助，聘请了 49 位专家，经过两轮调查研究后，确定了变量集。变量集共分为 6 个子系统，即城市人口、城市用地、工业、城市服务、政治文化和环境污染；反馈环 50 个，包括 24 个正环和 26 个负环；变量 163 个，方程 351 个（王如松,1988）。

（四）灵敏度模型

德国法兰克福灵敏度模型以一个城市为研究对象，将系统科学的思想、生态学的理论以及城市规划融为一体，去评价、解释和规划城市复杂的系统关系。基本工作程序为界定问题、筛选变量、建立模型、宏观模拟、系统行为总体解释与评价、系统决策、政策试验和优化选择等八个步骤(王如松,1988)。该模型有变量271个,其中状态变量17个、流变量30个、辅助变量110个、表函数43个、外部因子11个、参数69个,其特点是着眼于系统的各组分间相互关系的动态研究,以及系统结构和功能变化趋势的定性表述。因此,它在建模的不同阶段都能对决策者或规划者的问题提供答案,增加了其实用价值。该模型的详细内容请参阅 *Sensitivitats modell*(Vester & Hesler, 1980)一书。

（五）可能—满意度模型

北京环保所吴峙山、赵彤润等在1987年运用可能—满意度模型评价北京东城分区的城市生态现状和规划。以东城分区的城市性质、存在的主要问题和城市规划与城市生态健全三条关键因素为原则,研究者选用了商业服务业、文化设施、儿童教育、医疗卫生、住宅、绿化、冬季采暖、垃圾清运、上班通勤和人口结构等10个指标建立了可能—满意度模型,利用模型中的满意度函数评价了东城分区的现状和规划的满意程度,在此基础上又设计了多种方案来寻找总人口与可能—满意度的最佳方案,提出了东城分区的最佳人口数(吴峙山、赵彤润,1987,转引自:王如松,1988)。

除上述介绍的分析方法外,其他方法如线性规划、泛目标生态规划、蒙特卡罗法、系统动力学方法等亦可用于城市生态系统的分析,详情可参考有关书籍,在此不一一赘述。

第三节　系统的评估与优化

城市生态系统分析的根本目的是要最大限度地提高城市生态系统的效益。城市是各类不同利益的集团(包括生产者、消费者等)冲突的统一体,每个子系统都在追求本系统的最优目标,这是城市生态系统演替的动力,也是城市问题的症结所在。因此,长期以来,城市生态系统分析的最优目标就是实现城市总体的最优规划、建设和管理。

城市生态系统评估与优化的常用方法主要有以下几种。

一、专家评估法

专家评估法是以专家为取得信息的源泉,组织各有关领域的专家,运用其经验和专业知识,对城市生态系统的过去和现在进行综合分析,对发展远景作出推断。其最大优点是在缺乏足够数据资料的情况下,可以对城市生态系统的发展前景作出推断。

专家评估法主要有四大类:

(1)个人判断预测法:依靠专家对预测对象未来的发展趋势及状况作出专家个人的判断。但其结果受到专家知识面、知识深度、占有资料多少以及对预测对象兴趣大小等因素的限制,难免带有片面性。

(2)专家会议预测法:指依靠一定数量的专家,对预测对象未来的发展趋势及状况作出判断,做到集思广益、互相启发。但专家会议法也有不足之处,如受权威人士意见的约束,受能说善道但不占有真理的人的干扰,及受虽发现自己错了但碍于面子不愿公开修正自己的意见的人的影响等。

（3）头脑风暴法：是专家会议预测方法的具体运用，通过专家之间的信息交流，引起"思维共振"，产生组合效应，进行创造性思维，形成宏观智能结构的方法。实践证明，头脑风暴法可以排除折衷方案，对所论问题通过客观的连续分析，可以找到一组切实可行的方案。

（4）专家系统：专家系统是自 20 世纪 60 年代以来迅速发展的一种以总结专家的经验和知识，通过推理解决非结构化问题为特色的一种智能软件系统。在分析过程中，除需数据库、模型库和用户接口外，还需要形成知识库和推理机（图 9-8）。知识获取模块能不断从专家和数据库中获取知识的推理，充实知识库和推理机。知识库的知识来源于实践和理论，知识表达的形式除了以文字陈述形式表述专家经验外，还可用图形、表格、公式等形式。知识库用多条规则把知识组织起来。推理机是由根据专家经验而设计的推理过程所构成。

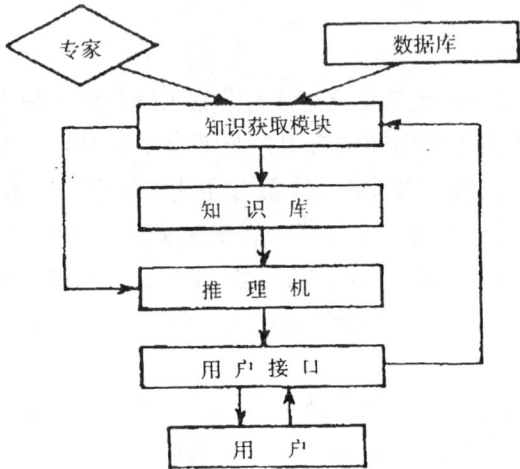

图 9-8　专家系统的基本结构

专家系统还要建立起便于用户使用的接口。在用户使用过程中不但能利用知识库中规则间的连续关系完成智能判断，而且能让专家系统存贮起由用户提供的新知识和新的推理规则，并使其得到不断改进和完善。

二、特尔斐法

特尔斐法是美国兰德公司 1964 年首先采用的一种方法，其核心是充分发挥专家对问题的独立看法，然后归纳、反馈，逐步收缩、集中，最终导致评价与判断的产生。特尔斐法的基本过程如图 9-9。

（1）确定提问的提纲：列出的调查提纲应当用词准确，层次分明，集中了要判断和评价的问题。为了使专家易于回答问题，通常还在列出调查提纲的同时提供有关背景资料。

（2）选择专家：为了得到较好的评价和决断结果，通常需要选择对问题了解较多的专家10～50人，少数重大问题可选择 100 人以上。

（3）调查结果的归纳、反馈和总结：收集到专家对问题的判断后，应作一归纳。定量判断的归纳结果通常符合正态分布。这时可在仔细听取了持极端意见专家的理由之后，去掉两端各 25% 的意见，寻找出意见最集中的范围，然后把归纳结果反馈给专家，让他们再次提出自己的评价和判断。这样反复 3～5 次后，专家的意见会逐渐一致，这时就可作出最后的分析报告。

统计分析时常用到算术平均数和变异系数，设专家 i 对第 j 项调查的评定值为 C_{ij}，则第 j 项评价的算数平均值为 $m_j = \frac{1}{n}\sum_{i=1}^{n}C_{ij}$，第 j 项评价的变异系数为 $V_j = \overline{S}_j / m_j$，其中 $\overline{S}_j$ 为 C_{ij} 的标准差，m_j 为平均值。

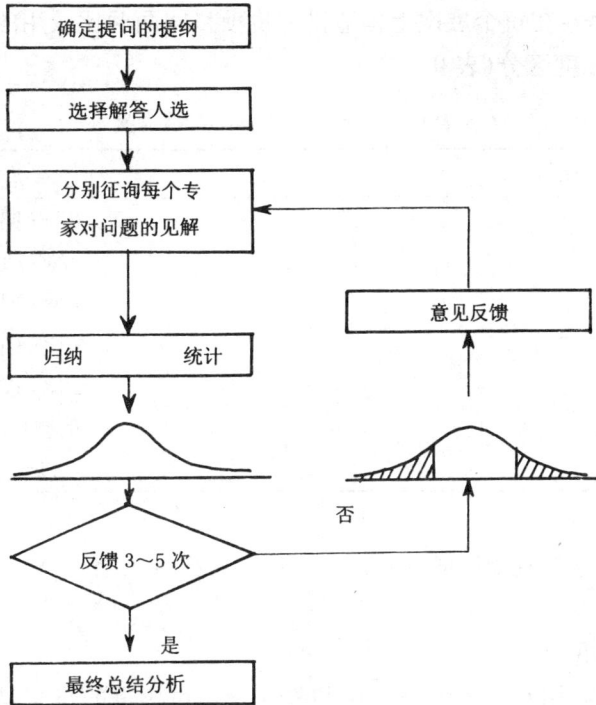

图 9-9　特尔斐法的基本步骤

三、层次分析法

按系统分析的观点,若一整体系统必须满足一定条件,则各级子系统也必须满足相应的条件,如果每一子系统都能达到其规定的目标,则整体目标也能达到。

现以城市环境质量为例,介绍层次分析法的基本步骤。

(1)建立层次系统:要达到城市环境的一定质量标准,则构成城市环境系统的各环境要素,例如空气、水质、噪声等应分别满足相应的质量标准的要求,这种层次系统如图 9-10 所示。

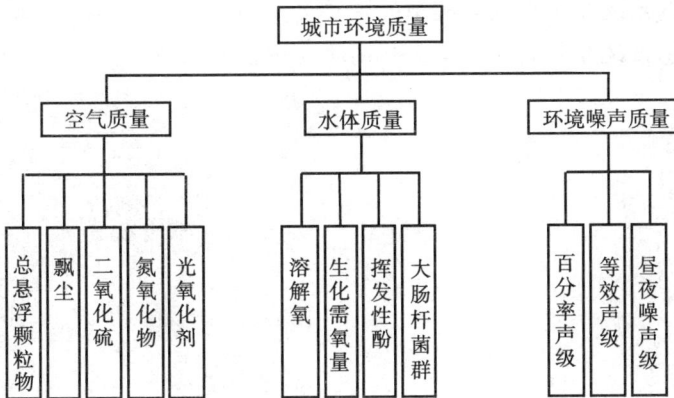

图 9-10　城市环境质量的层次系统

(2) 构造判断矩阵:在每个层次上构造供评价项目间两两比较用的判断矩阵,项目间的重要性差异用1~9的标度区分(表9-3)。

表9-3 层次分析法的标度含义

标度 a_{ij}	含 义
1	i 与 j 同样重要
3	i 比 j 稍重要
5	i 比 j 明显重要
7	i 比 j 强烈重要
9	i 比 j 极端重要
2,4,6,8	过度性中间级别
	无法判断

针对城市环境质量的判断矩阵为:$A = (a_{ij})_{n \times n}, a_{ij} > 0$,且 $a_{ji} = 1/a_{ij}$,n 为同一层次内的项目数。

(3) 计算相对权重 W:

计算相对权重要利用判断矩阵 A。用和法计算相对权重的步骤是:A 元素按列归一化,然后按行相加,再除以矩阵维数 n,即为与判断矩阵项目相对应的相对权重的列向量 $W = (W_i)n$。

(4) 计算综合评价结果:

综合评价结果是各层次相对权重的乘积之和,本例:

$$P = \sum_{i=1}^{m} \sum_{j=1}^{n} \sum_{k=1}^{l^e} B_i \cdot C_{ij} \cdot D_{ijk} 。$$

思 考 题

1. 城市系统分析的目的和内容是什么?
2. 城市生态系统分析的步骤是什么?
3. 试述城市生态系统分析中数学模型的主要类型与特点。
4. 试述城市生态系统分析的评估与优化的主要方法及特点。

第十章

城市生态系统的动态发展

城市生态系统和自然生态系统一样是动态发展的,也有形成、发展和相对稳定的阶段。但是,由于城市生态系统是一个人工生态系统,它的发展具有与一般自然生态系统不同的特点。其最大的不同在于自然生态系统的发展,在通常的情况下是由其中的生物制约的,而城市生态系统的发展主要是由人为因素控制的,"人"不但具有流动性,而且具有主观能动性。研究城市生态系统的动态发展,可以帮助人们认识它的发展规律,合理规范行为,使系统具有抵抗扰动的最大保护力,这对于老城市改造和新城市建设都具有重要意义。

第一节 城市形成和发展的基本条件

城市形成与发展需要以下几个基本条件。

1. 经济基础

城市的形成和发展与经济发展有着密切的联系,从历史上看,人类能够进入城市生活,首先取决于一些技术发展成果,尤其是农业技术的发展。新石器时代的人已经学会了驯化野生动物和栽培作物,有了原始的农业和畜牧业,随着灌溉和耕作技术的发展,产生了剩余农产品,这一过程又进一步解放了生产力,使一部分人去从事手工业和商业,促进了社会的进一步分化,早期的城市就是在人类第二次劳动大分工时产生的。

人类聚居地规模的扩大,货物和人口流通问题日益尖锐,轮子的发明与使用将人从滑走式的笨重运输方法中解放出来,从此,人口流动、人际交往和交通运输能力发生了第一次飞跃。与此同时,船的发明使得水运交通有了很大的发展,定居使人类居住条件有了改善,建筑材料的质量、坚牢度都在不断提高,这一切为古代城市的建立和发展提供了经济和技术条件。火药的发明与应用在城市发展过程中最有意义,它最初用于攻城,使得固若金汤的城墙很快崩坍;火枪的使用使得旧式战争与防御工事成为历史的陈迹,从而改变了城市的结构和功能。蒸汽机的发明使得城市发展又出现了另一次飞跃,有了它才可能进行大规模的工厂化生产和相应的大规模的人口集中,工业化极大地刺激了城市的发展。劳动分工发达之后,必然会促进人在生产及分配关系中的通讯联系,这就要求城市发展必须十分重视交通和通讯设施。19世纪时,交通还比较落后,因而城市规模不大,居住密度很高。铁路、电车发明和使用之后,人口开始疏散,城市逐步扩展,这是19世纪末、20世纪初的发展趋势,这时期城市的发展大多表现为沿重要交通要道(尤其是铁路)的扩展。汽车时代到来之后,公路系统很快发展,立体公路、高速公路相继问世,人口疏散的范围更大了,城市的范围也更扩张了。铁路以及远洋运输的发展,不仅促进了对外贸易,同样也促进了移民,加强了城市人口多样化和文化多样化,以及随之而来的伴人生物的增加,城市中的自然环境也发生了改变。在交通、通讯现代化以及城市环境污染加剧的基础上,城市人口又出现了"离心流动",即所谓逆城市化(counter urbanization)现象,与此同时,大城市化趋势明显,人口和财富进一步集中,形成了新的大都市带(megalopolis)。

2. 自然条件

城市在哪些地方能够产生和发展与自然条件的关系至为密切。人类最古老的城市首先出现在尼罗河、底格里斯河、幼发拉底河、黄河、印度河等亚热带、暖温带河流的河谷地区不是偶然的,因为这类地区具有优良的自然条件,气候、土壤适合于动植物生长繁殖,水量充足,建筑取材方便,便于和外界沟通等等。"沿河设城"是古代城址选择的通例,即使现代城市规模的扩大,由于运输量和用水量剧增,河川分布状况仍然对城市发展具有十分重要的意义,近江或沿海、沿江仍然是城市选址的首要考虑并影响着城市的发展。

气候要素也是影响城市发展的敏感因素,大多数城市的选址都要求气温适中,大城市对气候因素的依存关系比小城镇更为紧密。1981年全世界有百万人口以上的城市197个,其中近90%(175个)在北半球,这些大城市向北不超过北纬60°,其中137个(占总数的78%)在北纬25°以北,而位于南、北纬25°之间的低纬度地区的城市一共只有50个(许学强等,1996)。

地貌条件不仅是决定城市景观的主要因素,同时还在某种程度上影响着城市的进一步发展,多数城市建立在平原、河谷阶地、山间盆地以及平缓丘陵上。城市的结构和空间形态常常都是由地貌决定的,因此城市按地貌类型可以划分为滨海城市、沿江城市、水乡城市、平原城市、丘陵城市、山地城市、盆地城市以及高原城市等。地貌对城市的影响还涉及到沉积和侵蚀,侵蚀对城市建筑有破坏作用,如果侵蚀发生在高坡度地段,还可能造成滑坡,威胁着城市的存在。

地震是一种灾害性的地质现象,重则毁灭城市,轻则损害部分建筑物和设施。我国是一个多地震的国家,19世纪以来,在不同地区范围内,曾先后发生过八级左右的大地震9次,对一些城市造成很大的灾难,1976年的唐山大地震几乎完全摧毁了唐山市。此外火山喷发对接近于火山喷发带的城市影响也很大,中美洲马提尼(Martingne)岛有一名城皮埃尔(Pierre),人口3万,1902年5月,该城附近的皮利火山喷发,全城被火山熔岩所破坏,城内居民除关在地窖内的一个犯人外全部遇难。

3. 社会因素

城市社会与农村社会的最大区别就在于城市的人们再也不能过着"鸡犬之声相闻,老死不相往来"的各自为政、自给自足的生活,劳动分工已经决定了人们之间的相互依存关系,城市形成以前的社会发展已为城市化铺平了道路,这些成果包括权力结构、社会习俗、经济组织和社会组织,城市必须有组织、有控制,否则不足以履行其各种经济职能和社会职能,包括治安保卫、文化教育、生产以及服务等。

第二节　城市的发展阶段

影响城市发展的经济基础、自然条件以及社会因素在不同的历史时期是不同的,因而,历史上整个城市的发展也呈现出阶段性。根据各个阶段的特征可以划分为:早期城市阶段、中世纪城市阶段、工业化城市阶段、现代城市阶段、生态城市阶段。

(1) 早期城市阶段。城市规模较小,人口多在数千到几万人之间,城市结构比较简单,生产力仍较低下,以手工业为主,商品交换量小,经济基础薄弱,城市的职能主要是作为维护奴隶主统治的政治、军事和宗教中心。

(2) 中世纪城市阶段。火药、指南针、印刷术和纸张等的发明扩大了城市的交流与兼并,促进了城市生产力的进一步发展,不仅改变了城市结构,也改变了城市的生活,城市规模也有了进一步扩张,城市的职能作为政治、贸易、文化的中心得到了加强。

(3) 工业化城市阶段。蒸汽机的发明,由齿轮和皮带带动的机器运转,把大量的人口吸引到城市里来,人口规模越来越大,劳动分工的可能性也越来越大,劳动分工细化,使职业增多。专门化职业越多,社会生产力也越高,同时对资源的消耗和环境的影响也越来越大。19世纪工业化城市出现两个显著现象:一是工厂群,二是"贫民窟"。

(4) 现代城市阶段。人类在交通、通讯事业上的杰出成就,特别是汽车和电脑技术的广泛使用,无疑将使人口居住形式继续向纵横方向扩大。20世纪后期出现了人口与经济活动向郊外扩展的"离心流动",以及以中心城市为核心连同其他毗邻的内地、腹地形成的统一的大型都市带。现代城市的物质文明水平已有了明显的提高,人均居住面积有了增加,自来水、电灯、卫生间、采暖设备、空调已经变成一般标准,但在某些地区城市发展太快,市政建设滞后,贫民窟、环境污染、交通拥挤、住房紧缺、资源浪费等仍然是有待解决的问题。

(5) 生态城市阶段:这是城市发展的理想阶段,它应该是在充分发挥城市化优点,克服城市化缺陷的基础上建立的一种新型城市。目前对于什么是"生态城市"还没有一个明确的具体标准,Ashton(1992)在讨论我们的星球面临城市环境与生态危机的问题时,曾提出"生态城市"(ecological city)应该体现出以下四个原则:

① 对自然状态的最少侵扰;

② 最大的多样性(包括关于土地利用和活动等);

③ 系统尽可能是闭合的;

④ 在人口与资源之间达到最适的平衡。

显然,这些原则对于任何自然生态系统的和谐协调都是很重要的,但是如何把这些原则付诸于生态城市的规划、建设、管理以及评价的实际中,则需要进一步具体化。我们认为,从生态学观点看,城市是以人为主体的陆生人工生态系统,一个符合生态规律的生态城市应该是"结构合理、功能高效和关系协调"。具体说,"生态城市应该是环境清洁优美,生活健康舒适,人尽其才,物尽其用,地尽其利,人和自然协调发展,生态良性循环的城市"(详见第十一章)。生态城市既不是可望而不可及的乌托邦城市,也不是能一蹴而就的城市。生态城市有它发展的阶段性,并还将随着科技进步、生产力的发展而不断完善。

第三节　城市的发展历史

城市作为人类的一种集居形式,它是社会发展到一定阶段的历史产物,并随着社会的发展,可以划分出若干发展阶段;对每一个具体城市而言,又各有其自身的发展历史。从城市生态学研究出发,要认识城市状况并规划其发展,充分了解它的形成和发展历史是非常必要的。

一、城市发展历史研究的基本内容

研究一个城市的发展历史,其基本内容大致可归纳如下。

1. 城市产生及产生条件

即城市形成的时间、地点、自然条件以及社会经济背景等。这是按照发生学观点研究城市的第一步,它将有助于阐明城市的职能和城市区位的特征。

2. 城市社会经济发展的主要阶段

即按照社会经济历史事件划分城市发展阶段,找出城市发展过程中具有实质性差别的转折时期,诸如,这个城市的职能在什么时期发生变化? 城市面貌什么时期发生重大改变,以及这些变化的主要原因是什么? 等等。

3. 阐明城市各历史阶段的生态环境特征

从城市生态研究的角度出发,划分城市发展阶段主要是为了在明确城市发生质变的情况下,重点阐明影响城市发展的每一阶段的生态环境的基本特征,具体包括以下几方面:

(1) 城市的历史职能和规模。城市的历史职能与其所处的地理位置以及城市对外交通联系的演变有密切关系,与此相关的是城市规模的历史发展,包括当时的人口数量和用地规模等。

(2) 城市内部的物质基础、布局结构的历史变化特点。城市在其长期的历史发展过程中,随着它的兴衰演变,城市各种物质要素也必然发生相应的变化,查明这些物质要素形成时期、建设进程、布局安排等变化情况,对于当前城市生态系统的建设和管理以及历史景观的保护具有重要意义,其中包括最初建成部分以及随后的城市内各项主要建筑范围的扩大与缩小,城市主要建筑条件(如用地、水源等)的发展变化,如历史文物、古迹、风景园林等的形成与配置,以及主要功能分区的形成和变化等。

(3) 城市生态环境变化的特点。城市在其历史发展过程中,由于人口规模、生产力发展水平、外部交流的范围与频率等等变化,必然会导致城市生态系统环境的改变。其中包括城市气候、大气质量、水文、水质、土壤、动植物区系的历史变化以及对外部资源的联系性和依赖性等发展变化。

以上列出的几项有关城市发展中的城市生态环境特征,主要是为了便于问题的阐述。实际上,它们之间均有密切的联系,可以把它们作为城市生态系统历史发展研究的一般内容。但是,由于我国地域辽阔,城市历史发展比较复杂,各城市均有其特定的历史条件,加上资料完备程度不尽相同,因此在具体研究时,尚需根据实际情况有重点地加以阐明。如南京、北京、西安等古都已有数千年的历史(陈桥驿,1983,1986);而以上海、天津为代表的近代城市,则是一类被几个帝国主义国家共同占据了的,由"租界"发展起来的港口城市(董鉴泓,1989);深圳、珠海等现代城市,则是改革开放以来为适应对外开放、发展经济等需要迅速兴建的城市,它们的发展过程是很不相同的。本章将以上海、南京和深圳三市为例,具体介绍城市的发展过程。

二、城市发展历史案例

(一)上海城市的历史发展

上海市是长江口上的一个特大城市,目前面积为 6 430.5km^2,市区占地 2 057.01km^2,全市人口为 1 304.43 万人,市区人口是 961.02 万人(1996);国民生产总值占全国的 1/23,工业总产值占全国的 1/19,财政收入占全国的 1/8,口岸进出口商品总值占全国的 1/5。它的发展至少已有 700 多年历史,大致可以划分为以下几个时期。

1. 城市产生和始建时期

上海作为一个河口的大城市,它的发展首先和岸滩的演变紧密联系着。6 000 年前,现在的上海市大部分地区还是一片汪洋,那时的海岸位于现在的嘉定、外冈、方泰、南翔、徐泾、马桥、漕泾一带,目前这一地区从西北向东南延伸着总长 130 千米,宽 2～8 千米不等的高爽地——"冈身",就是当时沿岸的沙和贝壳在波浪作用下形成的一条贝壳沙堤(图 10－1)。根据对冈身以西青浦崧泽文化遗址最下一层马家浜文化的考察以及碳－14 的测定,说明 6 000 年前那里生活着上海的第一代居民。人们所说的"上海有 6 000 年历史",指的就是这个时期。随着陆地向东伸展,人们活动的范围也向东扩大,冈身地带马桥文化遗址的发现,表明 4 000多年前,海岸线已从冈身向东延伸。公元 1 至 3 世纪后,由于气候变冷,海面下降以及长江主流不断北移和中、上游地区的逐步开发,加速了南岸边滩的淤涨,陆地继续向东扩展。考古工作者在月浦、江湾、北蔡、周浦、下沙一带发现的一条断断续续的地下沙带,就是冈身以东另一条海岸遗迹。沙带以西以及市区各处许多唐代遗址的发现,说明公元 8 至 10 世纪海岸线已延伸到那里。公元 11～13 世纪间,旧海塘外又增涨了大片土地。据方志记载,南宋乾道八年(公元 1172 年),在今川沙、顾路、南汇、大团、奉城一线修建里护塘,这条海塘到明代成化年间增强加固。11～13 世纪海岸线位于今老宝山城和川沙、南汇县城,向西转折到大团、奉城、柘林和金山卫一线。在此期间,川沙、南汇一带海岸线东推 6～7km,与此同时由于长江口南岸边滩向海推移,加速了杭州湾漏斗状河口形成,又加剧了波浪结构的变形,引起杭州湾北岸侵蚀,因此,奉城、金山一带陆地大量坍塌入海,大、小金山遂孤悬于海中(祝鹏,1989)。

此后,上海东部海岸的成陆速率逐渐减缓,人们不断修筑塘堤,围海造田。清雍正十一年(1733 年),里护塘东侧备塘加固,称为钦公塘,现已改为公路,20 世纪初的圩塘,现在修整加固成人民塘(祝鹏,1989)。

崇明岛初为河口沙洲,由长江冲击而成,唐初露出水面,由于长江主流反复摆荡,经历了多次涨坍,目前岛的面积为 1 041.21km^2,是我国的第三大岛。长兴岛于 1644 年始露水面,至 20世纪 60 年代末,沙州合并成为现状,面积 74.14km^2。横沙岛自 1864 年出露,以后又逐渐向西移动,面积约为 45.82km^2。目前上海地区的陆地仍在向东伸展。

有文字记载的最早的上海地区县治始于秦代(公元前 3 世纪),属于会稽郡的娄县(上海市文史馆等,1982)。在今江苏省昆山县境内。汉袭秦制,将娄县改为娄县。南朝梁武帝天监六年(507 年)改娄县为信义县,大同元年(535 年)又将信义县南部划出设昆山县。唐天宝十年

(751年)将昆山南境,海盐北境,嘉兴东境划出,另设华亭县,上海地区即属华亭县,那时的上海还是一个渔村。上海正式设镇是在南宋咸淳三年(1267年),镇址位于现在的南市,面积不到2km²,人口数千至万人。从此揭开了上海市历史的新篇章。

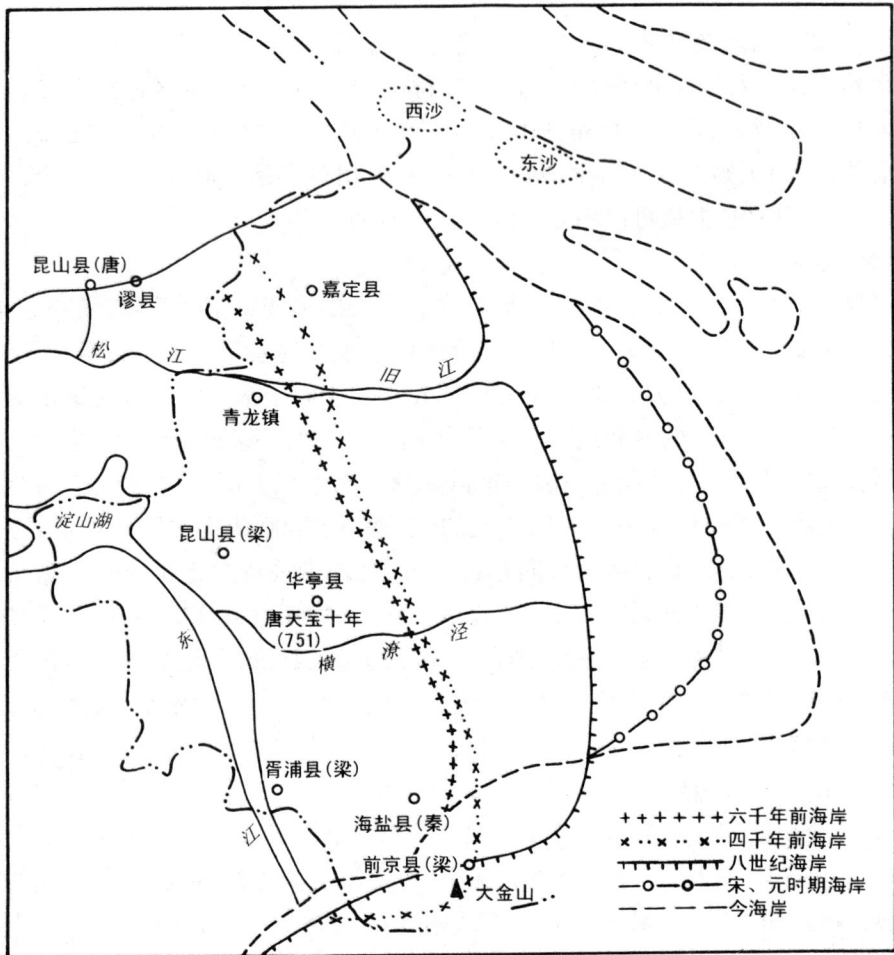

图10-1 上海地区的海岸变迁

2. 港口城市的形成和发展时期

上海建镇后由于地理位置优越,发展很快,到南宋末年,已是"海舶辐辏、商贩积聚",开始确立了贸易港口的地位。元至元十四年(1277年)在上海设立市舶提举司,上海镇的经济地位蒸蒸日上。至元二十四年(1287年)又在上海设立都漕运万户府,二十九年(1292年,一说二十七年)设上海县。明永乐二年(1404年)疏浚黄浦江,实现了江浦合流,不但畅通了泄水道,有利于农田水利建设,更重要的是促进了交通和航运事业的发展。此后松江地区以上海为中心,逐渐形成了内河航运、长江航运及沿海的北洋、南洋航运和国际航运等五条航线,使上海的"襟江带海"的自然优势得到了充分发挥。由于上海航运业的发展,永乐十年(1412年),在吴淞口筑"宝山","昼则举烟,夜则明火"以利航行,郑和下西洋第三次出航即从这里出发。这时上海已从一个普通的县邑发展成"舟车辏集"的东南名邑。嘉靖三十二年(1553年)上海筑城垣(城区面积 2.4km²），政治地位更加重要。清初实行海禁政策，严重阻碍了这一地区的经济发展，上海曾一度衰落。康熙、雍正后开放海禁，商业经济重新活跃，城市又发展起来，不久清政府在上海设立江海关，"移驻邑城，往来海舶俱人黄浦编号，海外百货俱集"。到乾隆、嘉庆时，上海南市十六铺以内，"帆樯如林，蔚为奇观，每天满载东北、闽广各地土货而来，易取上海所有百货而去"。鸦片战争前夕，上海已是"江海之通津，东南之都会"。上海城市发展的这一阶段，从建镇起(1267 年)到鸦片战争，前后经历了五百多年的时间。

3. 殖民地半殖民地城市时期

1840 年爆发鸦片战争，清政府失败，订立"南京条约"。根据条约，上海于 1843 年 11 月 17 日对外开埠。1845 年 11 月英国领事请准中国官府划定洋泾浜(今延安东路)以北，李家庄(今北京路附近)以南，黄浦江以西，界路(今河南中路)以东，面积达 16km² 的土地为英国人的居留地。这是在中国土地上出现的第一片租界地。接着美国于 1848 年、法国于 1849 年相继在虹口和南市附近建立美侨和法侨居留地，上海进入了帝国主义扩张租界的时期。1863 年英美租界合并为公共租界，这时全市共分华界、公共租界和法租界三部分(图 10－2)。租界面积经过几次扩张，到 1914 年已扩大到 32.82km²(其中公共租界 22.6km²、法租界 10.22km²)(刘惠吾，1985)。殖民者利用上海有利的地理位置发展贸易，兴办商业，同时利用中国廉价的劳动力和原料开办工厂，进行现代化的大生产。与此同时，上海的公用事业也得到了发展，19 世纪 80 年代的上海已经成了一个具有自来水、煤气、电灯、电话和近代工商企业的大城市。但是，由于租界的建设多采取蚕食扩张政策，按自己的利益各行其事，造成分区混乱，建筑五花八门，道路零乱，水、煤、电各成体系，给上海城市的改造留下了许多困难。

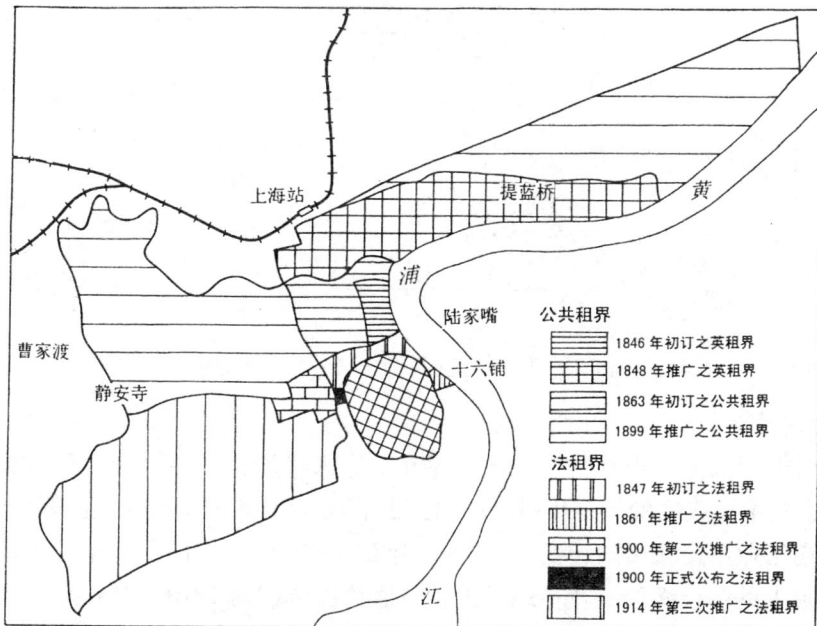

图 10－2 上海被帝国主义强占的租界(引自：《上海市地图集》，1997)

1911 年辛亥革命胜利,推翻了满清政府,建立了民国;1912 年拆除城墙,使得上海在地理上融为一体,但租界仍在外人的统治之下。随着民族工业在一定程度上的发展,华界地区也得到了相应的改造和扩大。在改建南市区的同时,上海北部兴起了闸北区,推进了北部的城市境线,扩大了城市面积。1927 年国民政府在上海设立"特别市",同年划定江湾一带为新的市中心区,开始实施"大上海计划",这是上海市的第一个规划。1930 年初,上海改为直辖市时,辖17 个区,全市面积为 527.5km²(包括 32.82km² 的租界区),人口 3 144 805 人(包括 59 188 名外侨)。1937 年"八一三"淞沪战争爆发,上海沦陷,"大上海计划"彻底失败。1945 年抗战胜利,翌年大场、七宝、莘庄三个郊区划入市区,连同旧租界,全市共划为 30 个区(市区 20 个区,郊区 10 个区),面积 618km²,当时人口为 3 370 230 人。1949 年 3 月解放前夕上海人口达5 455 007人,同年年底为 5 029 200 人(邹依仁,1980)。

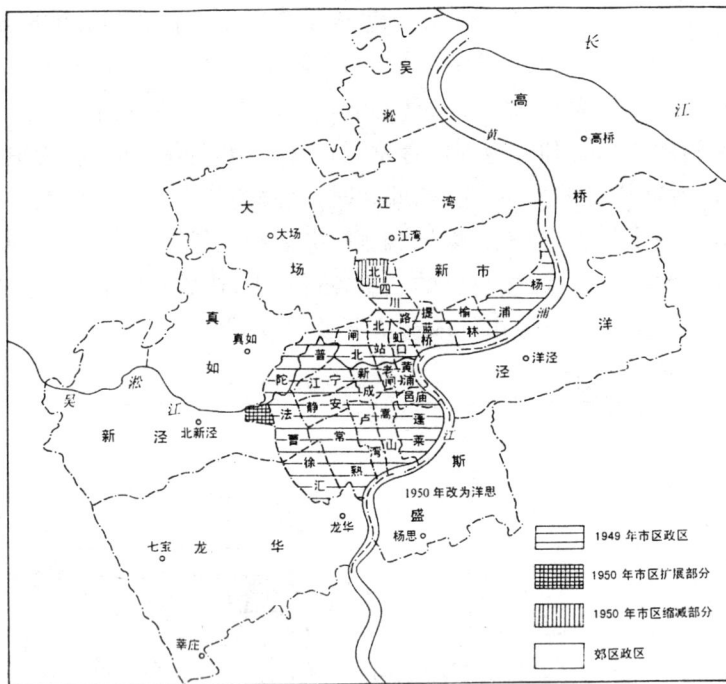

图 10-3 1946~1949 年上海市政区图(引自:《上海市地图集》,1997;稍改动)

4. 城市改造时期

1949 年新中国成立,上海作为中央的直辖市,进入了城市改造时期。经过数年的战争,全国经济凋敝。新中国成立的头三年(1950~1952 年)是经济恢复时期,上海开始了从金融贸易和消费城市向工业生产城市的转变。从 1949 年到 1979 年,经过近 30 年的改造和建设,上海已成为我国最大的综合性的工业基地,工业产值约占全国的 1/10,为 1949 年的 28 倍,平均年递增 10.6%,工业企业上缴利税占全国的 1/4,为国家的建设和发展作出了重要的贡献。

1950 年时,上海市总面积为 618km²,其中市区面积为 82km²,郊区面积为 536km²,市区仍设20个区,郊区设10个区(图10-3)。1951~1957年间上海市的行政区划曾有数次变更,辖区范围和界线也曾经变动,但调整幅度不大。1958年的一次调整将原属江苏省的上海、宝山、嘉定、川沙、南汇、奉贤、金山、松江、青浦、崇明县划归上海市管辖,完成了今日上海市的基本框架(图10-4)。后又经数度调整,到1966年时上海市的市区分为10个区,郊县分为10个县,面积扩大到5 909km²,市区为140km²,郊区为5 769km²。人口为1 095万人,其中市区人口为636万人。

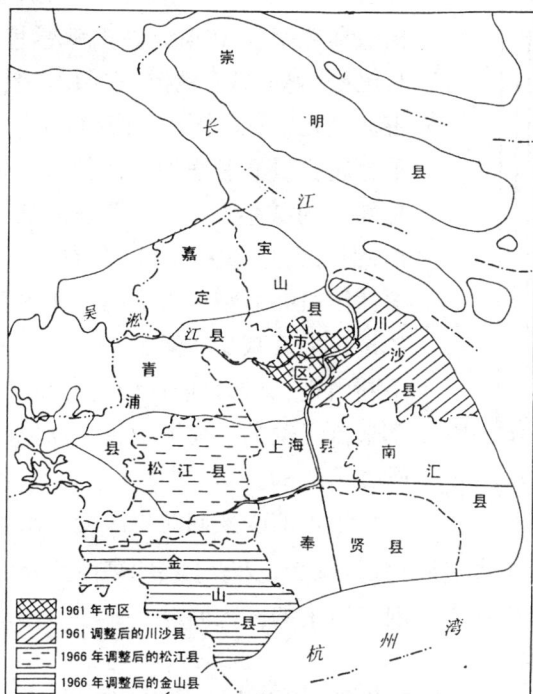

图10-4　1961~1966年上海市行政分区图

　　从1949年到1979年的30年间,上海市的面积从618km²扩大到6 186km²,其中市区面积从82km²,扩大到158km²,全市人口从545万人增长到1 132万人,市区人口从419万人增加到591万人,市区的人口密度为37 301人/km²,有的区甚至高达60 000人/km²。过高的人口密度带来了住房紧张、交通拥挤等一系列问题。

　　在当时的国内外特定的形势下,由于强调要把上海从消费城市改造为工业生产城市,因此,这一时期工业得到了迅速发展,工厂作坊犹如雨后春笋般兴建起来,但是,由于缺乏总体规划,工厂的兴建遍地开花,在市内见缝插针,住宅区和工业区犬牙交错,许多工厂与居民住房仅一墙之隔。20%的工业集中于市区,每平方千米内有工厂30多家,在生产工艺还相当落后的条件下,对环境造成了严重的污染,特别突出的是水环境污染,每天排放的470多万吨废水中,有70%~80%均未经任何处理而直接排放到黄浦江和其他临近水体,造成了黄浦江黑臭期的逐渐延长(图10-5)。为了保证饮用水的质量,自来水厂的取水口不得不逐步上移。20世纪

60 年代开始,黄浦江水生生物种类和数量急剧减少,到 80 年代,市区江段鱼虾已经绝迹,能看到的只是一些耐污的生物种类,严重的地方甚至只有细菌。上海市的大气污染也很严重,市区降尘量大都超过国家标准,SO$_2$ 的浓度有的地方超过国家标准 1～1.5 倍,酸雨的范围与强度也逐年增强。

城市发展消灭了大量的植被,环境污染使得许多植物受害,一些植物因之死亡,部分种类已经绝迹,上海市区的植被覆盖率仅 10%。许多敏感植物如雪松、柳杉、黑松、马尾松、鸡爪槭、桃树、重阳木、腊梅等生长不良或明显受害甚至死亡;悬铃木、柳树、芦苇、一年蓬等植物体内的重金属含量显著增加。例如,市区内悬铃木叶中的镉含量是郊区的 3 倍,铬含量是郊区的 5 倍,铅含量是郊区的 5 倍,铜含量是郊区的 11 倍,锌含量是郊区的 10 倍(宋永昌,顾咏洁,1988)。地衣早已在市区内绝迹,一些高等植物的数量也大大减少。但另一方面,由于贸易往来又有新植物不断引进,例如目前广泛分布的紫菀、一年蓬、一枝黄花等都来自于美洲,刺果毛茛、荒地酸模、直立婆婆纳则是从欧洲引进的。

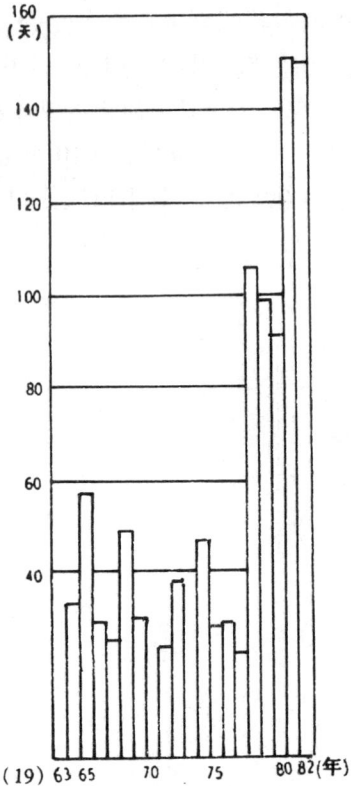

图 10-5　历年黄浦江黑臭期的变化
(引自:《上海市地图集》,1997)

植被的改变同时也改变了动物群落,许多湿地鸟类,如鹤、鹳、天鹅、雁鸭、鸻鹬等水禽、涉禽数量减少,仅见于崇明岛滩涂及海滨地区。伴人的种类上升,鼠类和蟑螂数量增加,已成为目前城市中的一大问题。

5. 改革开放的城市发展时期

20 世纪 80 年代改革开放政策的执行,使上海市的发展跨入了一个新的历史时期,经过"六五"期间的准备,"七五"期间城市进入了高速发展的时期。1986 年国务院批复了《上海市城市总体规划方案》,从此,上海市第一次有了经过国家批准的城市总体规划。上海城市的性质定位为:"我国主要的工业基地之一,也是我国最大的港口和重要的经济、科技、贸易、金融、信息、文化中心,同时也应是太平洋西岸最大的经济贸易中心之一。"不久党中央国务院又作出了"以上海浦东开发开放为龙头,进一步开放长江沿岸城市,尽快把上海建设成国际经济、金融、贸易中心之一,带动长江三角洲和整个长江流域地区经济新飞跃"的重大战略决策。在这"一个龙头、三个中心"的战略决策和"一年一个样,三年大变样"的奋斗目标指引下,近十多年来,上海市建设取得了巨大的成就,城市规模不断扩大,郊区城市化速度加快,城市布局结构出现了新变化。逐步形成了由主城、辅城、县城和集镇四个层次构成的城镇结构体系(图 10-6)。

图 10-6　上海市城镇结构体系图

主城：以外环线为基本轮廓，按综合功能分为 11 个综合区。浦西 5 个分区，它们是中央分区、江湾分区、彭浦分区、虹桥分区、徐家汇分区；浦东 6 个分区，它们是陆家嘴分区、外高桥分区、金桥分区、张江分区、周家渡分区以及川沙分区。

辅城：外环线以外的集中城市化地区，包括宝山区、嘉定区和闵行区，主要是发展工业，同时建设第三产业和安排居住。

县城：县城是青浦、松江、金山、奉贤、南汇、崇明等 6 个郊县的政府所在地，是各县的政治、经济、文化中心，以发展工业为主，同时适当发展第三产业。

集镇：是县属或乡属的小城镇，以带动地区农业、经济和社会的发展为主。

1990 年浦东新区建设正式启动，经过几年来的努力，新区轮廓已经展现，陆家嘴、外高桥、金桥和张江4个重点开发区的建设已初具规模(李春涛等,1996)。至1996年已建成了204幢高层和超高层建筑,陆家嘴金融贸易区已与浦西外滩一起形成了上海的中央商务区;金桥加工开发区已开始形成了集现代工业、贸易、住宅为一体的现代经济园区。于1993年4月17日封关运作的外高桥保税区已经形成以自由贸易为特征的直接出口贸易、转口贸易的中国大陆上第一个自由贸易区。张江高科技园区实现了以"生物医药工程、电子信息技术、光机电一体化"的产业重点,并在建设"生物医药谷"的计划上取得了积极进展。与此同时,在新区的城市基础设施建设方面也取得了显著进展,在522km^2(其中城市化地区面积约为350km^2)的面积上,至1996年底,铺设的道路长度为606km,面积758×10^{4}m^2,园林绿地面积为948.27公顷,绿地覆盖率为16.94%,人均绿地面积达到3.45m^2。

如果说城市总体布局是城市的骨骼,那么城市的交通和通讯就是城市的血管和神经。"八五"期间上海的道路交通和邮电通讯建设取得了重大进展,相继完成了南浦大桥、杨浦大桥、奉浦大桥、徐浦大桥等几座越江大桥,内环高架、南北高架道路、地铁一号线以及多座大型互通式立交桥的建设,实现了"平面立体并举、浦东浦西贯通"。1996年底全市实有铺装道路长度为3 115km,实有铺装道路面积为37.6km^2,分别是1978年的3.5倍和4.3倍。上海市的邮电通讯经过"七五"、特别是"八五"的5年建设,也取得了翻天覆地的变化,"七五"期间净增交换机设备容量46.9万门,长途电话中继线8 400条,"八五"期间全市电话容量达到345万门,上海已成为我国电话装机容量最大的城市。上海邮电已建成数据传输网(DDN)和公众分组交换网(PCPDN)、电子信箱(E-mail)、电子数据交换(EDI)、数字移动通讯网、甚小口径卫星通信(VSAT)、国际数据库检索(Internet)、可视图文(Video Tex)传真存贮转发系统等,并已被社会广泛采用。有线电视(CATV)光纤传输网的建成,不仅承担了有线电视的信息传递任务,而且为将来网上开发宽带业务提供了可能。上海的邮电通讯已摆脱了落后状态,为将来发展更高层次的信息高速公路打下了基础。

"八五"期间上海园林绿化建设也取得了不少进展,市区人均公共绿地面积从1990年的1m^{2}提高到1996年的1.92m^2,绿地覆盖率也从12%提高到16.94%,并保持了逐年增长的势头(图10-7)。新建、扩建了民星公园、泗塘公园、友谊公园、凉城公园、济阳公园等15座公园。改造和建设了人民广场绿地、杨高路绿化带、徐家汇绿地、外滩绿

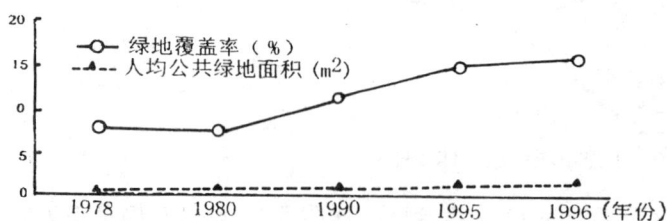

图10-7　上海市绿地覆盖率及人均公共绿地增长情况

地、浦东滨江绿地、内环线绿化带、南浦大桥小游园等大型街道绿地,并兴建了首座国家级的上海野生动物园。这一切标志着上海市园林绿化建设进入了高速度的发展时期。与此同时,上海市的环境质量也有所改善,局部污染严重地区的环境状况有了明显的好转。到1995年,全市大气总悬浮颗粒物为237μg/L,SO$_2$为32μg/L,城区平均降尘量为14.31t/(月·km^2),分别比1990年下降12.2%、36%和34.4%。黄浦江上游水源保护区水质仍维持在3~4级,与"七五"期间基本持平,白天环境噪声平均等效声级为60.1dB(A),比1990年下降了10.2%(1991~1995年《上海建设》,1991~1995)。

近十多年来,上海城市建设取得了巨大的进步,但是与"一个龙头、三个中心"的战略目标的要求相比,与建设一个"生态城市"的要求相比,仍有很大距离(详见第十一章)。

上海市的历史,如果从上海正式设镇的1267年算起,到现在已有700多年了,经过700多年的发展,它已从一个港口小镇发展成为一个巨型城市(图10-6,10-8)。如果追溯这一地区人类活动的历史,则长达6 000年。按照Boyden(1984)划分人类生态景观发展史的意见,可把上海的历史划分为四个生态阶段:原始渔猎阶段→早期农业阶段→早期城市阶段→现代技术阶段。

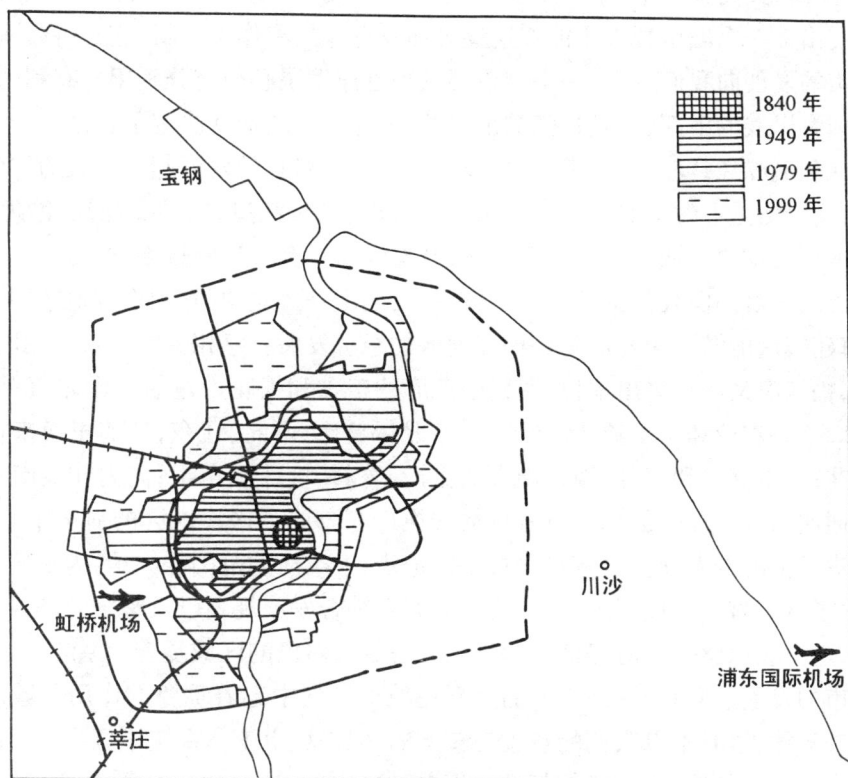

图10-8　上海城市市区的发展

上海地区的原始渔猎阶段可以青浦县崧泽文化层最下层的马家浜文化为代表,它是新石器时代太湖流域母系氏族社会的遗存,那时人们已学会了磨制石器,开始了谷物种植和动物饲养,但渔猎活动仍占相当比重,据测定距今约有6 000年。

大约在5 000年前,上海地区进入早期的农业阶段。崧泽文化遗址表明,那时农业发展已使人们进一步定居下来,4 000～2 000年前左右的良渚文化,犁、镰普遍使用,农具有了较大的改进,农业生产有了较大的发展,制陶、冶炼技术也有了提高,手工业从农业中分离出来,成为独立的生产部门,开始了人类社会的第二次劳动大分工,具备了形成城市的条件。

有文字记载的上海地区县治始于秦代,到唐代天宝年间,上海还是一个渔村,属华亭县管辖,南宋时期在上海正式设镇,建立了早期的城市,这一时期的发展经历了五百多年的时间。

如果把一个城市使用电力算作是进入现代技术阶段的话,上海于1882年出现第一个电气公司,也就是说,上海在一百多年前开始步入了现代城市阶段。

就城市的整个发展阶段来看,前期的发展是较缓慢的,后期则越来越快。这种现象提示我们,如果说在城市发展的初期缺少规划,建设不当,还可在实践中不断调整,不致于酿成不可收拾的局面,那么在城市化迅速发展的阶段,如果缺乏规划,则会酿成混乱,失去平衡,产生恶性循环,将造成难以挽回的损失。

上海城市发展再一次证明,城市是社会、经济、历史和文化发展的产物,城市的发展又将推动社会经济、文化的发展。由于科学技术的进步,早期城市的防卫作用已经消失,但是作为经济、政治、文化和科技的集中地,它在发展生产、扩大贸易、提高人民物质和文化生活水平方面的作用日益突出。一个城市如果不能在这些方面发挥作用和作出贡献,它必将逐渐衰落下去。

上海城市的发展向我们表明,一个城市要获得迅速发展必须充分利用它有利的地理条件。上海地处我国海岸线的中部,又是长江的出口处,上海建镇之初就决定了它是一个港口和贸易城市。黄浦江和吴淞江合流,为它带来水利和航运之便,对它的发展起了很大的作用。在可以预见的将来,这仍然是上海市发展的有利条件,所以整治长江口,保护黄浦江,治理苏州河,对于上海的发展至关重要。从岸滩继续东涨看,开发浦东具有长远的战略意义。

上海城市的发展还向我们提示,一个城市的发展不是孤立的,它和附近地区的经济发展联系紧密,上海建镇后能够迅速发展是和松江地区的经济发展息息相关的。自宋元以来,江南地区富冠全国,松江府又居于突出地位,明代松江府的粮食和棉花产量居全国之首,纺织和制盐业也很发达。这些农业和手工业产品经过上海北运冀豫、西北、辽东,从那里换来大豆、人参、皮货以及棉花;南下闽粤和海外,换来南方的土产、香料、珍珠和白银;向内陆经南京、芜湖、九江、武汉,西通四川,南下湘沅,也进行着货物交换。上海成了松江地区的航运中心,松江地区的发展也促进了上海的发展。随着科学技术的进步,人类活动范围扩大了,为了使上海市能更好地发展,除了做好城市发展规划外,还要制定城乡综合发展规划以及整个经济区和长江流域的发展规划,建立起以整个上海经济区和长江经济带为对象的区域复合大系统。

上海城市的发展还向我们提示,人的因素在城市发展中起着重要的作用。城市的发展有它自身的客观规律,这是不以人们的意志为转移的,但是城市生态系统毕竟是人们创造的人工生态系统,它的规模、结构,甚至职能都是人们自己决定的,这些决定是否合理,对城市的发展起着决定性作用。在上海城市发展中,由于人们的正确认识和采取的正确行动,对上海城市的发展产生过积极作用,如浦淞合流,曾为上海市的发展提供了良好的条件。但不正确的行动也给上海市的发展带来过消极影响,如租界的各自为政所造成的杂乱无章以及"见缝插针"所造成的工厂与居民区的杂处,都为城市的发展和改造带来了许多困难。因此一个城市的顺利发展,需要有正确的决策和全体市民的共同努力,这就要求提高人们对城市生态系统整体性的认识。

(二)南京城市的历史发展

南京是我国五大古都(西安、洛阳、开封、北京、南京)之一。约在 6 000~4 000 年前,这里就出现了在今鼓楼岗周围和秦淮河下游一带的原始村落居民点。继之在 4 000~3 000 年以前,在南京地区周围长江两岸,秦淮河、滁河流域和玄武湖湖滨一带,普遍地出现了早期居民点村落,当时居民主要从事渔猎以及以水稻种植和家畜饲养为主的农业。其后,大约经过 2 500 多年的奴隶制社会发展时期,直到公元前 472 年(东周元王四年)的战国初期,才出现了第一座城池——越城,这是南京正式有城池的开始,迄今已有 2 470 多年的历史。南京作为一个历史名城,大体上可划分为以下八个时期(宋家泰等,1985)(图10-9)。

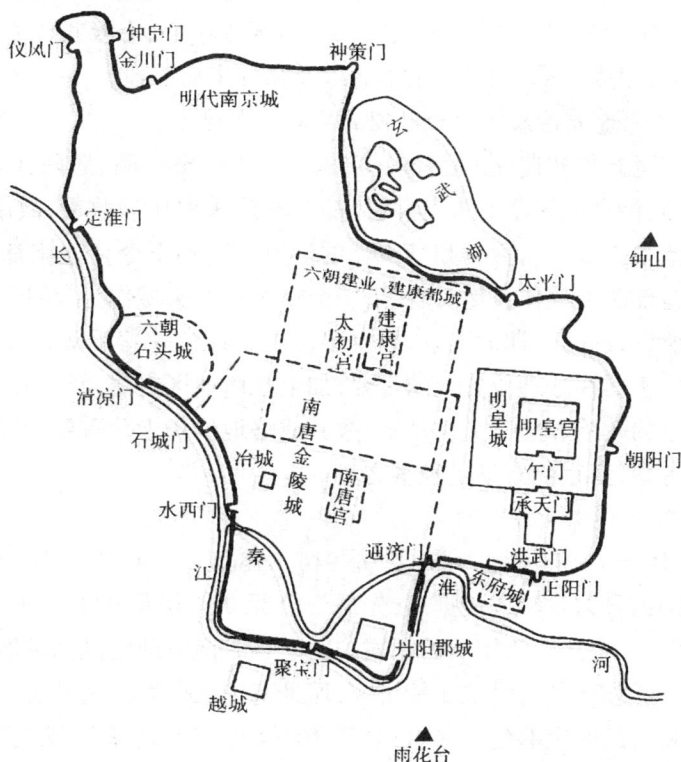

图10-9　南京历代都城相互关系图(据:蒋赞初,修改,1995)

1. 城市的产生和始建时期

约自战国初期至三国初期(公元前427～公元228年),共655年,先是越灭吴,在长干里(今中华门外长干桥西侧高地上)筑"越城",继是楚灭越(公元前333年),在石头山(今清凉山)设"金陵邑",随后,秦灭楚(公元前223年,秦始皇二十四年),金陵归秦国统治。自此历经秦、汉两代,最终形成以秣陵县治为南京地区的政治中心。当时这里的农业、手工业、商业都比较发达,人口稠密,水陆交通方便,地处全国东部的南北津要地位。到三国初期的公元211年(汉建安十六年),吴孙权将政治中心从京口(今镇江市)迁至秣陵,改秣陵为建业,把行政中心迁至今南京市区内,从而完成了南京城历史发展的第一个时期。

2. "六朝"都城建设时期

这是南京城市的第一个发展和建设时期。自三国初期至隋灭陈(公元229～589年),历经东吴、东晋及南朝、宋、齐、梁、陈共360年的"六朝"期,这一时期是我国广大南方地区,在政治、经济上处于一个比较稳定的长期持续发展时期。当时以长江下游"三吴"(吴郡、吴兴、会稽)地区为核心,兼及长江中游以至浙、闽沿海、山区的广大地域范围内,农业、手工业、商业以至交通运输业,都达到了空前的发展水平。适应于这一政治、经济发展的需要,南京以其特别有利的地理条件,以东吴新建的建业都城(今南京市区的核心部分)为始基,在南方区域经济不断发展的基础上,逐渐建设成为全国最大的政治中心和重要经济、文化中心。至六朝末期、公元 6 世纪初梁武帝时代的建康都城,其四郊所及各达 20km,居民达 28 万户,人口超过百万,成为当时国内外最大的城市。国内外贸易范围,近以"三吴"地区为中心,上及长江中、上游,东南达闽、粤沿海以至海外印度、印度支那半岛、马来半岛以及朝鲜半岛等地。

3. 由封建都城转为地方性政治中心时期的早期衰落时期

这一时期自隋初至五代初期(公元 560～913 年),历经整个隋、唐两代至五代初期共 353 年。由于隋、唐两代政治重心转至北方,且两代都对金陵采取压抑政策,故南京先后沦为辖境范围很小的地方政治中心——"蒋州"和"升州"的治所。隋初下令将建康都城、东府城和丹阳郡城等城邑及宫殿全部荡毁改作耕地,只留下一个小小的石头城作为"蒋州"的州城,唐代情况并没有多大改变。所以,这一时期的南京,不仅政治中心地位一落千丈,且城市物质基础几乎荡然无存。但南京由于其在地理位置上的重要,加上江南地区封建经济的继续发展,以及前期六朝三百多年所奠定的政治、经济、文化基础,故其战略地位仍十分重要,所谓"金陵得失,攸关天下",即天下一旦有事,南京仍有举足轻重之势。

4. 城市由前期衰落到渐次复兴时期

自五代初,经五代十国、宋、元至明初(公元 914～1365 年)共 451 年。五代初南京为南唐及其前身杨吴政权割据势力政治统治据点,先后于公元 914 年及 932 年进行了较大规模的重建(金陵城),并于 937 年正式作为南唐的都城。由于当时南方地区经济发展比较稳定,南唐辖境较广,作为都城的金陵府,其建设也比较讲究,城址范围较前期大为扩展,主要是将南秦淮河下游两岸的商业区和居民区全部包括在内;继后历经 420 多年北宋的"江宁府"、南宋的"建康府",以至元代的"集庆路"均沿用此城而未变,并成为以后明初南京城西部及南部的基础。宋室南迁,公元 1127 年拟以金陵为"东都",一时修建城池、宫殿,并改江宁府为建康府,虽建都未成,但军事重镇地位则更显突出(经常驻军十几万)。公元 1275 年元进占南京,于公元 1329 年(天历二年)改建康府为集庆路,仍为地方政治、经济中心,同时,在元一代,南京的丝织业也得到较大的发展,并为其后明、清两代南京丝织业的大发展奠定了基础。

5. 明清繁盛发展时期

自明初至清末,包括应天府、南京、江宁府,以至太平天国天京等时期,历经明、清两代(公元 1366～1864 年),共约 500 年,是南京政治、经济地位重新繁盛发展的时期。公元 1368 年朱元璋正式建都"应天",直至公元 1420 年(永乐十八年)明成祖迁都北京改京师为"南京"止,南京作为明初都城共 53 年,城市建设经过连续 21 年(1368～1388 年)的兴修,达到当时中外所未有的规模,今日南京城的基础就是那时奠定的。城市经济发展远远超过宋、元两代,成为全国最重要的经济、文化城市之一。城市人口,据洪武 24 年(公元 1391 年)统计共达 473 200 人,城市的物质建设取得了前所未有的规模,城市总体布局井然有序,如城东为宫城、政治区、城南为手工业、商业区,城北为军事区,城中和城南为重要的居住区,城北、城南各有文教区等,郊区为蔬菜、水果、粮食等生产基地及重要的造船原料生产基地。明迁都北京以后,南京政治地位虽有所降低,但仍保留了皇宫和六部衙门,称为"留都",人口仍保持在 40 万人左右,是全国可数的大城市之一。清初改应天府为江宁府(地方辖境范围不大),历为江南省和江苏省省会所在,是南方重要政治中心之一,也是南方重要的经济(以丝织业为主)、文化中心之一,并具军事重镇和交通要冲的地位。1853～1864 年南京是太平天国的天京,南方的政治中心,丝织业,以及印刷业、建筑业都有所发展。1864 年 7 月 19 日天京被清军攻破后,南京城经历了一场空前浩劫,全城各王府、主要建筑物以及各种文物古迹被毁达 80% ～90%,使近一千年的城市物质基础毁于一旦,南京现存的百年建筑物,绝大部分是清同治、光绪年间重建的。

6. 半殖民地、半封建时期

自清末至解放前(公元 1865～1949 年),共 85 年,是南京进入半殖民地、半封建城市的畸形发展时期。1842 年的《南京条约》使我国被迫开辟五口通商,1858 年的《天津条约》,使南京又被迫辟为通商口岸之一,只是当时由于南京是太平天国的"天京",不受此项不平等条约的约束。但在 1899 年(光绪五年)终于正式开辟为商埠,从此深受帝国主义侵略的影响。在帝国主义势力入侵及清代"洋务运动"的影响下,南京开始兴办了一些近代工业(主要是军火工业),同时修筑铁路、城市道路,创办新式学校,使南京出现了近代的色彩。1911 年"辛亥革命"胜利,1912 年元旦孙中山先生在南京建立"中华民国",南京曾一度作为中华民国的首都(仅 3 个月),从 1912 年以后到北伐战争的 15 年间,南京处于"北洋军阀"争相统治之下,虽仍系东南地区的重要政治、军事重心,但城市经济发展和建设却极为缓慢,基本上还是一个"内地型"的城市。1927 年北伐战争之后,直到 1949 年,除抗日战争时期国民党曾一度将首都迁往重庆的 8 年以外,南京作为首都,前后共达 14 年之久。

7. 解放后城市改造时期

1949 年新中国成立,南京进入改造时期,南京各项建设事业有了很大的发展,城市面貌发生了深刻的变化。改革开放以来工业总产值比 1949 年增长了 250 倍,达到 125 亿元。建成区面积发展到 120km²,比解放初期扩大近两倍,城区边缘和外围形成了八个各具特色的工业区。市区累计建成住房 $2\,277 \times 10^4 m^2$,比解放初增长两倍多。市政建设有较大发展,城市道路全长 678km,面积 $497 \times 10^4 m^2$,分别比解放初增长 1.8 倍和 1.6 倍。人均道路占有率 2.8m²,干道密度3.7%。城市绿化成绩显著,绿地面积 5 000 多 km²,覆盖率 30.1%,人均绿地面积 3.34m²,公园 25 个,面积 466.7hm²。

南京市境内平原、岗丘、河湖交错分布,树木葱茂,82% 为海拔 10m 以下的冲积平原,其余为岗地残丘。秦淮河和金川河是市内主要河道。随着城市的发展,也导致了市内一些地区的水源、空气等出现了不同程度的污染。

为了改善市民的居住条件,1952 年结合爱国卫生运动,组织群众自己动手,政府帮助改造家园。首先在白下区的"五老村"棚户区进行,将原有的破旧杂乱棚屋全部拆除,重新规划,利用旧料,统一安排,新建平房。在五老村改造家园的带动下,许多棚户区也相继改造,掀起了一个新的高潮。与此同时,国家在财力物力稍有好转的情况下,又投资建设住宅。在此期间,也曾一度在"先生产、后生活"的思想指导下,大办工业和街道工业,挤占近 $100 \times 10^4 m^2$ 的住宅房屋,再加上人口增长的失控,人均居住水平下降到 3.23m²。市政道路等公共设施也因缺乏城市规划和配套,跟不上经济发展和人民生活的需要,使这些矛盾更加突出,给群众生活带来一定的困难。

8. 改革开放后南京城市的发展

十一届三中全会以来,为了适应改革开放和现代化建设的需要,南京市政府坚持贯彻"统一规划、合理布局、综合开发、配套建设"的原则,经过十年努力,城市建设迅速发展,取得了令人瞩目的成就。

(1)小区综合开发极大地促进了公用设施的配套建设,提高了城市基础设施的服务功能。十年中,新建、拓宽了路幅 20m 以上的城市道路 20 多 km;建成了一个大型公交车场和一批公交站点;建成一座生活污水处理厂和 20 多个垃圾中转站,新建、改建了 200 多座公厕。在开发中,城市的硬件环境逐步得到改善。

(2)在不要国家投资的情况下,新建和扩建中小学、幼儿园 101 所,共 $17.64 \times 10^4 m^2$;体育运动场 1 个,文化设施 30 个,共 $3.5 \times 10^4 m^2$,有力地支持了文化教育事业的发展。通过小区综合开发,为商业网点的建设拓宽了道路,开辟了山西路、热河南路等十多个商业中心,完善了商业中心区,完成商业网点配套,使南京市千人商业网点数及面积超过了国家规定标准,方便了群众生活。

(3)十年来,综合开发为全市提供了 800 多万平方米的住宅,占全地区新建住宅的 50%,为前 30 年竣工住宅面积 $618 \times 10^4 m^2$ 的 1.3 倍。占市区人口 1/4 以上的 16 万户居民告别了低矮破旧的故居,乔迁到设施齐全的新屋,目前全市人均居住面积达到了 $7.1 m^2$。

(4)通过综合开发,新建了 83 万 m^2 住宅,妥善解决了 16 万多户回宁人员的住房。1981 年以来,按照南京城市总体规划的要求,规划了 189 个住宅开发区片。现已建成新区和旧城改造区片 117 个,使老城区 $302 \times 10^4 m^2$ 的破旧危房得到了更新,新建了高层建筑 100 多幢。在综合开发工作中,注意并处理好保护古都特色与建设新居住区的关系,通过综合开发,逐步建成了秦淮风光带明清居士风格建筑,使金陵古城风貌得到了较好的体现。

(5)通过综合开发为对外开放创造了良好的投资环境,促进了南京市外向型经济的迅速发展。

南京的城市化发展经历了起步、发展和转型三个时期,目前正处于飞速发展的时期,作为特大城市的南京已成为沿江江南经济带的区域中心,成为江苏经济发展中的高城镇密度、高人口密度和高经济密度的区域。在城市化加速的过程中,南京的城市生态环境也表现出以下问题:

(1)城市的不断扩展占用了较多的农田耕地,1993 年占用 1 130hm² 耕地,1994 年高达 1 730hm²,使得自然蓄水的生态系统受到影响,加之城乡交接地带基础设施建设滞后,缺乏完善的城市防洪及排涝系统,加重了城市的防洪负担。

(2)城市化带来了一定的环境污染,如南京市 1991 年的酸雨频率比 1990 年高出 23.1%,1992 年又比 1991 年增加 10.7%,近年监测的酸雨 pH 值在南京局部地区甚至达到 3.9~4.0;长江南京段 1997 年监测项目虽能达到地面水Ⅱ类,但石油类超标率为 91.3%,总大肠菌群超标 40%,水质污染趋势加重;机动车尾气污染超国家三级标准,超标率达 85%。

(3)人口增长过快,城市用地紧缺。据统计,南京主城人口从 1982 年的 143 万人增至 1995 年的 211 万人,增长 48%;而同期建成区占地由 119km² 增至 151km²,仅增加 27%;人口密度从 1982 年的 1.2 万人/km² 增至 1995 年的 1.7 万人/km²,其中六城区人口平均密度高达 2.5 万人/km²。城市人口密度过高,再加上 50 万流动人口(约占总人口的 20%~30%),进一步加剧了人地紧张的矛盾。

(4) 城市土地利用低效运行,布局结构不尽合理。南京城市土地利用现状仍属低效运转,与世界水平差距较大(见表 10-1),并呈现出用地不合理现象:城区第三产业用地不足,工业用地比重偏大,居住用地甚至污染;扰民企业占据市中心昂贵地价的土地。

表 10-1 南京与世界几个特大城市土地的产出情况

城市名称	城市面积(km²)	建成区面积(km²)	市区人口(万人)	GDP(亿美元)	GDP(万美元)/km²
北京	10 870.8	700	645	59.4	849
南京	6 515.7	975.82	265.8	72	738
开罗	214.2	214.2	640.6	48.3	2 255
香港	1 070.1	79	576.1	639.3	80 824
东京	2 059	514.89	816.3	5 072.9	98 524
汉城	6 05.4	605.4	1 057.7	410	6 772
巴黎	1 507	105.4	215.2	161	15 275

资料来源:《城市规划通讯》,1996。

以上问题都已成为南京城市可持续发展的限制性因素,因此,在城市的建设与发展中,必须加强环境保护工作,加强城市生态防护林网建设,开辟城镇绿色空间,完善旧城区生态保护等措施,保障良好的人居环境,促进南京城市生态平衡。

(三) 深圳的城市发展历程

(1) 第一阶段(1980~1984 年),城市初创阶段。

深圳特区原是宝安县的一个城镇,旧城土地面积不足 3km²,人口不到 3 万,公路仅 6 条,总长 8km。城建简陋,工业薄弱,以渔、农为主,1979 年的工业总产值仅 3 000 万元,是一个经济文化十分落后的边陲小镇。1979 年 3 月中央划定了宝安县 2 020km² 为深圳市的范围,开始对先行开发的深圳镇、蛇口、沙头角三个点做规划,当时的深圳市以发展来料加工工业为主,规划城区面积 10.65km²,规划人口 20 万~30 万人。城市发展特点是以短期目标指导当时特区城市的建设,对远期目标反复调整,以求适应。

1980 年深圳特区正式成立,特区城市规划范围扩大至 60km²,规划人口 60 万人。

1981 年 7 月中央明确指出深圳特区要建成以工业为主,兼营商业、农牧、住宅、旅游等多功能的综合性经济特区。深圳市进一步调整了城市规划布局,确定以城市组团式结构作为深圳特区的基本结构,并确定到 2000 年特区人口规模为 80 万人。

在此阶段中,特区范围内的生态环境处于从农村生态环境向人工化程度愈来愈高的城市生态环境迅速过渡的状态。

(2) 第二阶段(1985~1992 年),城市大发展阶段。

城市用地迅速扩展,大部分由农村用地转变而来,小部分直接由自然生态系统所在地改造而成。深圳城市总体规划全面编制和逐步实施,对深圳的城市发展产生了深远的影响。该阶段的特区规划建设奠定了长期发展的框架与基础。这一时期城市发展具有以下特点:

① 明确了"以工业为重点的综合性经济特区"的城市性质,并作了相应部署,为"七五"期间深圳工业的快速发展作了准备。

② 建立了带状多中心组团式结构布局,由东到西规划了东部、罗湖上步、福田、沙河、南头等五个组团,另将前海填海区作为 2000 年后开发的第六组团。组团功能相对完整独立。

③ 确定了城市发展的规模,土地利用以全特区为基点,规划了 122.5km² ,并留有足够的发展余地;人口规模 110 万人。

④ 构架了特区的道路交通体系,除罗湖上步路网当时已形成,且后来的开发强度大大超出而局部交通不畅外,特区三横十二纵的干道系统在尚未完成的情况下能够通畅运行。铁路、港口、机场安排得当,特别是一、二线口岸的设置和相应的对外公路的安排,为特区与外围的广泛联系创造了条件。当时还提出了轻轨客运线的预留,给深圳建设地铁保留了良好的条件。

⑤ 在用地结构上,规划了 15 个工业区,179 片居住区(小区),22 个市级公园,9 个旅游区,1 个风景区,140 千米长的道路绿化带。同时对城市的各项基础设施作了详尽的安排。

⑥ 提出了深圳城市建设的标准为国际先进水平,要提供完善的城市设施配套,要创造优美的城市环境,在土地开发强度上要适宜。对特区总体规划进行了调整和修改,将 2000 年城市规模调整为 150 万人,150km²。

经过大规模的基本建设,深圳初步建立了一个具有较高现代化水平的新兴城市,但高强度的经济建设和开发活动同时也改变了原有的生态环境,尤其是城市各区域经济发展的不均匀性,使得各区域环境负荷不同,导致了生态环境质量分布的不均匀性。从整个特区区域来看,中片的经济发展较快,基本形成了以罗湖、上步为中心的商业、贸易、工业区和住宅区,人为活动最为频繁,大部分能源消耗和排放的空气污染物也多集中于该区,由于大量的建筑物也改变了地面的粗糙度、改变了气流在中片区内的运行状况,又由于东部的梧桐山和羊台山山脉阻挡气流的关系,影响到污染物的迁移和扩散,使得各种空气污染物浓度在中片表现为最高。其次为西片,西片的经济发展次于中片,而快于东片,基本形成了蛇口工业区和沙河工业区,同时该区还受广深公路影响,来往车辆较多,人为活动多于东片。西片就整区而言,地处下风向,该区的大气除受本区污染物影响外,还因盛行东南风及山地环流影响,将中片的污染物带往西片,故该片各种空气污染物浓度也较高。东片经济在此期中亦有较大发展,基本形成了沙头角商业、旅游、住宅区、小梅沙海滨旅游中心等,但无大的污染源,大亚湾核电站处于建设完善之中,本区中葵涌、盐田和沙头角一带背山面向大鹏湾,海陆风影响最强,且处于上风向,大气自净能力强,故东片的环境污染负荷较轻,生态环境质量比其他各片为好。

在特区城市建设的大发展中,大片的土地被开发利用,高楼大厦不断增多,人口和车辆相应膨胀,绿化工作显得十分迫切和需要。特区政府作出了相应规定,绿化工作必须与基本建设同步进行,绿化费用要占企业总投资的 3%～5%,使绿化资金有所保证。自 1986 年起,实行了深圳绿化规划的"五年责任制",对荒山、荒地、河滩都进行了绿化,还设立了面积约为 254km² 的福田红树林保护区和内伶仃岛猕猴自然保护区。

(3) 第三阶段(1993 年至今),发展提高的阶段。

基本上形成了以特区为市中心区域,以宝安、龙岗各镇为发展点的全境城市化的格局。逐步建立了以成片工业区为单位的工业布局结构,以及体现现代城市生活,又照顾当地居民习俗的居住区布局结构;营造了以人文景观为特色的主题公园,同时兼顾海滨自然风光的旅游环境;建立了旨在适应市场经济和外向型经济发展的商贸—办公布局体系。同时注意到水源保护区、风景旅游区及自然保护区等自然景观的保护,构成了组团带状式城市布局,组团间有绿地相隔。道路交通发达,经过 15 年的建设,深圳已形成以机场,一、二线口岸,港口,铁路,公路和城市道路为主体的城市综合交通体系。目前城市的综合建设已进入发展提高的实质性阶段。

在城市建设发展提高的阶段中,特区政府把自然环境保护和城市绿地系统的规划建设放在十分重要的地位,园林绿地建设取得了长足进展。1994 年深圳市被评为"国家园林城市"和"全国绿化先进城市";1997 年又获得"全国环境保护模范城市"称号。目前,深圳市城市绿化和森林覆盖率已达 51.9%,建成区绿地覆盖率 42.9%,人均绿地面积达 67m²,基本建成了以草地疏林为特色的亚热带风光的城市园林绿地系统。虽然深圳特区城市绿地系统建设在绿量上居全国城市首位,但与国际先进水平相比还有不小差距,特别是在发挥绿地系统的生态功能方面相差还较远。近年来城市建设在发展提高的过程中也面临着新问题,如建设滨海大道与红树林保护之间的矛盾,地表水水质亟待提高等。这些问题的解决都必须从城市可持续发展的战略高度上加以重视。

思　考　题

1. 试述城市生态系统与自然生态系统动态发展的相同点与不同点。
2. 城市形成和发展的基本条件是什么,并举例说明。
3. 简述城市发展各历史阶段的城市生态系统的特征。
4. 举一个具体城市的例子,说明它的动态发展过程。
5. Boyden 是如何划分人类生态景观发展阶段的? 每个阶段的特点是什么?

第三篇　应　用　篇

第十一章

城市生态评价

城市生态学就其主要方面而言是一门应用性学科。它的首要任务不仅在于解释生态系统各成分间的关系,而在于探索一条对人们最友善的城市生态系统的建设道路(Sukopp & Wittig,1993)。城市生态学研究的最终目的是为了建设符合生态学原则的、适合人类生活的生态城市。为此,需要对城市的现状进行生态评价,对城市进行生态规划,并在此基础上开展生态建设和管理。

第一节　城市生态评价的概念

城市生态评价与城市环境质量评价的关系非常密切,但它们的侧重点又有所不同。在我国《环境保护法》"城市环境质量"一节中指出:"在老城市改造和新城市建设中,应该根据气象、地理、水文、生态等条件,对工业区、居民区、公用设施、绿化地带作出环境影响评价。"一般做法是:首先是在待评价的城市中筛选出主要污染源和污染物;第二步是进行单项评价与综合评价;第三步是根据环境质量指数与流行病调查资料,进行环境污染与健康的相关性研究,并在监测的基础上建立数学模型以指导区域环境规划和预测。在评价中常常采用理化方法分别对大气污染、水环境污染、固体废弃物污染、噪声污染以及土壤污染等进行分析,有时也对生物进行分析,但多是把它们作为环境质量的指标,很少对生命系统本身进行评价。城市的生态评价虽然也要应用城市环境质量评价的方法和结果,但它的重点是要对城市生态系统中的各个组成成分的结构、功能以及相互关系的协调性进行综合评价,也就是说,城市生态评价是根据生态系统的观点,运用生态学、环境科学的理论与方法,对城市生态系统的结构、功能和协调度进行综合分析评价,以确定该系统的发展水平、发展潜力和制约因素。城市生态评价是城市生态规划、生态建设和生态管理的基础和依据。

第二节　城市生态评价的内容

城市建设的目标是在一定的社会经济条件下,为人们提供安全、清洁的工作场所和健康、舒适的生活环境,把城市建设成为一个结构合理、功能高效和关系协调的生态城市。城市生态评价一般从城市生态系统的结构、功能和协调度三个方面着手进行。

城市生态系统的结构是指系统内各组成成分的数量、质量及其空间格局。它包括城市人群(见第六章)、无机的物理环境(包括城市人工构筑物,见第四章)以及有机的生物环境(见第五章)等。一个生态化的城市要有适度的人口密度、合理的土地利用、良好的环境质量、完善的绿地系统、完备的基础设施和有效的生物多样性保护。

人口的集中是城市的主要特征,适当的人口密度可以增加人群之间的协作,增强人类利用自然的能力,节省时间和空间并使生活丰富多彩。但城市的人口承载力是有限的,过高的人口密度将导致交通拥挤、住房紧张、环境恶化、情绪压抑、犯罪率增加等一系列问题。什么样的城市人口密度最为合适是一个很复杂的问题,我国城乡建设部门曾提出,百万以上人口的特大城市,人口密度不超过 1.2 万人/km²;省会、加工工业城市和地区中心城市不超过 1 万人/km²;县镇不超过 0.9 万人/km²。

合理的土地利用包括城市各类用地的分配比例以及用地的布局。目前一些城市中出现的许多问题都和道路用地、绿化用地、公共建筑用地以及居住用地面积不足,以及布局不尽合理有关。一般认为,道路用地和公共建筑用地均应大于 10%,城市绿地面积和居住用地面积均应大于 30%。至于良好的环境质量、充足的绿地系统以及完备的基础设施在评价城市生态时的重要性是不言而喻的。这里的生物多样性保护,既包括通常含义上的生物基因多样性、物种多样性以及群落多样性的保护,同时也包括城市景观类型多样性的保护。

从生态学角度看,城市有三大主要功能,即生活功能、生产功能和还原功能。城市作为人类的一种栖境,首先要为它的居民提供基本的生活条件和人性发展的外部环境,它决定着城市吸引力的大小并体现着城市发展水平;其次,城市作为一种生态系统,必然和其他生态系统一样,具有生产、消费和还原功能。城市人群不仅参与城市的初级生产和次级生产过程的管理和调节,同时,通过他们的劳动才能增加产品并提高产品的价值,因此人也是生产者。城市生态系统和自然生态系统的最大差别即在于此,这是城市存在的基础和发展的关键。至于城市的还原功能需从两方面来理解:一方面是指城市中复杂的有机物在自然和人为作用下的分解过程,如垃圾的腐烂和焚烧;另一方面也是指城市环境在一定范围内自动调节恢复原状的功能,如环境的自净能力等。正因为如此才保证了城市活动的正常运转。在这三种功能之间贯穿着能量、物质和信息的流动,由此维持并推动着城市生态系统的存在和发展。城市生态系统的功能高效表现在城市的物流通畅,物质的分层多级利用,能源高效,产品的体现能升高,信息有序,且传递迅速及时,人流合理,人们能够充分发挥其聪明才智。

城市的物流包括自然物质、工农业产品以及废弃物等的输入、转移、变化和输出。物流的通畅是保持城市活力的关键。在城市生活和生产过程中不断有废弃物产生,但从自然界的物质循环观点来看,并无绝对的废弃物,因为在食物链中,上一个环节的废物可能就是下一个环节的资源。根据这一原理,在城市生产和生活过程中产生的废弃物最好的处理方法是模拟自然生态系统,实行物质分层多级利用,变上一个生产过程的废物为下一个生产过程的原料,大力开展水循环利用和固体废弃物的无害化处理和回收利用,以促进城市生态系统的良性循环。在物质生产过程中同时进行着能量流动,流动的总方向是太阳→风雨、潮汐水流→养分→燃料→货物服务→信息等,每前进一步虽然保留下来能量的数量(焦耳数)减少了,但能的质量增加了。能的最大限度利用就是这些不同质的能相互作用而使它们互相增益。城市也是信息最集中最丰富的地点,由于信息的产生、传递和加工才组织起城市中一切生活和生产活动,并保证城市各种功能的正常运转。当今世界已进入了信息时代,信息高速公路的建设将大大促进全世界信息化的过程,城市中信息处理的有序和高效也是生态城市的重要标志。

城市中的关系协调包括人类活动和周围环境间相互关系的协调,资源利用和资源承载力的相互匹配,环境胁迫和环境容量的相互匹配,城乡关系协调以及正反馈与负反馈相协调等等。

人和自然的统一是生态学的核心和追求的目的,它既承认人为万物之灵和人的无限创造力,但同时又认为人并不能凌驾于万物之上,不遵守自然规律而为所欲为。城市生态的关系协调首先要树立天、地、人统一的思想。人们既要注意发挥主观能动性改造自然,同时又要尊重客观的自然规律而不破坏自然,建立起人与自然和谐发展的关系。对于可更新资源的利用要与它的再生能力相适应,对于不可更新资源的消耗要和它的供给相匹配。三废的产生不能超过三废处置和自净能力,而要和环境容量相适应。同时还要注意城市与其周围的乡村和腹地协调与同步发展。城市作为一个生态系统,其中任何一个组分都不能不顾一切地无限增长,而要建立起相互配合的协调机制。由于系统间的关系是多种多样的,极其复杂的,城市管理者的任务就是要处理好这许多关系,使得城市能够持续发展。

第三节　城市生态评价的指标

一、评价指标建立的原则

王如松等(1996)在论及生态县指标体系时认为:"县级复合生态系统是一个多属性、多层次的自组织系统,其指标体系的建立在科学上属于复杂系统的多属性评判问题。它不是一维简单的物理量,而是一个包括物理因素、社会因素及心理因素在内的,由众多属性组成的多维多层向量。其难点在于各分量之间的综合评判方法……但无论如何,这种指标体系应具备一定程度的完备性——能覆盖和反映系统的主要性状;层次性——根据不同的评价需要和详尽程度分层分级;独立性——同级指标之间应具有一定程度的独立性;合理性——可测度、可操作、可比较、可推广;稳定性——在较长的时期和较大的范围内都能使用。"我们认为这些原则在建立城市生态评价指标时也是适用的,具体可以归纳为以下几点。

(1)综合性:以城市复合生态系统的观点为指导,在单项指标的基础上,构建能直接而全面地反映城市功能、结构及协调度的综合指标。

(2)代表性:城市生态系统结构复杂、庞大,具有多种综合功能,要求选用的指标最能反映系统的主要性状。

(3)层次性:根据不同评价需要和详尽程度对指标分层分级。

(4)可比性:既充分考虑城市发展的阶段性和环境问题的不断变化,使确定的指标具有社会经济发展的阶段性,同时又具有相对稳定性和兼有横向、纵向的可比性。

(5)可操作性:有关数据有案可查,在较长时期和较大范围内都能适用,能为城市的发展和城市的生态规划提供依据。

二、指标体系的构建方式

指标体系的构建可采用层次分析方法,首先确定城市生态评价的主要方面,然后分解为能体现该项指标的亚指标,按此原则再次进行分解,直至最底层的单项评价指标。这里构建了一个三层次的生态城市评价指标结构的框架(图11-1),它们的最高级(0级)综合指标为生态综合指数(ECI),用以评价城市的生态化程度。

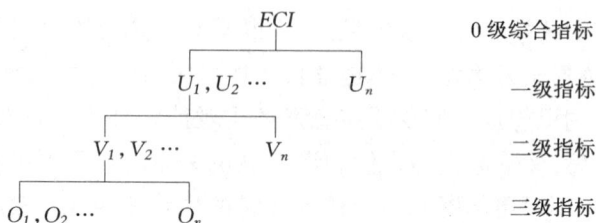

图 11-1　生态城市评价指标结构

其中一级指标由结构、功能和协调度三方面组成。二级指标是根据前述评价指标选择原则,选择若干因子所组成;三级指标又是在二级指标下选择若干因子组成整个评价指标体系(图11-2)。由于城市生态系统的结构、功能和协调度都是由许多因子组成的,其中有些因子可以定量并且容易定量,而有些因子是难以定量或者说是难以取得定量数据的。因此,对二级指标,特别是三级指标的选择只能根据评价指标建立的原则加以选择,不可避免地存在着不完备的缺陷。随着对城市生态系统研究的发展和日益深入以及统计资料的不断完备,对二级指标,特别是三级指标还可以进行不断修改和补充。目前采用的三级指标包括以下内容。

(1)人口密度:人口密度是反映人类生活条件、资源利用和环境压力的重要变量,因此必须控制其增长速度,维持适度的人口密度,使城市发展规模和环境容量相一致。

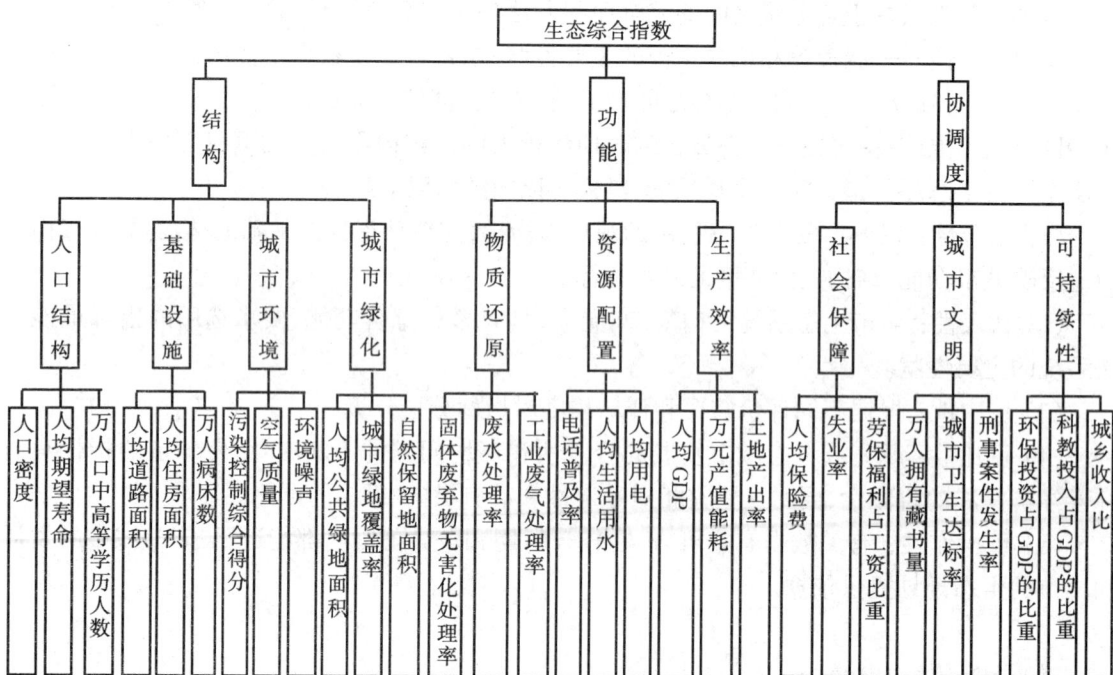

图 11-2　生态城市评价指标体系框图

（2）人均期望寿命：人均期望寿命不仅能反映一个地区医疗保健、社会福利和人们的健康水平，同时也可反映该地生态环境的质量。

（3）万人口中高等学历人数：是指常住人口中具有大专以上学历（包括在校大专、大学生）的人数，它反映了人口的素质，其比例越高，则社会智能化程度越高，城市文明程度越高，有利于科学技术的进一步发展。

（4）人均道路面积：人均道路面积是市政基础建设的一个重要指标，反映了城市人流、物流、能流的畅通程度。人均道路面积越高，则系统内的流通效率越高。

（5）人均住房面积：住房条件是城市生活设施中最重要的要素，人的各种需求，绝大部分通过住宅得到自我实现和自我发展。由于人均住房面积和城市经济的发展、居民生活状况紧密相关，可以映射出城市基础设施水平。

（6）万人病床数：该指标反映了城市医疗保健设施的完备程度。城市应为人们提供一个安全、可靠的医疗保障系统，而病床数是最基本的硬件设施。

（7）污染控制综合得分：污染控制采用1995年37个城市环境综合整治定量考核污染控制指标，包括水污染排放总量削减率、大气污染排放总量削减率、烟尘（控制区）覆盖率、环境噪声（达标区）覆盖率、工业废气达标率、民用型煤普及率、工业固体废弃物综合利用率、危险废物处置率。

（8）空气质量：良好的空气质量不仅为城市居民创造一个令人心情舒畅的环境，而且是发展技术密集型产业的重要条件之一。大气环境质量的评价也涉及许多不同的因子，鉴于我国城市大气污染主要为煤烟型污染，因此目前选用最富代表性的 SO_2 浓度作为评价指标。

（9）环境噪声：随着城市的发展，噪声污染已侵入到城市的各个角落，严重影响城市居民的工作、学习和休息。良好的城市生态环境应该是一个比较安静的环境。

（10）城市绿地覆盖率：城市绿地覆盖率是衡量城市绿化程度的最基本的指标，是指市区各类绿地面积与市区总面积的比值。将其作为城市生态评价的一个指标，是因为它能反映环境的质量和人们的生活质量。

（11）人均公共绿地面积：人均公共绿地面积是城市环境质量方面的一个重要指标。人均公共绿地拥有量越多，良好的生态环境越有保证。

（12）自然保留地面积：城市中自然保留地是指国家级或地方级的自然保护区以及国家森林公园等，其面积比例越高，表明人与自然的协调程度越高，它不仅会提高城市景观的多样性，而且有利于提高人居环境质量和增强人们的生态意识。

（13）固体废弃物无害化处理率：固体废弃物无害化处理率高，则城市排放的废弃物量就少，不仅能够减少对环境的污染，而且有利于废弃物资源化，促进生态系统的良性循环。

（14）废水处理率：废水处理率是指经过各种水处理装置处理的废水量与城市产生废水总量的比值，它是反映废水治理程度的重要指标。

（15）工业废气处理率：工业废气是目前城市大气污染的主要来源，工业废气的处理对改善大气环境的贡献最大，其处理率越高，大气质量越有保障。

（16）电话普及率：现代社会的高效率及通讯便捷，可由电话普及率来反映。电话普及率为百人口拥有电话的数量。

（17）人均生活用水：人均生活用水反映了城市居民使用自来水的便利程度，从一个侧面反映其生活质量的高低,同时也反映城市水资源状况。

(18) 人均用电:人均用电为城市每天人均消耗的电量(包括工业用电和生活用电的总和),它反映了城市生活质量的高低和生产水平。

(19) 人均GDP:虽然生态城市侧重于生态环境的优美和生活的舒适,但所有这些都是建立在一定的经济基础上的,而且随着经济的发展,将会有更多的资金用于环境保护,减少污染,改善基础设施,提高人们的生活质量。

(20) 万元产值能耗:万元产值能耗是指每万元国内生产总值所消耗的能源数量,是能源利用效率的直接反映。其数值越小,能源利用效率越高。能源利用效率高不仅可以减少环境污染,而且可以促进生产工艺的改进,提高工业生产率。降低能源消耗、节约能源,有利于城市的可持续发展。

(21) 土地产出率:土地产出率以单位面积上的产值计算,它体现了土地面积和产品的经济价值之间的关系,反映了一个城市的技术结构,是衡量城市总体功效的一个指标。

(22) 人均保险费:人均保险费是指一年内保险费的收入与城市总人口的比值。该项指标反映了城市金融保险市场的健康发展,社会总体生活水准的提高。

(23) 失业率:失业人口是指劳动年龄内具有劳动能力和就业要求而无业的人员。失业率是指失业人口与社会总劳动人口之比。该指标反映了一定时期内城市就业状况和经济发展形势,也是反映劳动力资源的一个辅助指标。

(24) 劳保福利占工资比重:劳保福利是社会保障制度的重要内容,可以用来衡量城市的协调性。

(25) 万人拥有藏书量:万人拥有藏书量是衡量一个城市的物质文明和精神文明协调程度及人们总体素质的指标。

(26) 城市卫生达标率:城市卫生达标率包括环境卫生、市容卫生、单位及居民区卫生等达到一定程度的指标等。可按国家爱卫会对卫生达标评比的等级分类,确定卫生达标率。

(27) 刑事案件发生率:刑事案件发生率是指每百人口中的刑事案件发生数量,是衡量一个城市社会安定程度的重要指标。

(28) 环保投资占GDP的比重:环境改善、污染整治、环境设备的引进、清洁技术的开发、清洁能源的开发利用等都必须投入一定的资金,其比重的多少,反映了政府对环境保护的重视程度,以及环保意识的普及程度,是衡量城市走生态化道路的指标之一。

(29) 科技教育投入占GDP的比重:科学技术是第一生产力,科技教育直接关系到城市发展及城市居民的素质,科技教育投入关系到城市发展的速度与水平。

(30) 城乡收入比:城乡收入比是指农民人均收入与城市居民人均收入的比值。城市的发展趋势是城市乡村化、乡村城市化,两者日渐融合,两者的差距将逐渐减小,这是城市生态协调发展的方向。

第四节　城市生态评价的程序与方法

一、评价的一般程序

城市生态评价的一般程序可以归纳为以下几个步骤(图11-3):

(1) 资料收集和实地调查。

(2) 城市生态系统组成因子的分析。

(3) 评价指标筛选和指标体系设计。

(4) 专家咨询。

(5) 确定指标标准,选择评价方法。

(6) 进行单项和综合评价,向专家咨询和民意测验。

(7) 修改评价。

(8) 论证与验证。

(9) 提出评价报告。

```
                    ┌──────────────┐
                    │   资料收集    │
                    └──────────────┘
              ┌──────────────┐    ┌──────────────┐
              │   资料调研    │    │   联机检索    │
              └──────────────┘    └──────────────┘
              ┌──────────────┐    ┌──────────────────┐
              │ 待评城市的资料 │    │ 国内外主要城市资料 │
              └──────────────┘    └──────────────────┘
                    ┌──────────────────────┐
                    │      实地调研         │
                    └──────────────────────┘
                    ┌──────────────────────┐
                    │ 基础条件和限制因子分析 │
                    └──────────────────────┘
                    ┌──────────────────────┐
                    │ 指标筛选和指标体系设计 │
                    └──────────────────────┘
                    ┌──────────────┐
                    │   专家咨询    │
                    └──────────────┘
                    ┌──────────────────────┐
                    │ 指标标准、评价方法选择 │
                    └──────────────────────┘
              ┌──────────────┐    ┌──────────────┐
              │   单项评价    │    │   综合评价    │
              └──────────────┘    └──────────────┘
                    ┌──────────────────────┐
                    │ 专家咨询和民意测验     │
                    └──────────────────────┘
                    ┌──────────────┐
                    │   修订评价结果 │
                    └──────────────┘
              ┌──────────────┐    ┌──────────────┐
              │    论证       │    │    验证       │
              └──────────────┘    └──────────────┘
                    ┌──────────────┐
                    │   评价报告    │
                    └──────────────┘
```

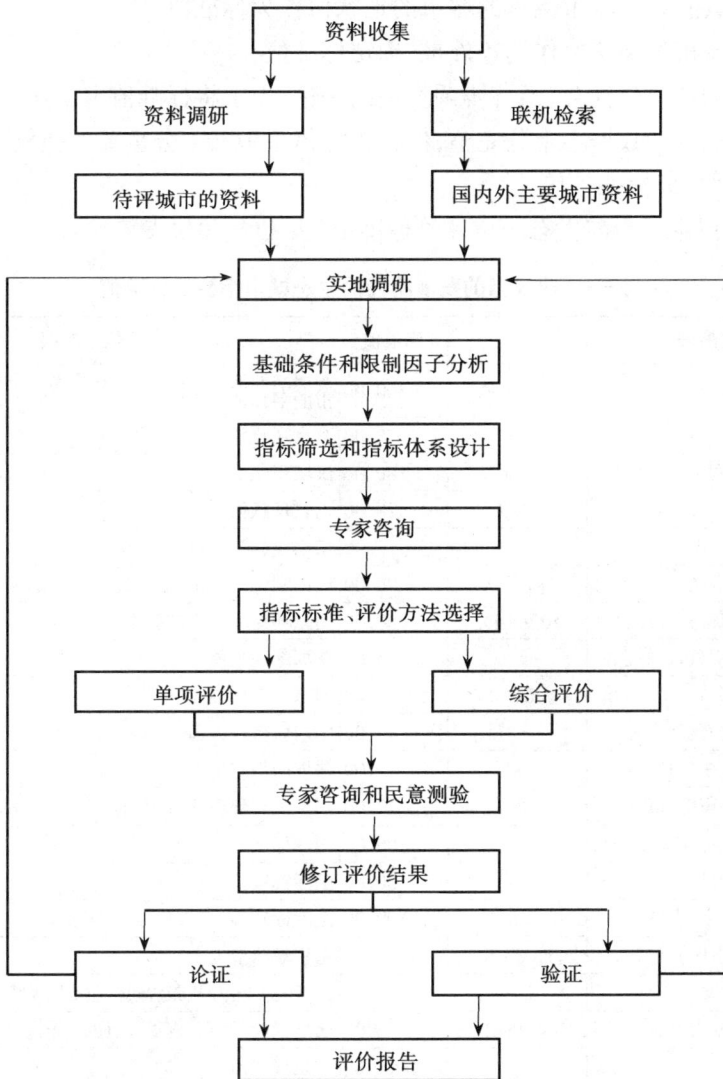

图 11-3 城市生态评价的一般程序图

二、评价标准的制定

对城市生态评价离不开对各项评价指标标准值的确定,有些指标,例如大气环境、水环境、土壤环境等已经有了国家的或国际的、经过研究确定的标准。对于这些指标可以直接使用规定的标准进行评价,但是有些指标,例如人均期望寿命、万人具高等学历人数、土地产出率、人均保险费、环保投资占 GDP 比重等并没有一定标准,而且有的指标也并非越多越好,或越少越好,呈简单的直线关系。例如,人均生活用电或人均生活用水越多,说明生活水平越高,但是从生态学的角度看,应该提倡节约用电和节约用水,特别是生活用水,今后的方向是越省越好。对于此类指标的标准的确定就比较困难。为了适应当前评价的要求,现拟定以下几项原则供制定标准时参考。

(1) 凡已有国家标准的或国际标准的指标尽量采用规定的标准值。

(2) 参考国外具有良好城市生态的城市的现状值作为标准值。

(3) 参考国内城市的现状值作趋势外推,确定标准值。

(4) 依据现有的环境与社会、经济协调发展的理论,力求将标准值定量化。

(5) 对那些目前统计数据不十分完整,但在指标体系中又十分重要的指标,在缺乏有关指标统计前,暂用类似指标标准替代。

根据以上原则拟定了当前生态城市评价标准值(表 11-1)供参考。

表 11-1 建议当前发展阶段的生态城市指标的标准值

		项目(地域)	单位	标准值	依 据
结 构	人口结构	人口密度(市区)	人/km²	3 500.00	参照欧洲的西柏林(前联邦德国)、华沙、维也纳三市的平均值:3 573
		人均期望寿命(市域)	岁	78.00	东京现状值
		万人口中高等学历人数(市域)	人/万人	1 180.00	汉城现状值
	基础设施	人均道路面积(市区)	m²/人	28.00	伦敦现状值
		人均住房面积(市区)	m²/人	16.00	东京、汉城等城市现状值
		万人病床数(市区)	床/万人	90.00	国内领先的城市,如太原(89.6)的现状值
	城市环境	污染控制综合得分(市区)	50为满分	50.00	国家环保局制定的标准
		空气质量(SO₂)(市区)	μg/L	15.00	深圳的现状值
		环境噪声(市区)	dB(A)	<50.00	国家一级标准
	城市绿化	人均公共绿地面积(市区)	m²/人	16.00	国内城市最大值
		城市绿地覆盖率(市区)	%	45.00	深圳的现状值
		自然保留地面积率(市域)	%	12.00	国家生态环境建设中期目标
功 能	物质还原	固体废弃物无害化处理率(市域)	%	100.00	国际标准
		废水处理率(市域)	%	100.00	国际标准
		工业废气处理率(市域)	%	100.00	国际标准
	资源配置	百人电话数(市区)	部/百人	76.00	东京现状值
		人均生活用水(市区)	L/d	455.00	参考东京、纽约、巴黎、香港、圣保罗、汉城、台北七城市的平均值
		人均生活用电(市区)	kWh/d	8.00	巴黎、东京、大阪、汉城、新加坡、香港、台北七城市平均值
	生产效率	人均GDP(市域)	元*	400 000.00	东京现状值
		万元产值能耗(市域)	吨标煤/万元*	0.50	香港现状值
		土地产出率(市域)	万元/km²	70 000.00	香港现状值

表 11 - 1(续)

协调度	社会保障	人均保险费(市区)	元*	2 100.00	根据香港、广州等城市外推
		失业率(市区)	%	1.20	接近国际大城市就业最好年份的失业率
		劳保福利占工资比重(市区)	%	50.00	可达到的最大值
	城市文明	万人藏书量(市区)	册/万人	34 000.00	东京、汉城、莫斯科的现状值
		城市卫生达标率(市区)	%	100.00	国家标准
		刑事案件发生率(市区)	件/万人	0.05	外推值
	可持续性	环保投资占 GDP 的比重(市域)	%	2.50	根据发达国家现状值外推
		科教投入占 GDP 比重(市域)	%	2.50	根据发达国家现状值外推
		城乡收入比	0~1	1.00	根据缩小城乡差别的要求

*元、万元(RMB)。

三、标准值的计算

（一）三级指标指数的计算

三级指标指数是生态城市综合评价指标体系的基础,其计算公式如下：

$$当指标数值越大越好时,Q_i = 1 - \frac{S_i - C_i}{S_i - \min S},$$

$$当指标数值越小越好时,Q_i = 1 - \frac{C_i - S_i}{\max S - S_i},$$

其中,Q_i——某一三级指标的指数值；

　　S_i——某一三级指标的标准值；

　　C_i——根据评价城市选取的某一三级指标的现状值；

　　$\max S$——所选相关城市指标的最大值乘以 1.05；

　　$\min S$——所选相关城市指标的最小值除以 1.05。

（二）二级指标指数的计算

二级指标指数是根据所属各三级指标指数值的算术平均值计算而得(把二级指数的所属各三级指标均视为具有相等的重要性),其计算公式如下：

$$V_i = (\sum_{i=1}^{m} Q_i)/m,$$

其中,V_i——某一二级指标的指数值；

　　Q_i——某一三级指标的指数值；

　　m——该二级指标所属三级指标的项数。

（三）一级指标指数的计算

一级指标指数的计算是将其所属的二级指数乘以各自的权重后,进行加和。其计算公式如下：

$$U_i = \sum_{i=1}^{n} W_i V_i,$$

其中,U_i——某一一级指标的指数值；

　　V_i——该一级指标下某一二级指标的指数值；

W_i——该一级指标下某一二级指标的权重；

n——该一级指标下所属二级指标的个数。

（四）生态综合指数的计算

采用加权送加的方法,将各一级指数乘以各自的权重,再进行一次求和,得出生态综合指数值(ECI),其计算公式如下：

$$ECI = \sum_{i=1}^{n} W_i U_i,$$

其中,U_i——某一级指标指数值；

W_i——某一级指标的权重；

n———一级指标项数。

（五）权值确定

在计算一级指标指数值和生态综合指数值时,权值的确定非常重要,一般可采用特尔斐法和语义变量分析法相结合来计算权值。

1. 权值确定的方法

（1）设计咨询表：在权值的计算过程中首先要为特尔斐专家咨询法设计咨询表。调查表格是特尔斐法的重要工具,是所需信息的来源。表格设计的好坏直接关系到所获信息的数量和质量。

（2）专家的选择：咨询表确定后,接着就是选择接受咨询的专家。专家选择是否恰当是特尔斐法成败的关键。

专家选择的原则：a. 被选对象必须是在该领域工作多年的专业技术人员。b. 被选对象必须对该领域情况比较熟悉。c. 选择专家的面要广。在专家的选择过程中,不但要选择精通该领域技术的、本门学科代表性的专家,而且还要选择经济学、社会学、管理学等方面的专家。d. 根据统计的要求,以至少需收到 15 名专家的反馈表格为准,考虑到有的专家可能中途退出,或因故不能参加,因此第一次咨询专家要多一些,一般以 30～50 人为宜。

经典的特尔斐法一般分二轮或四轮进行：

第一轮：发给专家们不带任何框框的、只提出预测主题的调查表,由专家们提出预测的指标。

第二轮：专家们对第一轮汇总一览表作出评价,并阐明理由。收集咨询表之后,对专家意见进行统计。

对回收的专家咨询表中专家对大类指标的相对重要性的评分值,采用语义变量分析法进行计算,如果专家对这些指标的看法基本一致,可以不进行第三、第四轮专家咨询。

2. 权重的确定

采用语义变量分析法进行权重分析和计算。语义变量分析即是将一个复杂的原始问题,通过"分辨","变换"为若干子问题,这样,可以从终止结点,逐级回溯进行收敛,从而获得目标问题的解答。

（1）获得各二级指标和一级指标的权重的分析矩阵,该矩阵组成元素为单项指标之间的两两相对重要程度。

（2）获得该矩阵的相容矩阵。其计算公式为：

$$B = (b_{ij})_{3\times 3} = \sqrt[3]{\prod_{k=1}^{3} a_{ik} * a_{ki}} \qquad \begin{array}{l}(i=1,2,3)\\(j=1,2,3),\end{array}$$

（3）最后，获得各二级指数和一级指数的权重，其计算公式为：

$$W_i = \sqrt[3]{\prod_{k=1}^{3} b_{ik}}。$$

在此基础上，将所得的权重值进行归一化，便得到各指数的最后权重。如表11-2，就是我们对上海市进行生态评价时权重的计算结果。

表11-2　一级指标和二级指标的权重

指标名称	权重	指标名称	权重	指标名称	权重
一、结构	0.372	二、功能	0.325	三、协调度	0.303
（一）人口结构	0.260	（一）物质还原	0.310	（一）社会保障	0.320
（二）基础设施	0.230	（二）资源配置	0.360	（二）城市文明	0.310
（三）城市环境	0.270	（三）生产效率	0.330	（三）可持续性	0.370
（四）城市绿化	0.240				

四、评价专家系统的建立

用计算机程序建立评价指标体系专家系统，包括数据库系统、评价专家系统。数据库系统包括各城市的现状值、标准值、专家咨询评分值，它可以随时补充、修改有关数据。专家系统包括专家咨询权值计算系统和指标体系评价系统。

五、评价计算的结果及综合分析

根据调查资料，按上述公式计算即可得出各级指标评价结果，再进一步对综合指数进行分级，以确定城市的生态化程度。我们参照国内外的各种综合指数的分级方法，设计了一个五级分级标准，并给出相应的分级评语（表11-3），在此基础上做出生态评价（附注11-1）。

表11-3　城市生态化程度分级表

分　　级	指　数　值	评　　语
第Ⅰ级	大于0.75	生态化程度很高
第Ⅱ级	0.50～0.75	生态化程度较高
第Ⅲ级	0.35～0.50	生态化程度一般
第Ⅳ级	0.20～0.35	生态化程度较低
第Ⅴ级	小于0.20	生态化程度很低

附注 11-1 城市生态评价案例

我们在对上海市进行生态评价时,同时选择了类似的沿海城市(广州、深圳、天津、香港)进行对比(附注表 11-1-1、11-1-2、11-1-3、11-1-4),从它们的各项指标现状值中找出各项指标的最大值与最小值,确定区间范围,以便计算三级指数,通过计算,得出上海市及相关城市的二级、一级以及综合评价指数值。

附注表 11-1-1 五个城市三级指标指数值

	项　目	单位	广州	深圳	天津	香港	上海	上海2010年规划值	标准值	权重	最小值	最大值
结构	人口密度	人/km²	1.367	0.316	1.982	0.124	0.46	1	1	0.333	1 302.9	5 670
	人均期望寿命	岁	0.601	1	0.468	0.734	0.734	1	1	0.333	70.476	81.9
	万人口中高等学历人数	人/万人	0.068	0.377	0.051	0.206	0.527	0.691	1	0.333	597.91	949.73
	人均道路面积	m²/人	0.013	0.015	0.047	0.116	0.005	0.116	1	0.333	2.762	5.985
	人均住房面积	m²/人	0.452	0.833	0.229	0.024	0.322	0.768	1	0.333	5.238	14.91
	万人病床数	床/万人	0.369	0.014	0.296	0.619	0.458	0.647	1	0.333	19.143	66.15
	污染控制综合得分		0.406	0.154	0.463	0.398	0.569	0.837	1	0.333	37.714	46.935
构	空气质量(SO₂)	μg/L	0.409	1	0.058	0.437	0.466	0.789	1	0.333	14.286	86.1
	环境噪声	dB(A)	0.671	0.607	0.558	0.705	0.165	0.656	1	0.333	53.333	70.35
	人均公共绿地面积	m²/人	0.145	0.746	0.118	0.254	0.006	0.435	1	0.333	1.829	13.02
	绿地覆盖率	%	0.323	0.969	0.108	0.357	0.028	0.653	1	0.333	16.19	46.305
	自然保留地面积率	%	0.002	1.396	0.148	3.361	0.001	0.09	1	0.333	0.143	42
功	工业固废无害化处理率	%	0.229	1	1	1	0.458	1	1	0.333	82.095	105
	废水处理率	%	0.475	0.952	0.702	0.94	0.248	0.642	1	0.333	83.238	104.16
	工业废气处理率	%	0.29	0.928	0.351	1	0.207	1	1	0.333	80.571	105
	百人电话数	部/百人	0.513	0.124	0.016	0.6	0.202	1.382	1	0.333	18.476	55.65
	人均生活用水	L/d	0.571	0.367	0.018	0.892	0.559	0.859	1	0.333	121.91	439.95
能	人均生活用电	kWh/d	0.093	0.095	0.003	0.395	0.031	0.194	1	0.333	0.495	3.633
	人均GDP	元	0.027	0.039	0.002	0.506	0.027	0.485	1	0.333	11 686	218 663
	万元产值能耗	吨标煤/万元	0.475	0.065	0.309	1	0.468	0.647	1	0.333	0.476	1.89
	土地产出率	万元/km²	0.015	0.055	0.001	1.008	0.053	0.192	1	0.333	880.95	74 051
协	人均保险费	元	0.291	0.336	0.005	0.994	0.114	0.297	1	0.333	181.91	2 192.4
	失业率	%	0.327	0.633	0.572	0.144	0.083	0.511	1	0.333	1.714	2.835
	劳保福利占工资比重	%	0.582	0.293	0.692	0.002	0.996	1	1	0.333	1.905	52.29
调	万人拥有藏书量	册/万人	0.195	0.008	0.096	0.021	0.277	0.389	1	0.333	4 516.2	13 306
	城市卫生达标率		0.1	0.85	0.52	0.7	0.64	0.7	1	0.333	66.667	99.75
度	刑事案件发生率	件/万人	0.338	0.953	0.977	0.05	0.984	1	1	0.333	0.067	1.334
	环保投资占GDP的比重	%	0.639	0.67	0.484	0.014	0.742	1	1	0.333	0.562	2.1
	科教投入占GDP的比重	%	0.338	0.595	0.545	0.012	0.718	1	1	0.333	0.476	2.027
	城乡收入比	%	0.151	0.028	0.09	0.19	0.491	1	1	0.333	0.352	0.704

附注表 11-1-2 五个城市二级指标指数值

	二级指标	广州	深圳	天津	香港	上海	上海2010年规划	标准值	权重
结　构	人口结构	0.679	0.564	0.834	0.355	0.574	0.897	1	0.26
	基础设施	0.278	0.287	0.191	0.253	0.262	0.51	1	0.23
	城市环境	0.495	0.587	0.360	0.513	0.400	0.761	1	0.27
	城市绿化	0.157	1.037	0.125	1.324	0.012	0.393	1	0.24

功　能	物质还原	0.331	0.960	0.684	0.980	0.304	0.881	1	0.31
	资源配置	0.392	0.195	0.012	0.629	0.264	0.812	1	0.36
	生产效率	0.172	0.530	0.104	0.838	0.183	0.441	1	0.33
协调度	社会保障	0.400	0.421	0.423	0.380	0.398	0.603	1	0.33
	城市文明	0.211	0.604	0.531	0.257	0.634	0.696	1	0.31
	可持续性	0.376	0.431	0.373	0.072	0.650	1	1	0.37

附注表 11-1-3　五个城市一级指标指数值

一级指标	广州	深圳	天津	香港	上海	上海2010年规划值	标准值	权重
结　构	0.413	0.620	0.388	0.607	0.320	0.649	1	0.372
功　能	0.301	0.385	0.250	0.807	0.249	0.711	1	0.325
协调度	0.332	0.481	0.438	0.229	0.565	0.785	1	0.303

附注表 11-1-4　五个城市生态综合指数值

广州	深圳	天津	香港	上海	上海2010年规划值	标准值
0.353	0.502	0.358	0.557	0.371	0.710	1

根据评价结果可以得出有关上海城市的生态化程度的概念:

(1)从城市生态化程度综合指数的数值来看,目前上海的指数值为 0.371,根据 2010 年的规划指数值 0.710,对照分级表,其生态化程度较高,环境、经济及社会各生态子系统处于比较协调状态。

(2)从城市结构看,目前上海的指数值为 0.320,按上海 2010 年的规划值计算为 0.649,因此要建设生态城市,必须进行较大幅度的结构调整,加强土地的合理利用,完善基础设施,扩展绿地系统以及提高环境质量。

(3)从城市功能看,按上海 2010 年规划值计算而得的功能指数值为 0.711,2010 年上海的功能指标指数值接近目前国外城市的水平,物质的循环利用和能源的经济投入达到一定的高度,但现状指数值仅为 0.249,目前仍需进一步提高。

(4)从城市的协调度来看,目前上海的指数值为 0.565,在国内五个大城市中是最高的,2010 年指数值为 0.785,达到了较高的水平。

第五节　城市生态适宜度分析

生态适宜度是指在规划区内确定的土地利用方式对生态因素的影响程度(生态因素对给定的土地利用方式的适宜状况、程度),是土地开发利用适宜程度的依据。研究城市生态适宜度,可为城市生态规划中污染物的总量排放控制、搞好生态功能分区提供科学依据。

生态适宜度分析是在网格调查的基础上,对所有网格进行生态分析和分类,将生态状况相近的作为一类,计算每种类型的网格数,以及其在总网格中所占的百分比。生态适宜度分析可为制定土地利用方案提供科学依据。

在进行生态适宜度分析时,应注意两点:一是何种地块(网格)的生态适宜度。二是该地块是对何种利用方式的生态适宜度,亦即在进行生态适宜度分析时,只有针对某种特定用途才有意义。如同一地段,由于地势低洼,终年积水,对种植业来说,可能是生态适宜度较低的土地,但是对于水产养殖业来说,却是适宜的土地。

一、生态适宜度的分析程序

刘天齐等(1992)在城市环境管理工作中提出了生态适宜度的分析程序(图 11-4),其主要步骤如下:

(1) 明确生态规划区范围和范围内可能存在的土地利用方式。

(2) 用特尔斐法分别筛选出对各种土地利用方式(用地类型)有显著影响的生态因子及其影响作用的相对大小,即权重。

(3) 对生态规划区的各网格分别进行生态登记。

(4) 制定生态适宜度评价标准。

(5) 根据上述工作成果,首先逐格确定单因子生态适宜度评价值,然后应用特定的数学模型由单因子生态适宜度评价值或评分求出各网格对给定土地利用方式的生态适宜度综合评价值。特定的数学模型必须与第四步所使用的数学模型一致。

(6) 编制城市生态规划区生态适宜度综合评价表,同时给出每一土地利用方式的生态适宜度分析程序图(见图 11-4)。

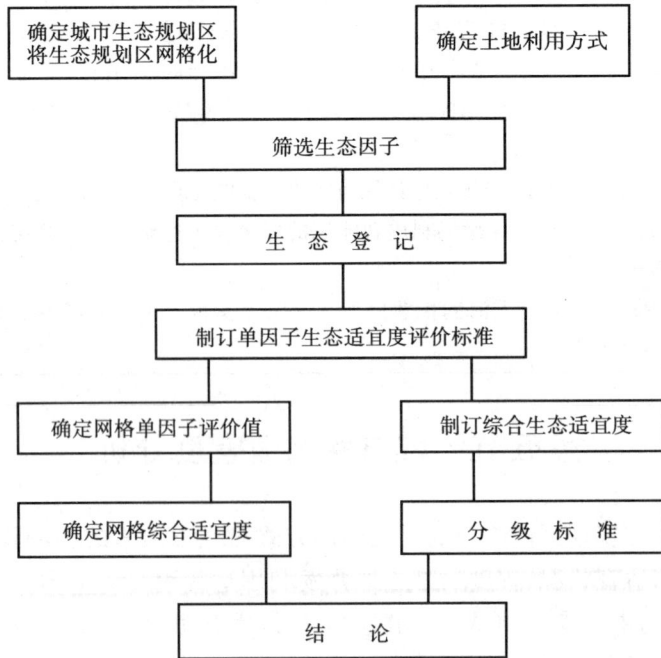

图 11-4　生态适宜度分析程序

二、筛选生态适宜度评价因子的原则

筛选生态适宜度评价因子应遵循以下原则:① 所选择的生态因子对给定的利用方式具有较显著的影响;② 所选择的生态因子在各网格的分布存在着较显著的差异性。

以居住用地为目标的土地利用方式,与大气、生活饮用水、噪声等因子,土地开发利用程度以及绿化状况等密切相关,如吉林市在生态规划中,分析居住用地适宜度时,选定了大气环境质量、土地利用熵、环境噪声及绿化覆盖率四项为评价因子。"生活饮用水"这一因子,对吉林市并不重要,因为供应全市生活用水的四个水厂的水质都很好,且全市各网格基本相同,故而没有选用,在进行工业用地适宜度分析时他们选定了位置、风向、大气环境质量以及土地利用熵四项作为评价因子。

三、生态适宜度单因子评价标准

(1) 生态适宜度单因子评价标准的制订主要依据以下两点:

① 生态因素(单因子)对给定的土地利用方式(用地类型)的影响和作用。② 生态规划区的实际情况,它一方面指该生态因子在生态规划区的时空分布情况;另一方面指该生态规划区社会、经济等有关指标。

(2) 单因子生态适宜度的评价分级:

通常分为三级,即适宜、基本适宜、不适宜;或五级,即很适宜、适宜、基本适宜、基本不适宜、不适宜;或六级,即很适宜、适宜、基本适宜、基本不适宜、不适宜、很不适宜。

四、生态适宜度综合评价值

计算生态适宜度综合评价值的数学表达式主要有以下几种:

(1) 代数和表达式:

$$B_{ij} = \sum_{s=1}^{n} B_{isj},$$

式中,i—网格编号(或地块编号);

j—土地利用方式编号(或土地类型编号);

s—影响土地利用方式(或用地类型)的生态因子编号;

n—影响土地利用方式(或用地类型)的生态因子的总个数;

B_{isj}—土地利用方式为 j 的第 i 个网格的第 s 个生态因子对该利用方式(或类型)的适宜度评价值(简称单因子 s 的评价值);

B_{ij}—第 i 个网格,其利用方式是 j 时的综合评价值。

(2) 算术平均值表达式:

$$B_{ij} = \frac{1}{n} \sum_{s=1}^{n} B_{isj}。$$

(3) 加权平均值表达式:

$$B_{ij} = \sum_{s=1}^{n} W_s B_{isj} / \sum_{s=1}^{n} W_s,$$

式中，W_s 为第 s 个生态因子的权值。

五、生态适宜度综合评价标准

（1）制定标准的依据：

① 单因子生态适宜度评价标准；② 生态规划区生态适宜度综合评价值；③ 该市经济、社会发展规划；④ 该市总体规划。

（2）制定标准的基本方法：

制定标准的方法很多，这里介绍一种常用的比较简单的方法。

假设某市经过专家咨询所筛选出来的对工业用地适宜度有影响作用的生态因子共 5 个，用 A、B、C、D、E 表示。其单因子生态适宜度分级标准如表 11-4。

表 11-4　单因子生态适宜度分级标准

适宜度等级	单因子评价值				
	因子 A	因子 B	因子 C	因子 D	因子 E
很 适 宜	9	9	9	9	9
适 宜	7	7	7	7	7
基 本 适 宜	5	5	5	5	5
基 本 不 适 宜	3	3	3	3	3
不 适 宜	1	1	1	1	1

其权重分别是 A 为 0.50，B 为 0.20，C 为 0.15，D 为 0.10，E 为 0.05。

由单因子评价值合成综合评价值时采用加权平均值模型，即

$$B_{ij} = \sum_{s=1}^{n} W_s B_{isj} / \sum_{s=1}^{n} W_s,$$

上式中，$\sum_{s=1}^{n} W_s = 1.0$。

从以上分析得知综合生态适宜度每一级都和一个评价值区间相对应，所以寻找各区间端点或上下界便成了判断综合生态适宜度分级标准的关键。考虑到该地区实际情况，各级界限选择情况如表 11-5 所示。

表 11-5　生态适宜度分级界限

状态描述	A、B、C、D、E 均很适宜	A、B、D、E 均很适宜 C 适宜	A、B、C、D、E 均适宜	A、B、C、D、E 均基本适宜	A、B、C、D、E 均基本不适宜	A、B、C、D、E 均不适宜
单因子评价值	A=B=C D=E=9	A=B=D =E=9 C=7	A=B=C =D=E=7	A=B=C =D=E=5	A=B=C=D =E=3	A=B=C=D =E=1
综合评价值	9	8.7	7	5	3	1
界 限	很适宜的上界	适宜的上界	基本适宜的上界	基本不适宜的上界	不适宜的上界	不适宜的下界

其中界限的选择方法可根据实际情况灵活掌握,比如适宜的上界可定为 A、B、C 很适宜,D、E 适宜等等。

分级结果如下:

```
9:  ▲   很适宜的上界      (≤9)
8.7:    适宜的上界        (≤8.7)
7:  |   基本适宜的上界    (≤7)
5:  |   基本不适宜的上界  (≤5)
3:  |   不适宜的上界      (≤3)
1:  |   不适宜的下界      (≥1)
```

第六节　城市生态风险评价

伴随着世界范围内城市化的迅速发展,人类在生产、生活需求不断增长的压力下,大规模进行自然资源开发和工业生产活动。这些活动在给人类带来利益的同时也引起了严重的生态环境问题,尤其突出的是对生态系统结构与功能的破坏。实践证明,人类活动对生态系统的影响实际上是"生态危机"的主要问题之一。因此,加强城市的生态风险评价,加强决策者、管理者、工程技术人员的生态意识是城市生态建设与环境保护的重要内容之一。

国际上对生态风险评价的开展,是在 20 世纪 70 年代逐步完善的环境风险评价的基础上逐步发展起来的。美国核管会于 1975 年完成了核电站的安全研究,形成了著名的 WASH-1400 研究报告,其中系统地发展和建立了概率风险评价方法(probability risk assessment),此后风险评价概念进入了其他各个领域。联合国环境规划署制定了阿佩尔(APELL)计划,即"地区性紧急事故的意识和防备"。国际原子能机构、世界卫生组织、联合国工业发展组织、欧共体等国际机构相继制定大型国际合作研究计划,甚至立法,将风险评价作为环境影响评价及生态影响评价的一个重要组成部分。我国于 20 世纪 80 年代开始了对事故风险的重视与研究工作,但总的来说,国内生态风险评价目前仍是一项新兴的领域,尚缺乏系统的方法学研究。

一、生态风险评价内容

生态风险评价主要考虑与建设项目联系在一起的突发性灾难事故以及评价区域内已存在的生态危害因子对生态系统造成的影响和破坏,即用事故可能性与损失或损伤的程度来表达的生命与资源、环境及经济损失的度量。可以用以下数学表达式来理解其定义:生态风险 R 是事故发生概率 P 与事故造成的生态破坏或损失后果 C 的乘积,即:

$$R\left[\frac{危害}{单位时间}\right]=P\left[\frac{事故}{单位时间}\right]\times C\left[\frac{危害}{事故}\right]*$$

生态风险评价的目的和前提是预警和杜绝生态事故的发生,保证人体健康与生态资源的

---

* 引自:《环境影响评价培训教材》(上),国家环保局监督管理司编,1997。

可持续发展,实现生态环境效益与社会、经济效益的协调统一。因此,生态风险评价的主要内容包括以下几个方面。

(1) 调查了解拟建的资源开发和工程建设区在一定范围内的生态系统情况以及评价区域内已存在的生态危害因子状况,包括在自然状态下和人为干扰状态下地形、地貌、水文、气候,野生动植物物种、数量、分布,动物迁徙走廊,农作物及农用牲畜种类、数量,土地利用状况,土壤质量,植被覆盖率,有无珍稀濒危动植物物种,自然保护区,水源保护区和特殊类型的栖息地,湿地及其他生态敏感区等。

(2) 分析拟建项目在施工和运行期对评价区生态系统(包括动植物物种及其栖息环境)的潜在影响,预测影响的方式、范围、程度及可能性事故的发生概率和后果,为资源开发工程项目替代方案的选择和生态与环境管理提供生态依据。

(3) 有针对性地提出便于实施的保护与管理生态资源对策,及应采取的减缓与杜绝生态事故发生的措施。

二、生态风险评价的程序

生态风险评价的程序由以下五个阶段组成(图 11-5),即:①生态危害识别与分析;②生态事故频率和后果估算;③生态风险计算;④生态风险评价;⑤生态风险减缓措施与应急计划。

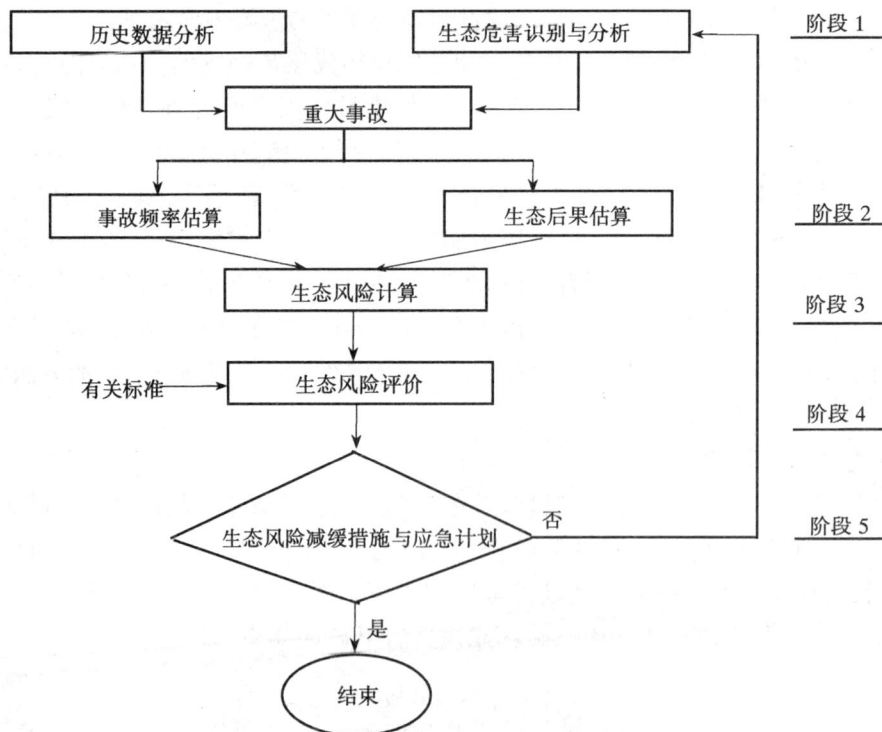

图 11-5　生态风险评价程序框图

(1) 生态危害识别与分析:生态风险评价的任务首先是识别与分析确定为害种类,是火灾、爆炸、水土流失、物种毁灭、农田破坏、森林破坏还是有毒有害物质的释放;第二步分析确定危害来源;第三步规定研究的范围,如研究是否包括人为干扰与破坏及雷击、地震等原因造成的风险。

(2) 生态事故频率和后果估算:事故频率分析中常用故障树和事件树演绎分析法(详见附注 11-3),用以系统地描述能导致项目到达被称为顶事件的某一特定危险状态的所有可能的故障。通过故障树的分析,可以估算出某一特定事故(小事件)的发生概率。

由于故障树分析只能给出顶事件的发生概率而不能给出事故的其他性质,因此尚需通过事件树分析法来完成。

(3) 生态风险计算:在生态(环境)事故风险分析中,往往是针对由短时间的突然释放和一个较长时间的分段释放造成的事故,因此可以采用烟团模式、多烟团体源模式、分段烟羽模式,也可采用非正常排放模式等等(详见附注 11-3)。

(4) 生态风险评价:事故概率风险分析的最终结果可以用个人风险与社会风险来表示。

个人风险:指在某一特定位置长期生活的未采取任何措施的人员遭受特定危害(死亡)的频率。个人风险常用图 11-6 所示的事故风险等值线图表示,其风险值与距事故源的距离有关,风险等值线表征在此区域内的个人受到的风险等于或大于此风险值。这些曲线往往重叠在事故源地图上,给出了事故源所在区域一定范围内需要采取减少风险的防范或应急措施的信息。

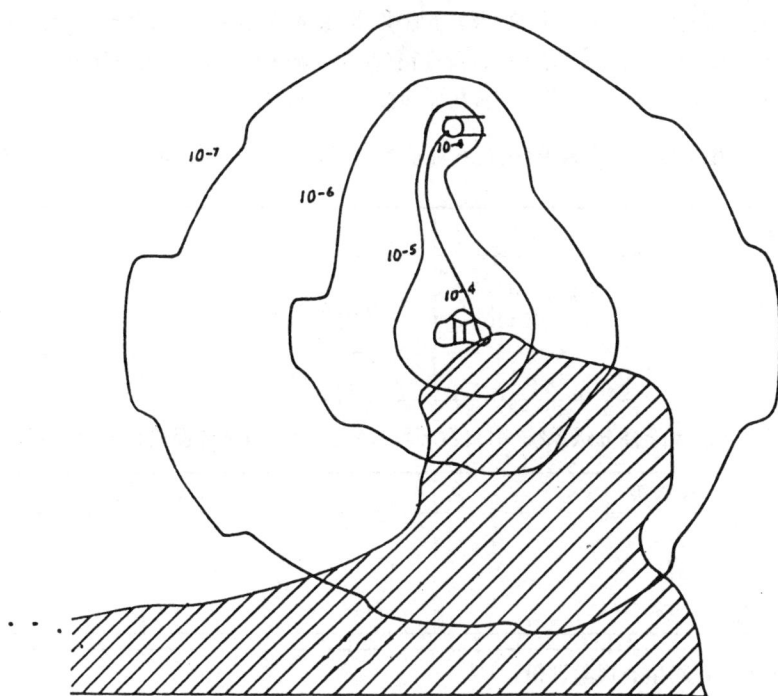

图 11-6 事故风险等值线图

社会风险:指事故发生概率与事故造成的人员受伤或致死数量之间的相互关系,在描述社会风险时需要有人口分布资料。社会风险常用"余补累积频率分布"(complementary cumulative frequency distribution，CCFD)和"余补累积分布函数"(complementary cumulative distribution function，CCDF)表示，具体应用时可参考有关书籍。

(5) 生态风险减缓措施与应急计划：不同类型的生态与环境隐患及事故性质各不相同，所以减缓措施也应该有所不同，但总体上包括设备与管理等方面。

应急计划一般应包括以下内容：① 应急组织及职责；② 应急措施、设备与器材；③ 应急通讯联络；④ 事故后果评价；⑤ 应急监测；⑥ 应急安全、保卫；⑦ 应急医疗救援；⑧ 应急撤离措施；⑨ 应急报告；⑩ 应急教育；⑪ 应急状态终止；⑫ 应急演习等。

附注 11-2　生态风险评价实例(对北京地区已存在的生态危害因子的生态风险评价)

1. 生态危害识别与分析

根据北京地区的特点，主要选取了地震(E)、洪水(H)、风沙危害(W)、泥石流(S)作为北京地区生态风险评价的四个主要因子。

2. 单因子评价

在评价过程中，确定出单因子潜在发生的范围，对北京地区划分出地震强度分区，强震作用下饱和沙层可能液化区，风沙严重危害区和泥石流多发区，据此作出单因子评价图。

3. 综合因子评价分析

在综合评价过程中，首先确定每一个因子的权重(附注表 11-2-1)，将上述单因子评价图进行叠加；当某一区域存在多种生态危害因子时，对其进行综合加权，将该区域内存在的生态危害因子加权相加，则可得到其生态风险指示值。根据指示值的大小，可将所有存在生态风险性的区域划分为三个等级(附注表11-2-2)，最后根据生态风险性分区结果绘制成生态风险综合分区评价图。

附注表 11-2-1　生态危害因子权值(引自《环境规划指南》，国家环保局计划司，1994；有改动)

地　震			E	S	W	H
地震烈度			强震作用下饱和沙层液化区	泥石流多发区	严重风沙危害区	洪水威胁区
九度区	八度区	七度以下				
9	7	5	6	5	3	2

附注表 11-2-2　生态风险性分级系统(引自《环境规划指南》，国家环保局计划司，1994；有改动)

生态风险性等级	指示值
严重危险区	>15
中等危险区	10~15
一般危险区	<10

附注 11-3　突发因子(事故)生态风险评价

1. 故障树和事件树演绎分析法

附注图 11-3-1，11-3-2 给出了某化工厂冷却系统失效初因事件的故障树和事件树，从中可知，这一失效事故可能导致气体泄入环境，也可能导致爆炸。

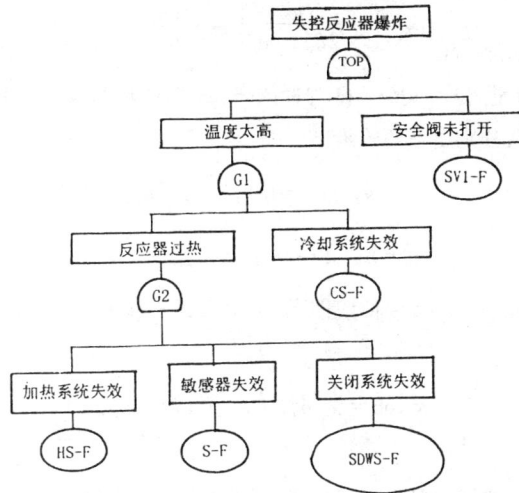

附注图 11-3-1　某化工厂关于"失控导致反应器爆炸"顶事件的故障树简图 *

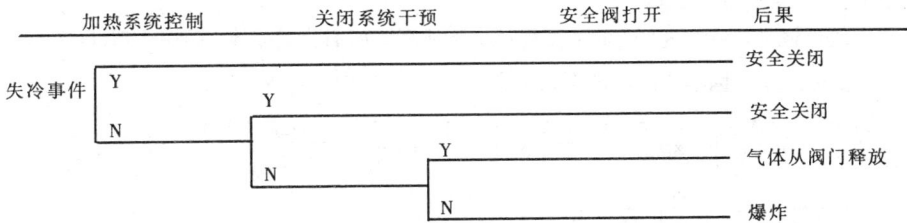

附注图 11-3-2　描述"失冷事件"初因事件后果的事件树简图 *

2. 生态风险计算公式

(1) 烟团模式,其基本公式:

$$C(x,y,o) = \frac{2Q}{(2\pi)^{\frac{3}{2}} \delta_x \delta_y \delta_z} \exp\left[-\frac{(x-x_0)^2}{2\delta_x^2}\right] \exp\left[-\frac{(y-y_0)^2}{2\delta_y^2}\right] \exp\left[-\frac{z_0^2}{2\delta_z^2}\right], \tag{1}$$

其中,$C(x,y,o)$ 是下风向地面 (x,y) 坐标处的空气中的污染物浓度;x_o, y_o, z_o 为烟团中的中心坐标;Q 为事故期间的排放量。

(2) 多烟团体源模式:

由于事故释放往往影响下风向几十千米甚至成百上千千米,因此风险计算中必须考虑扩散过程中的天气条件(风向、风速、稳定度等)变化,可采用下述多变天气条件下的多烟团体源模式进行风险计算。

$$C_w^i(x,y,o,tw) = \frac{2Q'}{(2\pi)^{\frac{3}{2}} \delta x, \text{eff} \delta y, \text{eff} \delta z, \text{eff}} \exp\left\{-\frac{He^2}{2\delta_z^2, \text{eff}}\right\} \exp\left\{-\frac{(x-x_w^i)^2}{2\delta_z^2, \text{eff}} - \frac{(y-y_w^i)^2}{2\delta_y^2, \text{eff}}\right\}, \tag{2}$$

式中,$C_w^i(x,y,o,tw)$ 为第 i 个烟团在 tw 时刻在点 (x,y,o) 产生的地面浓度,其 tw 时段的事故扩散因子为:

---

* 引自:《环境影响评价培训教材》(上),国家环保局监督管理司编,1997。

$$\left[\frac{C}{Q}\right]_w = \frac{2}{(2\pi)^{\frac{3}{2}}\delta_x,\text{eff}\,\delta_y,\text{eff}\,\delta_z,\text{eff}} \exp\left(-\frac{He^2}{2\delta_x^2,\text{eff}}\right)\exp\left\{-\frac{(x-x_w^i)^2}{2\delta_z^2,\text{eff}}-\frac{(y-y_w^i)^2}{2\delta_y^2,\text{eff}}\right\}, \tag{3}$$

上两式中，Q' 为烟团的排放量，$Q'=Q\Delta t$；Q 为释放率，Δt 为时段长度；x_w^i 和 y_w^i 分别为第 w 时段结束时第 i 烟团质心的 (x,y) 坐标，分别由下两式给出：

$$x_w^i = u_{x,w}(t-t_{w-i}) + \sum_{k=1}^{w-1} u_{x,k}(t_k-t_{k-1}), \tag{4}$$

$$y_w^i = u_{y,w}(t-t_{w-i}) + \sum_{k=1}^{w-1} u_{y,k}(t_k-t_{k-1}), \tag{5}$$

式(2)、(3)中的 δ_x,eff、δ_y,eff、δ_z,eff 分别为烟团在 w 时段沿 x,y 和 z 方向的等级扩散参数(m)，可由下式估算：

$$\delta_j^2,\text{eff} = \sum_{k=1}^{w} \delta_j^2, k, \qquad (j=x,y,z)。 \tag{6}$$

(3) 分段烟羽模式：

分段烟羽模式以一系列的烟羽段来描述烟羽，可采用此模式来研究事故源项持续时间较长时(几小时至几天)的情况。此模式中假定在每个"气象"时间 Δt_m 内，所有的气象参数(稳定度、风向、风速等)和排放参数都不改变。

每个烟羽段都将产生一浓度场，此浓度场可由下述高斯烟羽公式描述，即位于 $S(O,O,Z_s)$ 的点源在接受位置 $r(x_r,y_r,z_r)$ 产生的浓度 C 由下式给出：

$$C = \frac{Q}{2\pi u\delta_y\delta_z}\exp\left(\frac{Y_r^2}{2\delta_y^2}\right)\left\{\exp\left[-\frac{(z+\Delta h-z_r)^2}{2\delta_z^2}\right]+\exp\left[-\frac{(z+\Delta h+z_r)^2}{2\delta_z^2}\right]\right\}, \tag{7}$$

相应的，其短期扩散因子 $\frac{C}{Q}$ 可表示为：

$$\frac{C}{Q} = \frac{1}{2\pi u\delta_y\delta_z}\exp\left(\frac{Y_r^2}{2\delta_y^2}\right)\left\{\exp\left[-\frac{(z+\Delta h-z_r)^2}{2\delta_z^2}\right]+\exp\left[-\frac{(z+\Delta h+z_r)^2}{2\delta_z^2}\right]\right\}, \tag{8}$$

式中，Q 为污染物释放率($\text{mg}\cdot\text{s}^{-1}$)；$\Delta h$ 为烟羽抬升高度，δ_y、δ_z 为下风距离 $X_r(m)$ 处的水平标准差和垂直标准差。

思 考 题

1. 什么是城市生态评价？城市生态评价的目的与意义是什么？

2. 城市生态评价的内容是什么？

3. 建立城市生态评价指标的原则是什么？

4. 你对城市生态评价指标体系构建方式有何评论？

5. 选一个你所熟悉的城市进行生态评价。

6. 为什么要进行城市生态风险评价，其主要内容是什么？

第十二章

城市生态规划

过去,一些城市在建设发展中由于缺乏规划,各自为政,罔顾长远效应,只顾眼前利益,在市区内"见缝插针"地兴建工厂,造成居住区与工业区犬牙交错非常混杂的格局,至今仍留下难以治理的问题。此外,在城市兴建中由于缺乏对当地环境、资源以及历史的了解,不切实际地盲目发展所造成的损失也是屡见不鲜的。从前面章节的讨论中可以看到,城市作为一个生态系统,它的各个组成成分间都是相互联系、相互影响的。要解决城市发展中的环境、资源、人口以及住房、交通等等问题,都不能就事论事,仅靠单项规划加以解决。它要求人们在生态评价的基础上,做好城市生态规划,以此作为城市生态建设和生态管理的依据。

第一节 城市生态规划的概念

生态规划(ecological planning)作为一种学术思想有着较为悠久的历史,其产生可以追溯到 19 世纪末。G. Marsh 于 1864 年首先提出合理地规划人类活动,使之与自然协调而不是破坏自然。J. Powell (1879)强调应制定一种土地与水资源利用的政策,因地制宜地利用土地,实行新的管理机制和新的生活方式。P. Geddes(1915)在《进化中的城市》一书中进一步强调应把规划建立在研究客观现实的基础上。他在规划过程中,充分认识自然环境条件,根据地域自然环境的潜力与制约因素来制定规划方案。这些著作开创了生态规划的新思想,标志着生态规划的产生和形成(欧阳志云,王如松,1995):

19 世纪末 20 世纪初,生态规划得到了迅速发展。E. Howard(1898)的"田园城运动"、美国芝加哥人类生态学派及美国区域规划协会的工作都蕴含有生态规划的哲理,并对后来美国宾夕法尼亚大学 I. L. McHarg 等人的工作产生了深刻的影响。McHarg 指出:"生态规划是在没有任何有害的情况或多数无害条件下,对土地的某种可能用途进行的规划。"我国学者刘天齐等(1990)也认为,生态规划的概念是指生态学的土地利用规划。冯向东(1988)认为,城市生态规划是在国土整治、区域规划指导下,按城市总体规划要求,对生态要素的综合整治目标、程序、内容、方法、成果、实施对策全过程进行的人工生态综合体的规划。王如松等(1987,1993)强调生态规划不能仅限于生态学的土地利用规划,它是城乡生态评价、生态规划和生态建设三大组成部分之一,并认为城市生态规划具有以下特点(欧阳志云,王如松,1995):

(1) 充分了解规划区域内自然资源与自然环境的性能和环境容量,以及自然生态过程特征与人类活动的关系。

（2）强调城市发展应立足于当地社会经济与资源条件的潜力,强调系统的开放,形成城市经济优势和城市社会、经济与生态环境优势的互补,而不是建立封闭的自然经济系统。

（3）从人的生产、生活活动与自然环境和自然生态过程的关系出发,追求城市整体的优化、总体关系的和谐和各部门、层次之间的和谐。

（4）强调经济发展的高效性和持续性,而不是简单的高速度。城市的发展是城市社会、经济与生态环境质量的改善与提高,系统自我调控能力与抗干扰能力的提高,旨在全面改善城市可持续发展的能力。

Book 等人(1990)认为:"生态规划是出于一种需要,即把环境看作是多种多样的相互作用的系统,生态规划应该在单项规划的综合上作出贡献,应该对各个单项规划提出评估,从而把传统评估中必不可少的自然平衡和资源保护加以拓展。"Sukopp 和 Wittig(1993)认为:"生态规划必须完成两个互为条件的中心任务:其一是要把单项的专业规划进行汇总和综合,以便有可能从生态层面上去考虑更高一级的规划,如区域规划、土地利用规划或者景观规划等;其二是它必须指出各个单项规划之间的联系,并从生态学观点对各个单项规划提出建议,以便取得共识。"

看来土地利用规划虽是城市生态规划的核心部分,但不能把城市生态规划仅局限于土地利用规划,而应以生态学原理为指导,运用环境科学、系统科学的方法,对城市复合生态系统进行规划,调节系统内的各种生态关系,改善系统的结构和功能,确保自然平衡和资源保护,以促进人与自然的协调发展。

城市生态规划既与城市规划和环境规划有着密切的联系,但又有一定的区别。城市规划是在区域规划的基础上,根据国家城市发展和建设的方针,经济技术政策,国民经济和社会发展计划,以及城市的自然条件和建设条件等,合理地确定城市发展目标,城市性质、规模和布局,布置城镇体系,重点强调规划区域内土地利用空间配置和城市产业及基础设施的规划布局、建筑密度和容积率的合理设计等,也可以说主要是城市物质空间与建筑景观的规划。环境规划,强调规划区域内大气、水体、噪声及固体废弃物等环境质量的监测、评价和调控管理;而城市生态规划则强调运用生态系统整体优化的观点,在对规划区域复合生态系统的研究基础上,提出资源合理开发利用、环境保护和生态建设的规划,它与城市总体规划和环境规划紧密结合、相互渗透,是协调城市发展建设和环境保护的重要手段。

第二节　城市生态规划的原则

1987 年,联合国环境与发展委员会发表了《我们的共同未来》的纲领性文件,提出了"可持续发展"的概念,1992 年在巴西里约热内卢召开的世界环境与发展大会上再次强调了可持续发展的重要性。"可持续发展应该是这样一种发展,它既能满足当代的需求,又不危及后代满足其需求的能力。"城市生态规划应以"可持续发展"理论为指导,强调在城市发展过程中合理利用资源,维护好人类生存环境,既要考虑当代人的福祉,又要为后代留下发展的空间。在规划中需要贯彻以下原则。

1. 整体优化原则

城市生态规划坚持整体优化的原则,从生态系统原理和方法出发,强调生态规划的整体性和综合性,规划的目标不只是城市结构组分的局部最优,而是要追求城市生态环境、社会、经济的整体最佳效益。城市中各种单项规划都要考虑它的全面影响和综合效益,各类人工建筑物都不能仅考虑建筑物本身的华美,而应顾及到建筑物可能造成的对生态与环境的干扰和破坏。城市生态规划还需与城市和区域总体规划目标相协调。

2. 协调共生原则

在城市生态规划中必须遵循协调共生的原则。协调是指要保持城市与区域,部门与子系统各层次、各要素以及周围环境之间相互关系的协调、有序和动态平衡;共生是指不同的子系统合作共存、互惠互利的现象,其结果是所有共生者都大大节约了原材料、能量和运输量,系统获得了多重效益。不同产业和部门之间的互惠互利、合作共存是搞好产业结构的调整和生产力合理布局的重要依据。部门之间联系的多寡和强弱及其部门的多样性是衡量城市共生强弱的重要标志。

3. 功能高效原则

城市生态规划的目的是要将人类居住的城市建设成为一个功能高效的生态系统,使其内部的物质代谢、能量流动和信息的传递形成一个环环相扣的网络,物质和能量得到多层分级利用,废物循环再生,系统的功能、结构充分协调,系统能量的损失最小,物质利用率最高、经济效益最高。

4. 趋适开拓原则

城市生态规划坚持趋适开拓原则,在以环境容量、自然资源承载能力和生态适宜度为依据的条件下,积极寻求最佳的区域或城市生态位,不断地开拓和占领空余生态位,以充分发挥生态系统的潜力,强化人为调控未来生态变化趋势的能力,改善区域和城市生态环境质量,促进城市生态建设。

5. 生态平衡原则

城市生态规划遵循生态平衡的理论,重视搞好水资源和土地资源、大气环境、人口容量、经济发展水平、园林绿地系统等各要素的综合平衡;合理规划城市人口、资源和环境,安排产业结构和布局、城市园林绿地系统的结构与布局,以及城市生态功能分区,努力创造一个稳定的、可持续发展的城市生态系统。

6. 保护多样性原则

在城市生态规划中要贯彻生物多样性保护原则,因为城市中的物种、群落、生境和人类文化的多样性影响着城市的结构、功能以及它的可持续发展。在制订城市生态规划时应避免一切可以避免的对自然系统和景观的破坏,尽量减少水泥、沥青封闭地面;保护城市中的动、植物区系,为自然保护区预留足够的土地,以及保留大的尚未分割的开敞空间;对特殊的生境条件(如干、湿以及贫营养等生境)都应加以保护,因为这些生境条件一旦消失,物种就会减少。对城市景观中的各种典型成分也应加以保护,物种和群落多样性保护是通过不同土地利用类型的保护而实现的,此外还要保护城市中人类文化的多样性,保存历史文脉的延续性。

7. 区域分异原则

城市生态规划坚持区域分异的理论:在充分研究区域和城市生态要素的功能现状、问题及发展趋势的基础上,综合考虑区域规划、城市总体规划的要求以及城市现状,充分利用环境容量,搞好生态功能分区,以利于居民生活和社会经济的发展,实现社会、经济和环境效益的统一。

第三节　城市生态规划的主要内容

城市生态规划的对象是一个由自然生态要素和人工生态要素复合而成的高度人工化的生态系统,因子众多,复杂多变,故规划内容应根据城市的具体情况,突出重点、因地制宜、有针对性地拟定。城市生态规划的主要内容包括以下几方面。

一、生态功能分区规划

这是进行城市生态规划的基础,是根据城市生态系统结构及其功能的特点,划分不同类型的单元,研究其结构、特点、环境污染、环境负荷以及承载力等问题。

在功能区划时应综合考虑地区生态要素的现状、问题、发展趋势及生态适宜度,提出工业、生活居住、对外交通、仓储、公建、园林绿化、游乐等功能区的划分以及大型生态工程布局的方案,充分发挥各地区生态要素的有利条件,及其对功能分区的反馈作用,促使功能区生态要素朝着良性方向发展。

具体操作时,可将土地利用评价图、工业和居住用地适宜度等图纸进行叠加,并结合城市建设总体规划综合分析,进行城市功能分区。功能分区应遵循下列原则:①必须有利于城市居民生活;②必须有利于社会经济的发展;③必须有利于生态环境建设,使城市区域内的环境容量得以充分利用而又不超出环境容量的阈值。

在满足上述条件的基础上,功能分区力求与城市现状布局和城市总体规划协调一致,实现三个效益的统一。

在城市生态功能分区规划时要特别注意城市的产业结构。所谓产业结构系指城市产业系统内部各部门(各行业)之间的比例关系。可以用产品产量或产值来表示这种比例关系。城市产业结构的不同比例对环境质量有着很大影响。调整、改善老城市产业布局、搞好新建城市产业的合理布局,是改善城市生态结构、防治污染的重要措施。城市产业结构还有生产工艺合理设计的问题,即在工业功能区中要注意设计合理的"生态工业链",推行清洁生产工艺。城市产业的布局应遵循以下原则:

(1) 产业布局应符合生态要求,根据风向、风频等自然要素和环境条件要求,在对发展工业适宜度大的地区设置工业区。

(2) 综合考虑经济效益、社会效益与环境效益的协调统一,以城市总体规划与城市环境保护规划为指导。

(3) 既要有利于改善生态结构,促进生态良性循环,又要有利于发展经济。

二、土地利用规划

城市土地利用的空间配置直接影响到城市生态环境质量,故无论是新建城市或改建城市的生态规划都必须因地制宜地进行土地利用布局的研究。除应考虑城市的性质、规模和城市产业构成外,还应综合考虑用地大小、地形、山脉、河流、气候、水文及工程地质等自然要素的制约。

城市用地构成一般可分为工业用地、生活居住用地、市政设施用地、道路交通用地、绿化用地等等,它们各自对环境质量有不同的要求,本身又给环境带来不同特征、不同程度的影响。因此,在城市生态规划中,应综合研究城市用地状况与环境条件的相互关系,按照城市的规模、性质、产业结构和城市总体规划及环境保护规划的要求,提出调整用地结构的建议和科学依据,促使土地利用布局趋于合理。

各类用地的选择应根据生态适宜度分析的结果,确定选择的标准,同时还应考虑国家有关政策、法规以及技术、经济的可行性。在恰当的标准指导下,结合生态适宜度、土地条件等评价结果,划定出城市各类用地的范围、位置和大小。

在充分考虑土地条件的前提下,按照生态适宜度的等级以及经济技术水平,确定用地开发次序的标准;根据拟定的标准,确定土地的开发次序。

表 12-1 对比了美国东部某大城市附近 18239.83hm² 土地上无规划和有规划土地利用的结果。1970 年时,该地有将近 20 000 人,规划到 2000 年时要增加到 110 000 或 150 000 人。如表中第 4 列所示,按法定规划为居住用地及其他方面的发展用地,可以保存 1/3 地区(33%)作为开敞空间,而如果无计划地发展(表中第 3 列),则到 2000 年时,开敞空间所占的比例极低(16%),甚至会没有,这样就会带来生态破坏、环境的污染及社会的杂乱无章(E. P. Odum,1971)。

表 12-1*　对比无计划(无控制)和有计划(最适土地利用)发展的一个迅速增长的城市—郊区地区

(单位:hm²)

	1970 年人口(20 000 人)	计划 2000 年人口数(110 000 或 150 000 人)	
		无计划(无控制)发展	有计划(最适土地利用)发展
发展地区	5 261.10	15 378.6	12 141
住宅	3 035.25	10 522.2	8 620.11
商业	202.35	283.29	254.961
工业	28.34**	121.41	28.329
教育	1 011.75	2 225.85	1 214.1
道路	1 011.75	2 225.85	2 023.5
空旷地(未发展地)	12 950.4	2 832.9	6 070.5
废物堆积地	0	0	404.7
休养公园	202.35	809.4	2 023.5
农田和森林	4 654.05	0	809.4
自然区	8 094	2 023.5	2 832.9
总计	18 211.5	18 211.5	18 211.5
空旷地百分比	71%	16%	33%

*引自:《生态学基础》,E. P. Odum 著,1971,孙儒泳、钱国桢等译,人民教育出版社,1981;略有修改。

**原资料中未将工业用地 28.34hm² 计入发展地区总用地中。

图 12-1 表明一个有规划的土地发展计划,包括有:

（1）围绕乡村和城镇中心住宅的集聚发展，每个单元之间都有宽的绿化带相隔；

（2）保留了溪流河谷、斜坡、湖泊、沼泽、再泛区（aquifer recharge area）和废物堆积区，这些都是远离住房、建筑物和其他高密度利用地区的。

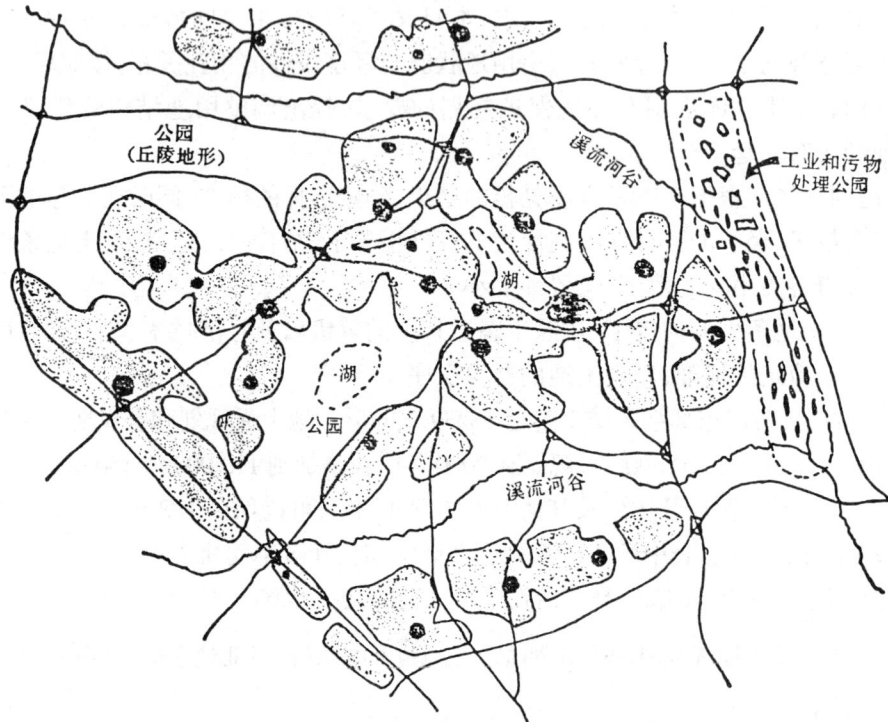

图 12-1 有 110 000 居民的有计划的城市发展（引自：E. P. Odum，1971）

它保护了环境的质量、大自然的美，并提供了足够的房子，减少了污染。保存了大量的"开敞空间"（open space）（图中无阴影的地区）。在城镇和乡村中心（黑圆圈）附近住房聚集发展地（表明两种密度），都有宽的林带或公园分隔，还有溪流河谷、湖泊和没有障碍的风景区。工厂设置大的污物处理公园（图的右边），具有污物处理工厂的厂房，氧化池、填土，以及污物或水的降减、恢复、集容或再循环等其他措施（按华莱士、麦哈格、罗伯特和托德协会会报"乡村设计"第 59 页重绘，并增补污物处理公园）。

三、人口容量规划

人口是城市生态系统的主体，在城市生态规划工作中必须确定所在区域内近远期的人口规模，提出城区人口密度调整意见，提高人口素质对策以及实施人口规划对策。研究内容包括人口分布、密度、规模、年龄结构、文化素质、性比、自然增长率、机械增长率以及流动人口等基本情况。

在人口容量规划中，确定合理的人口密度是一项关键性工作，因为人口密度指标反映了不同类别城市中人口集中的程度，即在有限的地域空间范围内，人口集中居住、生活和工作的平均状态，也间接反映了城市的环境质量。在规划中要查明城市土地开发利用上的差异，均衡人口分布。随着城市人口的不断增长，城市人口密度也会逐年增长，城市人均用地将会逐年减少。我国城市人口密度偏大是我国城市问题的一大难点，如北京 1995 年时全市平均人口密度为 745 人/km²，其中城区人口密度超过 1 500 人/km²；上海 1996 年时，全市平均人口密度为 2 057 人/km²，市区为 4 672 人/km²，其中黄浦、静安、南市、卢湾等市中心区高达50 000 人/km^{2}左右。

国外城市用地一般每人平均 200m^2,国外特大城市的用地,英国每人大于 100m^2,美国每人大于150m^2,俄罗斯每人大于200m^2。我国 1985 年全国城市用地每人 73m^2,上海每人仅为26m^2。可以说,城市越大,人口用地越紧张,城市人口密度的增加也将加重人的生理和心理压力,降低生活水平和环境质量,也容易滋生犯罪现象。因此,制定适宜人口容量的规划是城市生态规划的重要内容,将有助于降低按人口平均的资源消耗和环境影响,节约能源,充分发挥城市的综合功能,提高社会、经济和环境效益。

四、环境污染综合防治规划

环境污染综合防治规划是城市生态规划中的重要组成部分,应从整体出发制定好污染综合防治规划,实行主要污染物排放总量控制,并建立数学模型对城市环境要素的发展趋势、影响程度进行预测;分析不同发展时期环境污染对城市生态状况的影响,根据各功能区不同的环境目标,按功能区实行分区生态环境质量管理,逐步达到生态规划目标的要求。主要内容包括:大气污染控制、水污染控制、声污染控制、固体废弃物污染控制等规划。在此基础上,根据主要污染物的最大允许排放量,计算各主要污染物的削减量,实行污染物排放总量控制,按系统分配削减量指标,对各功能区,各行业的综合防治方案进行综合、比较,应用最优化方法求出环境投资—效益的最佳分配,提出城市生态规划中总的污染综合防治方案。

制定城市环境保护规划,主要应考虑两个前提:一是根据污染源和环境质量评价和预测结果准确掌握当地环境质量现状、发展趋势以及未来社会经济发展阶段的主要环境问题;二是要针对主要环境问题,确定污染控制目标和生态建设目标,在此基础上,进行功能合理分区,研究污染总量控制方案,并通过一系列控制污染的工程性措施和非工程性措施对策,进行必要的可行性论证,形成一个城市的环境质量保护规划,其中又可分为以下几点:

(1) 城市大气环境综合整治规划。城市大气环境综合整治规划的主要内容包括:在污染源及环境质量现状与发展趋势分析的基础上进行功能分区规划,确定规划目标,选择规划方法与相应的参数,规划方案的制定及其评价与决策。主要规划内容可分为三个层次,即环境现状及变化趋势的研究,模型与相应参数研究和规划方案的筛选与决策研究。城市大气环境规划主要针对在城市中量大面广、危害严重的污染物,如 TSP(总悬浮颗粒物)、SO_2、NO_x、CO 等,各城市应根据自身特点,进行筛选。制定大气环境综合整治的规划方法包括:科学地利用自然净化能力,积极开展绿化工作,加强污染集中控制和治理等。

(2) 城市水环境综合整治规划。城市水环境综合整治规划,在水环境污染现状与发展趋势分析的基础上划分控制单元,确定规划目标,设计规划方案,并对规划方案进行优化分析与决策。制定规划的方法与一般步骤包括:水污染现状分析、水污染控制单元的划分、水环境污染物控制路线分析、水环境污染源治理技术经济分析、水污染防治主要措施分析等。

(3) 城市固体废弃物综合整治规划。城市固体废弃物综合整治规划要求在现状调查基础上进行预测及评价,将预测结果与规划目标相对应、比较并参照评价结果,按照各行业的具体情况,确定各行业的分目标及具体污染源的削减量目标。确定不同的治理方案并进行环境经济效益的综合分析,根据经济承受能力确定最终规划方案。制定方法包括:确定固体废弃物污染控制目标,制定重点行业、企业固体废弃物治理规划,制定有毒有害固体废弃物处理处置措施等。

(4) 城市声环境综合整治规划。在城市声环境质量和噪声污染现状与发展趋势分析的基础上,根据城市土地利用规划和声环境功能分区规划,提出声环境规划目标及实现目标所采取的综合整治措施。制定方法包括确定噪声污染整治对象、制定噪声污染整治措施等。

五、园林绿地系统规划

园林绿地系统是城市生态系统中具有自净能力的组成部分,对于改善生态环境质量、丰富与美化景观起着十分重要的作用。近年来人们对绿地系统的认识已从过去把园林绿化当做单纯供游览观赏和景观装饰,向着改善人类生态环境、促进生态平衡的方向转化,向城乡一体化、走大环境绿化建设的方向转化;从过去单纯应用观赏植物,向着综合利用各类资源植物的方向转化。因此,城市生态规划应制定城市各类绿地的用地指标,选定各项绿地的用地范围,合理安排整个城市园林绿地系统的结构和布局形式,研究维持城市生态平衡的绿地覆盖率和人均绿地等,合理设计群落结构、选配植物,并进行绿化效益的估算。

制定一个城市或地区的绿地规划,首先必须了解该城市或地区的绿化现状,对绿地系统的结构、布局和绿化指标作出定性和定量的评价,在此基础上可根据以下步骤进行绿地系统的规划:

(1) 确定绿地系统规划原则;

(2) 选择和合理布局各项绿地,确定其位置、性质、范围和面积;

(3) 根据该地区生产、生活水平及发展规模,研究绿地建设的发展速度与水平,拟定绿地各项定量指标;

(4) 对过去的绿地系统规划进行调整、充实、改造和提高,提出绿地分期建设及重要修建项目的实施计划,以及划出需要控制和保留的绿化用地;

(5) 编制绿地系统规划的图纸及文件;

(6) 提出重点绿地规划的示意图和规划方案,根据实际工作需要,还需提出重点绿地的设计任务书,内容包括绿地的性质、位置、周围环境、服务对象、估计游人量、布局形式、艺术风格、主要设施的项目与规模、建设年限等,作为绿地详细规划的依据。

六、资源利用与保护规划

在城市建设与经济发展过程中,普遍存在对自然资源的不合理使用和浪费现象,掠夺式开发导致了人类面对资源枯竭的危险。因此,城市生态规划应根据国土规划和城市总体规划的要求,依据城市社会经济发展趋势和环境保护目标,制定对水资源和土地资源、大气环境、生物资源、矿产资源等的合理开发利用与保护的规划。

在水土流失的治理规划方面,可以采取以下方法:制定上游水源涵养林和水土流失防护林建设规划;禁止乱围垦,保护鱼类和其他水生生物的生存环境;积极研究和推广保护水源地、水生生态系统和防止水污染的新技术;兴建一批跨流域调水工程和调蓄能力较大的水利工程,恢复水生生态平衡;健全水土资源保护和管理体制,制定相应的政策、法规和条例。

制定生物多样性保护与自然保护区建设规划需要开展以下几个方面的工作:

（1）加强生物多样性保护的管理工作。包括建立和完善生物多样性保护的法律体系；制定生物多样性保护的计划；制定生物多样性保护的规范和标准；积极推行和完善各项管理制度；强化监督管理，逐步使生物多样性的管理制度化、规范化和科学化，加强执法监督检查，加强监督管理和服务。

（2）开展生物多样性保护的监测和信息系统建设。包括建立和完善生物多样性保护的监测网络，参与建立生物多样性保护的国家信息系统，积极开展生物多样性的国际与区域合作。

（3）开展多种形式的生物多样性保护与利用方面的示范工程建设。

（4）通过教育和培训，建成一支训练有素、精通业务、善于管理的队伍。

（5）建立生物多样性保护机构，明确职责，并在各机构之间建立有效的协作，这是生物多样性保护的强有力的组织保证。

七、城市综合生态规划

城市生态系统是一个受多种因素影响并不断变化的动态系统。它包括若干个亚系统及其子系统，各个亚系统和子系统之间的协调十分重要。因此，城市生态规划应该是一个动态的综合规划，它需要在各个单项规划的基础上，运用系统分析的方法进行综合分析，弄清它们之间的相互关系、正反馈和负反馈作用，以及各分项规划主要措施的相对重要性，以便调整系统内各子系统的比例和格局，作为政策、资源安排以及制定分期计划的基础，确保每一个方面都能获得适度发展而不超越其所允许的限度，从而保持整个城市的可持续发展。

在进行城市的综合生态规划时，基础资料是不可缺少的，其中包括各类文字资料和有关图件（见本章第四节，表 12－2），使城市规划具有较强的直观性和可操作性以及能够跟踪它的变化，这就需要建立资料库，其中包括数据资料库、图形库以及模型库，地理信息系统（geographic information system，GIS）技术可为这方面提供良好的技术支持和服务。

附注 12－1　城市绿地系统的布局形式

城市绿地的布局主要有 8 种基本模式：点状、环状、放射状、放射环状、网状、楔状、带状和指状（附注图 12－1－1）。从与城市其他用地的关系来看，可归纳为四种，即环绕式、中心式、条带式和组群式（附注图12－1－2）。

我国的城市绿地系统布局形式主要为以下四种：

（1）块状绿地布局：这类绿地多出现在旧城改造中，如上海、天津、武汉、大连、青岛等。块状绿地的布局方式，可以做到均匀分布，接近居民。但如面积太小则对改善城市环境质量和调节小气候的作用不显著，对构成城市整体的景观艺术面貌作用也不大。

（2）带状绿地布局：这种布局形式由于多数利用河湖水系、城市道路、旧城墙等，形成纵横向绿带、放射性绿带与环状绿地交织的绿地网，如哈尔滨、苏州、西安、南京等地。带状绿地的布局较有利于组织城市的通风走廊，也容易表现城市景观艺术面貌。

（3）楔形绿地布局：城市中由郊区伸入市中心的由宽到狭的绿地称为楔形绿地。一般都是利用了河流、起伏地形、放射干道等结合市郊农田、防护林等而形成，如合肥市。它的优点是可以改善城市小气候和环境质量，也有利于城市景观艺术面貌的表现。

（4）混合式绿地布局：是前三种形式的综合运用。可以做到城市绿地点、线、面的结合，形成较完整的体系。其优点是可以使生活居住区获得最大的绿地接触面，方便居民游憩，有利于小气候的改善，有助于城市环境卫生条件的改善和丰富城市景观艺术面貌。

以上四种布局中,以混合式最好。但由于我国目前大多数城市的绿地定额少,绿地覆盖率低,真正做到绿地组成"有机复合系统"的还很少,这是城市绿地系统生态建设的方向。

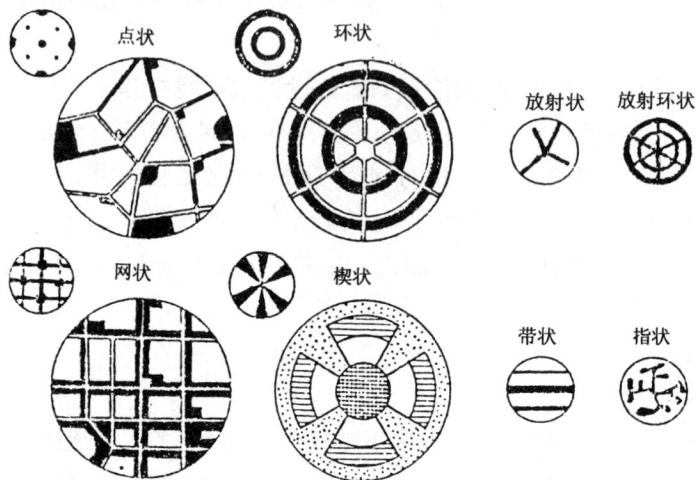

附注图 12-1-1　城市绿地分布的基本模式(引自:《城市园林绿地规划》,同济大学等编,1992)

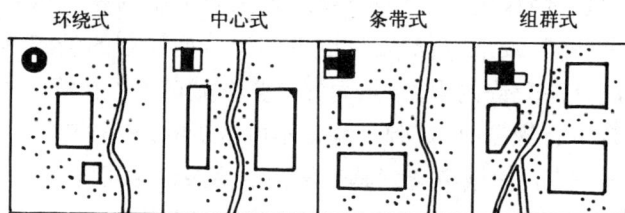

附注图 12-1-2　绿地的分布形式(城市在绿地中)(引自:《城市园林绿地规划》,同济大学等编,1992)

第四节　城市生态规划的步骤与方法

城市生态规划的一般程序如图 12-2 所示。

(1)根据规划要求选择有关专业。由于城市性质、规模和发展目标的不同,各个城市生态规划的重点也可能有所差异,而城市涉及的因素众多,不可能样样俱全,因此必须根据规划要求选择关系较密切的专业参加。

(2)生态要素资料的收集与调查。生态要素资料的收集与调查的目的是搜集规划区域内包括地质地貌、气候、水文、土壤、植被、动物、土地利用类型、环境质量、人口、产业结构与布局等因素在内的自然、社会、人口、经济与环境方面的资料与数据,为充分了解规划区域的生态特征、生态过程、生态潜力与限制因素提供基础。资料搜集不仅包括现状资料,也包括历史资料。在城市生态规划中,应十分重视人类活动与自然环境的长期相互影响与相互作用,如资源衰竭、土地退化、大气与水体污染、自然生境与景观破坏等问题,均与过去的人类活动有关。因此,历史资料的研究十分重要。资料收集既包括文字资料,也包括各种图件。尤其是图件,不仅直观并且能提供较准确的位置。

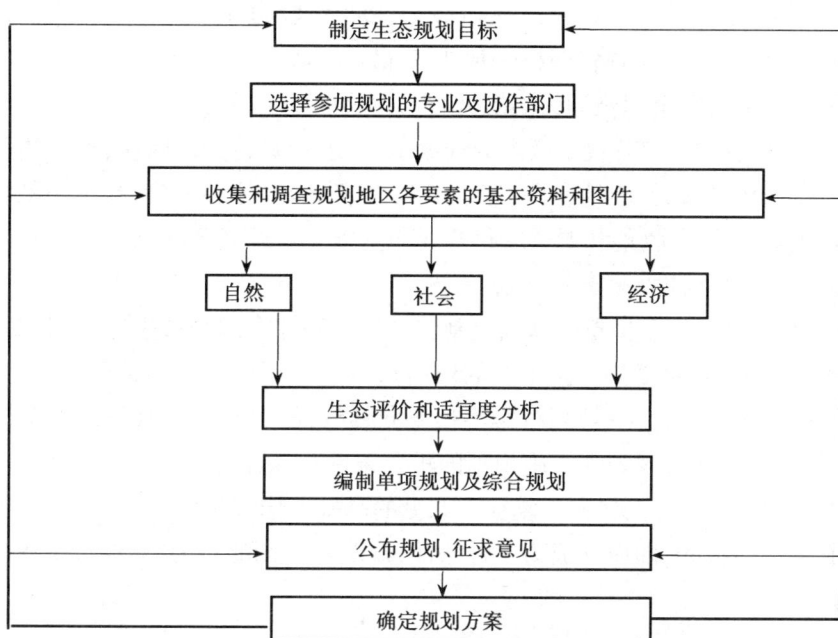

图 12－2　生态规划程序图

表 12－2　生态规划图件种类及用途

图件种类	比　例　尺	用　　途
一般性图件		
地形图	1:10 000～1:25 000	地形状况,区域界限
航片	1:5 000～1:10 000	土地利用状况,各类用地边界以及多种信息
卫片	1:5 000～1:10 000	土地利用状况,各类用地边界以及多种信息
综合自然区划图	1:1 000 000	对区域自然条件的全面认识
相关专业图		
地质图	1:500 000	城市的地质条件
土壤图	1:25 000	土地利用强度
气候图(向量、温度)	1:50 000	温度、水分的分布状况
物候图	1:25 000	生物温度分区
空气污染图	不同比例尺	空气污染现状及其空间分布
生境小区图	1:5 000～1:10 000	生境类型及其分布范围以及自然保护状况
植物分布图	1:25 000	植物种类分布
动物分布图	1:25 000	动物种类分布
林业图	1:10 000	森林类型及其分布状况
水文图	1:25 000	城市水文条件
单项及其他规划图		
区域规划图	1:100 000	区域总体规划、自然保护区位置
土地利用图	1:5 000～1:10 000	土地利用前景
建筑规划图	1:25 000	城市建筑物分布、封闭地面范围、空间结构
交通道路规划图	1:25 000	道路分布状况及通过的地区
绿地系统规划图	1:5 000～1:50 000	绿地的面积与分布

在搜集现存资料的同时,还要开展实地调查,在生态调查中多采用网格法,即在筛选生态因子的基础上,按网格逐个进行生态状况的调查与登记,工作方法如下。

(1)确定生态规划区范围,采用1:10 000(较大区域为1:50 000)地形图为底图,依据一定原则将规划区域划分为若干个网格,网格一般为1km×1km,有的也采用0.5km×0.5km(网格大小视具体情况而定),每个网格即为生态调查与评价的基本单元。

(2)调查登记的主要内容有:规划区内的气象条件、水资源、植被、地貌、土壤类型、人口密度、经济密度、产业结构与布局、土地利用、建筑密度、能耗密度、水耗密度、环境污染状况等。

(3)生态适宜度分析:在收集和调查取得资料的基础上对规划区域进行分析和评价,并对各类用地进行适宜度分析(详见第十一章)。

(4)编制规划:在以上几个步骤的基础上制定单项的和综合的城市生态规划,在这一过程中地理信息系统(GIS)技术将发挥非常重要的作用。

(5)公布规划草案征求意见:规划草案不仅要向领导征求意见,而且需向群众公布,广泛征求意见,公众的参与是完善规划和实施规划的重要条件和保证。

(6)确定规划,上报批准:在多方反复征求意见的基础上修订规划,最后予以确定,规划一旦确定并得到有关部门批准,即应该成为一种法律,规范着人们的行为,非经合法程序的修订,不得随意变更。

附注12-2 城市生态规划案例分析——上海外高桥保税区生态规划研究

外高桥保税区位于上海浦东东北端,距市中心20千米,总面积10平方千米。经过近六年的开发建设已初具规模,至1996年底已开发完成5.5平方千米,由港区、仓储区、加工区、金融贸易管理区、生活区等组成。

外高桥保税区位于我国东海岸与长江口的交汇点,连接着沿海和长江流域两大经济发展带。这一独特的区位优势使外高桥保税区在我国经济发展格局中居于重要地位。

外高桥保税区地处环太平洋产业发展带的中段,北与日本的东京、大阪,南与我国的香港及新加坡的距离都比较适中,既受日本、韩国、新加坡及香港等国家和地区的经济辐射影响,同时又形成对整个长江流域产业联合体产生向心吸引力。得天独厚的区位优势和所依托的广阔腹地,为外高桥保税区的可持续发展提供了极其有利的条件。

(一)外高桥保税区基本情况

1.自然环境

保税区位于长江三角洲滨海平原北缘,自然地形平坦,地貌单一,区内水系发达;气候良好,温和湿润,四季分明。但由于受到人类活动的影响,该地区野生动植物种类稀少,取而代之的是人工种植的园林绿化树种、经济作物及人工饲养的一些家畜、家禽。

2.社会环境

保税区内,生活居住区的人口密度约为9 988人/km²,其他各区人口密度为3 183人/km²。区内职工主要从事第二、第三产业,职工文化素质较高,为适应整个保税区的经济发展奠定了基础。

保税区水陆交通便捷,建设中的上海第二国际航空港为保税区未来的发展提供了便利条件。区北面的7个万吨级码头,已开辟通往香港、日本、南非等国家和地区的国际航线。区内电力、水力、燃料及通讯设施等市政设施已初具规模,区内采用集中供热及雨污分流排水系统,为改善区内环境质量提供了有利条件。

3.经济环境

外高桥保税区以第二、第三产业为主,第二、第三产业的比例为1:9.2,自1992年以来,保税区企业投资总额呈逐年上升趋势。据统计,1995年实现国内生产总值达31.70亿元,比上年同期增长1.23倍;工业生产总值达23.04亿元,比上年同期增长81.3,利税达9.28亿元,比上年同期增长5.5倍。良好的经济环境吸引着更多的投资者进入保税区,到1996年3月底,保税区已批准和立项的投资项目有2 421个,总投资达 30.25 亿美元,至 4 月底,有来自日本、美国、加拿大、新加坡、香港和台湾等 45 个国家和地区以及内地 28 个省、市、自治区的客商投资保税区。

(二)外高桥保税区环境质量现状

1. 大气环境质量

根据保税区各功能区春夏秋冬四季对 SO_2、NO_x、TSP、CO、BaP 及非甲烷烃的测定,采用空气质量二级标准(GB3095 - 1996)和姚志麒综合指数对保税区内大气环境质量进行了评价(附注表 12 - 2 - 1)。从附注表 12 - 2 - 1 及附注表 12 - 2 - 2 可知,保税区内大气环境质量基本处于清洁水平,区内各功能区[见(五)2. 生态功能分区规划]的大气环境质量处于清洁水平的有 5 个区,分别为 B 区、D 区、F 区、G 区和 H 区,占 62.5%;处于轻度污染水平的有 3 个区,分别为 A 区、C 区和 E 区,占 37.5%。

附注表 12 - 2 - 1　大气环境质量评价结果(I_c 值)

功能分区	A 区	B 区	C 区	D 区	E 区	F 区	G 区	H 区
I_c	0.733	0.483	0.932	0.566	0.752	0.511	0.541	0.487

附注表 12 - 2 - 2　大气环境质量评价综合值分级表

分级	清洁	轻污染	中度污染	重度污染	极重度污染
I_c	<0.6	0.6~1	1~1.9	1.9~2.8	>2.8
大气污染水平	清洁	一般	警戒	警报	紧急

区内大气污染物主要是 CO 和 TSP,CO 最大一次监测浓度值为 20.3mg/m^3,为环境空气质量二极标准的 2.03 倍,TSP 日平均浓度为 0.413mg/m^3,超过国家二级标准。区内特异因子监测结果表明,其浓度均未超过标准。影响保税区大气环境质量的因素除 TSP 受区内建筑工地影响之外,其他污染主要由高桥工业区部分工业企业、外高桥电厂以及周边的乡镇企业等污染源引起。

采用日本常用的计算方法对大气环境容量进行了计算:$Q = C_0 \times \mu \times H \times B$,式中 μ 为风速,B 为垂直于风向的区域尺度,H 为逆温层高度,C_0 为污染物的环境质量目标值。

经计算得出,外高桥保税区的 SO_2、NO_x、TSP、CO 的大气环境容量分别为 5 864.9 t/a、4 887.4 t/a、29 324.7 t/a 和 390 995.9 t/a,目前,区内 SO_2、NO_x、TSP、CO 各污染物年排放量依次为 1 270.7 t/a、1 661.7 t/a、10 654.6 t/a、266 952.5 t/a,分别占大气环境容量的 21.67%、34.00%、36.33%、68.28%,从大气环境容量来看尚有一定发展潜力。

2. 水环境质量

外高桥保税区濒江临海,属感潮平原河网区,区内水系发达。高桥港处于保税区内的长度约为 1.5 千米,由于高桥镇居民的生活污水和部分工业废水的排入,使其成为受污染较严重的河段之一。

根据在各功能区水域以及在高桥港设置监测点,分别于枯水期、丰水期进行水质监测分析,结果按《地面水环境质量标准(GB3838 - 88)》评价后表明,港区水体中 SS(悬浮物)平均值偏高,超过地面 V 类水标准 2.24 倍,BOD_5 和 COD_{Cr} 多数处于 V 类水平。高桥港水体 BOD_5 和 COD_{Cr} 平均值明显高于港区水体。采用模糊数学法进行的水质评价表明,港区监测水体各项指标权重值由大到小排列次序为:SS>COD_{Cr}>DO>BOD_5>NH_3-N,水体以悬浮物污染为主,其次是有机污染;高桥港监测水体各项指标权重值由大到小依次为:COD_{Cr}>DO>BOD_5>SS>NH_3-N,水体以有机污染为主;港区、高桥港水质均为 V 类水。

水环境容量预测结果表明,保税区内高桥港段水体中 BOD_5 容量为 5.832 t/d,COD_{Cr} 容量为 58.32 t/d,DO 容量为 11.66 t/d。目前水体中 BOD_5、COD_{Cr}、DO 每天排放量分别为 7.368t/d、73.09t/d、8.61 t/d,各项污染物均已超过水体环境容量预测值。

3. 声环境质量

噪声监测结果表明,保税区内昼间环境噪声平均等效声级为 61.0dB(A),超标率为 37.5%;夜间环境噪声平均等效声级为 55.6dB(A),超标率为 66.7%。区内环境噪声超标情况较严重,其主要原因是由于部分小区正在进行建筑施工。交通噪声污染情况采用交通噪声污染指数 PNI 评价,保税区交通噪声污染指数为:PNI(昼间)= 1.10,PNI(夜间)= 1.25。据 PNI 等级划分可知,影响保税区声环境的杨高路昼间、夜间交通噪声污染均为 E 级水平。

4. 土壤环境质量

土壤环境质量监测结果表明,各功能区土壤中铬的含量超过标准值,其他各项指标[铜(Cu)、铅(Pb)、锌(Zn)、镉(Cd)、铬(Cr)、汞(Hg)、砷(As)7个项目]基本未超标。对外高桥保税区土壤环境质量综合污染指数进行分级可知,目前,各功能区土壤环境质量基本未受污染,仅 C、H 区受到轻度污染。

(三)绿地系统现状分析与评价

近年来随着外高桥保税区的不断发展,绿地建设水平也得到相应提高。1994~1996 年间,保税区绿地指标呈逐年上升趋势,但各功能小区的绿地增长速度不一。至 1996 年 4 月,保税区绿地面积为 88 766m²,绿地率为 13.8%,人均绿地面积 22.1m²,人均公共绿地面积 1.7m²。绿地的增加主要表现在专用绿地、交通绿地以及居住区绿地上,公共绿地面积则增加缓慢。

(四)土地利用现状的遥感技术分析

外高桥保税区自开发建设以来,土地利用的变化给环境带来很大影响,经遥感调查与分析后表明,区内水域与其他用地占整个区域的比例最大,为 52.06%;其次为待建用地,占 22.72%;道路用地占 10.84%;工业用地占 3.87%;而绿地仅占 2.2%。一期、二期开发区的待建用地比例最大,为 37.13%;其次为水域与其他用地,占 32.57%;道路用地占 12.72%;工业用地占 3.14%;仓储用地占 2.15%;而绿地仅占 2.67%。由于建筑密度偏大,建筑工地集中,所带来的 TSP 污染问题较突出,在环保工作中应予以高度重视。

(五)外高桥保税区生态规划

1. 规划目标

在搞好土地开发、发展外向型经济的同时,保持良好的生态环境,按照"2000 年建框架,2010 年与国际接轨,2020 年挤进世界先进行列"的总体要求,分阶段(近期:2000 年,中期:2010 年,远期:2020 年)把外高桥保税区建设成为布局合理、基础设施完善、生产工艺清洁、绿树成荫、生态环境质量一流的保税区(1995)。

在环境监测、评价和规划资料分析的基础上,考虑到土地开发、经济发展、科技进步、国家政策的宏观导向和公众环境意识的提高等因素,选择人口规模、绿化水平、大气环境质量、水环境质量、噪声控制以及固体废弃物处理处置六大方面,制定了保税区生态建设的具体目标(附注表 12-2-6)。

分区域生态建设目标见附注表 12-2-3、12-2-4、12-2-5、12-2-6。

附注表 12-2-3　地表水生态建设目标体系

功 能 区 划	2000 年	2010 年	2020 年
港区水质 高桥港水质	Ⅳ类 Ⅳ类	Ⅲ类 Ⅲ类	Ⅱ类 Ⅱ类

附注表 12-2-4　大气、噪声及固体废弃物处理处置生态建设目标体系

要素	阶段	功 能 区 类 型					
		港区 (A区)	仓储区 (B区)	生活居住区 (E,H区)	出口加工区 (D,F,G区)	商贸区 (C区)	交通干线 (昼/夜)dBA
大气	近期	二级	二级	二级	二级	二级	
	中期	二级	二级	二级	二级	二级	
	远期	一级	一级	一级	一至二级	一级	
噪声	近期	工业	二类	居一文	工业	二类	70/55
	中期	二类	二类	居一文	工业	二类	70/53
	远期	二类	二类	居一文	工业	二类	70/50
固体废弃物 处理率	近期	100%	100%	100%	95%	100%	
	中期	100%	100%	100%	98%	100%	
	远期	100%	100%	100%	100%	100%	

注:噪声目标中,居一文为文教区目标,一类为一类混合区,二类为二类混合区,工业为工业集中区。

附注表 12－2－5　绿化指标及指数

指标	单位	权重	基准年值（1995）	2000 年		2010 年		2020 年	
				规划值	环境指数	规划值	环境指数	规划值	环境指数
绿地覆盖率	%	0.45	13.8	20.0	0.652 2	30.0	0.978 3	35.0	1.141 3
人均公共绿地面积	m²	0.25	1.7	3.0	0.441 2	7.0	1.029 4	10.0	1.470 6
人均绿地面积	m²	0.30	22.1	25.0	0.339 4	30.0	0.407 2	35.0	0.475 1
加权组合后的绿化指数		1.00			1.432 8		2.414 9		3.087 0

附注表 12－2－6　外高桥保税区生态建设指标体系

分类指标		单项指标名称	参考标准		外高桥保税区环境目标值			
			国家	国际先进城市平均	基准年 1995	规划年		
						2000	2010	2020
1.人口密度		①平均人口密度(全区)(人/hm²)		110	40	90	100	110
		②居住区人口密度(人/hm²)		117	100	150	200	200
2.绿化水平		①绿地覆盖率(%)	30	33.33	13.8	20	30	35
		②人均公共绿地面积(m²)	7～11	36.4	1.7	3.0	7.0	10.0
		③人均绿地面积(m²)		40	22.1	25.0	30.0	35.0
3.大气环境质量		①SO₂ 年平均值(mg/m³)	0.02～0.06	0.067	0.013	0.06	0.02～0.06	0.02
		②NO_x 年平均值(mg/m³)	0.05		0.017	0.05	0.05	0.05
		③TSP 年平均值(mg/m³)	0.08～0.20		0.120	0.20	0.08～0.20	0.08
		④可吸入颗粒物年平均值(mg/m³)	0.04～0.10			0.10	0.04～0.10	0.04
		⑤CO 日平均值(mg/m³)	4.00		2.095	4.0	4.0	4.0
		⑥TCH 日平均值(mg/m³)		0.24	0.0139	0.24	0.24	0.24
		⑦BaP 日平均值(μg/m³)	0.01		0.00012	0.005	0.005	0.005
4.水环境质量	港区水质	①DO(mg/L)	6.0～2.0	>70%(饱和率)	5.98	6	6	6
		②BOD₅(mg/L)	3～10	3.6	1.239	<3	<3	<3
		③高锰酸盐指数(mg/L)	2			4～6	4～6	4～6
		④挥发酚(mg/L)	0.002～0.1			0.002～0.005	0.002	0.002
		⑤非离子氨(mg/L)	0.02～0.2	0.03～0.04	0.187	0.15	0.15～0.05	0.05～0.02
		⑥COD_Cr(mg/L)	<15		19.35	<15	<15	<15
		⑦总汞(mg/L)	0.000 05			<0.000 05	<0.000 05	<0.000 05
		⑧pH	6.5～8.5	6.5～8.0	7.81	6.5～8.0	6.5～8.0	7.0～8.0
	高桥港、浦东运河	①DO(mg/L)	6.0～2.0	>70%(饱和率)	4.57	6	5	6
		②BOD₅(mg/L)	3～10	3.6	3.79	<3	<3	<3
		③高锰酸盐指数(mg/L)	2			8	6	6
		④挥发酚(mg/L)	0.002～0.1			0.01	0.005	0.005
		⑤非离子氨(mg/L)	0.02～0.2	0.03～0.04	0.495	0.2	0.02	0.02
		⑥COD_Cr(mg/L)	<15		37.6	<30	<20	<15
		⑦总汞(mg/L)	0.000 05			0.000 05	0.000 05	0.000 05
		⑧pH	6.5～8.5	6.5～8.5	8.04	6.5～8.0	6.5～8.0	7.0～8.0
5.噪声控制		①区域环境噪声(dB)	昼45～60 夜35～55	昼58.5 夜50.5	昼61.0 夜55.6	昼<60 夜<50	昼<55 夜<45	昼<55 夜<40
		②交通噪声(dB)	昼<70 夜<55	昼75.8 夜66.4		昼<72 夜<60	昼<70 夜<58	昼<70 夜<55

6.固体废弃物处置	①生活垃圾清运率(％) ②工业固体废弃物处置率(％)	95～100 >80	95 90	100 90	100 95	100 100

2. 生态功能分区规划

外高桥保税区生态功能分区规划的目的在于改善保税区的投资环境,使区内的环境容量得以合理利用,促进生态系统的协调发展。

根据保税区土地利用的功能布局以及各区域的自然环境和环境质量现状,结合社会经济发展的现状和规划纲要,将保税区划分为五类生态功能区,即:港口、仓储区(A、B区)、金融贸易管理区(C区)、加工工业区(D区)、生活居住区(E、H区)和二期开发区(F、G区)。

(1) 港口、仓储区:

面积 93.6hm²,其中包括 A 区(港区)66.5hm² 和 C 区(仓储区)27.1hm²,应充分利用得天独厚的港口资源和腹地优势,为区内货物的迅速疏运和集散、流转提供高效优质服务。在生态环境建设上,大气环境质量近期执行国家二级标准,远期执行一级标准;严格控制航运对港区水质的污染影响,近期执行国家地面水Ⅳ类标准,中期和远期执行Ⅲ类标准;噪声控制按二类混合区标准执行。

(2) 金融贸易管理区:

面积 15.3hm²,是外高桥保税区第三产业和管理枢纽,从环境质量与社会经济现状分析,还应进一步加强其金融贸易和商业服务功能。由于该区正面对着高桥石化工业区,处于高桥石化工业区冬半年主导风向的下风向,应注意防治高桥石化工业区的污染影响,建议在 C 区靠杨高路一侧建造环保防护林,区内加强绿化工作,大气近期、中期执行国家二级标准,远期执行一级标准。同时应加强对区内高桥港水体的管理,严禁区内企事业单位向河道内直接排放废水。近期内水体执行国标Ⅳ类,中、远期按Ⅲ类、Ⅱ类标准控制,并逐步改造为观光性的景观河道;噪声执行二类混合区标准;固体废弃物处理处置率应为 100％。

(3) 加工工业环境区:

面积为 213.3hm²,为一期开发中面积最大的功能小区,区内加工工业应注意其科技含量,区内企业应具备为适应国际市场需求而能够不断调整其产品结构和提高技术能级的应变能力,严禁有污染的、能耗大、水耗大的企业入内。大气环境近、中期执行国家环境空气二级标准,同时应注意控制建筑物烟尘的影响,远期执行国标一至二级标准;噪声标准按工业集中区执行;工业固体废弃物处理率应达近期 95％,中期 98％,远期 100％。

(4) 生活居住区:

分为 E 区(86.6hm²)和新增的 H 区(110hm²),是保税区的配套生活区,E 区人口集中,密度达 100 人/hm²,生态环境建设应以人为中心,创造舒适的生活环境。大气环境标准近、中期执行国家二级标准,远期执行一级标准;噪声标准按文教区目标执行,生活垃圾清运率应为 100％;生活居住区内的绿化水平应高标准,环保功能和景观功能相结合,在居住区的周围应设置卫生防护林带,以减轻高桥石化工业区的影响。

(5) 二期开发区:

总面积 602.5hm²,目前主要用地类型为耕地,占 42.77％,待建用地占 30％～74％,村镇建设用地占 7.73％。该区的规划方面将是以出口加工为主的综合功能区,地处夏半年主导风向的上风向,应严禁有污染的企业进入区内,大气环境标准近期执行国标二级,远期执行一至二级;噪声执行工业集中区标准;工业固废处理率近期为 95％,中期为 98％,远期为 100％;绿地规划应以自然式为主,尽量保留一些面积较大的水面。

3. 环境保护规划

(1) 大气环境保护规划:

大气环境现状调查和监测结果表明,目前上海外高桥保税区的大气污染问题基本上得到了较好的控制,总的大气环境质量基本为清洁水平,但个别功能区已达轻度污染水平。随着经济建设的发展,该地区大气污染物的排放量将会有较大的增长。因此,应采取相应的污染源控制措施的综合防治方法,提高和改善保税区的大气环境质量。

对区外污染源应由市、区有关部门协调,加强对区外主要污染源的控制,削减超标项目的排放量,加强环境管理和监督,以实现保税区的大气环境保护目标。区内应实行联片集中供热制,提高能源利用率和消烟除尘效果,以消灭对近地面污染特别严重的中小烟源污染。因此,保税区内今后新建的任何企业和改建、扩建工程项目,都不能单独兴建工业或生活供热锅炉,不另建烟囱;某些必须单独建立的工业或生活炉灶,都必须使用燃气方可允许建立。在集中供热的基础上,对集中供热站和剩余的中小锅炉实施燃料转换,由燃煤转向燃油,最终全部采用清洁能源燃油,有条件的小区可适当采用燃气和电气化技术,对民用能源全部实施煤气化。随着保税区的发展和居民生活水平的提高,汽车的拥有量将大幅度提高,必须从近期开始实施汽车尾气污染控制技术的开发和实施,对各种工业废气的污染也要实施控制;推广无铅汽油;进一步完善区内交通信号的设置和管理,确保良好的大气环境质量。

(2) 水环境保护规划:

水环境是外高桥保税区内人口、产业结构、工业布局、生产规模、发展方向的重要约束因子,对区域经济发展和保税区的建设起着重要的控制作用。外高桥保税区是一个高强度开发、经济高速发展的现代化外向型经济开发区,对水的消耗量和需求量与日俱增,同时,废水的排放量也在增大。因此,要加强保税区的水环境保护规划,做好污水截流外排和配套项目;建立环境影响评价报告书制度,对引进项目严格把关,按三同时原则进行施工和投产;提倡和推广从污水中回收有用物质,综合利用、化害为利。

从历史上看,保税区内河道(高桥港)具有排洪、排污、航运等多种功能。但由于目前高桥港两岸及上游排污量大,超过了环境容量和污染净化能力,导致河道泥沙淤积、河水水质恶化、有机污染严重。为恢复高桥港河道水生态系统的基本功能,应在区内高桥港两岸进行植树造林,种草养花,营造护河林,这样做不仅可美化环境,而且能保持水土,防止水土流失,减少河道泥沙淤积,逐步将该河道建成保税区的观光河道。同时应加强河道两岸污染源治理,严禁向河道内排放工业废水和生活污水,减轻河道污染负荷,逐步恢复其良好水质和功能。定期疏通河道泥沙,截弯取直,利用水利设施调配水流引清冲淤,增加河水流速有助于增加环境容量和污染自净能力。

港口的水质保护是外高桥保税区水环境保护的一个重要组成部分,直接关系到对外开放的形象。因此应将港区水域划为重点环境保护区域,禁止在附近设置排污量大、能耗大、耗水量大的工厂,对入港船只排污加强管理,杜绝一切污染源,同时适时进行港口清淤工作。近期主要应做好水体有机污染的防治工作。

建设分质供水系统,开展分质供水,将生活与生产用水分开供应。生活饮用水使用优质水,洗车、洗路、浇花、苗圃、清洁用低质水,同时提倡节约生活用水,控制高水耗企业的发展,发展和完善中水道系统,提高循环用水率。

(3) 声环境保护规划:

在2000年之前,保税区声环境综合整治规划应考虑在区内主要干道增设机动车和非机动车隔离设施,完善交通信号标识、改善路况;实行功能分区不同标准,首先落实区内超标单位治理以及调整搬迁;组织研究开发低噪声施工工艺和设备,并逐步在区内推广使用低噪声设备。在生活住宅区等敏感段以及交通噪声严重地段应建造防噪屏,建造20~30米宽的防护林。各功能区内应将施工现场的固定噪声声源相对集中,以缩小噪声干扰范围,并充分利用地形、地物等自然条件,选择环境要求低的位置安放强噪声设备,以减小噪声对周围敏感区的影响。在保税区的总体规划设计上合理布局,主要噪声源车间或装置应远离要求安静的车间、住宅区、实验室和办公楼、学校等。建立行政法规,加强对强噪声源及安静区附近噪声源的管理。

4. 绿地系统规划

考虑到外高桥保税区的地形呈长条状,在南北两端呈放射状向外延伸,因此绿地系统的基本骨架规划成"X"形,即以带状绿地为主,贯穿保税区内各种规模的块状绿地,结合两头的楔形绿地,形成点线面结合的混合式绿地布局。

根据各类绿地的规模和在整个绿地系统中所起的作用,将规划绿地分成三级:

一级绿地:道路绿带、滨河绿带、滨江风景区、休闲娱乐区、湖泊风景区、乡村风光区等。

二级绿地:区内各特色公园、各功能小区分区道路绿带。

三级绿地:居住区绿地、各企事业单位专用绿地、生产防护绿地、其他道路交通绿地。

绿化树种的选择以外高桥地区自然环境要素和植物地理分布规律为依据,考虑环保与景观两方面的要求,采用不同种类,反映出保税区生态绿地的特色。在配置林型结构时应考虑绿地系统的环保功能和景观效果,注意不同物种在生态位上的分异及植物不同的物候、季相差异。

5. 综合生态规划

外高桥保税区生态规划目标的实现,不仅同上述各分项规划主要措施的严格执行有关,还与它们之间的相互协调、配合以及整体的管理措施及其水平有关。综合生态规划强调,应严格实施外高桥保税区综合生态规划与管理措施,在各分项规划措施的基础上,根据其相对重要性,进一步实施好以下综合生产规划与管理措施:

(1) 建立污染物总量控制制度。它是综合生态规划的一项主要工作。不论对规划区内进行排放的污染物量进行削减,还是对新建、扩建工程项目的审批和对企业财务状况的监督均需要以总量控制为出发点,做到增产不增污、生态环境保护与经济协调发展。其具体措施包括:a.根据环境自净能力、生态承载力和环境质量控制目标,确定区内水体、大气、土壤的污染物控制总量,制定保税区生态环境综合整治目标(14项);b.实行总量分配制度,将生态环境容许的污染物总量分解后,分配给保税区内有关企业;c.建立总量考核与监督制度。

（2）建立具有自然景观特色和生态与环保效应、以地带性植被为主体的生态绿地系统。从前述的分项规划与评价中可以得知，随着保税区大面积开发活动的开展，区内自然植被所剩无几，生物多样性较低。为了优化保税区的投资环境，促进生态环境的保护与经济发展的协调和可实现性，综合生态规划中进一步提出了在保税区内建立具有自然景观特色和生态与环保效益、以地带性植被为主体的生态绿地系统的措施。

（3）制定外向型、高科技为主的产业导向政策。从综合生态规划和生态建设目标出发，外高桥保税区应发展外向型、高科技、附加值高的加工项目，建立低能耗、低水耗、无污染、效益高的外向型产业，做到功能区的划分与产业布局相协调，以获得最佳的经济效益与生态环境效益。

（4）制定生产与环保制度，提高管理效率。措施内容包括完善生产与环保目标责任制和考核制度；加强生产与环保的组织机构建设，强化监督管理；开辟生态建设与环保资金渠道，每年需投入 GNP 中大于 1.5% 的资金用于环保与生态建设。

思 考 题

1. 何谓"生态规划"，它与城市规划、城市环境规划有何不同？它们之间存在着什么关系？

2. 城市生态规划应遵循哪些原则？

3. 城市生态规划的主要内容是什么？

4. 城市生态规划的步骤和方法有哪些？

第十三章

城市生态建设

城市生态建设就是按照生态学原理和方法,应用工程性的和非工程性的措施建立合理的城市生态系统结构,提高城市生态系统的功能,促进系统的物质循环和能量合理流动,协调人与自然的关系,使人类在城市空间的利用方式、程度等方面与生态系统的发展过程相适应。城市的生态建设应在城市生态规划指导下,按照规划目标具体实施城市生态环境的建设。城市生态建设内容广泛,本章仅就其中有关城市绿地系统建设、城市自然保护、城市环境保护的生态工程以及城市社区生态建设等方面进行讨论。

第一节 城市绿地系统建设

在城市生态系统中,园林绿地系统是其中具有自净功能的重要组成成分,它在调节小气候、吸收环境中的有毒有害物质、衰减噪声、改善环境质量、减灾防灾、调节与维护城市生态平衡、美化景观等方面起着十分重要的作用。近年来,人们已越来越深刻地认识到绿地系统在城市建设中的重要性,开始了大规模的城市绿化,并将其提高到作为衡量城市现代化水平和文明程度的标准,城市绿地系统建设已成为城市生态建设的重要内容。

广义的城市绿地系统也就是城市植被,它包括城市范围内一切人工的、半自然的以及自然的植被,既有陆生群落,也有水生群落。城市绿地系统的建设应以生态学原理为指导,利用绿色植物特有的生态功能和景观功能,创造出既能改善城市生态环境质量,又能满足人们生理和心理需要的自然景观。在大量栽植乔、灌、草绿色植物,发挥其生态功能的前提下,根据城市的河湖水系,自然地形、气候、土壤条件和建筑景观的要求进行植物造景和群落结构设计,达到生态上的科学性、功能上的综合性、布局上的艺术性和风格上的地方性。城市绿地系统建设还应以最少的费用获得最大的效益,这就要求人们从环境效应、美学价值、社会需求和经济合理等多方面综合考虑,确定城市绿地系统目标及实现这些目标的步骤、方法和措施。

一、城市绿地系统建设的生态学原则

城市绿地系统建设须以生态学理论为指导,这不仅因为生态学是我们认识人与自然、植物与环境关系的理论基础,而且也因为,通过对它的实际应用确实可以提高绿化工作的质量和效率。与城市绿化有关的主要原则有以下几个方面:

(1) 建成群落的原则。自然界中生长的植物,无论是天然的或是栽培的,既没有一株孤立

生长着的个体,也没有一个完全孤立的种群。在一般情况下,植物总是成群生长,出现在有联系的种类组合中,这就是"植物群落"。植物群落的简单定义是:"植物群落是某一地段上全部植物的综合。它具有一定的种类组成和种间比例,一定的结构和外貌,一定的生境条件,执行着一定的功能。其中植物与植物、植物与环境之间存在着一定的相互关系,它是环境选择的结果,在空间上占有一定的分布区域,在时间上是整个植被发育过程中的某一阶段。"在这个定义中,"植物与植物之间、植物与环境之间存在着一定的相互关系"是群落的核心。这就要求在城市绿地系统建设中应以群落为单位,尽可能把乔木、灌木、草本以及藤本植物因地制宜地配置在群落中,达到种群间相互协调和群落与环境的协调。在城市绿地系统建设中,应充分考虑物种的生态位特征,合理选配植物种类,避免种间直接竞争,形成结构合理、功能健全、种群稳定的复层群落结构,以利种间互相补充,既充分利用环境资源,又能形成优美的景观。

(2)地带性原则。任何一个群落的存在都需要一定的环境条件,因而每一个群落都有一定的分布区。例如红松林只能分布在东北长白山、小兴安岭一带;蒙古栎林和辽东栎林只分布在华北地区,青冈栎林、甜槠林只分布在长江以南,而青皮林仅见之于海南岛热带地区。换言之,每一个气候带都有其独特的植物群落类型:高温、潮湿的热带是热带雨林;季风亚热带主要是常绿阔叶林;四季分明的湿润温带是落叶阔叶林;气候寒冷的寒温带则是针叶林等。这就是所谓地带性原则。因此,城市绿地系统建设应根据城市所处的气候带选择当家树种和主要群落类型,即要把乡土植物作为城市绿地系统建设的主体。地处温带地区的城市不可能建设分布在亚热带地区的以常绿树为主的绿地系统;相反,地处亚热带地区的城市也不应该建造以落叶树为主的绿地系统。

(3)生态演替理论。生态演替是指一个群落被另一个群落所代替的过程。在第一章中已经对它的一般概念作了介绍,这里不再重复。需要着重指出的是,这一过程在城市中到处都在进行。在废弃的建筑工地上,首先定居的是一年生杂草,然后是多年生草本植物和小灌木,接下来则出现了乔木的幼苗,任其发展之后可能成为当地普遍分布的"杂木林"。一块草坪和一块湿地,如果没有人工管理,也会进行同样过程,最后终将形成与当地气候条件相适应的相对稳定的"顶极群落",而这只不过是所需时间问题。因此,在掌握了这一规律后,就可对此加以利用;如果我们希望在城市绿地系统中建立稳定的顶极群落,可以通过改善生境条件,改变种类组成,直接建立顶极群落和顶极群落的前期阶段,以缩短演进的过程;而当我们希望保持某种演替阶段时(如草坪或湿地群落等),则又可通过人工措施,以阻止演替的发展,而是让这一过程长期停留在某一阶段。

(4)潜在植被理论。城市是一个被人类强烈改变了环境因子的生境,特别是在人口密集、历史悠久的大城市中,地带性的自然植被可能已经不复存在,广泛分布的大都是衍生的、或人工的临时性的植被类型。如果以这些植被类型为主体构成城市绿地系统,既不经济又不稳定,更不能充分发挥绿地的生态效益。在这种情况下要进行城市绿地系统建设,需要找出在这个地区的气候和土壤等自然条件下可能发展的自然植被类型,即所谓的"自然潜在植被"(potential natural vegetation),亦即在所有的演替系列中都没有人为干扰,而在现有的气候与土壤条件下(包括那些在人为创造的条件下)能够确立起来的植被类型,它可以是这个地区的气候顶极,也可以是这个地区的土壤顶极和地形顶极。由于潜在植被是在人们研究了这个地区的植被现状和历史以及自然条件的基础上确定的,它反映了该地区现状植被的趋势,因此,按照潜在植被类型进行城市绿地系统建设更能适应该地的自然条件,获得稳定的发展。

(5) 保护生物多样性原则。生物多样性一般被理解为基因多样性、物种多样性以及群落和生态系统多样性。物种多样性是生物多样性的基础,群落多样性是生物多样性存在的条件,而基因多样性则是生物多样性的关键。保护生物多样性经常是从保护物种着眼,从保护该物种生存的群落着手,从而达到保护基因的目的。由于城市生境的改变,一些物种数量减少了,甚至消失了,一些物种扩展了或被引入了。城市中的生物多样性与周围地区的物种多样性是不同的。在城市绿地建设中要注意保护生物多样性,对城市里留下来的自然植被,池塘以及动植物区系都应加以保护,维持已经建立的稳定的植物和动物区系,尽可能保存不同的生境条件,为特殊的种类提供生育地。即使对于"杂草"也要按情况分别对待,只要它们不生长在不该生长的地点(如农田、果园和人工的纯种草坪),都不必一概铲除,通过适当管理(如定期修剪),不仅保护了城市的生物多样性,而且可以发挥绿化效益并无需大量投资。在城市绿地建设中应尽量模拟自然群落结构,提高包括植物、动物和有益微生物在内的物种多样性。在物种多样性高的绿地群落中,不仅有丰富的植物和鸟类,其群落的稳定性也高,生物群落与自然环境条件相适应,各种群落对群落的时空条件、资源利用方面都趋向于互相补充和协调,而不是直接竞争。因此,在城市绿地建设中应尽量多造针阔混交林,少造或不造纯林,对引进外来植物应持慎重态度,以避免它们造成基因混杂和变成有害种类。

(6) 景观多样性原则。这里我们对景观(landscape)的理解是指一定地面上的无机自然条件和生物群落相互作用的综合体。一地的景观是由相互作用的斑块所组成,在空间上形成一定的分布格局。城市景观既包括自然形成的,也包括经过人工改造的或主要是由人工建造的景观。自然界中景观的稳定性是与景观的多样性相联系,即多样性可以导致稳定性。城市绿地系统的建设也必须强调景观的多样性,这不仅涉及城市的美化,而且也涉及绿地系统的稳定。

(7) 整体性和系统性原则。生态学十分强调生态系统的整体性和系统性,把自然界一切都看成是相互联系的,相互影响的。在绿地建设中既要注意各种植物的相互关系,也要注意植物与动物的相互关系,以及绿地与人的关系。要把绿地建成系统,需把城市开敞的绿色空间连接成网络,减少绿地的孤立状态,同时也要注意保留并建设大块的绿地,一个大的没有分割的绿地,其生态作用是许多小的分散的绿地所无法代替的,这是由于较大的绿地具有较大的抗干扰能力和边缘效应的缘故。

二、城市绿地的类型

不同的城市从地质地貌和河湖水系等自然条件到布局形式和环境状况都有不同的特点,绿地的类型也是多种多样的。可以按城市规划和建设部门的用地类型、规模及位置来划分,也可按使用性质和功能特征来划分。

1. 按用地类型、规模及位置来划分

(1) 公共绿地:包括市、区级综合公园,儿童公园,动物园,植物园,体育公园,纪念性园林,名胜古迹园林,游憩林带。

　　（2）居住区绿地：包括居住区游园、居住小区游园、宅旁绿地，居住区公建庭园，居住区道路绿地。

　　（3）附属绿地（或专用绿地）：包括机关单位、大专院校、工矿企业、仓库绿地，公用事业绿地，公共建筑庭园。

　　（4）交通绿地：包括道路绿地，公路、铁路等防护绿地。

　　（5）风景区绿地：包括风景游览区、休假疗养区绿地。

　　（6）生产防护绿地：包括苗圃、花圃、果园、林场、卫生防护林、风沙防护林、水源涵养林等。

　　2．按使用性质和功能特征类型来划分

　　（1）防护型绿地：防护型绿地是以保护城乡环境，减灾防灾，促进生态平衡为目的的绿地。

　　（2）保健型绿地：保健型绿地是利用不同植物具有分泌有益物质的功能，组成一种植物配置，达到增强人体健康、防病治病的目的。

　　（3）观赏型绿地：观赏型绿地是绿地生态建设中植物合理配置的一个重要类型，它将景观、生态和人的心理、生理感受融为一体，建设成具有较高生态价值和审美价值的绿地。

　　（4）科普型绿地：运用植物典型的特征建立起各种不同的科普知识型绿地，使人们在良好的绿化环境中获得知识，激发人们热爱自然、探索自然奥秘的兴趣和爱护环境、保护环境的自觉性。

　　（5）生产型绿地：在不同的立地条件下，建设生产型绿地，发展具有经济价值的乔、灌、草、花、果、药的苗圃和园地。生产型绿地既能与环境协调，又能满足市场的需要，并增加社会效益。

　　（6）文史型绿地：特定的文化环境如历史遗迹、纪念性园林、风景名胜、宗教寺庙、古典园林等，要求通过各种植物的配置形成不同品位的文史型绿地，使其具有相应的文化环境氛围，促使人们主观感情与客观环境之间的情景交融，提高人们的文化素养。

三、城市绿地系统建设的实施

城市绿地系统建设实施可分为以下几个步骤。

　　（一）绿地施工现场的生境调查

　　绿地施工现场调查是城市绿地建设中的一个重要环节，由于城市地区的光照、土壤、水分及植物生长空间都会有其特殊性，绿化条件一般相对较差，受制约因素较多。因此，科学地、详实地对绿地施工现场进行调查对于保证绿地建设质量具有重要意义。

　　1．绿地施工现场的地形与土壤调查

　　地形条件多方面影响生境因子，与绿地施工关系极大。对于绿化地块的地形状况，例如海拔高度、坡向、坡度、小地形状况等要有充分的了解。此外，城市用作绿地的地块在大多数情况下土质往往较差，有时甚至含有大量的建筑垃圾，严重影响植物的生长，因此必须对施工现场的土质情况进行详细的调查与测试。内容主要应包括土壤的厚度，物理结构，pH 值，有机质含量，氮、磷、钾含量，土壤水分等，根据这些调查与测试结果决定土壤是否需要改良和换土以及选择适生的植物种类。

　　2．施工现场小气候状况的调查

城市绿地施工除了应了解当地的大气候条件外,还必须考虑到局部地点的小气候。由于这里密集的建筑和人群,高强度的土地利用方式已改变了城市的小气候状况,温度、湿度、风速、风向、日照时数、辐射强度等等都与开敞地不同,这些都与选择绿化植物有关。除这些因素外,施工前必须对施工区域及附近是否存在热岛效应以及空气质量(SO_2、NO_x、CO、TSP、降尘等)有所了解。

3. 施工现场地上地下管网及水源的调查

城市地区地上地下管网纵横交错,因此在绿地建设施工前必须详细了解地上、地下管线的走向、类别、埋藏深度、安全距离等,严格按规定距离和深度施工,防止破坏线路和影响人身安全的事故发生(《工矿绿化手册》,1993)。

(二)植物种类选择与群落设计

绿化植物种类的选择应根据当地的立地条件,因地制宜地选择适生的植物种类(可参考附注13-1)。选择植物时,一般以当地的乡土植物为主,也可适当采用一些引种驯化成功的外来优良种类。在充分考虑到当地的土壤条件、小气候条件及环境污染状况等的情况下组成群落。

附注13-1　不同气候带的城市常用的绿化植物名录

附注表13-1-1　位于不同气候带城市常用的绿化树种

植物名称	植物性状	分布区	适宜生境	对大气污染的抗性							用途
				SO_2	Cl_2	HF	Hg	NH_3	O_3	粉尘	
热带、亚热带城市											
桂木(*Artocarpus lingnanensis*)	常绿乔木	广东、广西	喜光,宜肥沃土,适应性强	强	中						城市及工矿区绿化;果树
鱼尾葵(*Caryota ochlandra*)	常绿乔木	广东、广西、福建、台湾有栽培	喜光、不耐寒,喜肥沃、湿润土壤	强	强	中					城市公园及庭院绿化
木麻黄(*Casuarina equisetifolia*)	常绿乔木	南方沿海及海南岛普遍栽培	阳性、耐干旱贫瘠、耐盐碱土壤	强	中	中					污染区绿化的先锋树种;沿海抗风固沙
黄皮(*Clausena lansium*)	常绿小乔木	华南	阳性、喜肥沃润土	强	强						庭院绿化;果树
龙眼(*Euphoria longan*)	常绿乔木	中南	喜光,宜温暖湿润气候	强	中	弱					庭院绿化;果树
高山榕(*Ficus altissima*)	常绿乔木	西南、华南	喜光,宜温暖气候和湿润土壤	强	强	强		强			污染区优良的绿化树种;庭院绿化
榕树(*Ficus microcarpa*)	常绿乔木	南方	喜光,村庄旁及低平地均可生长	强	强	强		强		强	污染区良好绿化树种;公园及行道树
银桦(*Grevillea robusta*)	常绿乔木	华南、西南	喜光,宜肥沃湿润土壤,可耐寒、耐轻霜	强	中	中					中等污染区及城市行道树;用材
蒲葵(*Livistona chinensis*)	常绿乔木	广东、广西、福建、台湾	喜光,宜高温多湿气候	强	强	强					工矿污染区、城市公园及庭院绿化;编织原料

植物名称	类型	分布	生态特性							用途
芒果（*Mangifera indica*）	常绿乔木	华南	阳性树种,适于土层较深的沃土	强	强	强		强		工矿区及城市行道树;果树
海南蒲桃（*Syzygium cumini*）	常绿乔木	广东、广西、福建、云南	阳性树,宜湿润的红壤、砖红壤土	强	强	强		强		防污绿化树种;用材、单宁、果树
蒲桃（*Syzygium jambos*）	常绿乔木	广东、广西	喜光,宜在河岸、溪涧旁栽植	强	中	强			中	庭院及污染区绿化树种;果树
亚热带、暖温带城市										
樟叶槭（*Acer cinnamomifolium*）	常绿小乔木	湖南、福建、广东、广西、浙江、台湾	喜生于向阳地,耐寒	强	强					污染区绿化树种;树皮作栲胶,优良木材
朴树（*Celtis tetrndra* sub sp. *Sinensis*）	落叶乔木	淮河流域、秦岭以南和长江中下游	常见于庭院及村落旁	中	弱	中	中		强	中等污染区绿化;树皮富含纤维,果核可榨油
樟树（*Cinnamomum camphora*）	常绿乔木	长江流域以至台湾	阳性树,喜温暖气候和湿润沃土	强	强	强		强	强	工矿区及城市行道树;木材优质,籽可提炼樟油
枇杷（*Eriobotrya japonica*）	常绿小乔木	长江流域以南	喜温暖湿润、排水良好的环境	中	中	中 | 强			强	中等污染区及庭院绿化树;水果
银杏（*Ginkgo biloba*）	落叶乔木	华北、东北、华中、华南	喜光,宜湿润、深厚沃土,对土壤酸碱适应性强	中	中	弱		强	强	污染区行道树及庭院绿化;种子可食,木材优良
女贞（*Ligustrum lucidum*）	常绿灌木或小乔木	长江流域以南	耐旱、怕涝	强	中	中				工矿区绿化;果实作药用
广玉兰（*Magnolia grandiflora*）	常绿乔木	华中、华东、华南	喜光、喜肥沃土壤	强	中	中	弱		强	中等污染区及庭院绿化树种;用材
苦楝（*Melia azedarach*）	落叶乔木	长江以南	阳性树,喜温暖,不耐寒,宜肥沃土	强	中	中	中			绿化树种;用材,叶作土农药
杨梅（*Myrica rubra*）	常绿乔木	长江以南	阳性树,喜酸性土	强		弱				污染区绿化,水源保护林,防火林,四旁绿化;用材,水果,根、皮作药用
乌桕（*Sapium sebiferum*）	落叶乔木	长江流域以南,陕西、甘肃、河南、山东	喜光、多种植于村边及平原区	强		中			强	中等污染区绿化树种;油料,用材
桂花（*Osmanthus fragrans*）	常绿灌木至小乔木	黄河流域以南	阳性树,喜温暖,但耐阴,宜肥沃湿润土	中	中	中 | 强				污染区行道树及庭院绿化树种;花作香料及入药
石楠（*Photinia serrulata*）	常绿灌木至小乔木	华东、华中、华南、西南	喜温暖,耐阴,对土壤要求不严格	中	中	中	强			中等污染区及庭院绿化;用材(木材坚硬)

名称	类型	分布	生态特性								用途
棕榈（*Trachycarpus fortunei*）	常绿乔木	长江中下游	喜温暖、肥沃、排水良好土壤	强	强	强					污染区绿化树;编织原料
温带、寒温带城市											
臭椿（*Ailanthus altissima*）	落叶乔木	东北、华北、华南、西北	喜光,耐干旱、瘠薄土壤,耐盐碱,微酸性、中性、碱性土均能适应	中	强	强		中	强	强	污染区及城市行道树;用材
沙松（*Abies holophylla*）	常绿乔木	东北牡丹江、长白山及辽河东部山区	阳性树,但耐阴,喜肥沃湿润土壤	中	中					中	四旁绿化优良树种;用材
红皮云杉（*Picea koraiensis*）	常绿乔木	东北、内蒙古	阳性树,喜生于湿润土壤	中	中	中					四旁绿化树种;用材
青杨（*Populus cathayana*）	落叶乔木	东北、西北、四川、西藏	喜温凉湿润环境,较耐寒,对土壤条件要求不严,但不耐淹	中	强	中					行道树及防护林树种;优良纤维,用材
家榆（*Ulmus pumila*）	落叶乔木	东北、华北、西北、华中、华东	喜光,耐寒、耐旱瘠、盐碱土壤	中	中	中	中			强	中等污染区绿化树;叶可食、种子可榨油
辽东栎（*Quercus liaotungensis*）	落叶乔木	东北、黄河流域	阳性树,耐干旱	中	中	中					工矿区绿化;淀粉、木材、培育木耳
旱柳（*Salix matsudana*）	落叶乔木	华北、东北、西北、华东	喜光、耐寒、耐瘠、耐旱,适应性强	中	中	强	中				中等污染区绿化树种;蜜源植物
国槐（*Sophora japonica*）	落叶乔木	华北、华东、西南	喜光,宜肥沃湿润土壤	强	中	中	强		强	强	防污绿化树种;蜜源植物,叶、花、皮、籽药用
核桃（*Juglans regia*）	常绿乔木	华北、华中、华东、西北、西南,以黄河中下游栽培较多	喜光,宜温暖凉爽气候,湿润沃土,不耐旱瘠	中	中						中等污染区绿化树种;果可食、木本油料
侧柏（*Platycladus orientalis*）	常绿乔木	各地	喜生于温暖、静风环境,耐干瘠,能适应酸性、碱性土壤	中/强	中/强	中			强	中	庭院绿化;种子药用

群落设计除应强调结构、功能和生态学特性的相互结合外,还应特别注意绿化地点的特点及其环境条件,使植物群落不仅具有景观价值,而且更具有生态环境的保护效应,以适应不同绿地地区的特殊要求。例如,工厂区绿地群落的设计是以改善和净化环境为主。群落设计应根据工厂的性质、环境污染状况、立地条件设计组成群落的植物种类,确定种植方式。一般情况下,可以耐粗放管理、抗污吸污、滞尘、防噪的树种、草皮为主,构成厂区绿地的"基调"。在此基础上,针对不同的功能分区进行群落设计和布局。以下几种群落结构可供中国东部亚热带地区工厂厂区绿化参考:

（1）侧柏＋广玉兰＋棕榈—木槿＋蜡梅＋凤尾丝兰—唐菖蒲群落(适用于 SO_2 污染为主

的工厂地区)。

(2) 龙柏+香樟+女贞+臭椿—夹竹桃+大叶黄杨—美人蕉—麦冬群落(适用于污染较严重、成分复杂的地区)。

(3) 女贞+臭椿—八角金盘+珊瑚树—鸢尾群落(适用于粉尘较重的地区)。

(4) 侧柏+白玉兰—石榴+大叶黄杨—草本地被群落(适用于 NO_2 污染为主的地区)。

再如防护林带的群落设计要求起到防风或防噪、滞尘或作绿色背景、分隔绿地空间、屏遮杂乱景物的作用,因此林带的群落应由乔、灌、草组成群落复层结构,以充分发挥其保护生态环境的效应。种类组成根据当地气候、土壤及地形条件加以确定。例如上海黄浦江上游水厂取水口的水源防护林一方面要保持水土,防止污染,同时还要起到对过往船只的标识作用,主体群落的设计采用:乌桕+水杉—石楠+凤尾丝兰+迎春花—草本地被群落。乌桕为亚热带阳性树种,深根性、耐水湿、对土壤的适应性强,与水杉配合除能防风和防治大气污染外,并能以其显著的叶色季相变化引起人们的注意;林下种植耐阴的常绿小乔木石楠和常绿灌木凤尾丝兰,能耐贫瘠,对土壤水分要求不严格,是较理想的防污绿化种类;此外,在林带外缘种植迎春花、地被层种植湿生草本植物都有较好的景观和保持水土的效果。

在居住区绿化的群落设计中,由于居住区一般都具有建筑密度高、可绿化用地面积有限、土质和自然条件差、同人接触多等特点,因此,要选用易生长、耐旱、耐湿、耐贫瘠、树冠大、枝叶茂密、易于管理的乡土植物,避免有刺、有毒、有刺激性的植物。例如在暖温带、亚热带地区可选择香樟和银杏、广玉兰混交种植,其下选用桂花、小叶女贞、大叶黄杨、八角金盘、海桐、紫酢浆草、麦冬等组成复合型群落。如槭树—杜鹃以及水杉—八角金盘群落。槭树、水杉树干高大直立、根深叶茂,可吸收群落上层较强的直射光和较深层土壤中的矿质养分;杜鹃和八角金盘是林下灌木,吸收林下较弱的散射光和较浅层土中的矿质养分,可以较好地利用林下的阴生环境。两类植物在个体大小、根系深浅、养分需求和季相色彩上差异较大,既可避免种间竞争,又可充分利用光和养分等环境资源,保证了群落的稳定性。

总之,群落结构是多种多样的,待绿化的立地条件也是不尽相同的,这里可以充分发挥设计者的聪明才智,因地制宜地进行设计。

图 13-1 规则式绿地(引自:《工矿绿化手册》,1993)

(三) 种植与养护

1. 种植形式

城市绿地种植形式主要有规则式、自然式、混合式三种。

规则式种植要求按设计图上标明的坐标和地物,通过实地测量,以固定设施为准,然后根据其相对位置逐一用石灰粉标出,确定栽植位置(株行距)。规则式绿地多使用形体规整的树种,采用多层次行列式种植,可多布置些整齐的绿篱、花坛和草坪,常绿树占较大比例。规则式绿地的特点是绿地中道路一般为直线和规则的曲线,常与花坛、水池组合而成各种几何图案,植物的配置呈现有规律、有节奏的排列变化或组成一定的图形、图案,甚至其中的部分植物也可修剪成几何图形,给人以整齐、鲜明之感(图 13-1)。

自然式绿地植物的种植形式呈不整齐的行列式,它要求结合地形、水体和其他自然条件,依形就势,注重反映自然群落结构特点。可使用树型多样的树种,以混交林、树丛和树群为主,注意色彩和季相的变化,花卉布置以花丛、花群为主,使整个绿地景色丰富,类型变化多样,充满自然的深邃意境(图13－2)。

混合式绿地是自然式与规则式绿地相结合的一种形式,城市中大型的绿地多采用这种形式(图13－3)。

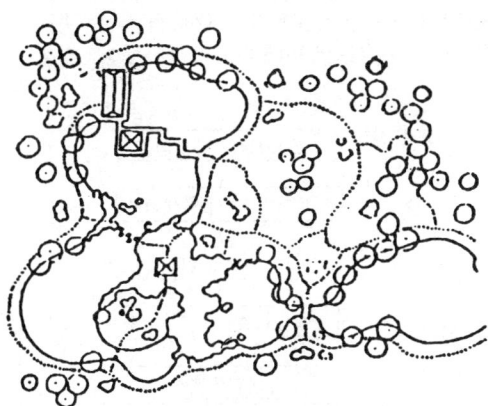

图13－2　自然式绿地
(引自:《工矿绿化手册》,1993)

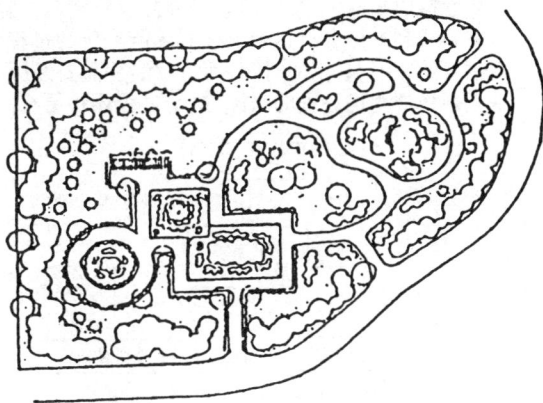

图13－3　混合式绿地
(引自:《工矿绿化手册》,1993)

2. 种植方法

城市绿地的种植方法可归纳为:大树搬迁、苗木移植和直接播种。

大树搬迁一般多在特定时间内和特定地点上为满足特殊要求而进行绿化时使用,它的优点是可以立即形成明显的景观,能够满足人们即时欣赏的需求,但是绿化费用昂贵,技术要求很高,且从整个地区的生态效益来看增益有限,在通常情况下不宜采用,更难作为城市绿化的主要种植方法。直接育苗是在待绿化的地面上直接播种,其优点是可以为各种树木种子提供随机选择生境的机会,一旦出苗就能很快扎根,形成合适根系,可较好地适应当地的生境条件,且施工简易,绿化费用低廉,适用于大面积绿化造林。但是出苗后即会遭到杂草的强烈竞争,从而降低成活率。由于直接播种是从种子开始,生长期很长,一时难以形成景观,不适于在有固定要求的植物造景地点进行绿化。苗木移植的方法是先在苗床上育苗,待苗木长到一定大小后进行移植,由于它既能满足在一定地点上、在较短的时间内形成景观的要求,且将苗最敏感时期是在苗床内度过的,苗木抗性较强,生长较快,绿化费用虽不如直接播种节省,但也没有搬迁大树那样昂贵。这一方法在效率与费用上能达到较好的平衡,是一般城市在通常条件下绿化的主要方法。特别是近年来植物生态学家宫胁昭又将植被生态学的理论应用于城市绿地系统建设,使苗木移植方法得到进一步完善,取得了世人瞩目的成绩。其方法详见附注13－2。

附注 13-2 宫胁昭城市保护林建造法的理论基础和具体步骤

1. 宫胁法的理论基础

宫胁昭的环境保护林建造法(简称宫胁法)主要是基于生态学中的演替理论,以此作为依据而重建当地的自然潜在植被。根据演替理论,在演替过程中,演替前期的群落为演替后期的群落提供合适的环境条件,经过若干阶段群落的接二连三的替代,最后达到顶极群落。顶极群落是一个稳定的群落,与当地的气候、地形、土壤等环境因子相适应。这种从裸地开始的自然演替到顶极群落的过程需要很长时间,有时可能要数百年,但是如果通过人工措施提供组成顶极群落优势种所需的条件,就有可能大大缩短演替时间。基于此,宫胁法采用改造土壤,控制水分条件,收集当地的乡土树种种子,用营养钵育苗,在较短时间内建立适应当地气候的、稳定的顶极群落类型。附注图 13-2-1 以马来西亚沙捞越地区为例,显示分别以宫胁法和自然演替达到顶极群落所经历的过程和时间。从农田废弃地上重建稳定的顶极群落,宫胁法只需要约 40~50 年的时间,而自然演替需要经历多个阶段,约 400 年才能达到相同的顶极森林阶段,如果缺乏顶极群落优势种的来源,这个过程还将更长。

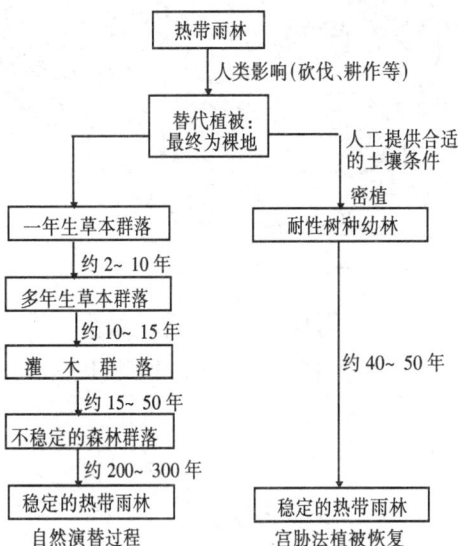

附注图 13-2-1 自然演替过程与宫胁法植被恢复的比较

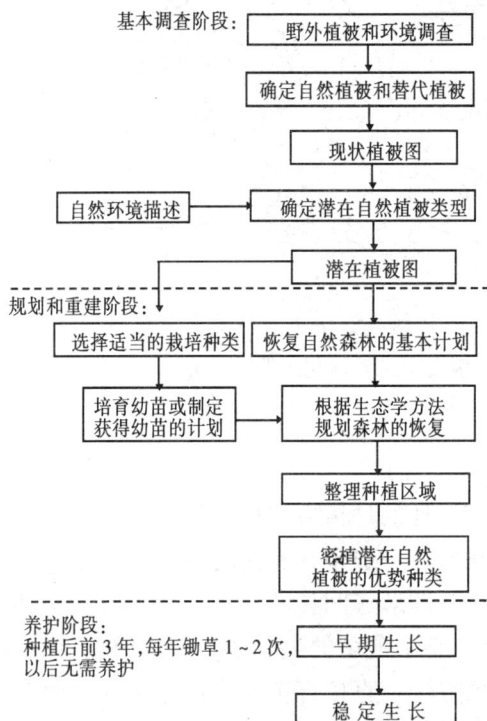

附注图 13-2-2 宫胁植被恢复流程示意图

2. 宫胁法植被恢复的方法和步骤

利用宫胁法在城市地区进行植被恢复,大致可以分为三个阶段(附注图 13-2-2),具体如下。

(1) 潜在植被类型调查:

宫胁法的关键之一是确定潜在自然植被类型。潜在的自然植被类型的确定相对较为复杂,因为在城市地区,由于人类活动,早已破坏了原有的植被类型,取而代之的是人工引入的人工植被或者是一些以伴人植物为主的植被类型,往往与原有的植被很不相同。在城市地区的局部地点,如寺庙、村落附近常保存有较好的自然植被。根据这些残存的植被以及气候、地形等条件,可判断出潜在植被类型。如果城市地区没有残存的植被,可通过对城市相邻地区的自然植被进行调查,结合地形、土壤和气候等条件,确定潜在的自然植被类型。

(2) 优势种的选择和群落的重建:

潜在自然植被类型确定后,即可选择待建群落优势种,然后,准备足够的种苗用于重建。因此,要制定种苗的培育计划,一般在自然林中采集待栽培植物的种子,在苗床上用营养钵育苗,幼苗长至高 30~

50cm,具发达的根系时,就可以移栽到重建地点。

　　如果待建地点生境条件较差,须对待建地作适当的整理。保证一定的土壤厚度(30cm以上)和良好的排水状况。

　　(3)养护阶段:

　　幼苗移栽后,在幼苗间覆盖植物的秸秆(如干稻草),防止水土流失及土壤水分的过度蒸发以及抑制杂草的生长。

　　移栽后一段时间内(1～3年),由于树苗尚未长大,需要加强管理,及时浇水、除草,防止杂草生长。移栽后3年,植株的高度可达2m左右,林冠基本上郁闭,林下光照减弱,杂草的生长受到抑制,已无需过细管理(详见Miyawaki,1993)。

第二节　城市自然保护

　　城市自然保护是城市生态建设的重要内容之一,它对于在高度工业化的城市地区保护水、土、生物等自然资源和自然环境以及人类历史遗迹,维护生态平衡发挥着重要的作用,同时也可成为开展科研、科普教育、旅游活动的重要基地。

　　城市自然保护思想始于20世纪70年代初,McHarg(1969)在其《设计结合自然》及他和Fairbrother(1970)合著的《新生活、新景观》中都有所反映。到70年代后期,有几个城市已在执行野生生物计划,成立了专门的城市野生生物小组(Goode,1990)。近年来,在欧洲和北美的城市中,以生态要求为基础的城市自然保护得到了蓬勃发展,从小型的野生动物公园和社区的自然公园,到广泛的城市边缘的森林和网络化的绿色走廊(Goode,1996),城市自然保护都发挥了重要的作用,以适应人们在城市环境中享受自然的需求。英国的许多城市地方政府都采用保护自然的策略,他们提供政策框架,列出自然保护的目标、范围、重点内容和适合生态管理的必要政策,通过规划来确定城市自然保护的具体措施。在这些规划中,都非常强调自然环境对野生动植物生存空间和对当地城市居民的价值。如英国大伦敦的城市自然保护工作近十余年来已取得了很好的成绩,大伦敦议会(The Greater London Council)于1984年发行了科普手册,他们要求地方政府认定并提供对具有自然保护价值的场地的保护,强调在新的发展计划中考虑生态因素,把重点放在自然环境和生物多样性方面,特别是在缺乏野生生物的城市区域。从那时起,伦敦生态研究所(London Ecology Unit)就分别对大伦敦所属的20多个自治市制定了城市自然保护的详细策略。内容包括对全部地区的综合观测和评估,更多的是评价包括公园和公共场地在内的自然保护区的价值,根据这些地区的作用在伦敦范围内按市级的和地方级的进行分类,共确认了130处大都市重要的自然保护场所(Goode,1996)。这些场所是各自治市内植物生长的最好的样地,意义特别重大。由于开展了较好的城市自然保护工作,在伦敦市中心的皇家公园中有40～50种鸟类繁衍,与此相比,城市周边地区,平均只有12～15种。他们的成功,靠的是大范围的多类型的混合生境,配置了从低矮灌木到高大的树木良好的群落,并利用了池塘和湖泊等自然条件。

　　城市密集的人类活动对本底生态系统改变最大的莫过于植被。人们通过城市植被类型分布、物候、遗传、生理功能及区系的变化来探讨城市的演替过程,测度城市人类活动的强度;通过城市植被的功效来调整和改善城市生态功能。这方面,欧洲、日本的研究较多,如对柏林

(Sukopp，1987)、维也纳(Burian，1976)、东京(Numata，1984)、罗马(Bonnes，1987)及巴伦西亚(Guyot，1987)等的研究使有关研究人员试图把大自然"请"回城市,使人与自然能更好地相融(转引自:Goode,1996)。

一、城市自然保护的主要内容

城市自然保护的主要内容包括自然生物资源、土地资源、地质矿产资源、水资源、自然历史遗迹、人文景观和自然环境的保护和管理。

1. 生物资源的保护

城市生物资源(包括动物、植物、微生物)是自然保护的重点保护对象。长期以来,随着对自然资源的不合理开发利用以及工业、农业、交通、城市建设的发展,导致生态环境的破坏和环境污染的日益加剧,许多物种赖以生存的自然生态系统遭到严重破坏,不少物种处于濒危灭绝状态,甚至一些物种已经绝迹。因此,保护这些物种的永续繁衍对城市生态系统的可持续发展尤为重要。

2. 土地资源的保护

土地资源是城市生产、生活的必要保证,是人类生存不可缺少的环境要素与物质基础。合理利用城市土地资源,是提高社会经济效益,促进生态良性循环,保证城市健康发展的重要前提。

3. 地质矿产资源和自然历史遗迹的保护

城市的地质矿产资源包括地下矿产和岩石资源,均属于不可更新资源,地质矿产资源的开采势必影响城市生态系统的自然景观,并对地表植被造成严重破坏,因此必须严加保护和合理利用。

城市范围内的自然历史遗迹(地层剖面、古生物化石、火山遗迹等)和人文景观是人类宝贵的财富,一旦破坏则无法恢复。因此,上述资源属于绝对保护的对象,必须加以严格保护。

4. 水资源保护

城市发展史表明,城市繁荣于水,同时也受制于水。为确保城市的安全供水,就要建立水源保护区,在保护区内严禁建设污染性企业,对已有污染源要限期整治或拆迁。我国已先后颁布了《水土保护工作条例》、《水污染防治法》和《中华人民共和国水法》,为加强城市水资源保护提供了"法治"依据。

5. 生境保护

城市自然保护中的生境保护主要是指保护城市中有价值的生境,改善现有开阔地上野生生物生存条件,在有特定需要的地区创造新生境。上述内容通常是制定城市自然保护政策的主要依据。

二、城市自然保护的建设途径

城市自然保护与传统的自然保护既有相同之处,但也有一些不同。城市自然保护更侧重于研究城市野生生物对当地居民的价值和益处,而传统的自然保护则更强调稀有物种和濒危物种以及它们的生境,因此城市自然保护既包括生物学方面的评价因素,也包括社会学指标。城市自然保护不仅要保护有价值的自然保护地,而且也要保护新建立的开敞地生境,以便增加生态的多样性。要做好城市自然保护需要开展以下几方面工作。

1. 制定城市自然保护规划

为了促进城市的自然保护工作,需要一套完整长远的战略规划,这个规划需要详细的关于所有具有潜在意义的保护对象及其所在地点的生态学资料,包括生境的类型和对它们重要性的评价。为此需要对超过一定面积(例如$>0.5\sim1\mathrm{hm}^2$)的有野生生物生长的开敞地进行生境调查和制图,建立生态数据库,为自然保护规划提供基础。在规划中应重视以下地区的保护:①对都市具有重要性的地点;②对区域具有重要性的地点;③对地方具有重要性的地点;④生物廊道;⑤农村保护区域。

2. 建立城市自然保护区

根据自然保护规划在确定的自然保护区开展建设工作,建设工作程序主要应包括以下几方面。

(1) 对拟建自然保护区区域内环境的现状进行进一步调查及评价,其主要内容包括:

① 自然资源状况:如地质、地貌、气象、水文、土壤、动植物状况等;

② 土地利用状况:如土地类型、用地比例、土地资源的开发与保护状况等;

③ 自然保护的对象、分布状况、数量、保护的目的与意义以及拟建区域的资源生态条件,拟建区域的有利条件及限制性因素等;

④ 社会经济状况:如人口及居民点分布状况、场地距社区的距离、所在地区产业结构及布局状况、居民经济收入及生活状况、城市开发建设活动的潜在影响等。

(2) 制定保护区建设规划。在政府主管部门的领导下,组织科研和规划设计部门的专家,编制好城市自然保护区建设规划,对保护区的类型、性质、发展方向、建设规模、结构与布局、保护方案、科研教育、经营管理、经费概算和效益分析等做出具体规定与说明。总体规划的制定应遵循保护、建设、科研、科普教育相结合的原则,总体战略目标与近、中、远期目标相结合的原则,并注意与所在城市的国民经济与社会发展规划、城市总体规划和农业区划等综合平衡、协调安排。

(3) 提出自然保护的项目建议书。项目建议书编制是城市自然保护区建设程序中的基础工作,主要内容包括:

① 建设项目的名称、申报理由与依据;

② 建设地点与规划的初步设想;

③ 区域自然保护状况,保护对象的类别与分布;

④ 投资估算和资金筹措渠道;

⑤ 生态、社会、经济效益的初步估算。

(4) 可行性研究。可行性研究是在被批准的项目建议书基础上,由主管部门下达计划,建设部门组织或委托有关研究和设计单位进行编制,对项目建设在技术、工程、经济、社会等条件上作出必要性、可行性的全面分析论证,进行多种方案比较,推荐最佳方案。主要内容包括:

① 项目名称、立项背景、建设的必要性;

② 项目的规划、发展方向、技术经济比较分析;

③ 自然保护区资源状况与建设保护区的物质保证;

④ 提出设计方案；

⑤ 投资估算和资金筹措；

⑥ 生态、社会与经济效益分析。

（5）编制设计任务书及方案设计。通过可行性论证即可进入编制设计任务书及方案设计阶段。设计任务书经主管部门审定，作为对可行性研究推荐方案的确认，并以此作为方案设计的指南。方案设计工作一般包括初步设计和施工图设计。

① 初步设计文件和资料：自然保护区的地理环境与自然资源条件；建设项目的设备、材料用量；占地面积与土地利用情况；各项建筑的选址、布置及所占面积、主要建筑物与构筑物结构与说明；建设阶段与进度；经费预算。

② 施工图设计任务：建筑物的全套施工图纸、说明书和预算费用；建筑施工的平面图、剖面图、附属设备明细表等。

（6）施工与验收。严格按照设计方案各项设计文件、图纸及说明，分基础设施、保护区功能分区、保护区管理用房、实验室、资料及标本室、宣传栏、保护区标牌等内容进行精心施工，按照相应标准与规范进行竣工验收。

3. 建立生态公园和自然中心

生态公园与传统的公园相比，除了具备观赏价值外，还能通过自然群落的建立和管理，同时获得显著的经济效益和社会效益。因此，在欧洲受到广泛的关注（Bradshow et al.，1988；Scott et al.，1986；Tragay，1986；Cole，1986；Goode，1987）。英国的 William Curtis 公园就是一个在内城建设生态公园的很好例子（Goode 1990），这个公园建在以前停放货车的场地上，它的成功不仅在于它所创造的生境和增加的物种，而且满足了当地中小学生的需要，为学生以及城市居民提供了接触自然的机会，在八年里有超过 12 万人次光顾了这个公园。除了这类生态公园，城市里的自然区域也应不断扩大。城市中自然产生的植物群落是生境建立过程的指标，在废墟和空地上成功发展起来的生境显示了这种可能性。这里，很多生物物种能在城市人工条件下繁茂起来，虽然其中很多是杂草和外来种，但是它们生长得很茂盛，在将自然引入城市的过程中具有重要的意义。

建设新生境现在已被广泛接受为城市自然保护的一部分，为了取得成功，需要景观设计者的创造性才能和生物学家对生态系统的理解。Bradshow（1982）指出，在重建生态系统过程中需要生态学家、工程师、景观设计者和企业家之间的合作……需要具备其他一些方面的能力，包括把理论转化为实践以及将有缺陷和不完备的实践活动上升到理论的能力。……然而，一旦成功地实现了生态系统的重建，它将反过来最终证明我们对生态学的正确认识。

4. 城市自然保护的宣传教育

公众参与是做好城市自然保护的关键，为此需要开展科普宣传、普及自然保护知识。科普宣传，就是要向市民说明保护自然的迫切性和必要性，保护生态平衡的重要意义，保护自然与维护人类生存和人居环境的关系等。要经常性地对国家颁布的有关自然保护的法规，如《野生动物保护法》、《森林法》、《环境保护法》、《森林和野生动物类型自然保护区管理办法》、《自然保护区条例》以及国务院关于严格保护珍稀野生动物的通令，和各级地方政府制定的有关法令、条例等进行宣传；同时，对自然保护的有关制度、通告也要大力宣传，以提高法制观念，以法管理,依法治区。为此,需要编发《自然保护通讯》、《自然保护区简介》之类的定期与不定期的刊物或图片介绍,向人们展示自然保护的作用、地位、重点保护对象,展示有关自然生态系统状况、自然景观、古生物、地质和历史文化遗迹等研究进展与研究成果,介绍自然保护区的需求等,以求得公众与社会团体的了解和支持,配合政府做好自然保护工作。

自然保护宣传教育的方法包括:①标牌宣传。将以保护自然为主题的宣传口号和有关法律规定、自然保护区的管理条例、通告等书写在标牌上,设置于自然保护区内,向公众宣传。②录像宣传。录制系统介绍自然保护区情况的录像片,供来访者观看;将自然保护区的好人好事和破坏自然保护区的事件及行为也摄制成录像,以教育群众。③图画宣传。制作内容生动的宣传画、连环画、标语等,张贴在公共场所、交通要道和村镇会议室,在电影放映前播映自然保护宣传幻灯片。另外也可制作精致的图片和明信片,向游人出售。④展览宣传。定期或不定期举办自然保护图片、实物展览。有条件的自然保护区可建立展览馆、科普教育馆和宣传画廊等。

第三节　城市环境保护的生态工程

城市环境保护生态工程是城市可持续发展的生态建设手段,其关键在于生态技术的系统开发与组装。它不同于传统技术的地方在于其着眼于城市生态系统的整体功能与效率,而不是单个产品、部门,单种废弃物或单个问题的解决;强调当地资源和环境的有效开发以及外部条件的利用,而不是对外部高强度投入的依赖;强调技(技艺)与术(谋术)的结合、纵与横的交叉以达天与人的和谐。

生态工程不是单指某一单项技术,而是一套技术群,不仅包括清洁生产,也包括对生态破坏和污水、废气、固体废弃物的防治技术,污染治理和环境监测的高新技术,以及这些技术之间的互相联系。生态工程具有高度的战略性,它与可持续发展战略的关系密不可分,可以说,要实现可持续发展,必须采用生态工程。此外,生态工程也是一个发展着的动态的相对概念,随着时间的推移和科技的进步,生态工程的内涵和外延也在不断地变化和发展,尤其是作为生态工程依据的环境价值观念会不断发生变化,技术也会随之而变。

生态工程对高技术的容量很大,它要利用现代科技的全部潜力,并充分发挥传统技术的潜力,以促进城市建设走对环境无害的发展道路。它具有如下特征:

(1)竭力效仿大自然本身的特点,最重要的是它应该是"可持续发展的"。

(2)它将建立在安全而又取之不尽、用之不竭的能源供应的基础上。正如大自然通过光合作用来满足其自身的能源需要一样,我们要研究开发更有效的捕获和利用太阳能的方式。

(3)能源和其他资源利用效率的大大提高,这不仅会大大降低生产成本,而且也能减少对环境的污染。

(4)高效率地循环利用副产品或代谢废物,实现"全生产过程控制"和"污染防止"。

(5)日益智能化。正如生物界向智能越来越高的生命形式进化一样,生态工程正在向具有更高效率的信息处理能力的方向发展。

一、城市水污染防治的生态工程

由于资金有限,我国在常规废水处理设施建设、特别是城市污水处理厂的建设和运行方面,颇为落后。据统计,至 1987 年,我国城市污水处理厂污水处理能力仅占污水排放总量(约 3×10^{10} t/d)的 10%,绝大多数废水仍未处理,直接排放,严重污染了环境。污水处理的生态工程投资相对较少,是一种值得推广的污水处理途径。20 世纪 60 年代以来,美国特拉华河、英国泰晤士河、德国鲁尔河的治理提供了成功的水域污染治理生态工程范例。我国政府于 1986 年颁布、实施的《关于防治水污染技术政策的若干规定》中,明确肯定了污水土地处理和稳定塘等生态工程技术的作用,并建议各地根据当地条件优先考虑采用。

1. 污水处理的水生植物生态工程技术

水生植物处理是将一种或几种水生植物栽植于浅塘,污水在其中停留较长的时间(相对于常规处理而言),通过多种机理,包括同化和贮存污染物,向根区输送氧气和为微生物提供活的载体等,使污水得到有效的净化。以栽植水生植物为主的污水处理塘称为水生植物塘,这是 20 世纪 70 年代中期发展起来的一种污水自然处理新技术,20 年来得到了广泛的开发和应用。利用这种技术处理的污水已逐渐从生活污水发展到城市污水和多种工业废水。据 1987 年美国报道,美国佛罗里达州已有每天处理几百万立方米污水的大型凤眼莲塘设施,处理设施的地理分布范围也已从热带、亚热带地区逐步扩大到温带地区。据统计,1982 年仅美国就已有水生植物塘 2 290 座。

水生植物塘中引种最多的水生植物种类有凤眼莲(又名水葫芦 *Eichhornia crassipes*)、浮萍(*Lemna minor*)、水花生(*Alternanthera philoxeroides*)、芦苇(*Phragmites communis*)、宽叶香蒲(*Typha latifolia*)、蕹菜(*Ipomoea aquatica*)等,其中应用最广、研究最多的是凤眼莲。

大量研究证明,水生植物对多种污染物质,氮、磷等营养元素有很强的吸收净化能力;凤眼莲每年每平方米可以去除 BOD_5 42.82 千克、氮 9.92 千克、磷 2.94 千克。据荷兰报道,某处理厂用香蒲和浮萍处理生活污水,停留 10 天以上,BOD_5 去除率可达 79.8%,总氮去除率达 95%,大肠杆菌去除率达 98%。水生植物对有毒物质有很强的吸收、分解净化能力,如水葱可在浓度高达 600mg/L 的含酚废水中正常生长,每 100 克水葱经 100 小时可净化酚 202 毫克,1 公顷凤眼莲一昼夜可吸收酚 100 千克。水生植物对重金属有极强的富集能力。如凤眼莲在汞(0.1mg/L)、铅(0.5mg/L)、镉(0.1mg/L)、铜(0.2mg/L)、砷(0.2mg/L)、铬(1mg/L)的混合污水中,对这几种毒物都具有一定的吸收富集能力,富集倍数为几十倍、几百倍到上千倍(金鉴明等,1993)。

水生植被要有一定的适生环境,其中,气候条件,尤其是温度,是影响水生植物生长及发挥净化能力的最主要的限制因素。在广大的热带及高纬度地区的温暖季节,大部分水生植物都能良好地生长。但在低温季节,大部分水生植物的生长受到影响,甚至死亡。解决这一问题的途径有:尽可能选用抗寒性强的品种,利用余热保温,利用温室、塑料大棚保温等。

美国根据凤眼莲处理生活污水的研究结果和实际应用经验,于 1988 年对二级处理和三级处理的凤眼莲塘分别提出了建议设计标准。其中,处理原生活污水的二级处理塘,当表面有机负荷为 50kg/(hm²·d)时,出水的 BOD_5 和悬浮物可以低于 30mg/L;处理二级出水的三级处理塘,当表面有机负荷小于 50kg/(hm²·d)时,出水的 BOD_5 和悬浮物都可低于 10mg/L,总氮和总磷都可低于 5mg/L(丁树荣,1984)。

利用水生植物处理污水时,由于塘中可产生大量的植物体,加以综合利用,是实现污水资源化的重要途径。所有水生植物都可以作为能源,通过发酵产生沼气。以凤眼莲为例,按每公顷产 $60×10^4$kg 计算,可产生沼气 11 220m³,折合标准煤 33 615kg。大多数水生植物可以作肥料,相当多的水生植物可以作为饲料。例如,据中国科学院南京地理与湖泊研究所 1986 年报道(颜京松等),每 11kg 鲜凤眼莲,加上 1.3kg 精饲料喂鱼,可使鱼塘内生产出 1kg 的草食性鱼类,如草鱼、鳊鱼等,同时还可使塘中混养的滤食性鱼类和杂食性鱼类如鲢鱼、鲤鱼、鲫鱼等,也长 1kg 左右,其效益可观。有些水生植物可以食用,如豆瓣菜(*Nasturtium officinale*);而且相当一部分水生植物可供药用。20 世纪 80 年代以来,国外更重视开发水生植物体作为生产酒精的原料和其他工业原料,以及生长抑制剂、杀菌剂、杀藻剂、生长激素、药用化合物、抗癌药物等,认为其具有十分广阔的利用前景。例如美国和加拿大科学家 1987 年报道,净水植物香蒲根状茎的 80% 能转化成可以发酵的糖类,其基质干重的 24%～54% 可转化成乙醇,他们正把具有根状茎的这类水生植物如香蒲等,看成为有希望的能源植物(丁树荣,1984)。

2. 污水湿地处理技术

污水湿地处理技术是将污水有控制地投配到土壤经常处于水饱和状态,生长有芦苇、香蒲等沼生植物的土地上,污水在沿着一定方向流动的过程中,在植物和土壤(还包括其中的微生物等生物)的联合作用下得到净化的一种污水土地处理系统。湿地处理技术分为自然湿地处理技术和人工湿地处理技术两类。20 世纪 80 年代以来,对利用人工湿地处理污水的研究和开发,发展很快,成为污水处理技术研究与应用中的热点。常用的污水人工湿地处理系统结构如图 13－4 所示。这种湿地处理系统是由一条沟槽或"床"组成,底部为不透水材料以防渗漏,床内填充土壤或有孔介质支持挺水植物生长。所用的介质包括岩石或碎石(直径 10～15 厘米),砾石及各种土壤(天津市还使用炉灰渣,将炉灰渣单独使用或按不同比例混合使用),沟床的深度必须由所选用的植被种类来确定,一般为 30～80 厘米。

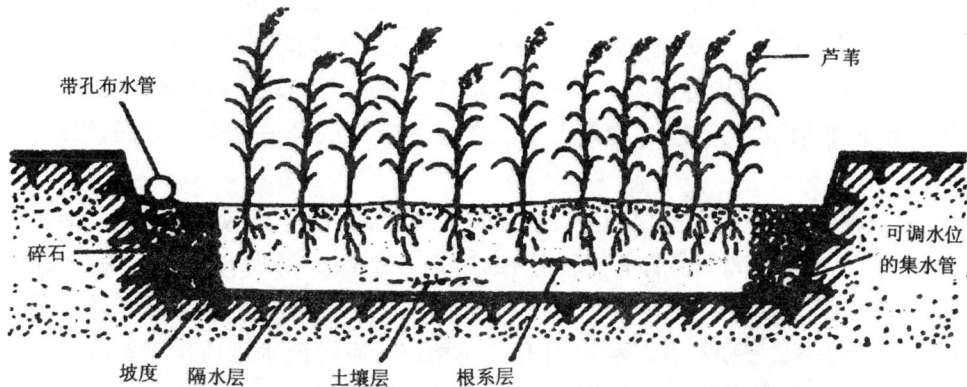

图 13－4　污水人工湿地处理系统结构示意图

在该系统中,废水水平地通过介质流动,在与介质表面和植物根区表面进行接触时,被微生物降解和物理或化学过程所净化;至于挺水植物的直接吸收和分解污染物的作用,则是第二位的,它主要是提供了微生物栖息场所。维管束植物向根茎周围充氧,同时又有均匀水流,衰减风速,抑制底泥卷起和避免光照,防治藻类生长等多种作用,依靠整个湿地生态系统综合发挥净化功效(甘师俊,王如松,1996)。

天津市在 1990 年完成的"七五"国家重点科技攻关项目中,建立了多种类型的城市污水人工湿地处理系统,场地面积约 20hm², 植物选用芦苇。经过两年多时间运行,结果表明,各种类型人工湿地在 3 月中旬至 11 月中旬的温暖季节运行期间,BOD_5 的去除率都在 90% 以上,悬浮物的去除率达 83%～97%, 总氮去除效率也较高。尤其值得注意的是,在 11 月中旬至 3 月中旬的冬季运行期间,人工湿地的 BOD_5 去除率也可以达到 74.5%～88%, SS 达 53%～86%, 总氮达 49%～67%。该市的实践经验说明,如果能满足一定的运行条件,人工湿地系统冬季运行仍然可以得到比较满意的结果。但冬季冰下运行必须有足够大的占地面积,以利于形成冰层;另外一个重要条件就是要适当减小水力负荷。此外,天津市湿地系统对污水中应优先控制的污染物如甲苯、二甲苯、萘、氯、氯苯、二氯苯等,也取得去除 90%～100% 的很好效果(甘师俊,王如松,1996)。

1992 年瑞典科学家在温带高纬度的北欧地区瑞典南部所建造的芦苇和香蒲地下水流人工湿地(根区法)床上,进行生产性运转(1988～1991 年),处理城市污水厂的排出水。面积 1 100 平方米,床深 1.4 米,水力负荷 $0.16m^3/(m^2 \cdot d)$, 氮、磷和 BOD_5 的平均周去除率分别是 46%、61% 和 71%。他们认为取得相对高效率的原因可能是土壤床介质中含有泥炭土,为反硝化作用和缓冲 pH 提供了有机物来源,床深较大,含铁量高并呈微酸性,可以强化磷的吸附和沉淀。在冬季严寒地区能做到这样的程度,足以说明人工湿地处理技术适应性强,很有生命力,这也是其受到许多国家重视的原因所在(孙鸿良等,1991)。

美国自 20 世纪 80 年代末期以来,兴建了好几处人工湿地系统,用以处理煤矿酸性矿排水。其中田纳西流域管理局(TVA)在亚拉巴马州的东北部,自 1985 年起,在精煤废渣蓄水区浅渠中约 1 公顷面积上,人工栽植以灯心草、香蒲等植物为主的多种挺水植物,建成了人工湿地,引入的排放水的 pH 值平均为 6.0,进水流量为 (30～106)L/min,废水中含总铁 80mg/L, 总悬浮固体超过 98mg/L。水质监测的结果表明,经人工湿地处理的第一年中,废水中溶解氧增加到接近 8mg/L, 总铁平均降低到 1.1mg/L, 总锰 2.8mg/L, 总悬浮固体降低到 2.8mg/L, pH 值升高到 6.1,效果很好。显然,这是人工湿地技术应用的又一重大领域,前景广阔(孙鸿良等,1991)。

我国大港油田兴建了面积达 47hm² 的污水湿地处理工程,日处理油田生活污水 $7 \times 10^4 m^3$, 其第一期日处理 6 000m³ 的工程已于 1992 年底建成,开闸放水运行。国家环境保护局华南环境科学研究所 1990 年在广东深圳市宝安县已与当地共建日处理生活污水 3 100m³ 的地下水流人工湿地污水处理场,并与稳定塘串、并联组合,系统出水水质优于三级处理的出水水质。人工湿地处理在我国虽才起步,但发展势头喜人。

3. 水体富营养化防治生态工程

富营养化防治是针对水的使用目的,对水体加以"适度控制",也就是说,并不是所有水体的水质都是越贫营养越好。例如,作为水源地的水体应该尽可能地贫营养,但是为了发展渔业和水产的水体,却允许一定程度的富营养化,但也不能过分。富营养化防治的对策是以防为主,综合治理,防治的技术要从多方面入手,其中采取综合措施削减湖泊等水体的营养负荷或营养积累是治本的措施。生物利用技术是国内外公认的有效防治措施之一,尤其像大型水生植物,它们具有极强的吸收和富集养分的能力,又有较长的营养周转期,从水中提取和利用它们要比浮游植物容易得多,所以,无论国内外,大型水生植物都是用来防治水体富营养化的主要植物种类。内蒙古乌梁素海以近 $3.4×10^4hm^2$ 之广的湿地芦苇和沉水植物,吸收来自大草原牧区的大量营养盐,通过收获水生植物(用作牲畜饲料),既减少了营养积累,控制了富营养化,又利用水生植物资源发展了畜牧业,增加了蛋白质生产。这是一个资源利用与富营养化适度控制兼顾的技术典型,在发展中国家特别适用。

在浅水型的富营养湖泊,通常种植高等水生植物(也称为大型水生植物),如莲藕、蒲草等,随着这些水生植物收获,氮、磷营养物也就随着水生植物体一道离开了湖泊水体。这种方法适用于底泥中营养物质积累丰富的浅水湖泊。南京莫愁湖是一个富营养状态的小型湖泊,1980年在湖内种植莲藕,每年收获约 $25×10^4kg$,随藕从湖中带出的氮达到 60 多吨,磷 1 吨,经过三年时间,水色由原来 14 级升高到 11 级,透明度由原来的 0.25 米上升到 1 米,悬浮颗粒物由14mg/L 下降到 3.8mg/L,湖水感官性状有了很大改善(金鉴明等,1993)。

1987 年意大利科学家在该国北部一个小的浅水湖中采取了类似的技术,收获湖中生长的水菱和芦苇。因为地面径流和降水是湖水唯一的营养盐来源,据他们测算,收获 50% 的挺水植物和漂浮水生植物的生物量就能去除 120kg 的磷,而这个小湖每年只接受 70kg 的外源性的磷,去除量远远大于输入量,所以是有效的。

上海市区西北部的曹杨环浜,是一条只有 2 000 米长的环形静止内河,水深 0.5~1.2 米,由于营养物质长年积聚而无输出,近年来藻类繁生,夏季伴有臭气,水色发绿,地处居民密集区,环境影响很坏。1987 年,中国科学院上海植物生理研究所和上海交通大学等在浜内布置了以凤眼莲为主体的复合生态系统,为水中营养物提供多种迁移、转化、输出的渠道。两年后,试验区内水质明显改善,藻类生长得到控制,水色澄清,可以见底,景观效益明显提高(孙文浩等,1989)。

1990 年夏,由于水质富营养化,江苏太湖梅梁湾藻类大暴发,导致滤池阻塞,无锡市自来水供水锐减,水质陡降,影响居民用水并使 116 家工厂停产或半停产,直接经济损失达 1.3 亿元。中国科学院南京地理与湖泊研究所在太湖马山水厂水源区设计和运行了改善湖泊饮用水源水质的物理—生态实验工程。该工程原则上能通用于不同的水深、水质、底泥和风浪条件。据 1993 年报道,两年来经受住了多次大风浪考验。工程能有效地削减进入自来水厂水源的藻类,除藻率平均达 59%~78% 以上,对总氮、总磷、氨氮、BOD_5 等水质指标也有改善。其特点是凤眼莲可在有大风浪的大水面旺盛生长,起到净化和克藻作用。同一时期,无锡市在太湖梅园水厂取水口也进行了类似的试验研究,其工程覆盖面积达 $46.6hm^2$,效果同样良好。

在北欧的瑞典南部,瑞典科学家 1988 年至 1990 年建造了面积共 $1.5hm^2$ 的河边生态工程设施,由 16 条平行的沟渠连接汇水而成,每条渠长 209 米,深 0.6 米,渠中栽有沉水植物伊乐藻和刚毛藻(一种丝状绿藻)。据 1992 年报告,受污染河水通过后,氮的周平均去除率为35%,磷为 64%,夏季分别是 64% 和 86%,夏季效果明显好于冬季。该地年平均气温只有9℃,工程的水流停留时间只有 4 天,这种寒冷气候条件下的治理富营养化河水的生态工程颇有特色,而且可贵之处还在于没有附加任何人工强化措施。

水体富营养化防治生态工程对大型水域同样有效。据日本科学家1989年报道,举世闻名的日本国最大的淡水湖泊琵琶湖,近年来也已富营养化。他们从周围通向琵琶湖的30个大小不等的湖泊中,选择最大的Nishinoko湖实施生态工程。该湖面积约290hm^2,湖中芦苇生长繁茂,约覆盖167hm^2。据调查监测进出此湖的河流水质变化结果,总氮由平均1.95mg/L降到1.41mg/L,降低27.7%;总磷由0.104mg/L降到0.060mg/L,降低42.3%。其氮、磷自净率分别是28.8%和32.5%,这是当来水通过时,湖中的浮游植物、水底大型植物和芦苇等的综合作用结果。此外,收获芦苇每年还可去除总氮16.4t,总磷2.3t。总计每年通过收获芦苇、珍珠蚌、伊乐藻和鱼共可从湖中去除总氮31.2t,总磷4.09t,既保护了琵琶湖水质,又有一定的经济效益(孙鸿良等,1991)。

二、城市大气污染防治的生态工程

城市是工业生产、汽车和人们生活排放大量大气污染物的场所,当前公认的全球性的三大环境问题(温室效应、酸雨和臭氧层破坏),都与大气污染有关。利用绿色植物净化空气的功能是城市大气污染防治的有效方式,并且具有投资少、见效快等特点。因此,加强城市绿化以解决日益严重的城市大气污染问题已迫在眉睫。

每公顷森林每天吸收1吨二氧化碳的同时将释放0.73吨的氧气。成年人每天吸收约0.75kg氧气,放出0.9kg二氧化碳,这样每人至少需要10～15平方米森林或25～30平方米绿地才能保持空气新鲜。为此,联合国生物圈与环境组织提出:城市每人拥有60平方米绿地面积为最佳居住环境。河北省围绕着首都的绿化工程,已初步形成乔、灌、草和网、带、片相结合的防护林体系,改善了北京周围的环境。北京市重视多方位、多层次绿化格局,建筑楼群、立交桥等的垂直绿化也很有特色。经遥感卫星图像显示,北京地区851.5km^{2}范围内没有出现一般大城市特有的中心热岛效应,大气质量正向良性方向发展,8、9月份各类气态污染物的含量平均在国家标准限值和发达国家同类标准限值以内。深圳市1990年绿化覆盖率已达37.2%,二氧化碳、氮氧化物、降尘、噪声等指标都低于国家标准。上海金山石化总厂根据该厂二氧化硫、烃类和粉尘污染的现状,厂区广栽抗性强的构树、臭椿、夹竹桃、女贞等树种。工厂和生活区之间的卫生防护林栽培既有抗性、吸污力也强的泡桐、梓树、枫杨、珊瑚树、丝棉木、槐、柳、杨等,将乔、灌、地被植物,常绿和落叶树适宜搭配建成绿色屏障,充分发挥植物吸污净化功能;在生活区广种花卉和雪松、水杉等敏感植物,不仅美化环境,也利用植物监测空气质量。淮南煤矿钢铁厂,过去由于高温、噪声、飘尘、二氧化硫和氟化物污染,损害了工人健康。近年来,栽种了由黄杨、女贞组成的绿篱,以香樟、悬铃木作片林和行道树,厂区内广种广玉兰、棕榈、罗汉松等,不仅绿化、美化了环境,也使职业病得到了控制,呼吸系统疾病下降了50%。

三、城市固体废弃物处置的生态工程

城市固体废弃物包括生活垃圾和工业固体废弃物,固体废弃物处置技术一般可分为资源化技术和无害化技术。

(一)固体废弃物资源化技术

1.能源化技术

固体废弃物能的利用途径有燃烧热回收和燃料化产品回收两种(图 13-5)

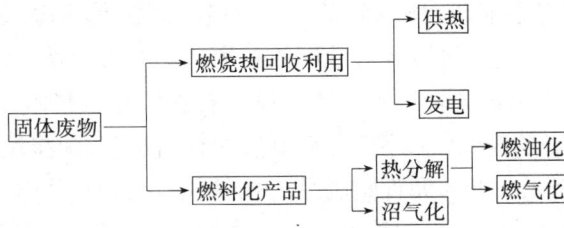

图 13-5　固体废物能的利用途径

固体废弃物燃料化利用是把其中的能量转变为可以贮存与运输的燃料产品形式,再加以利用。德国 1983 年在巴伐利亚州的爱本霍森地区建设了第一座废轮胎、废塑料、废电缆的热解厂,年处理能力为 600~800t 废物。尔后,又在巴伐利亚的昆堡建立了处理城市生活垃圾的废物热解厂,年处理能力为 3.5×10^4t。美国纽约市也建立了采用纯氧高温热解法日处理废物 3 000t 的最大热解工厂。我国在这方面的研究开发工作尚处于起步阶段。

利用固体废物制取沼气是固体废物能源回收的另一种方式。英国 Petsea 城市垃圾及工业废物处置场成功地进行了大型填埋场能源回收利用的实践,生产的沼气用于发电供周围地区居民的照明。这项技术在其他工业发达国家也多有例证。我国农村使用沼气虽较广泛,但规模小且分散。广州大田山垃圾填埋场借鉴了英国的经验,于 1989 年建成了我国第一座大型填埋场能源回收利用工程。

2. 城市生活垃圾堆肥技术

堆肥技术是城市垃圾资源化与减量化的主要生态工程技术。自 20 世纪 30 年代开始,世界各国对有机固体废弃物的堆肥化技术进行系统的大规模的研究,目前该技术已被广泛应用于城市生活垃圾、城市污水处理场污泥等固体废弃物的处理。我国非常重视该技术的推广和开发应用研究,并取得了不少符合我国国情的成功经验和技术方法。

20 世纪 70 年代以前我国城市垃圾堆肥,主要采用的是一次性发酵工艺,80 年代开始,更多的城市采用二次发酵工艺。我国较早建立的一次性发酵工艺堆肥厂有天津河西区堆肥厂,规模最大的为上海安亭垃圾处理厂,处理量为 300 t/d。目前我国规模较大的二次发酵工艺垃圾处理厂还有无锡环境卫生工程实验厂,处理量为 100t/d。随着城市垃圾组成中的有机质含量的逐渐增高,上述两种发酵工艺(均属静态发酵工艺)逐渐为动态发酵工艺所取代了。在动态发酵工艺中,堆肥物在连续翻动或间歇翻动的情况下,有利于孔隙形成的水分的蒸发、物料的均匀、发酵周期的缩短。我国在 1987 年开始了动态发酵工艺的研究,北京董村建立了规模为 100 t/d 的采用间歇式翻堆工艺的堆肥厂。

堆肥技术的工程化可分为两种类型:机械化堆肥工程和简易堆肥工程。这些项目不论机械化堆肥或简易堆肥,实际上都已形成一定的生产规模。因此,我国在城市生活垃圾堆肥厂工程的设计上已积累了一些经验,例如,在厂址选择、总体布置的合理性,构筑物系统的通风,排水管道的设计以及二次污染的控制等方面都日趋完善,为今后制定我国城市生活垃圾堆肥厂工程设计标准化、规范化提供了良好的基础和依据。

3. 物质再利用技术

在废弃物中物质再利用的新技术中首先是高炉渣生产膨珠工艺,美国已利用高炉渣生产的膨珠制造出高强度的空心砌砖,利用前景十分广阔。其次是粉煤灰资源化新技术,1984 年美国开发了一种新型酸浸工艺,可以经济地回收粉煤灰中的铅和铁;加拿大从粉煤灰中成功地回收了氯化铁、碳、白榴火山灰和轻集料。还有煤矸石资源化新技术,在法国已成功地生产出类似黑刚石的耐磨材料;英国开发了浮选尾矿制造塑料新工艺,即将尾矿浸入重煤焦油或蒽油中熬煮,产物经铸模或挤压成型为沥青塑制品;美国利用硫酸和煤矸石混合制备硫酸铅。在废塑料资源化新技术方面有单体回收和热解产生碳化物质的再利用,都具有广阔的发展前景。

(二)固体废弃物无害化技术

无害化技术包括处理技术和处置技术。固体废弃物的处理通常有物理、化学和生物降解三种方法,以改变固体废弃物的物理、化学、生物特性,或者减少已产生的固体废弃物的数量,减少或消除其有害成分的过程。除传统的处理技术外,固化处理、焚烧处理、热解等技术已越来越广泛地被采用。固化是指通过惰性材料对废物中的有害成分加以束缚的过程,常作为有害废弃物填埋前的一种预处理方法。固化技术中,利用具有活性的电石渣作固化基材或添加剂,是以"废"治"废"的理想途径,值得深入研究和应用。焚烧是降低废物体积、消除其毒性的一种有效方法,如医院采用焚烧法处理医疗废物等(表 13-1)。固体废弃物热解是在氧分压较低的情况下,使可燃性固体废弃物在高温下分解,最终以气体油、固形碳的形式贮留起来的过程。与焚烧法相比,热解烟道气含碳量少,可简化烟道气净化过程,有利于控制大气污染。

表 13-1　各种焚烧装置及其宜焚烧的废物(引自:丁树荣,1993)

焚烧装置	宜焚烧的废物
立式多段炉	污泥和污渣等
回转炉	污泥、塑料、废树脂、酸性焦油渣、城市垃圾等
流化床型炉	污泥、油渣、有机废物废液
坑式炉	废树脂、沥青、高分子聚合物、废硝酸纤维等
浸没式燃烧炉	强腐蚀性废液
熔渣炉	重金属废渣
硫酸钠熔盐焚烧炉	DDT、马拉硫磷、氯丹等农药
湿式氧化炉	纸浆废渣、石化废渣、丙烯腊、硫化橡胶、焦化废渣、制药废渣
曲进式多室炉	动物残渣
固定床多室炉	金属催化剂、废活性白土等
移动式焚烧炉	有机污染土
海洋焚烧船	PCB_s 等含氯废物

处置固体废物的技术有土地填埋、深井灌注和海洋倾倒等多种方法。深井灌注和海洋倾倒方法,容易污染地下水环境和海洋生态环境,世界各国现已基本上不再采用。土地填埋处置则是国外应用最为广泛且又比较经济的处置技术。英国约 80%、法国和前联邦德国约 50%的工业废物都采用填埋法处置,美国现有有害废物填埋场 2 000 多座,日本有 1 500 座填埋场(甘师俊,王如松,1996)。

土地填埋场一般可分为两种,即安全填埋场和卫生填埋场。安全填埋场用于处置有毒有害废物,卫生填埋场用于处置城市垃圾。安全填埋场与卫生填埋场相比,在场址选择、构造设计和废物入场技术条件等方面的要求更为严格,尤其是在防渗漏措施方面有特殊的要求,除天然衬垫(粘土等)外,还必须铺设人工衬里(非降解性有机材料)。图 13-6 是典型的安全填埋场示意图。卫生填埋场的建造亦可参照此图施工。

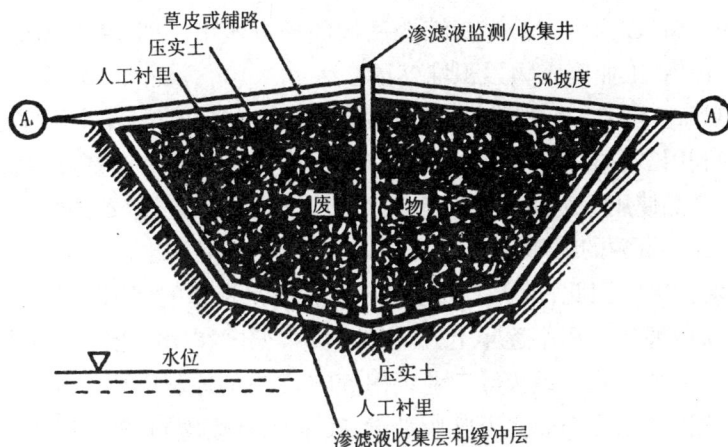

图 13-6 典型固体废物安全填埋场示意图

我国对有害废物填埋处置技术的研究工作刚刚起步。"八五"期间,中国环境科学研究院、清华大学、江苏省环境科学研究所及无锡市环保局等科研单位联合进行技术攻关,完成了我国第一个固体废弃物安全填埋场无锡示范工程。该项工程的库容量为 $20 \times 10^4 m^3$,年处置固体废弃物 $1 \times 10^4 m^3$,预计使用 20 年。在此项工程的基础上,将制订符合我国实际情况的有害废物安全填埋场技术规范,作为以后填埋场设计、施工操作的规范性导则。与此同时,深圳、北京、沈阳等地也已开始着手建设有害废物安全填埋场。

固体废弃物填埋场的土地恢复和生态重建是一项极重要的工作。利用植被复垦填埋场土地已有许多研究,如上海的垃圾填埋场、烟台的垃圾填埋场等,这方面的工作值得深入探讨。

四、城市工业污染防治生态工程

国际上,特别是西方发达国家,工业污染控制战略从 20 世纪 80 年出现了重大变革,其核心是以污染防治战略取代末端治理为主的污染防治战略,联合国环境规划署工业活动中心称这种战略为"清洁生产"战略。其内容包括采用清洁的能源、少废或无废的清洁生产过程以及对环境无害的清洁产品等三方面,以谋求合理利用资源、减少工业活动对人类和环境的风险。其具体途径包括以下几个方面。

1. 资源综合利用,开发二次资源

在工业生产中,通常原料、燃料费用约占产品成本的 $60\% \sim 70\%$。一些基础工业原料,如煤、石油、矿石、盐等大多具有多种化学成分,一些生产厂家仅利用其中的"有用部分",其余的"无用部分"均作为废物弃置,不仅产品成本高,而且浪费资源,污染环境。

我国在资源综合利用方面具有很多成功经验。例如,20 世纪 80 年代末以来,上海市加快了火力热电厂建设,使粉煤灰的排放量逐年增加,1991 年排放量达 $275×10^4$ t。上海市组织了全市力量,大力开展粉煤灰综合利用的研究,在工程回填、高速公路路基和高路堤工程、超高层建筑混凝土掺粉煤灰、水泥混合材料和混凝土预制件掺用磨细粉煤灰、砌筑砂浆中掺粉煤灰代替黄沙等研究工作中取得了重大进展,使上海市粉煤灰的综合利用率由 1986 年的 76.3% 提高到 1991 年的 99.2%,成为全国粉煤灰综合利用的先进城市。据 1991 年统计,我国每年排放的工业废渣 $6×10^7$ t,工业废弃物累积堆存量已达 $70×10^7$ t。然而,我国工业固体废弃物的综合利用率仅为 30%。随着工业的发展,各种废弃物的量与日俱增,不少国家已认识到废品回收利用的重要性和利用二次资源的紧迫性,认识到必须把生产过程和消费过程看作一个整体,把原料—工业生产—产品使用—废品—弃入环境这一传统的开环模式变成原料—工业生产—产品使用—废品—二次原料资源的闭环系统,使原料资源进入社会后,能在生产和消费过程中实现多次循环,不造成环境污染。因此,世界上许多国家都把二次资源的利用列为国家优先考虑的经济战略之一,使二次资源的利用率逐年上升。如前民主德国在 20 世纪 80 年代回收利用的二次资源可满足钢铁、冶金、造纸、罐头等工业部门 50% 左右的原料需要。我国每年还有 300 多万吨废钢铁、600 多万吨废纸、200 多万吨废玻璃、70 多万吨废塑料、30 多万吨废化纤、30 多万吨废橡胶未被回收利用,大量的可利用资源作为废弃物流失,而且严重污染环境。因此,我国回收利用二次资源、资源综合利用的潜力很大,任务也相当艰巨。

2. 改革工艺和设备,开发全新流程

我国不少工厂企业至今仍沿用 20 世纪 50~60 年代的老工艺、老设备,资源浪费和环境污染都很严重。西方经济发达国家抓清洁生产工艺较早,不仅改善了工作环境,减少了污染物的排放量,且降低了物耗和能耗,也提高了产品质量和市场竞争力。80 年代以来,我国通过改革生产工艺、设备和加强生产管理,把"三废"最大限度地消灭在生产过程中的实例也逐渐增多。南京化工厂等 6 家工厂生产苯胺采用加氢还原代替原来的铁粉还原工艺后,使生产每吨产品的废渣产生量由 2 500kg 下降为 5kg,废水排放由 4 000kg 降为 400kg,废水中苯胺含量由 2 000mg/L 降为 200mg/L,不仅每年节省了 3 万多吨优质铁粉,而且从根本上消除了苯胺废水和铁泥对附近水域的污染。江苏省常熟市衡器厂在 1988 年采用 CS 型稀土添加剂低温低铬镀铬工艺代替传统的高铬镀铬工艺,每年用稀土添加剂 4kg,投资 0.52 万元,可创电镀产值 120 万元,不仅提高了产品质量和合格率,而且节约了原料和降低了废水中的铬含量,现已在全国 300 多家电镀厂的 400 多条生产线上推广使用。此外,烧碱生产采用离子膜法代替水银法,炼焦厂采用干法熄胶代替湿法熄胶,生铁生产采用无胶炼铁工艺,面粉生产采用干洗麦粒代替水洗麦粒等都极大地减少了"三废"排放,取得了显著的综合效益。

3. 物料闭路循环,废物综合利用

工业生产中的"三废"实质上是生产过程中流失的原料、中间体和副产物,尤其是我国农药、燃料行业的主要原料材料利用率一般只有 30%~40%,有 60%~70% 以"三废"形式排入环境。在生产过程中比较容易实现的是用水闭路循环,供水、用水和井水一体化,一水多用、分质使用、净水重复使用。山东潍坊化肥厂和高密化肥厂采用了两水(冷却水和造气废水)闭路循环技术,使吨氨耗水量从 300~500t 下降到 32t。1992 年这项技术已在全国近 40 家小氮肥厂推广使用,年节水 10 亿多吨,如果在全国 1 000 多家化肥厂推广使用,预计每年可节水(25

$\times 10^7$)t～(30×10^7)t,占 1991 年全国工业废水排放量的 10%。此外,我国现已研制成功的利用磷石膏联产硫酸和水泥,利用硝酸生产尾气制亚硝酸,利用硫酸生产尾气制亚硫酸钠,从硫铁矿烧渣中回收金、银、铁,从乐果合成废水中萃取回收乐果等,都是很有推广价值的"三废"综合利用技术。

4. 改进产品设计,调整产品结构

工业产品设计原则往往从经济利益考虑,产品出厂后企业不再顾及它们随后的命运。随着产品更新换代,新产品不断问世,人们开始认识到工业污染不但发生在产品的生产过程中,有时更严重地出现在消费过程中。有些产品使用时,废气分散在环境中,也可能是重要的污染源。如全球关注的低效率工业锅炉、破坏臭氧层的氟里昂、强致癌的多氯联苯,以及危害生态环境的难降解、高残留化学农药等。因此,产品设计不仅应遵循经济原则,还应顾及生态效益。按照清洁生产的概念,对于工业产品要进行整个生命周期的环境影响分析,也就是对一种产品从设计、生产、流通、消费一直到报废后的处置几个阶段进行环境影响分析。对于那些生产过程中物耗、能耗高,污染严重的产品,对于那些使用、报废后破坏生态环境的产品要尽快调整与停产。我国在 1984 年停止生产占农药产量 60%以上的六六六、DDT,开发了高效、低毒、低残留的新农药,这不是由于经济原因,而是出于生态原因。此外我国早已禁止生产多氯联苯、汞制剂、砷制剂等剧毒产品,严禁建设小铬盐、小染料、小油漆、小农药、土法砒霜、土硫磺、土磷肥等严重污染项目,这对保护环境起了重要作用。

20 世纪 80 年代以来,西方经济发达国家率先研制或生产的光解塑料、生物塑料、生物农药、水溶性涂料等新产品,对保护生态平衡和人体健康作出了重大的贡献。

在合理调整企业产品结构时还应注意不盲目追求产品"多功能"、"万能"、"全能"、"长寿"等等,避免造成资源浪费;并应简化产品包装,尽量采用可再生材料制成的包装材料,以减少城市垃圾处理上的沉重负担。

第四节　城市生态工业(园)区和生态社区的建设

一、城市工业(园)区的生态建设

通常一个企业要做到物料完全闭路循环是困难的,但在一个工业区范围内依靠科学的规划、合理的布局、适当的产业结构、卓有成效的管理,实现该区内资源的充分利用而无废物排放或少废物排放是有可能的。为此,根据当地的优势资源与条件,可将各个专业工厂有机地联合成一个综合生产体系,统一组织物料的纵向和横向联系,形成生产链和生产网络,确保原料的充分利用,并消化各种废料、废品,实现物料的再循环,推进该区生态环境、生产和生活的最优化,将该区建设成为工业生态园区。

城市生态工业(园)区的建设是以提高材料利用率和削减废物这一思想为基础的,因此实现这一目标的一些方法是生产工艺投入最少化,材料再循环与重复利用,以及废物交易管理等。一系列案例表明,工业生态学和清洁生产正纳入生态管理议程。

工业生态学概念与清洁生产概念有密切联系。这两种思想都涉及旨在保护环境和提高经济效率的污染预防。它们的不同之处在于清洁生产的焦点是废物利用,而工业生态学的重点是使不可避免产生的废物循环利用,特别是在不同的公司之间进行,即建立生态工业园区,把区内相互作用的公司和工业视为工业生产环境。工业生态系统的综合性实例就是丹麦卡伦德堡(Kalundborg)工业园区。园区内的主要成员包括一家发电厂、一家炼油厂、一家制药厂、一家墙纸(板)厂、一家硫酸厂和若干家水泥厂。这些厂家以能源、水和废物的形式进行联系,如电厂向炼油厂和制药厂供应工业蒸汽,并向卡伦德堡市供应工业热量(图13-7)。这不仅实现了原材料消耗的大幅度节省,两年石油消耗量减少了45 000t,煤消耗减少15 000t,水消耗减少了600 000m³,此外还使二氧化碳和二氧化硫的年排放量分别削减175 000t和10 200t。

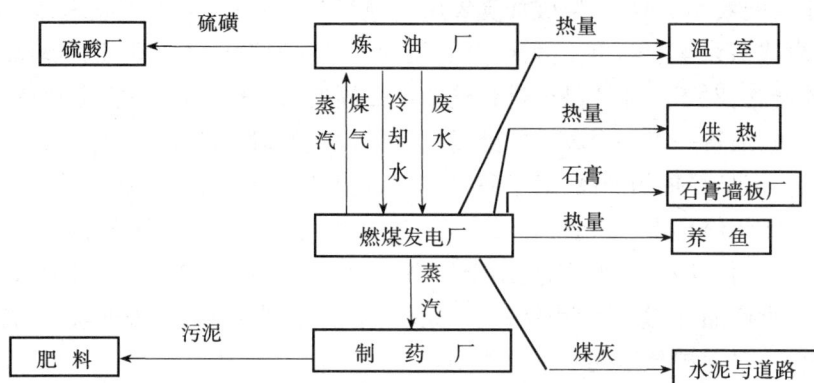

图13-7 丹麦卡伦德堡市工业生态系统(引自:Karamunos,1996)

生态工业(园)区的建设有利于发挥更高的环境与经济效益,与传统相比,它为企业提供了根据效益和成本来决定是强调企业间的废物交易,还是仅强调企业内部的废物减量化的机会。参与有利于环境的活动会改善企业形象,吸引更大的市场份额和提高可盈利性,开展工业园区的生态管理能促进严格的环境法规,并成为市场领导者。如1977年德国汉高公司宣布,它可以从洗涤剂中去掉50%的磷酸盐,此后不久,政府便执行了要求磷酸盐削减近一半的法规,汉高公司因此成为德国洗涤剂市场的领导者(Baretl,1992);美国杜邦公司1988年宣布它到20世纪末会停止生产对臭氧层有破坏性的氟里昂和哈龙,预期它将有占领代用品新市场的优势。

生态工业(园)区的建设与其说是一种技术革新,不如说是工业界、政府及其他机构中观念、管理方法等方面的一种变革。因此,至关重要的是对政府和公司官员加强培训,促进公有部门与私有部门的合作和启动公共信息计划。政府应当支持工商界为发展生态工业(园)区的管理方案所作的努力,例如创造信息系统、促进革新性计划、提供财政与技术支持等。美国环保局(EPA)已参与开发一个全国性数据库——污染信息交流系统,收录了各公司产生的,可能适合作为其他公司原材料的多余材料,以促进生态工业(园)区的建设。生态工业(园)区建设在我国也有一些实践,如福建省福清市的元宏工业区(YHIP)。

二、生态社区的建设

1. 生态社区的特征

社区是组成城市的基本单元,是城市居民生活、聚集的地方。城市社区的生态建设与提高居民的生活质量、改善人民群众的居住环境直接相联系,起着凝聚群众的巨大作用。同时,社区的生态建设也是社区物质文明和精神文明建设的重要内容。近些年来,国内外不少城市已开始了生态社区(ecological community)建设的探索,并将其作为生态城市建设的重要基础。联合国人居委员会认为,今后人类居住地,都要求逐步改造成为既能满足当代和子孙后代的需求,又不影响生态平衡的可持续发展的人类居住区。这意味着社区的建设,应以强化社区的自然生态和人文生态性能为主旨,以整体环境观来组合相关的建设和管理要素,将其建设成为具有现代化水准的、且可持续发展的人类聚居地。

生态社区应具有以下基本特征:

(1) 贯彻以人为本的思想,强化居住功能,并为之提供相应的社会保障、生活保障、环境保障和心理保障,使生态社区具有温馨的家园特征。生态社区强调环境对人的养育作用,新型的生态社区应成为优化居民身心素质和育人的基地,实现从幼教到老年业余大学的社会服务。

(2) 生态社区是街道生产与生活综合开发的经济文化型居住区,既应创造安全、舒适、方便的智能化的人类生活住所,又要提供便利的就业条件和满意的社区服务设施。

(3) 生态社区应有一流的、洁净的环境,舒畅的住房空间,和睦的邻里关系,亲切的乡土感情,育人的活动场所,方便的文化社会设施,宜人的居住区景观。

(4) 居住区是居民各项社会活动的起点和终点,便捷的交通显得尤为重要。

(5) 生态社区的环境建设要同社区经济发展水平相适应,具有良好的可持续发展的功能。

2. 生态社区建设的途径

(1) 合理规划。生态社区注重内在各系统的协调发展和各种生态流的畅通,这些都需要有良好的生态规划,使社区由无序、不平衡的简单攀比式发展向有序、平衡的理智型发展转变。

(2) 加强社区管理。社区管理的重点应强调维护社区生态环境和提高全民生态意识,促使社会发展符合生态学规律。加强社区管理职能和职责,形成综合管理型和综合服务型的管理机构,实现服务、协调、高效、参与四大功能。

① 服务功能:为社区内居民和单位等社区成员提供多项必要的社会服务。

② 协调功能:社区管理系统的各机构组织在管理过程中相互协调。

③ 高效功能:社区管理体制在运行中富有效率。

④ 参与功能:社区居民主动广泛地参与社区事务的管理。鼓励工商业采用生态友好技术,采用生态上可持续的方法,保护环境,开发、销售生态友好产品;推广使用可再生纸包装代替难降解的塑料袋;工厂可推行清洁生产,促进消费过程和工业产品生产与环境相协调。

(3) 提高社区环境质量。节约能源,改变能源结构,提高能源利用率。控制污染排放,提高生活污水集中处理率及生活废水回用率。运用功能区划分、交通道路改造、道路绿化、噪声源控制等手段促使噪声达标率达到100%。

(4) 加强绿地系统建设。社区绿地系统是由宅间绿地、道路绿地、街区公园等组成的点线面结合的系统,建设中应遵循生态系统整体性规律,增加绿地面积,提高绿地质量,优化设计人工群落组合,发挥绿地多种功能,以绿治乱,以绿添美,达到改善生态环境质量的目的。

① 建筑物内外绿化。由于城市中高楼林立,线条生硬且阻隔视线,使人有置身于"灰色森林"之感。为此,可采用墙面绿化、屋顶绿化、阳台绿化等多种方法增加绿视率,使人清新悦目,

消除紧张的精神压力,还可以缓解大气污染,改善居住区小气候,发挥其生态效益及景观美学功能。

② 道路绿化。道路绿地建设应考虑树种配置、遮阴效果及美化环境的功能,以及树木飘散的花粉对人体健康的影响。道路两侧视空间情况,可种植 2~5m 宽的林带,所有行道树的种植间距、植株高度、树冠大小及树种应保持协调一致。可选择无致敏作用的、树形优美、遮阴面大的树种。

③ 设置街区公园,结合生态设计,将自然景观引入城市。有关文献表明,居住区人口规模在 4 万左右即可设一服务半径 1 000m,占地 3.5~5hm² 的居民区级公园,相邻的公园之间要建立相互连通的绿色带状廊道(同济大学等编,1992)。公园设置应邻近街道,便于行人驻足休憩,中心地带植物以低矮灌草丛搭配为宜,以收到使人视野开阔的效果;临街处主要种植高大乔木和绿篱,将公园与街区和周围的交通要道相对隔离,同时起到减噪除尘、防风调温和丰富景观的效果。

④ 宅间绿化。宅间绿地面积小,分布广,具有良好的开发潜力。可采用花园型、草坪型、棚架型、庭院型等方式加强对这些星散状绿地的开发。

(5) 全面提高社区的精神文明和物质文明。生态社区应当满足人的多种需求,这就要求物质形态不断发展,物质形态和生活质量统一、协调地发展提高。

社区教育以青少年基础教育为主,向公众教育拓展,实现多层次、多形式的普及教育以满足多方面的需求。增加科教文卫设施投入,创造丰富多彩的社区精神文化生活。在社区内逐步形成积极向上的精神状态和健康的文化氛围。

(6) 加强环保法制建设。在生态社区的建设中,应采取多种方式,在积极贯彻国家有关环保政策的前提下,进一步加强环保法制建设,争取做到"有法可依、有法必依、执法必严"。为此,可以通过多种方式强调环保法规的严肃性,建立公众参与制度,环境状况评价结果的听证制度和公告制度,以有利于确保环保法规的真正落实。

思 考 题

1. 城市绿地建设的生态学原则是什么?
2. 提出你所在城市当前急需开展的城市环境保护生态工程项目的建议。
3. 废水处理生态工程的特点是什么?请举一实例说明。
4. 城市工业污染生态工程防治途径有哪些?
5. 城市大气污染防治的绿化建设途径有哪些?
6. 城市自然保护的作用与建设途径是什么?
7. 为什么要建设生态社区?请你就所在地区现状提出一个生态社区建设的建议。

第十四章

城市生态管理

　　城市生态管理是实施城市生态规划,搞好城市生态建设的重要保障。无数事实证明,如果只有建设没有管理,建设项目既不能充分发挥效率,也不能长期维持它的功能,有时甚至还可能产生负效应。

　　城市生态管理主要是对城市生态系统的结构、功能及协调度进行管理和调控。具体地说,就是要研究城市生态系统中的自然环境和人工环境的管理,以及规范人群的生态行为等,把这些组成成分科学地组织起来,把城市的物流、能流、信息流等有效地结合起来,充分发挥它们之间的协调作用,以达到城市生态系统的最佳效能。

　　城市生态管理的核心是研究怎样充分发挥人在城市生态系统管理中的主导作用。城市生态建设和生态评价要对城市生态管理内容及管理途径提供指导原则,反过来,在城市生态规划、生态建设和生态评价过程中也应该始终贯彻生态管理的原则,使它们密切结合起来以发挥生态管理在城市建设和发展中的作用。

第一节　城市生态管理的原则

　　城市的生态管理应以可持续发展的观点为指导。其原则主要有以下几个方面。

　　1. 人与自然协调原则

　　城市是人工复合生态系统,其生产和生活活动是和自然界密不可分的,人与自然的协调是城市发展所要追求的目标,人类的活动应符合自然规律,违背自然规律,将人的意志凌驾于自然规律之上,最终将会带来一系列难以解决的问题甚至是灾难,从而妨碍城市的发展。

　　2. 资源利用与更新协调原则

　　城市生态系统是资源消耗的中心,在进行资源利用时,要使其与资源补充和更新相协调。资源消耗、资源更新和补充的速度,将决定其结构和功能的状况,从而对城市生态系统的社会和经济发展产生重要影响。

　　3. 环境胁迫和环境承载力协调原则

　　城市生态系统是人为改变了原来自然生态系统面貌的陆地生态系统,对系统内部和外部环境都造成了胁迫,如果超过环境承载力,将会导致生态系统失衡。

　　4. 三个效益统一的原则

　　城市发展应坚持社会效益、经济效益和环境效益的三者统一,不应片面地追求经济效益而以损害环境效益为代价,否则,经济上去了,人们的生活环境质量却下降了,最终反过来制约经济的发展。

5. 城乡协调的原则

由于特殊的区位关系,城市与其周围乡村有着十分广泛的经济、社会和生态联系。从经济、社会联系看,城市是个强者,乡村经济、社会的发展依附于城市;从生态联系看,城市又是个弱者,乡村的生物生产力和环境容量是城市存在的基础。城乡协调发展包括城乡产业协调、市场协调、规划和建设协调、生态环境协调以及体制与政策协调等。

第二节　城市生态管理的内容

城市生态管理的内容是对城市生态系统中各组成要素的作用及其相互关系进行管理和调控。由于城市生态系统是一个十分庞大而复杂的大系统,其中可分为人口、有生命的生物环境和无生命的理化环境等子系统,每个子系统下又可分为若干个次子系统。城市生态管理既不同于城市管理(王建民,1987),也与环境管理有区别(杨贤智、李景锟等,1990),它既不可能涵盖城市的各要素,也不能局限于城市的环境要素,它应抓住生态作用显著的要素进行管理。管理可以分为微观分项管理和宏观综合管理。微观项目都比较具体,它们是宏观综合管理的分解,同时也是宏观综合管理的基础(图 14-1)。以下将就单项管理和综合管理进行一些讨论。

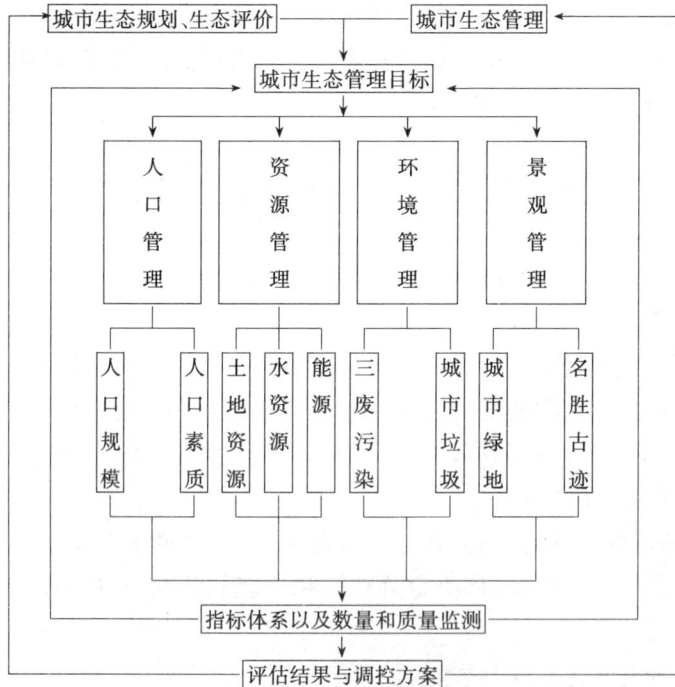

图 14-1　城市生态管理程序图

一、资源管理

这里的资源是指城市中的自然资源,种类多种多样,在此着重讨论土地资源、水资源和能源的管理。

1. 城市土地资源管理

城市土地是一个与城市人口、城市经济活动相联系的地域概念,它是城市人口和城市各类活动的基础,也是城市赖以存在的基本条件。城市土地管理的内容十分广泛,从城市生态立场出发,主要是对城市土地利用进行管理。每个城市都需有一个与城市总体规划相适应的土地利用规划,这个规划应具有法律效力。城市的各种建设项目用地都要按照整个城市土地利用规划以及详细的分区土地利用规划来使用土地。为此,土地管理部门需要按土地利用分类建立城市土地使用动态明细表和土地利用分布图,适度控制土地开发,合理利用土地资源。

2. 城市水资源管理

城市水资源管理主要是对城市水量和水质及其合理使用的管理。城市水量管理需建立在城市水量平衡研究的基础上。城市水的来源除大气降水外,主要是地表径流来水、地下水以及海水和境外供水等。水的消耗除自然蒸发外,主要是工业用水、生活用水以及农业等其他用水。从城市水量管理出发,首先应对城市水资源数量进行统计,这是城市发展的基础,也是城市发展的限制性因素;其次要对工业用水、生活用水、农业用水等各类用水分门别类地进行统计,并分析水利用的效率。为了节约用水,提高水的使用效率,对工矿企业可实行计划供水,鼓励循环用水,一水多用,并进行废水处理等综合利用措施,以提高工业用水的重复利用率;对生活用水实行装表计量,按量收费;对于农业等其他用水也要提高用水效率,加强技术改造,改进用水设备,增建节约用水设施。

在水的质量管理方面首先必须建立和健全水质检验、化验制度,应以专人负责检验水源水、出厂水、管网水以及净化构筑物出水的水质,并将检验结果定期汇报主管部门;其次要加强对水源的卫生保护,禁止在水源地周围一定范围内从事一切可能引起污染水源的活动,保护好自来水厂生产区的卫生环境,为了保护地下水源,严禁用不符合饮用水水质标准的水直接回灌。

由于各种用水对水质的要求不同,而且各种水在汲取、运输和净化过程中所需的经济代价不同,因此在水质、水量管理的同时,还要注意水资源的合理使用。首先应该把优质水作为生活用水,把水质较差的水安排给对水质要求不高的部门使用,对于地下水还要控制开采量。水资源管理是一个综合体系,要把一定范围内的水作为一个整体来对待,按照地理环境和流域而不只是按照行政区的划分来进行管理。

3. 城市能源管理

城市能源管理的核心是能源的合理使用。城市的能源种类很多,但作为实用能源,目前还是各种化石燃料、核燃料以及水力发电、太阳能、风力能等。海洋能、地热能等由于能流密度(在一定空间或面积内从某种能源中实际能得到的功率)小,或设备投资大,技术要求高,一时还难以普遍使用。从长远看,随着科技进步和社会发展,新的能源使用领域必然会得到不断开辟和扩大,但在近期这个问题还不太可能有重大突破。因此城市的能源管理,必须把合理利用、节约利用放在首位。从城市生态立场出发,必须考虑能源使用中的环境污染问题,因为随着能源消费量的增加,污染程度也会越来越严重。这不仅需要重视化石燃料燃烧中产生的污染,而且也要考虑核能利用过程中可能产生的危害以及水力能开发中可能产生的"污染",如土地盐碱化、生态平衡失调等。

城市能源的合理利用应在综合分析和统筹考虑的基础上,实现城市煤、油、电等能源的统一管理,同时还必须建立和健全能源管理制度,实行定量供应,效益考核和污染补偿等。

二、环境管理

城市环境管理是指为了保证居民身体健康和城市的可持续发展所必需的环境质量而进行的各项管理工作。环境管理内容非常广泛,这里只涉及自然环境质量管理,其中又可分为大气、水体、土壤等单要素和综合要素的环境质量管理以及城市环境卫生质量管理。

1. 水体、土壤、大气等人为污染的管理

环境污染管理首先应根据城市环境保护目标,制定环境管理的质量标准及指标体系。环境质量标准主要是指规定的各种污染物在环境中的允许含量和允许范围,它是环境质量管理的依据,是从保护人体健康、促进生态良性循环出发,为获取最佳环境效益与经济效益,在全面综合基础上制定的技术标准,要求全社会共同遵守,并经一定程序赋予法律效力。环境指标体系是系统的可量度的参数的集合,也可以说是评价人工因素所导致的环境状况变化的尺度。

其次是对环境质量进行监控,这是环境质量管理的重要环节,这里包括对城市大气、水体、土壤等环境质量进行的监控,污染源的监控以及污染事故的检测分析等。对于整个区域的环境质量依靠建立的监测网及时分析处理监测数据,掌握环境质量的现状及变化趋势,及时将信息反馈,发出警报和预报,通过环境质量管理机构采取适当措施加以控制。至于污染源监控主要是指工业污染的监控,包括污染源调查,确定控制指标、采样地点和时间,以及定期处理监测数据和进行信息反馈。污染事故检测分析是指应急检测,制定各种紧急情况下的污染程度范围,并分析原因,采取应急措施,以及避免事故的扩大和为再次发生提供对策。

环境质量管理仅从环境污染的监测和评价考虑是不够的,还需要从整体性(包括自然、社会、经济等)上来进行评价和考察。

2. 城市环境卫生管理

城市每天都在消耗大量物质资源,同时也产生大量的废物,尤其是生活垃圾,量大面广,是城市环境卫生管理中的一大难题。

城市生活垃圾管理是一项系统工程,包括收集、运输、处置等多个环节,同时也涉及商品的生产、销售等多种活动。从生态管理看,要求收集系统的收集点有足够数量和合理的布局,同时要实行垃圾分类,为垃圾无害化和资源化创造条件;运输系统的合理配置不仅在数量上,而且要在空间上和时间上进行优化,定出数量和质量指标,而这一切都要根据垃圾的日产量和成分以及发展趋势进行安排和调整。

城市垃圾管理的核心是对城市垃圾的最后的处置,它深刻地影响着城市的生态环境。目前主要处置方法有:堆肥法、焚烧法、填埋法、热解法以及蚯蚓床法等。其中填埋法由于具有处理量大,投资少等优点,是当前一些城市处置生活垃圾最主要的方法,但是它的缺点是埋掉了许多有用成分,而且对地下水可能造成污染;焚烧法能消除垃圾中的病原菌,减少垃圾体积,节约用地,并可回收热能,但投资较高,也有许多有用的成分被烧掉。其他方法因处置量太少或因产品档次不高导致销售困难而难以普遍推广。总之,目前这些常用的处置技术都有其各自的优点,但共同的缺点是还没有充分利用城市生活垃圾中的有用资源,这正是当前有待进一步研究的问题。城市生活垃圾的管理不仅要求减量化和无害化,而且要求资源化,这是彻底解决垃圾管理的必由之路。

三、人口管理

人口是城市生态系统的核心组成部分,搞好城市人口管理对于科学地制定和完善城市人口管理政策,改善社会秩序,促进经济增长,推动城市全面、健康地发展有着重要的意义。城市人口管理包括人口数量调节、质量提高、结构调整、分布迁移调控等内容。城市人口管理的基础是人口普查,其内容包括人口出生、死亡、迁入、迁出、婚姻状况、生育状况、在业人口的职业状况、文化程度、年龄、性别、民族及居住状况等,它是一种多目标的调查,是对某一城市的全部人口进行的一次性的、直接的、普遍的调查。通过普查,可以获得某一总体在某一时点上人口状况的静态资料。人口普查的各种记录、等级材料,以及经常登记制度是城市进行人口管理,制定人口和经济、社会发展规划最直接、最可靠和最有说服力的客观依据,对于人口的自然变动管理,人口质量管理以及人口机械变动管理具有直接的指导作用。

人口自然变动管理是指对人口数量进行的管理,它是城市在不同时期或不同情况下,以动态人口为对象,根据人口的动态发展变化规律,有组织、有计划地调节和控制人口再生产的过程。人口质量管理的主要内容是优生和优育。人口的质量与人口的数量是对立统一的关系,两者互相联系又互相制约。控制人口数量有助于提高人口质量,而人口质量的提高又能促进人口数量的控制。人口机械变动管理是指人口迁移的管理,它包括人口在农村与城市之间的迁移,城市与城市之间的迁移,以及国家与国家之间的迁移,管理内容主要是户口登记工作和人口迁移登记工作。

四、景观管理

景观(landscape)是指一定地面上的无机的自然环境和有机的生物群落相互作用的综合体。一地的景观由相互作用的板块所组成,在空间上形成一定的分布格局。城市景观既包括自然形成的,也包括经过人工改造的或主要是由人工建造的景观。城市景观类型多种多样,这里的城市景观管理重点讨论绿地系统管理,自然保护区、风景区和名胜古迹的管理。

1. 绿地系统管理

城市绿地系统管理包括对绿地的数量和质量的管理,前者要看是否根据园林绿地规划,不断提高城市的绿地覆盖率和人均绿地水平;后者则要看绿地系统的结构和布局是否合理,养护管理是否落实和有效。为此需要建立绿地系统档案资料库,把绿地面积和类型落实到大、中比例尺的地形图上。对于果树苗木和典型公园绿地和专用绿地也要有相应的专项档案,经常检查日常养护管理是否按技术规范和法规进行,同时建立并严格执行定期的绿地系统动态报告制度。

2. 自然保护区、风景区和名胜古迹的管理

自然保护区和自然风景区都是城市生物多样性较为集中的地方,拥有城市区域中珍贵的自然历史遗产,是大自然为人类提供的物质、精神财富,具有极高的保护价值。因此,需要设有统一的管理机构,有计划地进行城市生物多样性调查,作好多样性编目工作,在此基础上建立生物多样性信息系统,包括数据库、图形库和模型库。信息系统的目的主要在于利用系统中各种数据库建立有关生物多样性监测和评估模型,生物多样性空间分布以及重要物种长期的种

群动态模型等。要根据保护区和风景区所在地的地理位置、环境条件以及特点,确定其性质和保护方针与方法,使这些地方既能为人民群众提供良好游览休息场所又不受污染和破坏。

城市的文物建筑或遗迹也是城市的一种重要景观,也需要建立档案,注意管理和维护。

五、综合管理

城市生态综合管理是在单项管理基础上实现的,但它并不是单项管理的简单相加,而是根据单项管理的各个要素的相互关系进行的统合。其目的是通过综合管理使城市结构合理、功能高效和关系协调,实现城市规划的目标。综合管理是以空间管理为基础、人口管理为主轴、行政管理为重点构成的一个综合管理的体系。

这里所说的"空间"是指地球表面可能容纳的空间,包括城市的水面、地面和天空。为了实现空间管理,最重要的是掌握区位和边界,要把不同活动的用地面积、地表状况、空间形式等落实到大比例尺(1:2 500)的地形图上。空间是城市存在的基础,通过空间的变动可以了解城市的动态及其结构和功能的状况。

城市人口是城市综合管理的核心,城市人口是空间管理和行政管理的纽带和决定性因素。人口管理的内容在单项管理中已经作了介绍,在进行综合管理时可将单项管理的调查结果落实到空间分布图上,并在此基础上作出动态预测和调控计划。

城市活动是指城市的各种生产活动和生活活动及其结果,它所涉及的内容非常广泛,从城市生态管理考虑可以选择与城市生态环境关系比较密切和比较显著的内容,诸如资源消耗及其使用效率、三废产生及其处置、城市垃圾及处置、绿地数量与质量,以及环境质量等。要把这些活动的结果落实在空间和时间的分布上,并把它们与人口的数量和质量联系起来。

城市生态综合管理是城市管理的重要组成部分,随着科学技术的进步以及对城市生态的深入认识,管理内容还可以不断调整。

第三节 城市生态管理的途径

城市生态管理是一项复杂的工作,目前并无成熟的经验,可以考虑采用多种措施,协同配合,达到管理的目的。

一、行政方法

城市生态管理的行政方法,是指市政府依靠行政组织,运用行政手段,按照行政方式来组织、指挥、监督城市和城市内各部门的活动。这些行政组织是按照行政管理的需要组织起来的管理单位,它的主要职能(除最高一级组织外)是接受上级领导的授权和指令,并向下级授权和发布指令。它们实行严格的等级制度,每一级行政组织和每一个领导职务都有严格的职责和权力范围。他们要对上级指令的贯彻执行负责,对下级的行动和结果负责,其具体表现就是通过相应的政策、行政命令与日常的监督,自上而下完成城市的生态管理。为此,需要设立相应的组织机构,实行层层负责,统一管理。从目前我国城市生态管理的现状看,部门之间条块分割严重,以城市水资源管理为例,地下水和地表水管理分离,水资源利用和水资源保护分离,各自为政,常使管理工作在时间上和空间上存在着局限性,这种情况亟待改变。

二、法律方法

城市生态管理的法律方法,是指国家为了维护广大城市居民的根本利益,通过各种环境保护和城市管理的法律、法令、条例等法律规范和司法工作,以调整城市中各集团、单位、个人在社会活动中所发生的作用,保证城市人民生产和生活在合适的环境下顺利地进行。我国与城市生态管理有关的法律、法规已有不少,其中与城市生态环境管理有关的主要有《中华人民共和国环境保护法》、《中华人民共和国森林法》、《中华人民共和国海洋环境保护法》、《征收排污费暂行办法》、《基本建设项目环境管理办法》、《工业企业噪声卫生标准》、《大气环境质量标准》、《生活饮用水卫生标准》、《城市区域环境噪声标准》等,新颁布的《中华人民共和国刑法》中也规定了将对违反环境保护法规的犯罪行为加以惩处。除中央外,各地也制定有相应的环境保护和城市建设方面的条例。在城市生态管理中,除了加强立法外,还要严格执法,以确保法律的尊严和法律的效力。

三、经济方法

经济方法与行政方法以及法律方法都是强制性的管理方法,所不同的是经济方法运用经济手段,以经济杠杆实现城市的生态管理。经济方法实质就是通过各种经济手段,从物质利益上处理好政府、企业以及集体、个人等各种关系,运用经济方法可以控制城市人口数量,调节城市人口密度,控制建筑物密度和容积率,限制污染严重的机动车等,维护城市居民生产和生活的环境。对有利于城市生态系统持续发展的产业和活动在经济上给予支持,对于可能危害城市生态系统的产业和活动,在经济上予以限制。目前在环境保护方面采用的主要经济手段有:① 征收排污费,实行排污许可证制度;② 征收资源使用费;③ 征收环境补偿费,损害者负担恢复原环境的费用;④ 奖励综合利用,鼓励提高资源利用率等。此外对无废技术实行奖励政策,补贴没有直接经济效益的环境保护设施以及对环境保护措施进行低息或无息贷款等,都是进行环境管理的有效方法。

四、社会方法

城市生态管理必须有广大群众的积极参与,这就决定了在城市生态管理中必须采取社会方法,动员城市居民自觉地参与和投身到城市生态管理活动中去。要广泛开展宣传,提高广大群众对保护城市生态环境重要性的认识,充分发扬民主,完善监督,重大建设项目应提交当地人大和政协讨论,使管理好城市成为广大群众的共同要求。

在城市生态管理中,要注重发挥专家的咨询作用。在现代城市这个大系统内部,各种因素、各种结构、各种关系极为错综复杂,对这样一个庞大而复杂的系统,领导者的决策常常是涉及多因素、多结构、多种关系的综合性决策。显然,单靠领导者个人的知识、经验和智慧是不够的,必须运用专家和咨询机构的力量来帮助决策。在现代城市生态管理中运用咨询方法,既能减少领导者决策的失误,又能集思广益,从而能比较准确地表达社会的需要,科学地确定各种发展目标和实施对策,以取得尽可能大的综合效益。近几年来,随着我国经济建设的发展,各类咨询机构,诸如政策研究机构、管理咨询机构、工程咨询机构等大量涌现,这种咨询机构的发展,无疑为在城市生态管理中运用咨询方法提供了可能和条件。为了充分发挥专家和咨询机构在城市生态管理中的作用,还必须考虑采用国外称为"智囊技术"的方法。目前主要的智囊技术有"头脑风暴法"、"哥顿法"、"对演法"和"特尔斐法"等,这些包含了创造性思维和创造技法在内的智囊技术对于解决城市生态管理中的难题,具有十分重要的意义。

五、数模方法

城市生态管理中的数模方法是指在研究城市生态系统各个组成部分的数量表现、数量关系和数量变化的基础上,运用数学方法处理系统的活动,建立数学模型,并通过模型的计算、分析和研究(参阅第九章),为城市生态管理服务的一种方法。在城市生态管理中应用数学模型能使我们对城市生态系统中各组分及其作用的认识进一步深入和精确,更好地预见某些因素变动情况下可能引起的后果,并对城市生态环境进行模拟试验和方法优化,以提高决策的科学性。

城市生态管理的数模方法可以通过建立城市生态管理信息系统(urban ecological management information system, UEMIS)来进行,它是一种利用计算机技术对城市生态信息进行获取、处理、存储、管理、分析及辅助决策的系统。

（一）城市生态管理信息系统的结构

城市生态管理信息系统应具有查询、分析、辅助设计、辅助决策等功能,通常它的结构可分为三个层次:核心层、应用层、辅助决策层(图14－2)。

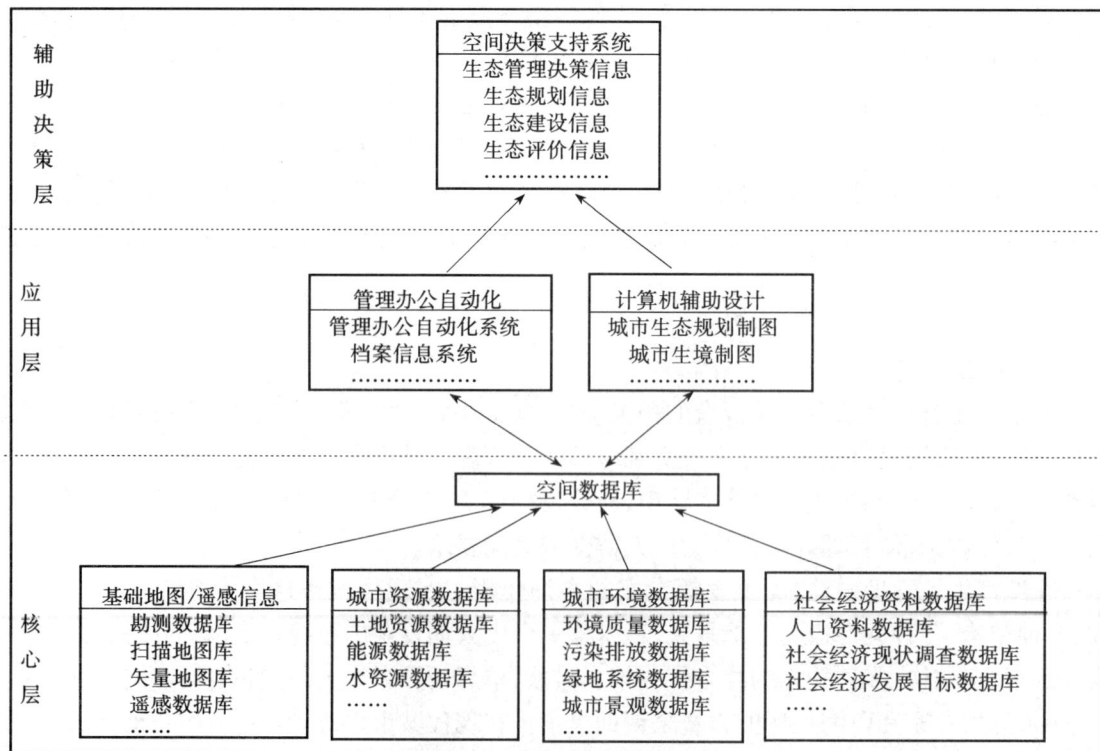

图 14－2　城市生态管理信息系统结构示意图

（1）核心层：以存储与检索为基础的空间数据库，它包括了基础地图、遥感信息、城市资源数据库、城市环境数据库及社会经济资料数据库等。目前我国城市各行业除银行、海关等部门外，大规模电脑应用还很不普及，可利用的数字产品太少。在这种条件下，要获得技术数据可利用原有大比例尺（1:500,1:1 000,1:2 000）地籍图、地形图数字化建库，以及城建档案和各个单项调查统计资料等建库，这是建立信息系统的起步阶段。

（2）应用层：包括辅助规划设计、办公自动化等动态管理。从简单、实用的管理业务做起，确定有限目标，讲究实效，以地理信息系统（GIS）的系统集成为基础，以计算机辅助设计（CAD）、办公自动化（OA）的流程规范化、科学化为重点，实现以下目标：

① GIS、CAD、OA 技术的集成。以 GIS 为核心，将城市生态管理中的辅助设计、生态规划、生境制图、城市管理等有机地结合在一起，并提供辅助分析、评估与多媒体表达。

② 在系统集成的同时，必须考虑数据的动态分析。

③ 流程的规范化和科学化。

（3）辅助决策层：包括空间决策支持系统和专家系统，要求把现代信息技术与城市生态管理方法和步骤结合起来，真正做到不仅提供信息支持，而且提供决策支持，既支持城市生态问题的发现与分析，又支持城市生态规划方案的比较设计及生态管理措施的模拟与比较。

由于人工智能、专家系统、空间决策支持系统等方面的理论与方法都在不断的发展之中，技术系统越先进，对管理水平的要求越高，企业、政府机关内需要改进的地方可能就越多。目前我国的信息技术开发已经达到了相当高的水平，但是管理部门应用信息技术仍停留在较低水平，故要正视目前存在着的这种差距，加速建设高效实用的信息管理系统。城市生态管理信息系统的建设是一项长期运作的系统工程，既是一个技术过程，也是一个管理过程。

（二）城市生态管理信息系统的实施与操作

1. 城市生态管理信息系统的特点与建立条件

城市生态管理信息系统是以基础数据的登记、传递、查询、统计为基础，发展相互平衡的图形数据的查询和显示，它将图形的查询和显示与结果的处理结合在一起，供跨机构、跨部门的数据交换和数据共享。

在城市生态管理信息系统的建立和发展中需要注意的几个问题：

（1）业务规范化。管理信息系统的开发应用离不开业务的规范化、职责权力的规范化、数据的规范化和操作流程的规范化，它是推动信息系统的基础。人力系统和机器系统应相互适应，才能使信息系统发挥有效作用。根据已获成功的案例经验，在业务规范上所花的精力并不亚于软件开发，许多管理信息系统长期不见效果，往往是由于业务规范化程度低或者业务人员抵制职责权力的调整，或者领导者自己未身体力行。

（2）信息的规范化。信息的规范化也是推行管理信息系统的基础，虽然软硬件技术的发展，使计算机可以处理的信息越来越广泛，但信息的规范化程度愈低，系统的自动化程度越低，应用的深度也就越浅。信息的规范化应从词汇、专业术语、统计口径、统计报表、信息分类和编码做起，逐步地延伸到图形输出、业务数据交换以及数据结构等。

（3）基础资料的获取与更新。管理信息系统涉及大量的基础资料，这些资料往往分散在各个机构、各个部门中，比较理想的是有关的机构、部门都采用地理信息系统（GIS）建立起自己的数据库。实践证明,这种齐头并进地全面推进信息化的策略,相互协调的难度极大。一方面,大部分的资料还没有数字化,及时更新的机制还没有建立起来;另一方面,各级政府有关部门之间大多没有相互提供业务资料的习惯。要改变这种习惯需要较长的过程。因此,现实的做法是从已有的资料入手,如利用城市地形图、遥感资料、扫描数字化等逐步实现野外测量、内业作图与建立数据库一体化,并跟踪竣工测量实现数据库的动态更新。

(4) 系统的通用性和专业性。信息系统的应用最终将明显地提高办事效率,但其起步和推广却是一项极为艰巨而又费用高昂的工作。有效的办法是首先考虑系统的通用性,进一步向专业性发展,并努力发展完全独立的、真正面向市场的信息管理系统。

建立城市生态管理信息系统需具备以下条件:

① 以个人微机或工作站为主流机型,以视窗(Windows)系列产品为主流的操作系统;② 数据的查询,信息的发布,数据传递采用因特网技术;③ 数据录入、文字处理、多媒体及空间分析等多种技术平台、多种应用相互集成;④ 利用易于维护和扩展,便于推广和移植的面向对象的软件技术(包括系统分析、系统设计、数据库等)。

2. 城市生态信息系统建立的实施步骤

建成的城市生态信息系统既要目标有限,又要满足多学科、多领域相结合的要求,还要能使其产生社会、经济效益,必须注意处理好下述关系:

(1) 总体设计与分步实施。理想的系统建立实施步骤是在统一规划、统一标准的前提下,多学科、多专业同步建设。同步建设的协调工作量巨大,费用昂贵,开发时间长,而信息系统的产出严重滞后。因此,在短时期内建立一个理想的、多学科一体化的信息系统是不现实的。现实有效的做法应该是分阶段地推进,使建立的系统尽可能在短时间内发挥效益,在条件成熟后,逐步扩充功能,进一步完善系统。

(2) 事务管理与图文建库。理想的事务管理必须有图形库支持(例如数字化的大比例尺地形图),但对于大中城市来说,建立这些图形库耗资巨大、历时长、技术难度高,一般不可能立即全部投入到这项工作中,否则就会在3~5年内处于只有巨大投入,而在实际业务中又难以应用的局面。因此,生态管理信息系统必须以"滚雪球"的发展方式,强调每一步的效益,从最实用的管理业务做起,如管理办公室自动化、辅助设计等。前期的重点应放在办公自动化上,使事务管理特别是文档办公自动化(可同时开展图形建库的准备工作)。这样投入较少,技术难度不大,实现有保证。要实现办公自动化,就要从管理的科学化、规范化、标准化着手,而且管理办公自动化的使用过程也是建立有关数据库的过程。在兼顾事务管理优化的基础上,中期重点放在图形库的建设上,图形库建设必须考虑方式、方法,总的原则是图形库的建立尽量放在信息产生源处解决。例如,地形图库的建立最好在野外测量、内业成图处理中加以考虑。在管理信息系统建设的后期,重点放在图文一体化建设、系统集成与数据的动态更新上。

(3) 普查建库与动态更新。动态更新比普查建库更重要,特别是对于城市基础设施与公共福利设施,必须建立动态更新机制与技术保证,不能使花巨资建立的数据库随着时间的推移而逐渐失去作用。

思 考 题

1. 城市生态管理的主要原则是什么?

2. 城市生态管理有哪些主要内容?

3. 试述城市生态管理与城市生态建设的关系。

4. 系统方法与网络技术在城市生态管理中的应用前景如何?

附录 实验部分

第一组　城市生境中非生物因子的测定

第一节　城市气候因子的测定

一、城市辐射测定

（一）说明

测定太阳辐射有两种途径：第一是测定辐射量，即入射到接收表面上的总辐射量，以热量单位、能量单位或功率单位表示。所用的测定仪器为各种辐射仪和日射计。第二是测定照度或光照度，即物体单位面积所获得的光通量，以照度单位勒[克斯]（l_x，或 kl_x）表示。所用的测定仪器通常为各种类型的照度计。

（二）辐射测定仪器

太阳辐射仪，天空辐射仪或智能辐射记录仪，ZD－1 型照度计。

（三）辐射测定方法

1. 测辐射量

调节辐射仪至水平位置，连接辐射仪与辐射电流表，分别进行下列项目的测定。

（1）总太阳辐射量：待辐射电流表指针稳定后，记读数，通过换算得总太阳辐射量。

（2）散射辐射量：用黑铁板遮住太阳直射部分，待电流表读数稳定后，记录散射指标。

（3）直接辐射量：等于总太阳辐射量和散射辐射量的差值。

（4）地面反射辐射量：将辐射仪探头指向地面，待辐射电流表读数稳定后，记录地面反射辐射量指标。

2. 测光强度

取 ZD－1 型照度计，将电池放至机箱内，再将光探头与主机连接，然后在测量环境内进行调试。先将倍率开关置于"×100"，工作选择开关置于"调零"，旋转调零电位器使电表指针对准零，然后将工作开关旋至"测"。将电表指示数字乘以 100，即为此时的光强度测定值。如电表指示数字小于满刻度值的 1/10，应变换量程。将倍率开关旋至"×10"，并重复以上调零步骤，以提高测量精度。测试结束后，将选择开关拨回"关"位置。

掌握仪器调试方法后，可在任一环境（如校园）分组进行所需内容的测定，比如对不同树冠（密实或疏散的）树木或不同群落（如禾草群落、杂草群落或人工林）进行光强度测定，每个生境至少要随机设置三个样点，每层重复测定 4 次，取平均值，计算各层、各生境相对光强度。

二、城市温度测定

（一）说明

城市温度测定包括大气、水和土壤等多种环境温度的测定。本实验将通过对不同生境中气温、土温或水温的测定,使学生掌握测定温度的一般方法。

(二)温度测定仪器

多接头自动记录温度计,半导体温度计,水银温度计,最低最高温度计,曲管地温计,直管地温计。

(三)温度测定方法

1. 测气温

将一根竹竿(4m)垂直于地面向上,从地表起每隔50cm放一探头,探头用黑纸遮住且垂直于地面向上,然后记录自动记录温度计上的数字。

2. 测土温

在需要测定的地点,用镐挖一约50cm深的土坑,每隔5cm贴土壁插入一探头,记录自动记录温度计上的温度读数。或者取曲管地温计按由东向西,由浅到深(5、10、15、20cm)排成一列,每支地温计相距10cm,地温计球部朝北,倾斜地埋入土中。在地表下埋置直管地温计时,应由西向东,由浅到深,每隔0.5m处打一孔洞,孔洞的深度以测定深度为准,分别为0.4m,0.8m,1.6m。将直管地温计按长度顺序插入孔洞中,紧贴土壤,直管地温计上部露出地表20cm,记录不同深度的土温。

3. 测水温

在待测水体中选一样点,取长约4m的竹竿测定水深,然后每隔10cm在竹竿上固定一探头,按编号记录不同深度自动记录温度计上的温度读数。

气温、土温均设空旷地为对照。

为了得到环境温度日进程的完整概念,应进行全日观测,从早晨7时开始,到次日7时,每隔2小时记录一次。要鉴别一个环境温度的特征,最好连续观测2～3天或更长时间,并在天气异常情况下(阴天或云量多变)各进行2～3天以上的观测(附录表1)。

附录表1　环境温度观测记录

日期:＿＿＿＿＿　地点:＿＿＿＿＿　天气状况:＿＿＿＿＿

环境一般特点(包括群落特征):＿＿＿＿＿＿＿＿＿＿

观测人:＿＿＿＿＿＿＿＿＿＿

观测时间	各层次(cm)气温		土表温度		土壤(或水域)不同深度(cm)地温(或水温)		
	裸地	某地	裸地	某地	裸地	某地	某地水域
	低 中 高 50 100 250	低 中 高 50 100 250	定 最 最 时 高 低	定 最 最 时 高 低	5 10 15 20 40 80 160	5 10 15 20 40 80 160	10 20 30 50 100

三、城市风的测定

1. 城市风向、风速测定仪器

三杯式小型风向风速仪,罗盘。

2. 风向、风速测定方法

在城市中不同环境(如在校园选择一开阔地),手持三杯式小型风向风速仪于离地面1.2m处,用罗盘确定方位,每隔5分钟记录风向、风速,如此三次,取平均值作为该地该观测期风向、风速值。

四、城市大气湿度的测定

1. 测定湿度仪器

干湿球温度计或自动温湿度计,毛发温度计。

2. 城市湿度测定方法

在待测地点选一样地进行观测(如校园内某一开阔地),将湿度计探头置于离地面5cm、150cm处,待数据稳定后,记录湿度或湿度指标,测三次,取平均值。

第二节 城市土壤性质速测

测定城市土壤特性的目的是掌握土壤主要性状的野外速测法,以比较不同生境下城市土壤的差别。

一、土壤质地指测法

根据自然湿润状态下土壤的颗粒度、粘结性以及可塑性等方面的差异,可以进行土壤类型的初步划分。

取自然湿润土壤按检索表的方法,初步评判城市土壤类型:

(1) 将土放在手中迅速揉成铅笔粗细的细条:

 a. 不能揉成条,单个颗粒可见,砂土类 ·················· (2)

 b. 可揉成条,砂壤土、壤土、粘土类 ·················· (4)

(2) 用拇指和食指试验粘结性:

 a. 不能粘结 ·················· (3)

 b. 能粘结 ·················· 壤土

(3) 在手中搓磨:

 a. 手纹中完全没有粘土物质 ·················· 砂土

 b. 手纹中有粘土物质 ·················· 轻壤砂土

(4) 将土壤试着揉成半支铅笔粗细的细条:

 a. 不能揉成条 ·················· 重砂壤土

 b. 能揉成条 ·················· (5)

(5) 用拇指和食指在手边挤压土样:

 a. 嚓嚓作响,可以看到并感到一些颗粒 ·················· 砂壤土

 b. 没有或有很弱的嚓嚓声 ·················· (6)

(6) 对压平的光滑面评估:

 a. 光滑面不光亮 ·················· 壤土

        b. 光滑面光亮 ·· (7)

（7）用牙齿试验：

        a. 嚓嚓作响 ·· 粘壤土

        b. 黄油样粘稠，看不见，也感觉不到有颗粒 ···················· 粘土

二、土壤 pH 值及各种养分的定性分析

1. 仪器和药品

锥形瓶，漏斗，试管，pH 试纸，滤纸，大、小烧瓶，广口瓶，小塑料杯，2mm 孔筛，0.05mol/L HCl、HNO_3，10%$KHSO_4$，氮试剂，$ZnCl_2$，$KMnO_4$，$(NH_4)_2SO_4$，$AgNO_3$，10%硫酸氰钾。

2. 步骤

取少许土壤样品，分别置于锥形瓶中，按 1:4 的比例加入蒸馏水，充分振荡，过滤，按以下步骤对滤液进行定性分析。

（1）取少许滤液，用 pH 试纸测定 pH 值。

（2）测 Fe：取 2mL 滤液于试管中，加 2 滴稀 HCl，1 滴 $KMnO_4$ 振荡，再加 1mL10%硫酸氰钾。若试管中液体呈淡橙黄色，说明其中有 Fe，否则无。

（3）测 N：取 2mL 滤液于试管中，加氮试剂 3mL，将试管置于白纸上，垂直观察试管内有无蓝色光圈，若有则说明该土壤含 N，否则无。

（4）测 P：取 2mL 滤液于试管中，加 2mL $ZnCl_2$ 和 1mL$(NH_4)_2SO_4$，样品若显蓝色，说明含 P，否则无。

（5）测 Cl：取 2mL 滤液于试管中，加 HNO_3 溶液，再加 $AgNO_3$，若有白色胶状沉淀出现，说明含 Cl，否则无。

（6）测 Ca：取少许土壤于试管中，加 HCl，冒气泡说明含 Ca，否则无。

第二组　城市生物群落的调查与物种多样性测定

第一节　植物群落调查

（一）器材

样方框，卷尺，记录表格等。

（二）实验步骤

采用法瑞学派的调查方法。这个方法的特点是在对一个地区植被全面勘察的基础上，选择典型的群落地段，即"群落片段"（stands），在其中设置若干个大小足以能反映群落种类组成和结构的样地，记录其中的种类、数量、生长、分布等。这张表叫做样地记录表（releve）（附录表2）。设置样地有三点至关重要：一是样地面积的大小，它必须包括群落片段中的绝大部分种类，能够反映这个群落片段的种类组成的主要特征，样地内的植被应尽可能是均匀一致的，在样地内不应看到结构明显的分界线或分层的变化。二是群落片段内应具有一致的种类成分，突出表现为优势种连续分布。第三就是样地的生境条件也应尽可能一致。

实 验 部 分

附录表 2　典型样地记录表

野外样地号：　　　　总编号：　　　面积：　　　日期：　　　调查人：

群落名称：				高度(m)	盖度
地　　点：　海拔高度：　　坡向：　　坡度：			T		
地貌类型：　　表层岩石：　　　　土壤类型：			T_1		
生境条件：			T_2		
			T_3		
			S		
			S_1		
			S_2		
			H		
			G		

多*聚 盖*生	植　物　名　称	附注	多*聚 盖*生	植　物　名　称	附注

典型样地记录法的内容包括群落地段的一般性描述,如群落名称、地理位置、地形部位以及环境状况等,群落组成结构包括群落分层状况,每层的高度和盖度,组成群落各个植物种的数量特征和生活状况,如多盖度、聚生度、生活强度、物候期等。

(1) 多盖度综合级(cover and density total estimate)：Braun-Blanquet 推荐用目测估计多盖度,共设五级和两个辅助级,它们用数值表示为：

5—不论个体多少,盖度>75%；

4—不论个体多少,盖度为 50%～75%；

3—不论个体多少,盖度为 25%～50%；

2—不论个体多少,盖度为 5%～25%,或者盖度虽<5%,但个体数很多；

1—个体数量较多,盖度为 1%～5%,或者盖度虽>5%,但个体数稀少；

　+　—个体数稀少,盖度<1%；

r—盖度很小,个体数很少(常常只有 1 株)。

(2) 聚生度(sociability)：或称群集度,是指植物个体在群落内聚生状况,即是分散的还是聚集生长的,这种聚生状况反映了群落内环境的差异和植物的生态生物学特性以及种间竞争状况等。也分为五级：

5—大片生长,覆盖着整个样地,通常是纯一的种群；

4—小片生长,常在样地内形成大斑块；

3—小块生长,在样地内呈小斑块或大丛；

2—成丛生长,在样地内成小群或小丛生长;

1—单株散生。

通常将聚生度数字加到多盖度值后面,并用点分开,例如"3.1"表示多盖度级为3,聚生度级为1。

(3) 生活力(vitality)或生活强度(vigor):以上所列各项只说明群落中的植物种类,它们的数量特征和散布状况,而没有表达出该种植物在群落内生长是否良好,它们在群落内是受压抑的还是正常生长的。有的种虽然出现在群落内,但有可能只是临时的居住者,它们生长受压抑或不能自行繁殖,不久即将退出这个群落。调查种的生活力,对于了解群落现状和判断群落的发展是很重要的。生活力一般分为四级:

1级 (●):植物发育良好,可有规律地完成它的生活史。

2级 (⊙):植物营养生长旺盛,但常常不能完成其生活史或者发育较差,以营养体散布。

3级 (○):植物体生长衰弱,从未完成其生活史,仅以营养体散布。

4级 (00):偶然从种子中萌发出来,完全不能增加植株数目。

(4) 物候期(phenological stage):物候期是指群落中各种植物在调查时所处的发育状态。植物一生中的发育时期可以划分为:营养期(v.)、花期(fl.)和果期(fr.)。为了便于记载,多选择植物生长发育过程中变化明显、易于识别、有意义的时期,此外物候期也有用符号表示的,一般常用的是:

— 营养期	+ 开始结果
∧ 孕蕾期	♯ 果熟
(始花	× 果落
○ 盛花	∼∼∼结实后营养期
) 花谢	=落叶或枯死或开始第二个生长季

第二节 动物群落调查

动物群落调查方法因动物类群不同(如鸟、兽、昆虫、土壤动物、水生动物等)而有较大差别,下面仅对城市鸟类、鼠类、水生浮游动物群落的调查作一介绍。

一、鸟类调查

(一) 说明

鸟类是一类活动性很强的动物,对环境变化十分敏感。根据城市生态环境和鸟类生态分布特征,先将调查地区划分为:城市公园、居民点、水域、农田、森林、灌丛、草地等主要生境,采用线路法或样方面积法调查鸟类种类和个体数量,按生境分别记录。现对线路法调查作一介绍。

(二) 器材

望远镜,罗盘,海拔表,记录表格,笔等。

(三) 步骤

(1) 观察统计的最适时间在早晨日出后 2～3 小时及傍晚日落前 2～3 小时内进行,因为此时鸟类活动、取食活跃。每次观察约 3 小时,统计时行进速度约 3km/h。

(2) 工作时要非常专心,因为鸟活动快、敏捷。对鸟类的鸣声及飞行姿态要非常熟悉,以便一看一听就能知道鸟种。此项工作要选择晴朗、没有大风的天气进行。统计时只记录前方或左右两侧的鸟种,不回过头记录后面的。

(3) 全年可按季节分别统计,每次调查时对同一路线或某生态环境要重复统计 3～4 次,对于个体数应求出每小时的平均数,即为数量密度。鸟类密度指标通常采用三级标准:

优势种（+++）:遇见率>10 只/h;

普通种(++):遇见率 1～10 只/h;

稀有种(+):遇见率<1 只/h。

最后列表分析讨论城市及城市各类环境鸟类群落结构。

二、鼠类调查

(一)说明

对城市鼠类群落调查方法很多,如线路法和样方法等。线路法可用于室外,样方法可用于室内外,一般都采用一定规格的鼠夹调查,方法较简便,但布夹时间应以鼠的昼夜活动规律为依据。

(二)器材

鼠夹,诱饵,记录表格,笔等。

(三)步骤

(1) 先将城市划分为不同环境类型,调查室内鼠,以每 15m² 房间布一夹,将带有诱饵(油条或花生米)的一端垂直于墙根,离墙约 1cm 左右,这样可以捕获来自左右两个方向的鼠。

(2) 调查野外环境鼠,沿一定生态环境每隔 5m 布一夹,一般同一类环境应布 300 夹次。

(3) 将捕到的鼠体登记,并计算出城市鼠类群落结构和各类环境中的鼠密度。

三、浮游动物群落调查

(一)说明

浮游生物(包括浮游植物和浮游动物)常作为估计水域生产力和鱼类生产潜力的重要依据。城市水域一般都受到污染,造成水生生物群落中很多敏感物种消失或数量急剧减少。通过浮游动物群落调查也可以了解到水域环境变化的程度和发展趋势。

(二)器材

浮游生物网,采水器,广口瓶,浓缩器,福尔马林,鲁哥氏液,显微镜,记录表格,笔等。

(三)步骤

(1) 采集:在每一采样点,根据水的深度用采水器采集水样,一般若水深不超过 2m,可在 0.5m 处取水;若水深为 2～3m,可分别在表层(离水面 0.5m 内)及底层(离水底 0.5m 左右)各采水样。采集原生动物和轮虫时,可用 25 号浮游生物网在表层捞取两份定性水样,一份不经固定带回实验室作活体观察,一份在每 100mL 样品中加入 1.5mL 鲁哥氏液固定。枝角类和桡足类则用 13～18 号浮游生物网捞取,每 100mL 样品中加 4mL 福尔马林溶液固定。定量标本采水 10L,并用 25 号浮游生物网过滤,集中于 100mL 广口瓶中,加 4mL 福尔马林固定。

(2) 计算:将采集样品经处理摇匀后,吸 0.1mL,放入计数框中,盖上盖片,在 400~600 倍显微镜下进行全片计数,每份样品计数两片,然后按浓缩的倍数换算成 1 升水中的含量,记录浮游动物群落结构及各物种的密度。

第三节　物种多样性测定

(一) 说明

生物多样性(biological diversity 或 biodiversity)可以定义为:"生物的多样化和变异性以及物种生境的生态复杂性。"它包括植物、动物和微生物的所有种类及其组成的群落和生态系统。生物多样性一般有三个水平,即遗传多样性、物种多样性和生态系统多样性。这里仅介绍城市生物物种多样性测定的方法。

(二) 器材

1m² 样方框,卷尺,植物标本采集箱,毒瓶,记录表格,计算器,笔等。

(三) 步骤

(1) 分几个小组对城市不同生境(如草地、树林、农田等)各随机抽取一定样方数,分别统计动植物种类及其个体数,对不认识的植物应采样带回实验室检索,对不认识的小型动物,能采样的即给予麻醉固定,带回检索。

(2) 按群落类型整理合并数据,分别计算出 Shannon - Wiener 指数和 Simpson 多样性指数(附录表 3)。

附录表 3　物种多样性指数小结

环境类型	群落描述	样方面积	物种数	个体总数	Shannon - Wiener 指数	Simpson 指数
A						
B						
C						
⋮						

①Shannon - Wiener 指数(Shannon - Wiener index),公式为:

$$H = -\sum_{i=1}^{S} P_i \log_2 p_i,$$

式中,H 为 Shannon - Wiener 指数,对数的底可取 2、e 或 10,但单位不同,分别为 nit, bit 和 dit;S 为物种数目;P_i 为第 i 类物种的个体数在全部个体中的比例。

当群落中有 S 个物种,而每个种都只有一个个体时,$P_i = 1/S$,表示信息量最大,即多样性最高:$H_{\max} = -S\left(\dfrac{1}{S}\log_2\dfrac{1}{S}\right) = \log_2 S$。

当全部个体为一个物种时,信息量最小,即多样性最低:$H_{min} = -\dfrac{S}{S}\log_2\dfrac{S}{S} = 0$。

由此,可得下面两公式:

均匀性指数:$E = H/H_{max}$,其中 H 为群落实测的物种多样性,H_{max} 为群落最大的物种多样性。

不均匀性指数:$R = \dfrac{H_{max} - H}{H_{max} - H_{min}}$,$R$ 值在 $0\sim1$ 范围内。

② Simpson 多样性指数(Simpson's diversity index),公式为:

$$D = 1 - \sum_{i=1}^{S} P_i^2,$$

式中,D 为 Simpson 多样性指数;P_i 为第 i 类物种个体数占群落中总个体数的比例,P_i^2 为随机取 2 个个体同属于第 i 类物种的联合概率,即($P_i \times P_i$)。

因为,$P_i = N_i/N$,N 为群落中总个体数,N_i 为第 i 类物种个体数,

所以,$D = 1 - \sum_{i=1}^{S}(N_i/N)^2$。

第三组　城市生态监测

城市生态监测是一种系统收集城市生态系统信息的方法,为城市生态系统的规划、评价和管理提供咨询和决策依据,是城市生态学研究的基本手段之一。由于城市生态系统的监测涉及面很广,比自然生态系统的监测复杂得多,不可能由一个专门的监测机构完成,必须分别由各个主管部门的数据收集机构或研究机构完成,并最终将数据汇集到统计部门。这些部门收集的有关自然亚系统数据有农业、林业、园林、土地、气象、环保、水文、地震、测绘等方面。我们这里的实验只介绍城市生态监测中的生物监测。

生物监测是指利用生物对环境污染状况或变化所产生的反应来阐明环境质量状况的方法,从生物学的角度为环境质量的监测、评价、规划和管理提供科学依据。

第一节　植物受害症状检测法

植物受害症状检测法是通过调查找出某些对污染物敏感的植物,通过受害症状对环境进行监测。附录表 4 列出的是根据国内外大量实验和报道整理的一些具指示作用的敏感植物。

附录表 4　主要大气污染的敏感植物

大气污染物	敏 感 植 物
二氧化硫	紫花苜蓿、芝麻、元麦、蚕豆、大麦、棉花、大豆、荞麦、小麦、大波斯菊、百日菊、牵牛(花期)、蛇目菊、麦秆菊、矮牵牛、红花鼠尾草、中国石竹、莴苣、唐菖蒲、玫瑰、天竺葵、月季、苹果、梨、郁李、悬铃木、雪松、油松、马尾松、云南松、湿地松、落叶松、白桦、毛樱桃、樱花、贴梗海棠、油梨、合欢、杜仲、梅花

氟化物	唐菖蒲、金荞麦、芒草、玉簪、郁金香、玉米、芝麻、葡萄、金丝桃、杏、梅、山桃、榆叶梅、紫荆、梓树、慈竹、池柏
臭氧	大豆、烟草、矮牵牛、马唐、雀麦、菠菜、菜豆、番茄、花生、马铃薯、燕麦、洋葱、萝卜、女贞、梓树、桤木、皂荚、丁香、葡萄、牡丹
氯气	白菜、青菜、菠菜、韭菜、葱、番茄、菜豆、冬瓜、繁缕、向日葵、大麦、池柏、水杉、薄壳山核桃、枫杨、木棉、樟子松、紫椴、落叶松、油松
二氧化氮	向日葵、番茄、烟草、秋海棠、悬铃木
过氧乙酰硝酸酯	繁缕、早熟禾、矮牵牛、荨麻、菜豆
乙烯	芝麻、棉花、向日葵、茄子、辣椒、番茄、紫花苜蓿、香石竹、中国石竹、万寿菊、含羞草、蓖麻、四季海棠、月季、大叶黄杨、瓜子黄杨、苦楝、刺槐、臭椿、合欢、玉兰
氨气	芥菜、向日葵、棉花、紫藤、小叶女贞、杨树、虎杖、悬铃木、薄壳山核桃、杜仲、珊瑚树、枫杨、木芙蓉、楝树、刺槐

利用植物受害症状进行环境监测时,先在没有大气污染的地区种植(一般为盆栽)指示植物,生长到合适时期后,把它们移到需要监测的地区,放置在不同地点,观察并记录它们受害症状和程度,以此来估计该地区空气污染状况。由于植物叶片是进行气体交换的器官,直接与大气接触,所以有害气体危害植物的症状主要表现在叶片上。不同的有害气体往往使植物叶片出现不同形式的伤害症状,因此可根据受害症状的不同,鉴别造成伤害的气体种类。现将几种常见有害气体造成的典型症状简述如下:

(1)二氧化硫:症状主要出现在叶脉间,呈大小不等、无一定规律的点、块状伤斑,与正常组织之间界限明显,也有少数伤斑分布在叶边缘,或全叶褪绿黄化。伤斑颜色多为土黄或红棕色。单子叶植物的伤斑常沿平行脉呈条状分布在叶尖或叶片隆起部位;针叶树的受害部位一般从叶尖开始向基部扩展;阔叶树的叶片通常在脉间出现不规则的大斑块或斑点,有时伤斑呈长条状。

(2)氟化氢:伤斑多分布在叶尖和叶缘,受害伤斑与正常组织之间有一条明显的暗红色界限,少数为脉间伤斑。幼叶易受害。另外,伤斑的分布与叶片的厚薄、叶脉的粗细和走向也有一定的关系。通常侧脉不明显或细弱的叶片受害斑多连成块状,位置也不固定;侧脉明显的伤斑多分布在脉间;平行脉叶片的受害部位常在叶尖或叶片隆起部位;叶质厚硬的伤斑常分布在主脉两侧的隆起部位或叶缘;叶片大而薄的伤斑多分布在边缘,常连成大片。

(3)臭氧:大多在叶面散布细密点状斑,呈棕色或黄褐色,少数为脉间块斑。

(4)氯气:大多为脉间点块状伤斑,与正常组织之间界线模糊,或有过渡带。严重时全叶失绿漂白,甚至脱落。

(5) 二氧化氮:大多为叶脉间不规则伤斑,呈白色、黄褐色或棕色,有时出现全叶点状斑。

(6) 过氧乙酰硝酸酯(PAN):叶片背面变为银白色、棕色、古桐色或玻璃状,不呈点块状伤斑,有时在叶子的尖端、中部或基部出现坏死带。

(7) 乙烯:叶片发生不正常的偏上生长(叶片下垂),或失绿黄化,并常常发生落叶、落花、落果以及结实不正常的现象。

(8) 氨气:大多为脉间点块状伤斑,伤斑褐色或黑褐色,与正常组织之间界线明显。另外,症状一般出现较早,稳定得快。

(9) 酸雾(硫酸、盐酸、硝酸等):叶片上出现细密、近圆形坏死斑。

第二节　大气硫氧化物污染的生物监测
——叶片含硫量的监测

(一) 说明

硫是生命的必需元素,但过量的硫在植物体内累积也会毒害植物。同位素硫-35标记试验表明,大气中 SO_2 被植物叶片吸收后,约90%以上的 SO_2 转化成硫酸盐形式积累于植物叶组织,并且在植物能忍受的范围内,大气 SO_2 浓度愈高,叶片中硫含量也愈高。在接触 SO_2 浓度不变时,叶片含硫量与接触时间成正相关,因此,可以通过叶片含硫量来反映大气 SO_2 的污染状况。

采用酸性湿消化、硫酸钡比浊法测定。植物样品在催化剂和氧化剂的作用下,有机硫被氧化,植物中硫变为硫酸盐形式,再加入定量的酸和起浊剂,生成硫酸钡悬浮液,在440nm下比浊,一定范围内,浊度与样品中硫酸根浓度成正比。本法回收率为 $93.3\% \sim 104.7\%$ 。

(二) 材料

1. 植物材料

(1) 种类选择。我国幅员辽阔,地跨不同的气候带,南北植物种类差别很大,各地应因地制宜选择监测树种。我国各地学者多年来对监测植物作了研究,筛选出多种植物可用于监测大气二氧化硫、氟化物、氯气或重金属等的污染。可供选择的植物如下:

北部地区:加拿大杨、刺槐、白榆、杨树、旱柳、龙爪槐、毛白杨、槐树、山楂、侧柏、垂柳、构树、紫穗槐等。

中部地区:唐菖蒲、悬铃木、女贞、樟树、梧桐、海桐、刺槐、榆树、桑树、大叶黄杨、珊瑚树、构树、广玉兰、紫穗槐等。

南部地区:樟树、羊蹄甲、大叶榕、印度榕、小叶榕、蓝桉、木槿、银桦、红背桂、樟叶槭、树菠萝、夹竹桃、黄槿、人心果、木麻黄、盆架子、菩提榕、构树、多果榄仁等。

(2) 植物样品的采集。植物种类确定之后,尽可能选择那些在树龄、生长发育等方面相近的正常植株作为采样树。对树龄过大或过小,附近有小污染源或受其他因素的影响,叶片受病虫害、药害、机械损伤等以及濒死或生长明显不正常的植株,都不宜采样。

采样时需要考虑样品叶片在树冠的方位、层次、着生部位、叶龄、生长状况等因素。一般在树冠中部的不同方位,选择生长良好的枝条,在枝条上剪取健康、成熟的叶片作为试样。对污染源进行监测时,则在面向污染源的树冠中上部外围,确定枝条上一定部位的叶片采样。

为了减少采样误差,提高样品的代表性,样品量一般不少于 $40\sim50g$ 干重。对于叶形小或质薄的叶片,或者进行污染源监测时,可减少采样量;大而厚的叶片,应增加采样量。新鲜叶片可按 $80\%\sim90\%$ 的含水量折算。

叶片采集后,立即进行编号、登记,写好标签,然后连同标签一起放入采样袋内,并做好现场记录。对一些特殊情况应记录下来,以便查对和分析数据时参考。

采集的叶片样品应尽快送到实验室处理。特别是在高温、多雨或空气湿度大的季节,需注意采集后的叶片样品在放置与运输过程中的通风干燥,防止变质。

(3) 植物样品的处理与保存。从现场采集回来的新鲜样品必须及时处理,用湿纱布将叶面灰尘擦净,也可用自来水洗 $2\sim3$ 次,再用去离子水或蒸馏水冲洗 2 次。清洗操作宜快速进行,时间过长会造成某些成分的损失。清洗时发现不符合要求的叶片,应剔除。叶片清洗后应用干净纱布轻轻吸干水分或晾干,在 $60℃\sim80℃$ 下烘 $5\sim8$ 小时一般可至恒重。

叶柄及粗大的叶脉在研磨前应预先剔除。将烘干的样品用电动粉碎机或其他研磨器具粉碎,过 60 目尼龙筛。

样品粉碎过筛后应充分混合均匀,然后用四分法取 $10\sim15g$ 左右的分析样品(如分析项目多,可增加取样量)放入聚乙烯瓶中,再置于干燥器内或冰箱内保存。

2. 仪器

电热板,721 型分光光度计,25mL 具塞比色管。

3. 试剂

(1) 标准硫溶液:将 2.173 6g 硫酸钾(105℃烘 2 小时,干燥器中冷却)溶于 1 000mL 蒸馏水中,定容,即为含硫 0.400 0g/L 的母液。

(2) 消化液:

① 将 1.7g 偏矾酸铵(NH_4VO_3)放在烧杯中,小心加入 1 050mL 硝酸(作标准曲线时,所加的消化液不加硝酸),再加入 1 200mL 高氯酸(密度 $1.20\sim1.25$)。

② 称取 7.5g 重铬酸钾($K_2Cr_2O_7$),加热溶解于 250mL 水中。

将②倒入①中。

(3) 混合酸液:将 50mL 冰醋酸、20mL 盐酸和 20mL 磷酸混合,用水稀释至 1 000mL。

(4) 起浊剂:将 100g 氯化钡($BaCl_2·2H_2O$)加热溶于 500mL 水中,再加 50mL 吐温(吐-80 或吐-20),加水定容至 1 000mL,摇匀,过滤后放置 24 小时后使用,稳定期为半个月。

(三) 操作步骤

1. 标准曲线的绘制

以母液稀释配制分别含 0.00mg/L、20.00mg/L、40.00mg/L、60.00mg/L、80.00mg/L 和 100.00mg/L 的工作液。分别吸取 1.00mL 不同浓度的工作液于 25mL 具塞比色管中,加水至 20.00mL,再加入 5.00mL 起浊剂,立即反转 5 次(反转次数要一致,用力均匀),15min 后在分光光度计上(440nm 波长),以空白试剂做参比测定吸光度。以吸光度为纵坐标,绘制标准曲线。

2. 样品的测定

(1) 样品消化:称取 0.200 0g 样品于 100mL 三角瓶中,加 5mL 消化液,待样品完全湿润后,插上玻璃漏斗,置于电热板上逐渐升温(控制在 80℃ 以下)直至黄烟冒完(约需 1 小时左右),此时消化液为淡绿色。然后继续升温,待冒白烟,且溶液产生红色沉淀,表示消化过程结束(温度应控制在 190℃ 以下)。取下三角瓶,冷却至室温,提起漏斗,并用水冲洗漏斗和瓶口,加 10mL 混合酸液,定容至 25mL。

(2) 浊度测定:吸取 1.00mL 上述消化液于 25mL 具塞比色管中,加水至 20mL,再加 5.00mL 起浊剂,立即反转 5 次,15 分钟后按标准曲线的方法测定吸光度。

3. 结果计算和表达

(1) 结果计算按如下公式:

$$总硫(mg/g) = (E \times \frac{V_0}{V})/W, \tag{1}$$

式中,E—标准曲线上查得相应的硫含量(mg);

V_0—定容后的消化液体积(mL);

V—测定取试样体积(mL);

W—称样质量(g)。

(2) 结果表达:

① 污染指数法(I_{CP}):根据植物叶片含硫量分析结果,按公式(2)计算出各监测点的污染指数

$$I_{CP} = C_m/C_k, \tag{2}$$

式中,C_m—监测点植物样品含硫量;

C_k—对照点植物样品含硫量。

根据污染指数对监测点的大气污染程度进行分级,标准为:

Ⅰ——清洁($I_{cp} < 1.20$);

Ⅱ——轻度污染($I_{cp} 1.21 \sim 2.00$);

Ⅲ——中度污染($I_{cp} 2.01 \sim 3.00$);

Ⅳ——严重污染($I_{cp} > 3.00$)。

② 污染程度相对值:计算公式:
$$C = (C_i/C_{max}) \times 100\%, \tag{3}$$

式中,C—污染程度相对值;

C_i—监测点叶片含硫量(mg/g);

C_{max}—各监测点最大含硫量(mg/g)。

根据污染程度相对值对各监测点的大气污染程度进行分级,分级标准为:

Ⅰ——相对清洁($C 0\% \sim 25\%$);

Ⅱ——轻度污染($C 25\% \sim 50\%$);

Ⅲ——中度污染($C 50\% \sim 75\%$);

Ⅳ——严重污染($C 75\% \sim 100\%$)。

③ 相关分析法:用一种或多种植物叶片含硫量与相应点的大气二氧化硫监测结果进行

回归分析,建立数学模型,从而可以根据植物叶片含硫量分析结果反推大气二氧化硫浓度。

④ 污染等级分布图:根据污染指数分级的评价标准,在监测区域内绘制相应的污染等级分布图。

第三节　大气氟污染的生物监测
——叶片含氟量监测法

(一)说明

氟化物污染在我国排放总量中仅次于悬浮颗粒物、SO_x 和 NO_x,列第四位,对植物毒性极大,大多数植物从环境中吸收微量氟化物,累积起来,一般含量较为稳定。大气中氟化物浓度升高时,植物中积累的氟含量增加,且存在一定的数量关系。由于植物叶片中氟含量处于痕量水平,分析较困难,本方法先以 0.05mol/L HNO_3 浸提样品中的氟化物,再加入0.1mol/L KOH继续浸提。以柠檬酸钠作总离子强度缓冲调节剂,用氟离子选择电极在 pH 5~6 条件下直接进行测定。本方法对于难溶性氟化物以及有机氟形态的氟化物不适用,回收率90%以上。

(二)材料和仪器

1. 植物材料

植物材料的收集、处理见植物叶片硫含量测定部分。

2. 仪器

离子计或 pH S-3 型酸度计,CSB-F-1氟离子选择电极,饱和甘汞电极,电磁搅拌器,50mL 聚乙烯杯。

3. 试剂

(1) 0.05mol/L 硝酸溶液,0.2mol/L 硝酸溶液,0.1mol/L 氢氧化钾溶液,0.4mol/L 硝酸钾溶液。

(2) 0.8mol/L 柠檬酸钠溶液的配制:称取 117.6g 柠檬酸钠,溶于 400mL 去离子水中,在pH 计上,用10mol/L 硝酸调节至 pH 5.5,并稀释至 500mL。

(3) 0.4mol/L 柠檬酸纳溶液。

(4) 氟标准贮备液的配制:精确称取在 110℃ 干燥 2h 的 0.221 0g 氟化钠(分析纯),溶于去离子水中,稀释至 1L,贮于聚乙烯瓶中,该溶液浓度为 100.0mg/L。保存于冰箱中。

(5) 氟标准中间液的配制:精确量取氟标准贮备液 10.0mL,置 100mL 容量瓶中,用去离子水稀释至刻度,贮于聚乙烯瓶中,此溶液含氟 10.00mg/L。然后按绘制标准曲线的需要配制不同浓度使用液(0.500mg/L 以下的低浓度溶液用时现配)。

(三)测定

1. 标准曲线的绘制

(1) 取 100mL 容量瓶,按下表(附录表 5)加入溶液,再加去离子水稀释至刻度,配制一系列不同浓度的标准溶液。

附录表 5 标准系列配制表

氟标准系列浓度(mg/L)	0.4mol/L 硝酸钾加入量(mL)	0.4mol/L 柠檬酸钠加入量(mL)	10mg/L 氟标准液加入量(mL)	100mg/L 氟标准液加入量(mL)
5.00	10.0	5.0	0.00	5.00
3.00	10.0	5.0	0.00	3.00
1.00	10.0	5.0	10.00	0.00
0.50	10.0	5.0	5.00	
0.30	10.0	5.0	3.00	
0.10	10.0	5.0	1.00	

（2）分别吸取上述标准系列氟溶液约 20mL 于聚乙烯瓶中，由稀到浓依次在 Eh 最小分度值为 1mV 的酸度计或离子计上逐个测定毫伏值。

（3）在半对数纸上，以纵轴（算术）表示电位毫伏值，以横轴（取对数）表示氟浓度(mg/L)，绘制标准曲线。

2. 样品的测定

（1）准确称取烘至恒重的干燥样品 0.250～2.000g 放入 50mL 聚乙烯杯中。

（2）加入 20mL 0.05mol/L 硝酸溶液，搅拌 20min，然后加入 20mL 0.10mol/L 氢氧化钾溶液，搅拌 20min。

（3）加入 5.0mL 0.4mol/L 柠檬酸钠溶液及 5.0mL 0.2mol/L 硝酸溶液（此时溶液 pH 值在 5.5 左右），略加搅拌后测定毫伏值。

（4）从标准曲线上查得所测定样品的含氟量。

3. 结果计算和表达

（1）结果计算：

$$氟化物(F^-, mg/g) = \frac{C \times 0.050}{W},$$

式中，C—标准曲线上查得的氟含量(mg/L)；

　0.050—样品溶液的体积(L)；

　W—样品质量(g)。

（2）结果表达：

将植物叶片氟化物累积量应用于大气氟化物监测时，一种方法是将一定条件下某种植物在一定时间内的叶片氟化物积累量与大气氟化物浓度建立回归方程，并检验其相关的显著性，相关显著的方程则可用于监测大气氟化物浓度，即由在相同条件下的叶片氟化物积累量反推大气氟化物浓度。另一种方法是用于大气质量评价，在一定范围内，选择适宜植物布点采样，测定叶片含氟量，以清洁区为对照，用清洁区叶片含氟量为基础(C_0)，取各样点叶片含氟量(C_m)分别计算，求得空气污染指数 I_{CP}。

$$I_{CP} = \frac{C_m}{C_0}。$$

再将污染指数分级,各采样点的大气质量也按污染指数分级进行评价。具体方法可参阅硫氧化物监测部分。

第四节　大气重金属污染的植物监测
——叶片重金属含量监测法

(一)说明

工业的发展,导致重金属以烟尘、粉尘等形式排入大气,这些重金属不易去除,在环境中长期积累。植物叶片是大气重金属进入植物体内的主要器官,这些重金属进入植物叶片后很难向其他部位转移,并且在叶片内积累。积累在叶片中的重金属含量和大气中重金属含量及接触时间成显著正相关,因而可以根据叶片内重金属含量测定大气中的重金属含量。

(二)材料与仪器

1.植物材料

见植物叶片含硫量监测部分。

2.仪器

原子吸收分光光度计,重金属元素空心阴极灯,马福炉,电热板,天平,烘箱等。

3.试剂

(1)硝酸(特级纯),高氯酸(优级纯),1mol/L盐酸(特级纯配制),2mol/L碘化钾(碘化钾333.4g溶于去离子水),抗坏血酸,甲基异丁酮(MIBK)。

(2)镉标准贮备液:称取金属镉粉(99.9%)0.500 0g溶于10mL 1:1盐酸中,然后转移至500mL容量瓶中,用去离子水稀释至标线,此溶液镉的含量为1 000mg/L。

(3)铅标准贮备液:称取金属铅(99.9%)0.500 0mg用适量1:1硝酸溶液溶解后转移至500mL容量瓶中,用去离子水稀释至标线,此溶液铅的含量为1 000mg/L。

(4)铜标准贮备液:称取金属铜(99.99%)1.000 0g,溶于15mL 1:1硝酸中,然后移入1 000mL容量瓶中,并用去离子水稀释至标线,此溶液铜的含量为1 000mg/L。

(5)锌标准贮备液:称取金属锌(99.99%)1.000 0g,用20mL1:1盐酸溶解,再移入1 000mL容量瓶中,并用去离子水稀释至标线,转入聚乙烯塑料瓶中保存,此溶液锌的含量为1 000mg/L。

(6)铬标准贮备液:准确称取重铬酸钾(优级纯,于105℃~110℃烘2h,干燥箱中冷却)2.829g,溶于去离子水中,转入1 000mL容量瓶中,并稀释至标线,此溶液铬的含量为1 000mg/L。

(三)步骤

1.样品预处理

准确称取样品10.00~30.00g,置100mL石英烧杯或瓷坩埚中,放进马福炉内,逐渐升高温度灰化,先在200℃灰化1h,以后每半小时升温50℃~80℃,最后在480℃~490℃温度下灰化,总灰化时间为12~18h,灰化完全时,灰化物呈灰白色或黄白色。灰化完毕取出冷却后,加入硝酸、高氯酸(1:1)10mL,在电热板上微沸消解,待样品呈淡灰色或淡黄色糊状时,消化完毕,冷却后打开表面皿蒸干,加1mol/L盐酸10mL溶解,将溶液和沉淀全部移入50mL容量瓶中,再用1mol/L盐酸5mL冲洗坩埚一并转入容量瓶,并用0.1mol/L盐酸定容至标线,放置澄清,或用定量滤纸过滤,澄清液备作原子吸收分光光度计测定。同时做两个空白试验。

2. 绘制标准曲线

配制每毫升含有镉5.00μg,铅、铜、锌各为50.0μg的混合标准溶液。分别向6个已编号的50mL容量瓶中按顺序加入混合标准液0.00、0.50、1.00、1.50、2.00、2.50mL,用0.1mol/L盐酸或0.1mol/L硝酸稀释至标线,摇匀。此系列为分别含镉0.00、0.05、0.10、0.15、0.20、0.25mg/L,含铅、铜、锌分别为0.00、0.50、1.00、1.50、2.00、2.50mg/L的标准系列。另用铬标准贮备液配制铬标准使用液:准确吸取铬标准贮备液5.00mL于100mL容量瓶中,以去离子水稀释至标线,此溶液含铬50.00mg/L。取6个已编号的50mL容量瓶,按顺序加入50.00mg/L铬标准使用液0.00、0.25、0.50、1.00、2.00、3.00mL,用去离子水稀释至标线。此溶液为分别含铬0.00、0.25、0.50、1.00、2.00、3.00mg/L的铬标准系列。

分别准确吸取上述标准系列混合液20mL于6个已编号的50mL具塞试管中,加浓盐酸2mL,2mol/L碘化钾溶液2mL,抗坏血酸0.2g,摇匀,准确加入甲基异丁酮10.0mL,萃取1~2min,静置分层后,将有机相喷入空气—乙炔焰进行测定。分别以吸光度为纵坐标,镉、铅、铜、锌含量为横坐标,绘制标准曲线。剩余的混合标准溶液直接喷入空气—乙炔火焰测定铜和锌。将铬标准系列溶液直接喷入空气—乙炔火焰测定铬。分别以吸光度为纵坐标,以浓度为横坐标绘制标准曲线。

3. 样品测定

取20mL滤液于50mL具塞试管中,按照标准曲线的萃取及测定步骤,测定各元素的吸光度(如含量高时,可不必萃取,将待测液直接喷入空气—乙炔火焰测定),在相应的标准曲线上查得诸元素含量。

4. 结果计算与表达

(1) 结果计算:

$$镉、铅、铜、锌、铬(mg/kg)=\frac{CV_总/V}{W_总},$$

式中,C——据标准曲线查得的质量(μg);

V——萃取测定的样品体积(mL);

$V_总$——试样定容总体积(mL);

$W_总$——称样质量(g)。

(2) 结果表达:

单一重金属污染指数的计算和评价。

首先计算植物体内某一重金属元素的污染指数(I_p),计算公式为:

$$I_p=\frac{C_m}{C_o},\tag{1}$$

式中,I_p——某一重金属元素的污染指数;

C_m——某监测点上植物体内某一重金属元素的实测含量;

C_o——对照点上同种植物体内的某一重金属元素实测含量。

一般将 I_p 值分为5级:

Ⅰ级——未污染($I_p \leqslant 1.0$);

Ⅱ级——轻污染($I_p = 1.01 \sim 1.50$);

Ⅲ级——中污染($I_p = 1.51 \sim 2.00$);

Ⅳ级——重污染($I_p = 2.01 \sim 4.00$);

Ⅴ级——严重污染($I_p > 4.00$)。

重金属元素综合污染指数的计算和评价。

在求出单项污染指数的基础上,根据已确定的各污染物的权重值,计算综合污染指数,一般计算公式为:

$$I_{CP} = \sum_{i=1}^{n} W_i \times I_{pi} \quad (i = 1, 2, 3, \cdots, n),$$ (2)

式中,I_{CP}——综合污染指数;

W_i——某一重金属的权重值;

I_{pi}——某一重金属元素的污染指数。

五种重金属元素的权重值见附录表6。

附录表6　五种重金属元素的权重值

元　素	Cd	Pb	Cr	Cu	Zn
权重值 Wi	0.33	0.27	0.20	0.13	0.07

然后根据综合污染指数分级,分级标准与 I_p 值分级标准相同,最后根据污染等级绘制污染图,并进行评价。

第五节　水污染的鱼类急性毒性试验

(一)说明

鱼类毒性试验是水生生物监测分析方法中的一种。鱼类和其他水生生物一样,它们与水环境之间存在着密切的相互关系。鱼类对水环境的变化反应十分灵敏,在进行江、河、湖泊的污染调查时,常常由于污染源十分复杂,难以用单一的理化指标表示其污染的程度,而通过鱼类中毒实验或其他水生生物监测方法,能够在一定程度上综合地反映出水体的污染情况和污染物的毒性。工业废水成分复杂,各种毒物之间的颉颃、协同作用,往往使废水的毒性与单一存在的毒物毒性有所不同。借助鱼类的毒性试验可以直接测定工业废水的实际毒性,作为水体卫生学评价的综合指标;对于工业废水排入水体的问题,也可以通过对该水域的鱼类或其他水生生物进行观察或者通过毒性试验配合其他调查,制定排放限制标准。此外,有些鱼类对毒物很敏感,可以利用鱼类的毒性试验方法来比较不同化学物质的毒性高低。

(二)材料

实 验 部 分

1. 生物材料

(1) 实验鱼的选择:

鲤鱼(*Cyprinus carpio*)及鲫鱼(*Carassius auratus*)是国际性鱼类,目前国内外采用较多。金鱼(*Arassius auratus*)由于对某些毒物敏感,饲养方便,鱼苗易得,所以也是运用较多的实验鱼类。此外,鲢鱼、草鱼等也可用作实验材料。

(2) 实验鱼的驯养:

在正式实验前,在与实验条件相似环境下(水温、水源)驯养 7～10 天,每天投一次鱼饵,正式实验前二天停止喂食。注意任何在行动上或外观上反常的鱼,都不应作为实验用鱼。

(3) 实验鱼的大小和数目:

实验鱼要求同批、同种、同龄,最好是当年生鱼。鱼的平均体长 7cm 以下为宜,金鱼以体长 3cm 较合适,最大鱼的体长不应超过最小鱼的一倍半。实验鱼的数目一般每组以 10 尾合适,太多影响观察,太少影响精确度。鱼在容器中的重量不应超过 2g/L,最好为 1g/L。

2. 实验条件

(1) 溶解氧:试液中的溶解氧不得低于 4～5mg/L。在实验液中不可进行剧烈的人工曝气,以免降低实验液毒性。如果溶解氧不足,可采用更换新鲜实验液,或采用恒流装置。

(2) 水温:一般冷水鱼为 12℃～18℃,温水鱼为 20℃～28℃。

(3) pH 值:不同种的鱼,有不同的适应范围,一般控制在 6.5～8.5 之间。

(4) 实验用水:用来实验和驯养的水,必须是清洁水。可采用自然河水、湖水,用前需用脱脂棉过滤,除去大悬浮物。如采用自来水,需事先进行人工曝气或放置 2～3 天以上,使其中余氯逸出,并使水中有充足的溶解氧。

(三) 实验步骤

1. 预实验(探索性实验)

探索性实验的浓度范围应大一些,用鱼数量可少些,观察 24h 或 48h 小时即可。同时,需作一些化学测定,以了解实验液的稳定性、pH 变化范围、温度与溶解氧的情况,以便在正式试验中采取相应措施。

预实验中要求找到引起大部分鱼死亡的浓度和不发生死亡的浓度。

2. 实验浓度的选择

根据在预备实验中得到的浓度范围,中间按等比级数插入 3～5 个中间浓度,也可以选用附录表 7 和附录表 8 中的浓度值的对数系列。表中的数值可用百分体积或 mg/L 表示。

实验中最少选择 5 个不同的浓度,所选的浓度最好有使实验鱼在 24 小时内死亡的浓度及 96 小时不发生中毒反应的浓度。

附录表 7 中 1～3 列浓度(10.0、5.6、3.2、1.8、1.0)最常用,为提高精确度可添加第 4 列的中间浓度,第 5 列极少应用。附录表 8 第 1 列的浓度最常用。

实验浓度选好后,最好每一浓度可重复 2～3 次,另外再设一组不含毒物的对照组。

3. 鱼类中毒试验的观察

实验开始以后的前 8 小时应进行连续观察并随时记录。然后可做 24 小时、48 小时及 96 小时的详细观察记录。实验全过程中,随时发现特异变化应随时记录。

附录表7　选择实验浓度的指导——根据等对数间距

一	二	三	四	五
10.0	—	—	—	—
—	—	—	—	8.7
—	—	—	7.5	—
—	—	—	—	6.5
—	—	5.6	—	—
—	—	—	—	4.9
—	—	—	4.2	—
—	—	—	—	3.7
—	3.2	—	—	—
—	—	—	—	2.8
—	—	—	2.4	—
—	—	—	—	2.1
—	—	1.8	—	—
—	—	—	—	1.55
—	—	—	1.35	—
—	—	—	—	1.15
1.0	—	—	—	—

附录表8　选择实验浓度的指导——根据0.1对数间距

浓	度	浓　度　对　数
一	二	
10.00	—	1.00
—	7.94(或7.9)	0.90
6.31(或6.3)	—	0.80
—	5.01(或5.0)	0.70
3.98(或4.0)	—	0.60
—	3.16(或3.15)	0.50
2.51(或2.5)	—	0.40
—	1.99(或2.0)	0.30
1.58(或1.6)	—	0.20
—	1.26(或1.25)	0.10
1.00	—	0.00

实验观察指标一般分理化指标和生物指标。理化指标一般指水的溶解氧、pH值、水温、水色、硬度、碱度、浊度等。生物指标包括死亡率和由于中毒而引起的鱼的生态、生理以及形态学、组织解剖学的变化。发现死鱼应立即移走。

（四）实验时间与毒性测定

正式试验最少进行24小时，一般进行48小时，最好是96小时。当所试废水或者毒物的饱和液在96小时内不引起实验鱼的死亡，一般可认为毒性不显著，但不能据此作为无毒的结论。应根据鱼的生态、生理、解剖等的变化继续实验才能最后确定。注意实验组鱼与对照组鱼的比较,决定水样是否有毒。在 96 小时内没有中毒症状,可以延长实验时间,进行安全浓度验证实验。

工业废水或实验液对鱼类的毒性大小常用中间忍受限度(TLM)来表示,也可叫半忍受限、半数存活率。它是指实验的鱼在规定时间内(24、48、96 小时)有半数(50%)致死的工业废水或实验液浓度。TLM 值的计算要求必须有实验鱼存活半数以上及半数以下的各浓度,在半数对数纸上用直线内插法推导。此法是以对数坐标标出试样浓度,用算术坐标标出存活百分数,然后将试验中各点标在对数纸上,用直线连结 50% 存活率上、下两点直线,与 50% 存活线相交,由此交点引一垂线至浓度坐标,即得 TLM 值,分别用 24、48、96 小时的数据,可得出 24TLM、48TLM 及 96TLM。

(五)鱼类毒性试验结果的应用

根据鱼类毒性实验得到 24 小时 TLM 值、48 小时 TLM 值及 96 小时 TLM 值。可以通过各种方法推导算出安全浓度,用得较多的推求公式如下:

$$安全浓度(mg/L) = \frac{48TLM \times 0.3}{(24TLM/48TLM)^2},$$

式中　24TLM—24 小时半忍受限(mg/L),

　　　48TLM—48 小时半忍受限(mg/L)。

求出安全浓度后,还需作进一步验证实验。一般用 10 条以上的鱼,在较大的容器中用安全浓度液进行一个月或几个月的实验,最后确定鱼的安全浓度。

第四组　遥感与地理信息系统在城市生态研究中的应用

第一节　遥感在城市生态研究中的应用

遥感(remote sensing,简称 RS)是指不直接接触物体本身,从远处通过探测仪器接收来自目标物体的信息讯号以识别目标物体。遥感技术是根据传感器所测得的目标物体以图像或数字为表现形式的信息数据,通过一定的数据处理和分析判读探测和识别目标物体及其现象的技术和方法。

遥感技术广泛应用于农业、林业、地质、地理、海洋、水文、气象、环境监测、地球资源勘探以及军事侦察等各个领域。近十多年来,遥感技术在城市生态研究中也得到了普遍的应用,为城市生态研究提供了一种新的技术手段。

附注　遥感图像的种类与特点

1. 航空遥感图像

(1)黑白和彩色相片:

黑白和彩色相片都是全色片,它们都可反映可见光谱的信息,所不同的是,普通黑白相片上的色调是从白到黑灰度深浅的变化,而彩色相片则反映了物体各种不同的颜色。彩色相片上地物影像的颜色是地物天然色彩的再现,所以也称之为天然彩色航拍相片。彩色相片的颜色能比较真实地反映地物原有的颜色,但也不完全相同,它会因摄影时间、摄影高度、物体亮度、表面结构以及洗印条件的影响而导致颜色失真。

（2）红外相片：

红外相片除了反映可见光波段所获得的地物信息之外，还能反映人眼看不到的近红外波段的信息。红外胶片对 $0.4\sim0.9\mu m$ 波段的电磁波敏感，特别是植物、土壤和水体的光谱反射率差别最大，影响色调差别也大，故对判读十分有利。红外相片又分彩色红外相片和黑白红外相片两种，一般前者使用较为广泛。彩色红外相片上地物的颜色不同于其天然色彩，与地物的天然色彩相比，向短波方向移动了一个色相。反射红外线的地物，在处理后的相片上一般呈现红色，反射红光的地物呈现绿色，反射绿光的地物则呈现蓝色，反射蓝光或紫光的地物，由于黄色滤光片吸收蓝光和紫光，该地物的影像就呈现灰黑色调。

自然界物体反射的色光，一般都不是一种，红外片上的颜色往往是叠加的间色或复色。例如绿色植物，有两个反射率较大的峰值，一为绿色光，另一为红外光，所以绿色植物的色调就成为蓝色和红色的叠加，呈品红色。但由于绿色植物的红外反射峰值比绿光反射峰值大 $3\sim5$ 倍，故叠加色偏红。植物的种类不同，反射红外光能量的多少也不一样，植物影像的颜色就在品红和红之间变化。季节对彩色红外相片上的植物颜色也有影响，因为时间和季节不同，植物的生长状况就有差异，其颜色也会变化。

彩色红外相片具有信息丰富、影像清晰、分辨率较高的特点，对于植物、水体和土壤的判读十分有利，在城市植物生态监测、环境污染调查、土地利用调查中具有较好的效果，同时也被广泛应用于林业、农业、水文、地质和自然资源调查等领域。

（3）热红外扫描图像：

与上述遥感图像不同的是，热红外扫描图像不使用摄影方法成像，而是利用扫描方式对地物本身辐射的热红外能量成像。所有物质都有一个共同特点，即不论在白天或是夜晚都向外辐射热红外波段的电磁波。波长 $3\sim5\mu m$ 和 $8\sim14\mu m$ 是两个重要的热红外大气窗口，由于后者包含了地球表面平均温度下辐射通量的最大强度，所以热红外扫描成像多选用这个大气窗口。这种长波红外辐射与物体温度密切相关，一般称为热辐射，因此，这种红外扫描图像也称为热红外图像。

由于地面上一切物体昼夜不停地向空间发射红外线，所以红外扫描传感器昼夜都能获得热红外图像。地物之间温差大，影像的反差就大，影像也越清晰。一般说来，午后 1 时和黎明 6 时前后温差最大，成像效果最好，但中午受地形阴影干扰较大，故黎明前的热红外图像效果最好。由于热红外图像记录的是热辐射能量的强度，而地物的红外辐射强度与温度有关，所以温度高，红外辐射强度大，影像色调浅，反之影像色调就深。有些地物颜色，在普通航拍相片上色调相同，难以分辨，但如果温度不同，在热红外图像上色调就不一样，热红外扫描图像的温度分辨率可达 $0.1℃\sim0.5℃$ 左右。在城市生态研究中，热红外扫描图像对于研究水体热污染、城市热岛现象具有较好的效果。

（4）雷达图像：

雷达图像是一种主动式传感器，它用天线向地面发射微波（波长为 $0.1\sim100cm$），然后接收地面返回雷达天线的反射能量（称雷达回波），并记录成图像。雷达图像与黑白航拍相片一样，也是以深浅不一的黑白色调来反映地物的影像，同样也能得到 60% 的重叠率，可以进行立体观察。雷达回波强度大的地物色调浅，强度小的色调深，没有回波的部分呈黑色。微波不仅可以穿透云层，而且对地表植被覆盖和松散沉积物也有一定的穿透能力，故可以得到地表以下一定深度的信息，在地质调查方面应用较广。

2. 航天遥感图像

（1）多光谱扫描仪（multispectral scanner, MSS）图像：

多光谱扫描仪（MSS）曾装载在第一到第五颗美国陆地卫星（landsat）上，是较早使用的星载传感器。它通过扫描方式获取地物信息，一般有 4 个通道，即 $0.5\sim0.6\mu m$（MSS4，绿）、$0.6\sim0.7\mu m$（MSS5，橙红）、$0.7\sim0.8\mu m$（MSS6，红与近红外）、$0.8\sim1.1\mu m$（MSS7，近红外）。在 900km 的卫星轨道高度上实际地面分辨率为 79m，视场为 185km×185km。图像主要可用于城市土地变迁的宏观研究，以及海岸水下地形、水体浑浊度、水陆边界、植物生态、植被类型等方面的研究。

（2）专题制图仪（thematic mapper, TM）图像：

专题制图仪是美国陆地卫星上所载的第二代光学机械扫描设备，曾载于第四、第五两颗陆地卫星上，它的波谱分辨率和几何分辨率都较 MSS 有了很大进步，通道数增加到 7 个，分别为 $0.45\sim0.52\mu m$（TM1，蓝）、$0.52\sim0.60\mu m$（TM2，绿）、$0.63\sim0.69\mu m$（TM3，红）、$0.76\sim0.90\mu m$（TM4，近红外）、$1.55\sim1.75\mu m$（TM5，近红外）、$10.4\sim12.5\mu m$（TM6，热红外）、$2.08\sim2.35\mu m$（TM7，近红外）。除了热通道（TM6）分辨率为 120m 外，其余通道均可达到 30m，因此 TM 图像可以用于更微观的城市生态研究，如城市下垫面类型与城市热岛内部结构的研究。

（3）高分辨率可见光扫描仪（HRV）图像：

HRV 是法国地球观测实验卫星（SPOT）上所载的多通道成像式传感器。因其成像器是由电荷耦合器件(CCD)组成,故也称CCD扫描仪。HRV有4个通道,即$0.50\sim0.59\mu m$(绿)、$0.61\sim0.68\mu m$(红)、$0.79\sim0.89\mu m$(近红外)和$0.51\sim0.73\mu m$(全色)。除全色波段分辨率为10m外,其余3个通道波段均为20m。HRV图像具有地面分辨率高,定位精确度好,图像解像能力优于MSS和TM图像的特点,所以可用于1:50 000~1:100 000城市地形图测绘及部分代替航拍相片进行城市空间结构研究。它对于植被识别、水体环境分析具有较好作用,同时因其图像的数字化特性,更便于计算机的存贮、分析、建模、信息自动提取乃至建立城市地理信息系统等。

(4) 改进的甚高分辨率辐射计(AVHRR)图像:

AVHRR是装载于气象卫星(NOAA)上的多通道传感器,共有5个通道,分别为$0.58\sim0.68\mu m$(CH1)、$0.725\sim1.10\mu m$(CH2)、$3.55\sim3.95\mu m$(CH3)、$10.5\sim11.5\mu m$(CH4)和$11.5\sim12.5\mu m$(CH5),地面分辨率为1 100m。由于CH3、CH4、CH5为热波段图像,因此虽然空间分辨率较低,但对于研究城市热岛及大气污染监测颇为适宜,同时重复成像周期达1日数次,故也可用于研究热岛的日变化。

一、遥感影像目视判读的原则、方法与程序

(一) 遥感影像判读的原则和方法

遥感影像判读的原则是:总体观察,综合分析,对比研究,观察方法正确,尊重影像的客观实际,解译图像耐心认真,有价值的地方重点分析。所谓总体观察是指从整体到局部对遥感图像进行观察;综合分析是指应用航空和卫星图像、地形图及数理统计等综合手段,参考前人调查资料,结合地面实况调查和地学相关分析法进行图像解译标志的综合,达到去粗取精、去伪存真的目的;对比研究是指采用不同平台、不同比例尺、不同时相的航拍相片,不同太阳高度角的卫星图像以及不同波段或不同组合方式的图像进行比较研究;观察方法正确是指需要进行宏观研究的地方尽量采用卫星图像,需要细部观察的地方尽量采用具有细部图像的航拍相片;尊重图像客观实际是指图像解译标志虽然具有地域性和可变性,但图像解译标志间的相关性确实存在,因此应根据影像特征去作解释;解译图像耐心认真是指不能单纯依据图像上几种解译标志草率下结论,而应耐心认真地观察图像上的各种微小变异;具有重要意义的地段,要抽取若干典型区进行详细的测量调查,以达到从点到面及印证解译结果的目的。

遥感图像的判读和解译标志的应用,通常可以归纳为以下几种方法:① 直接判读法。这是一种直接通过遥感图像上的解译标志,以确定地物存在和属性的方法。一般具有明显形状、色调特征的地物,如河流、房屋、树木等均可用直接判读法辨认。② 对比分析法。这是将要解译的图像,与另一已知的遥感图像样片进行对照,以确定地物属性的方法,但对比必须在相同或基本相同的条件下进行。例如,遥感图像种类应相同,成像条件、地区自然景观、季相、地质构造特点等应基本相同。如用同一地区不同时期成像的遥感图像加以对比,从而了解地物与自然现象的变化情况,则称为动态对比法。③ 逻辑推理法。这是借助各种地物或自然现象之间的内在联系,用逻辑推理的方法,间接判断某一地物或自然现象的存在和属性。例如,当发现河流两侧有小路通至岸边,则可判断该处是渡口或涉水处,若附近河面上无渡船,就可确认是河流涉水处。上述三种目视解译方法在实际应用中往往很难分开,它们总是交错在一起,只不过有时某种方法占主导地位。遥感图像目视解译的进一步深入,将需要更多地利用逻辑推理法,这种方法的扩展就是地学分析法。对于地物的数量特征,可以通过一些简单的仪器测量计算求得,例如用立体量测仪、立体镜的视差杆等量测高差,利用密度计测定地物色调、反差,

判别地质体和植物的性状等。

(二)遥感影像的判读程序

1. 资料准备阶段

针对研究对象的需要选择遥感图像的时相和波段,确定合成方案和比例尺;选择同比例尺的地形图,按地形图分幅或研究区范围镶嵌遥感图像,使其能与地形图配套,便于对应解译;分析已知专业资料,研究地物原型与影像模型之间的关系。

2. 初步解译阶段

根据影像解译标志,即色调、性状、大小、阴影、纹理、图案、布局、位置等建立起地物原型与影像模型之间的直接解译标志,运用地学相关分析法建立间接解译标志,然后进行遥感图像的初步解译。其步骤应是从已知到未知,先易后难,先整体后局部,先宏观后微观,先图形后线形。

3. 野外调查阶段

地面实况调查,包括航空目测、地面路线勘察、定点采集样品和野外地物波谱测定等。向当地政府有关部门了解区域发展历史和近、远期规划,收集区域自然地理背景材料和国民经济统计数据、农事历等。

4. 详细解译阶段

根据实况调查资料,全面修正初步解译结果,提高解译可信度,对详细解译图可再次进行野外抽样调查或重点调查,确认可信度,直到满意为止。

5. 制图阶段

遥感图像目视解译的结果,一般是以图的形式提供的。目视解译图可由人工逐张转绘成图,也可在人工转绘基础上进行光学印刷成图,或用计算机制图,但无论哪一种制图,都应符合制图精度的要求。

二、大气环境的遥感调查

1. 大气气溶胶

利用遥感图像可分析大气气溶胶含量。在遥感图像上,工厂排放的烟雾的范围往往比较清晰,故可直接圈定污染的大致范围。如用计算机进行辅助解译,还可测绘出烟雾浓度的分布状况。烟雾浓度实际上是单位体积空气中所含微粒的数目,当微粒数目多、浓度大时,其散射和反射的电磁辐射能量多,相片灰度值大,呈白色调;当微粒数目少、浓度小时,则相片灰度值小,呈灰色调。通过建立烟雾浓度与影像灰度值的相关关系,然后用计算机对影像进行微密度分割,就可绘出烟雾浓度的等值线图。

大气污染不仅使太阳辐射减弱,同时也改变了大气的穿透性能。气溶胶通常对近红外波段和可见光波段影响较大,使大气辐射透过率变小。目前气象卫星(NOAA)上装备的AVHRR中的CH1和CH2通道对大气污染反应较灵敏,大气辐射透过率下降,CH2较CH1更显著。

2. 有害气体

城市有害气体主要是二氧化硫、氟化物、乙烯、光化学烟雾等,一般不能在遥感图像上直接解译出来,但可以利用间接解译标志——植物对有害气体的敏感性来推断某地区大气污染程度和性质。

3. 城市热岛

城市热岛的定性定量是以气温为依据从遥感图像上获得的,温度定标是城市下垫面地物的辐射强度(简称亮温)。亮温经过订正,可与气温或地温建立相关关系,从而可求得气温及地温,对城市热岛进行大范围瞬时的监测。

三、水体环境的遥感调查

1. 水体波谱特征

水体的反射率(除镜面反射外)在整个波段内都很低,在近红外部分更为突出。对于清水,一般在可见光部分反射率为 4%~5%,于 0.6μm 处开始下降到 2%~3%,到了 0.75μm 以后的近红外波段,水成为全吸收体。但混浊水体的反射率则普遍偏高,且随着悬浮泥沙浓度及其粒径的增大,水体反射率将逐步增强,反射峰亦随之向长波方向移动,这称为"红移",然而由于水体在 0.93μm 和 1.13μm 附近对红外辐射的强烈吸收,所以反射通量急剧衰减,反射峰移到 0.8μm 附近便终止移动。

水体中叶绿素浓度和植物性浮游生物密度对水体反射波谱也有明显的影响,水体的反射峰值分布在 0.5~0.6μm 之间,相当于植物反射波谱第一反射峰值的位置。此外,水体具有比热大,热惯性大,对红外线几乎全吸收,自身辐射反射率高以及水体内温度传递以对流热交换形式进行等特点,故不论在白天或黑夜,水体辐射有明显特征。白天,水将太阳辐射的热能大量吸收并储存起来,到了夜晚,水体辐射发射强,温度比周围地物的温度高。

2. 水体判读

水体是城市环境的要素之一,水体通常包括沿海城市的近岸水线、流经城市的江河、人工或天然湖泊、人工沟渠、大型蓄水池及污水净化池等。在航空图像上,河流界线明显,弯曲自然,宽窄不一,沿河有堤坝、桥梁、船舶和码头等附属建筑物。湖泊和池塘则呈现为自然弯曲的闭合曲线,轮廓较为明显。水体的色调多受水体深浅、混浊程度以及摄影时光照条件的影响。水越深,越清澈,吸收红外线能力就越强,影像色调就越深,各种水体的轮廓也越加清楚。在黑白航片上,在浅水沙地,或水体混浊或水面结冰或光线恰好反射入镜头时,其影像为浅灰色或白色;反之,河水较深或水虽不深,但泥沙含量较小,影像色调就深。在彩色红外图像上,清澈而深的水体呈蓝黑色,水浅时呈浅蓝色,含有泥沙时颜色变浅,泥沙含量很高会使其呈乳白色,有水生植物的水体呈红色或红色斑点。

3. 石油污染监测

海上或港口的石油污染是一种常见的水体污染,遥感调查石油污染,不仅能发现已知污染区的范围和估算污染石油的含量,而且可以追踪污染源。石油与海水之间差别很大,在许多光谱段都能将两者分开,因此可用多种传感器进行监测。油膜在近紫外、蓝、绿、红、近红外波段均能成像,其中尤以紫外相片效果最好,油膜呈白色调,在其他波段相片上油膜则为浅色调。这是因为油膜表面致密平滑,反射率较水体高的缘故。油膜与轮船航行时留下的航迹在全色片上不易区分,但在多波段航空摄影片上可以分开。红波段对航迹敏感,影像清晰,反差较大,而蓝波段油膜清晰而航迹不易看出,将两者对照,即可识别油膜与航迹。由于油膜的反射率远低于水体,故在热红外图像上呈现深色调(附录表9),而航迹为白色调,据此也可以将两者区分出来。此外,可根据油膜与海水在微波波段的反射率差异,通过微波辐射计测量两者亮温的差别。若建立油膜厚度与影像灰度之间的相关关系,就能由遥感图像推求油膜厚度并估算污染水面的石油量。

附录表9 污染水体热红外影像特征表

污染类型	污染原因	影像特征
热污染类型	主要是工厂排放的循环冷却水	热红外扫描模拟片上,随温度的升高呈灰黑—灰色调。经温度细分后,在彩色图像上呈黄及红色调的"热异常"
高浓度污染类型	主要为城市大量排放的综合污水	热红外扫描片上显示热异常,黑白扫描片上呈浅色调,彩红外及自然彩色片上呈棕黑至深黑色
综合污染类型	为工业污水与居民生活污水的综合物	在影像图上较背景水体颜色深
油膜污染类型	为沿江拆船厂排放的废油污染	由于油膜对电磁波的反射率低于四周的清洁水体,故在热红外扫描片上呈现"冷异常"

4. 废水污染

城市生活污水和工业污水,往往都含有硫化物,经混合化学作用,水体呈现出黑褐色,严重时水体一片漆黑,轻一些的则为各种灰褐色。污水属消色水体,在反射光谱曲线上没有明显的波峰和波谷,形状平直,反射率低。在彩色红外和天然彩色航拍相片上为黑色条带状,如果用热红外扫描图像,污水则为亮色调,这是由于在白天一般黑臭水暖于背景水体的缘故。污水受排放源作用力的影响,在影像上的扩散形态具有以下特点:① 在静止的水体中,污水的排放以排放口为中心,均匀地向四周扩散,在航拍相片上为半圆形几何形状。当排污口排放污水的量很大时,流速加大,污水展动的形状呈扇形喇叭状。② 当污水排入流动水体中时,受水流动力作用,从排出口向下游方向平面扩散,迅速稀释。③ 河口地区污水注入海湾时,由于受潮汐运动的影响,污水扩散的方向与潮水运动的方向一致。随着每天潮汐周期性的涨落,污水运动方向发生变化,污水展动形态随之改变。值得注意的是,在潮水涌来时,排污口的污水连成一片,一旦退潮,就会形成与排污口失去联系的离源浊流。为了更好地确定水体的污染程度,以及精确地圈定污染水体与背影水体的界线,可以通过建立污染水体反射光谱特征与水体综合污染指数之间的相关关系,分别找出反射密度与水体辐射温度、色密度与实测污染程度之间的相关关系,据此对污染程度、污染浓度变化及其污染范围作出半定量解释。

5. 热污染

电力、钢铁、化学等工业中使用的冷却水,超标排放到江河湖海时,造成自然水体温度升高,形成热污染。热水温度高,发射的能量大,在热红外扫描图像上呈浅色调,反之则为深色调。同时热排水口排出的水流,多为白色或灰色的羽毛状,这称为热水羽流。羽流的影像,由羽根到羽尖,色调由浅逐渐变深,由羽流的中轴向外,色调也由浅变深。但需要指出的是,污染水体也有可能在热红外扫描图像上呈浅色调,这需要根据形状加以区别。热水羽流的形状较明显,呈羽状或流线型絮状,色调最浅的中心区域即为热排水口。在多泥沙的混浊水体中,悬浮物是良好的热载体,当水流速度很小时,水温不易扩散,水面呈弥漫性雾状或黑白相间的絮状。污染水体属消色体,吸收太阳辐射的能力强,发射能力也强,呈均匀的浅色调。

6. 水体富营养化监测

生物体所需的磷、氮、钾等营养物质大量富集于湖泊、河口、海湾等缓流水体中,会造成富营养化。当水体出现富营养化时,由于浮游植物中的叶绿素在近红外光具有明显的"陡坡效应",因而这种水体兼有清水和植物的光谱特征。在可见光波段,反射率明显升高,因此在彩红外遥感图像上富营养化水体为红褐色或紫红色。

四、植被的遥感调查

1. 植被波谱特征

组成植被的各类植物一般都具有相似的反射波谱特征。在可见光绿波段 $0.55\mu m$ 附近有反射率为 10%～20% 的反射峰,这是植物叶绿素的特征反射峰,所以植物叶片呈现为绿色。到 $0.68\mu m$ 附近,反射率下降,这是光被叶绿素吸收的结果;在 $0.7～1.4\mu m$ 以及 $1.5～1.9\mu m$ 近红外光谱区,植物表现出强烈的反射,高达 50%～60%,这个第二反射峰是绿色植物的特征,也是植物有别于非叶绿素物体的关键波长区。在近红外波段 $1.5\mu m$ 和 $1.9\mu m$ 的两个低谷则是光被细胞液和细胞膜水分强烈吸收的结果。对于不同的植物种类,尽管反射光谱总体相似,但在近红外波段仍有较大的不同:草地反射率最高,其次为阔叶树,然后是针叶树,最低的是水生植物。同一种植物由于生活活力的不同,波谱反射也有差异,活力差的近红外反射率较低,所以植物波谱也是随着植物的生长期和季节而变化的。近红外波段光谱反射率一年有 10%～20% 的起伏,一般春末夏初最高,其次是春季和夏末,最低是秋季。在可见光波段内,反射率变化较大的是绿波段和红波段。

当植物发生病虫害或由于环境污染而引起生长障碍时,植物体内物质交换遭到破坏,叶片叶绿素分解,造成植物在近红外区反射率下降,而这时可见光绿波段上没有明显的变化。随着病害的进一步加剧,近红外区的反射率将更加降低,这种现象在经过假彩色处理的遥感图像上显示得十分清楚。

2. 城市植被的遥感调查

城市环境受人为影响较大,绿化树种繁多,分布零散,再加上道路、房屋等人工建筑物的密集,因此,给城市园林树木调查和绿化覆盖率的计算带来不便。而遥感技术可以提供大面积范围内的绿化现状、树种分布、环境条件、自然保护及绿化功能区的分布情况等方面的信息,还可以计算出绿化覆盖率。近年来遥感技术已日益成为城市园林绿化调查和分析研究的重要方法。

利用遥感图像进行城市绿化调查,目前主要使用彩色红外航拍相片,其比例尺以 1:5 000～1:10 000 左右效果较好。同时,收集园林绿化现状资料及树木清册,然后进行相片判读和绘图工作,对树木及人工植物群落加以分类,并且勾绘出城市绿地的结构组成,便于面积统计。近年来计算机技术进展迅速,遥感图像上的植物信息也可以通过扫描仪输入计算机,进行分析、统计、储存和表达,这不仅可以降低人工转绘和量算所带来的误差,而且可以和地理信息系统连接起来,以便对城市绿化进行有效管理。调查后产生的专题图件有绿化现状分布图、绿化覆盖率等级图、绿化变迁图、绿化结构分布图以及绿化与人口、建筑密度、热场、道路等各种环境要素叠合的相关图件。同时还可以在此基础上建立绿化信息数据库,有助于城市绿化规划和绿化管理。

利用遥感图像也可以编制城市植被图,通过主要植物群落反射波谱测试,然后应用彩色红外航拍相片、黑白航拍相片以及卫星图像,结合实地调查材料和波谱数据,进行分析判读,编制植被图。植被的判读标志分直接判读标志和间接判读标志。直接判读标志主要有三条:① 形状和纹理;② 阴影形状;③ 植物群落影像的颜色或色调。间接判读标志主要有四条:① 群落影像的轮廓差异;② 地块大小和排列状况;③ 地貌特征(不同的地貌常常和不同的生态环境类型相吻合,而不同的生态环境条件下生长的植物群落,也常常是有差异的);④ 海拔高度(不同海拔高度的地段,水热条件也不一样,植物群落的分布也不同)。在判定植物群落类型时,直接判读标志是主要的(见附录表 10),间接判读标志通常作为补充指标。但无论哪一种指标,都必须与典型区域的植被实地调查相结合,才能达到较高的精度。卫星图像由于比例尺较小(1:500 000),无法显示群落树冠顶部形状、纹理和阴影等细部特征,因此只能用于非典型区调查。

附录表 10 几种常见城市绿化植物的解译标志
(1:2 000～1:10 000 黑白、天然彩色、彩红外航片)

植物名	形态特征		影像特征					
	叶形	冠形	色调			落影	颗粒形状	影纹结构
			彩色航片	黑白航片	彩红外航片			
香樟	薄革质卵形	球形	黑绿、黄绿不均	浅深灰夹杂	鲜红粉红夹杂	球形	球形细小颗粒	点状细密,边缘清晰
二球悬铃木	纸质掌状裂叶	倒卵形	黄绿不均	浅灰色夹杂有黑色斑点	鲜红	无规则	绒球状	表面粗糙,疏密中等,边缘不规则
雪松	针形叶	阔塔形	淡墨绿	较均一灰色	鲜红	阔塔形	颗粒不明显	表面粗糙,线形影纹,边缘不规则
水杉	对生条形叶	狭倒锥体形	黄绿	均一灰色	鲜红暗红不均	尖塔形	颗粒不明显	表面均匀,边缘清晰
罗汉松	线状披针叶	多头形	淡褐绿	较均一灰色	暗红鲜红不均	多头形	颗粒细小致密	表面粗糙,条状影纹,边缘不规则
龙柏	鳞形叶	狭倒锥体形	深墨绿	较均一浅黑	鲜红淡红不均	尖塔形	点状细小颗粒	表面不均一,点状稠密,边缘清晰
柳杉	钻形叶	狭倒锥体形	墨绿	均一深灰	暗红	圆柱形	点状细小颗粒	点状细密,边缘清晰
荷花玉兰(广玉兰)	椭圆形或倒卵状椭圆形	塔形	淡墨绿	浅灰与深灰相间	暗红、粉红不均	塔形	绒球颗粒较大	环状影纹,疏密中等,边缘不清晰
冬青卫矛(大叶黄杨)	光亮革质倒卵形狭椭圆形	人工修剪长方体形	墨绿	均一深灰	鲜红、淡红不均	球形细小颗粒	球形细小颗粒	点状细密,边缘清晰
黄杨(瓜子黄杨)	革质倒卵形椭圆形	人工修剪圆球形	深墨绿	均一浅黑	较鲜艳紫红	圆形	颗粒极细小而不明显	点状致密均一,边缘清晰

女贞	革质卵形卵状披针叶	心形	褐绿	较均一深灰	粉红		点状颗粒较大	块状粗糙,边缘较清晰
珊瑚树	革质椭圆形	单株心形人工修剪长方体形	淡褐绿	均一浅灰	紫红		颗粒不明显	表面粗糙,边缘较清晰
夹竹桃	革质线状披针形	帚形	淡墨绿	较均一浅灰	深紫红	近似矩形		表面粗糙,絮状影纹,边缘较规划
白榆	卵形椭圆状披针形	球形	深墨绿	较均一浅黑	鲜红		点状颗粒	块状粗糙,颗粒细密,边缘清晰但不规则
垂柳	线状披针形狭披针形	广倒心形	绿色	较均一灰色	鲜红、暗红不均	朵状心形	绒状颗粒	点状紧密均一,边缘清晰
棕榈	掌形有皱折分裂狭长裂片	圆台形	深绿色	深灰与浅黑相间	鲜红	不规则圆形	颗粒极细小而不明显	疏条状,不均一,边缘清晰

3. 植物生长状况的遥感调查

绿色植物受到大气污染后,叶片的反射率曲线明显低于正常叶,尤其是在近红外波段,下降得更加显著。反映在彩色红外图像上主要有两个标志:一是颜色标志。受大气污染的植物影像颜色会有深浅、明暗或红中带些其他颜色,如灰蓝、黄色等的变化,例如树木受污染后,枝叶枯黄,影像表现为红中带蓝,或者导致树木不正常落叶,降低了树木的郁闭度,而使彩色红外图像上的树冠的红色饱和度下降,色调变暗,甚至出现斑驳现象。颜色标志不仅可以反映污染状况,还可以反映植物季相节律的变化。植物受污染后,往往会引起季相节律的改变,如污染区与清洁区的树木相比,其萌动、发芽、展叶、开花可能推迟,而落叶期却会提前,这些一般都可以通过影像颜色显示出来,因此要充分利用颜色标志,及时发现植物影像的异常之处,追踪污染源。二是形状、大小标志,它反映了植物的空间特征。植物受大气污染,生长抑制、枝疏叶稀、冠小干矮,反映在遥感图像上,树冠的影像图斑自污染源向远离污染源的方向逐渐增大,严重时,树木枯梢,甚至死亡,出现缺株断行现象。故而植物受大气污染后的影像特征,不仅可以鉴别污染的有无和严重性,而且也可借此圈定污染的范围,揭示大气污染的扩散趋势。

树木在彩色红外遥感图像上的颜色也是色素含量、叶片构造、叶群排列方式和叶层重叠程度的综合反映。同一种树木叶片构造、叶片排列方式是基本相同的,因此航片上颜色深浅的差异主要取决于叶片色素含量的多少,叶绿素含量越高,在彩色红外遥感图像上的色调就越红,饱和度越大。如果分别测定彩色红外图像上树木的色密度和叶绿素含量,就可以建立两者的相互关系,为准确地定量分析城市树木的环境质量提供一种简便而有效的手段。

五、人工物体的遥感调查

1. 建筑物、道路和固体废弃物的波谱特征在遥感图像上,通常只能看到建筑物的顶部,而建筑物屋顶的波谱特征会因建筑物材料的差异而有所不同。一般灰白色的石棉瓦反射率最高;沥青砂石屋顶由于表面铺有土黄色的砂石,故而反射率高于灰色的水泥平顶;铁皮屋顶表面灰黑色,反射率低且起伏小,故而波谱曲线平坦;绿色塑料顶棚的波谱曲线在绿波段有一反射峰,这与植被相似,但是它没有 $0.68\mu m$ 处的吸收谷和近红外区的第二反射峰,因此可以和植被相区别。

城市中的道路因其所铺设材料的不同,可分为水泥路、沥青路和土路等,这三种道路的反射波谱曲线形状大体相似,在 $0.4\sim 0.6\mu m$ 段缓慢上升,然后趋于平缓,至 $0.9\sim 1.1\mu m$ 处逐渐下降。水泥路呈灰白色,反射率最高,其次为土路,沥青路的反射率最低。

城市工业固体废弃物有钢渣、矾土渣、煤矸石和粉煤灰等,它们的波谱曲线比较平坦,其中冶金行业的冶炼渣(钢渣、炉渣)反射率较低,而粉煤灰反射率较高,因此根据波谱曲线可大致判别工业类别。生活垃圾由于成分比较复杂,故而波谱曲线不太规则。

2. 固体废弃物判读

城市各类固体废弃物表面的反射和发射电磁波的特性不同,在遥感图像上会显示出不同的色调、纹理和形状等影像特征。这种影像特征差异不仅使固体废弃物有别于其他的堆垛(如建材堆、原料堆、麦垛、草垛等),而且可以对固体废弃物堆本身进行性质不同的分类(见附录表11)。按其成分与来源的不同,城市固体废弃物可以分为生活垃圾、工业垃圾、建筑垃圾和混合垃圾四种类型。为了提高解像精度,除建立直接解译标志外,还需建立间接标志,即环境标志。各种固体废弃物的分布在空间和时间上均要受各种环境因素的制约,例如城市中心区很少有大面积的生活垃圾堆和工业垃圾堆,建筑垃圾堆只分布于建筑工地周围或偏僻的小马路上等。在调查固体废弃物堆时,尚需注意如果时间长久的话,固体废弃物上被植物所覆盖,容易造成漏判。城乡结合部的一些废品回收站如露天仓库中的废塑料、废钢铁堆等在航片上也会呈现形似于垃圾堆的影像,造成错判,影响解像精度,因此典型区的实地调查核对仍然是必不可少的。

附录表11　固体废弃物堆在彩红外航片上的影像特征

类别	影像特征			
	生活垃圾	工业垃圾	建筑垃圾	混合垃圾
色调特征	灰黄、灰绿色,少量红色斑点	灰、灰白、灰黑色	灰、灰白	色彩混杂以灰黄、灰白为主
形态特征	堆状或分散片状,常有少量植被	集中分布,边界清楚,有一定高度	面积大而集中,圆形、条状、扇形等,边界清晰	条状较多也有分散片状
分布特征	居民点附近的路边、河边	公路边或工厂附近	基建工地周围	城乡结合部,沿河沿公路处
易混淆物	农村中稻草堆,农家堆肥等	砂石料场,矿石原料堆	新平整的地基或土堆	砂石料、农家肥等

第二节　地理信息系统在城市生态系统中的应用

地理信息系统(geographic information system, GIS)是在计算机软硬件的支持下,对空间相关数据进行采集、存储、管理、操作、分析、模拟和显示,并以多种形式输出数据或图形产品的计算机系统。

地理信息系统按其内容可以分为三大类。

(1) 专题信息系统(thematic information system)。这是具有有限目标和专业特点的地理信息系统,为特定的专门目的服务。如森林动态监测信息系统、水资源管理信息系统、矿产资源信息系统、农作物估产信息系统、草场资源管理信息系统和水土流失信息系统等。

(2) 区域信息系统(regional information system)。它主要以区域综合研究和全面的信息服务为目标,可以有不同的规模(如为各个不同级别行政区服务的区域分类的国家级、地区或省市级、市级和县级等信息系统),也可以是按自然分布区或流域单位的区域分类的信息系统,如加拿大国家信息系统、美国橡树岭(Oakridge)地区模式信息系统、美国圣地亚哥县信息系统和我国黄河流域信息系统等。

实际上,现在许多地理信息系统都是介于上述两者之间的区域性专题信息系统,如北京市水土流失信息系统、海南岛土地评价信息系统、河南省冬小麦估产信息系统等。

(3) 地理信息系统工具(GIS tool)。这是一组具有图形图像数字化、存贮管理、查询检索、分析运算或多种输出等地理信息系统基本功能的软件包。它们或是专门设计的,或是在完成使用地理信息系统后抽调具体区域或专题的地理空间数据后得到的。

目前主要的地理信息系统工具有美国环境系统研究所(ESRI)研制的 ARC/INFO 系统、美国耶鲁大学森林与环境研究学院的 MAP(map analysis package)系统、美国 MapInfo 公司开发的 Mapinfo、北京大学的 Spaceman、北京大学和三秦公司研制的 City Star 和武汉测绘科技大学的 Geo Star 等。

一、地理信息系统的构成

一个完整的地理信息系统主要有四个部分构成,即计算机硬件系统、计算机软件系统、地理空间数据、工作人员。其中计算机系统是 GIS 的核心部分,地理空间数据反映了 GIS 的地理内容,而工作人员和用户则决定了系统的工作方式和信息表达方式。

1. 计算机硬件系统

(1) 计算机主机:计算机主机是用于数据和信息的处理、加工和分析的设备,可以组成网络,也可以单独使用。它的主要部件由中央处理器(CPU)和主存储器构成。目前运行 GIS 的计算机包括大型机、中型机、小型机、工作站和个人微机等。

(2) 数据存储设备:主要包括软盘、硬盘、磁带、光盘等及其相应的驱动设备。

(3) 数据输入设备:GIS 的基本输入设备除键盘、鼠标和通讯端口外,还包括数字化仪、扫描仪、解析和数字摄影仪以及全站性速测仪,GIS 接收机等其他测量设备。数字化仪是 GIS 中最基本的一种输入装置,扫描仪也是 GIS 图形、图像数据输入的一种重要工具。

(4) 数据输出设备:GIS 的输出设备主要有图形图像显示器、矢量式绘图仪、栅格式绘图仪、行列式打印机、点阵打印机、喷墨打印机和彩色喷墨绘图仪等。

2. 计算机软件系统

计算机软件系统是指 GIS 运行所必需的各种程序,可分为两个部分。一是计算机系统软件,它包括与计算机硬件有关的操作系统、汇编程序、系统库、编程语言、库程序等以及一些标准软件,如图形处理程序、数据库、Windows 系统等;二是 GIS 系统软件和其他应用软件,如 GIS 与用户的接口通讯软件,GIS 应用软件包和 GIS 基本功能软件包等,一般可分为五种基本软件模块。

(1) 数据输入与编辑。通过各种数字化设备将现有地图、作业观测成果、航摄相片、遥感数据、文本资料等转换成计算机兼容的数字形式的处理转换软件,也可以通过通讯或读取磁盘、磁带的方式录入已存在的数据。然后对输入的原始数据进行观察、统计分析和逻辑分析,检查数据存在的各种错误,通过编辑修改予以改正,同时通过编辑对图形进行修饰,建立拓扑关系以及组合复杂地物。

(2) 数据存储与管理。数据存储与管理的主要内容为空间景物,如地物点、线、面、体的位置,空间关系以及它们的地理意义(如何结构和组织),便于计算机处理和系统用户理解。此外,还要处理诸如数据格式的选择和转换,数据压缩编码,数据的联结、查询和提取等内容。

(3) 空间查询与空间分析。通常指对单幅或多幅专题图件及其属性数据进行分析运算和指标量测。其中以原始图为输入,而查询和分析结果则是以原始图经过空间操作后生成的新图件来表示,但在空间定位上仍与原始图相同。空间指标量测包括对面积、长度、体积、空间方位和空间变换等进行计算。

(4) 用户接口。主要用于接受用户的指令和程序。系统通过菜单和命令方式接收、解释并运行完成用户要求任务的系统程序。用户自行编制的应用程序可以是调用系统功能的批处理程序,也可以是处理系统数据的分析程序。用户接口模块可接纳用户开发的应用程序,并提供系统与用户程序的数据接口。该模块还随时向用户提供系统运行信息和系统操作帮助信息,从而使 GIS 成为人机交互的开放式系统。

(5) 数据输出与表达。这是指将 GIS 内的原始数据经过系统分析和转换后重新组织的数据以某种用户可以理解的方式提交给用户,可以用地图、表格、图表、文字、数字或影像等多种形式表达,也可以将输出结果记录于磁存储介质设备或通过通讯线路传输到用户的其他计算机系统。

3. 地理空间数据

地理空间数据是 GIS 研究和作用的对象,是指以地球表面空间位置为参照的自然、社会和人文经济景观数据。它们可以通过图形、图像、文字、数字、表格等形式表示,也可以通过各种数字化设备,以及键盘、磁带机或其他系统的通讯接口输入 GIS。GIS 正是通过对这些数据的采集、管理、分析,提取其实质性的信息内容构成信息模型,然后根据用户要求再现现实世界。

4. GIS 工作人员

从事地理信息系统的工作人员有两大类,即一般技术人员和高级技术人员。对于一般技术人员而言,并不要求对 GIS 的理论和方法有精深的研究,只要求了解如何使用和操作 GIS 即可。他们的日常任务是进行数据输入并保证把结果输出来,操作计算机以及打印或绘制的输入/输出结果的检查工作等。

二、地理信息系统在城市生态调查中的应用

地理信息系统最基本的职能是将各种来源的数据汇集在一起,通过系统的统计和覆盖分析功能,按多种边界和属性条件,提供区域多种组合形式的要素统计和进行原始数据的快速再现。以土地利用图为例,可以输出不同土地利用类型的分类和面积,以不同的高程带划分土地利用类型、不同坡度区内的土地利用现状,以及不同时期的土地利用变化等,为土地资源的合理利用、开发和科学管理提供依据,还可绘制出城市水资源分布图、绿地分布图、农作物产量图等不同内容的专业图。

三、地理信息系统在城市生态规划中的应用

城市与区域规划需要处理许多不同性质和不同特点的问题,涉及到资源、环境、人口、交通、经济、教育、文化、卫生和金融等多种地理变量和大量数据。地理信息系统的数据库管理有利于将这些数据信息归并到统一系统中,最后进行城市和区域多目标的开发和规划,包括城镇总体规划、城市建设用地适宜性评价、环境质量评价、道路交通规划、环境功能区规划等。这些规划功能的实现,是以地理信息系统的空间搜索方法,多种信息的叠加处理和一系列分析软件(回归分析、投入产出计算、模糊加权评价、0-1 规划模型、系统动力学模型等)加以保证的。

四、地理信息系统在城市生态管理与监测中的应用

城市生态系统包括自然生态系统和人工生态系统,其特点是十分复杂、数据类型多样、数量庞大。面对如此复杂和大量的信息,地理信息系统可以有效地为生态监测、评价和管理提供服务,向环境管理部门提供便捷的数据和信息的存储方法。因此借助 GIS 可以建立环境污染的若干模型,为生态管理和决策提供支持。邬伦等人在北京大学研制开发的 Spaceman 软件的支持下,利用计算机的快速运算能力和机助制图功能,将福建湄州湾海域一些有限监测点实测值通过插值或拟合方法加以扩展,获得各监测因子的浓度分布图,据此可了解各污染物的空间分布及超标情况。在计算机评价因子空间浓度分布的基础上,进行湄州湾环境质量综合评价,避免了传统的生态监测工作量浩大,难以综合和空间分布规律不明显的缺憾。

参 考 文 献

全书编写时引用的主要参考文献

1 董雅文.1993.城市景观生态学.北京:商务印书馆,280 页

2 王如松.1988.高效、和谐——城市生态调控原则和方法.长沙:湖南教育出版社,276 页

3 周纪伦主编.1989.城乡生态经济系统.北京:中国环境科学出版社,335 页

4 周纪伦,王如松,郑师章编译.1990.城市生态经济研究方法及实例.上海:上海复旦大学出版社,237 页

5 中野尊正,沼田真,半古高久,等.1986.城市生态学.孟德政,刘得新译.北京:科学出版社,146 页

6 沼田真.1988.都市の生態学. 岩波新书(383),225 页

7 Adam K. 1988. Stadtökologie in Stichworten. Unterägeri: Verlag Ferdinand Hirt, 180S

8 Borkamn R, Lee J A, Seaward M R D. 1982. Urban ecology. [s.l.]:Blackwell Scientific Publication, 370p

9 Ozturk M A, Erdem U, Gork G. 1991. Urban ecology. Izmir – Turkiye: Ege University Press, 427p

10 Sukopp H, Wittig R,eds. 1993. Stadtökologe. Stuttgart: Gustav Fisher Verlag, 402S

第一章参考文献

1 金岚主编.1992.环境生态学.北京:高等教育出版社,334 页

2 李博主编.1990.普通生态学.呼和浩特:内蒙古大学出版社,289 页

3 马世骏.1980.生态学的新时代.百科知识,10:49～52

4 郑师章,吴千红,王海波,等.1994.普通生态学——原理、方法和应用.上海:复旦大学出版社,434 页

5 Ahlheim K－H. 1989. Wie Funktioniert das? Die Umwelt das Menschen. Mannheim: Meyers Lexikonverlag, 607S

6 Deevey E S Jr. 1947. Life tables for natural populations of animals. Quarterly Review of Biology, 22:283～314

7 Duvigneaud P. 1974. (La Synthese Ecologique, 李耶波 译.1987.)生态学概论.北京:科学出版社,383 页

8 Kupchella C, Hyland M C. 1989. Environmental science. 2nd ed. Boston: Allyn & Bacon, 637p

9 Linderman R L. 1942. The trophic dynamic aspect of ecology. Ecology, 23:399～418

10 MacArther R H. 1955. Fluctuations of animal populations and a meassure of community stability. Ecology,

36:533~536

11 Odum E P. 1971. (Fundamentals of ecology, 3rd ed.孙儒泳，等译.1981.)生态学基础.北京：人民教育出版社,606 页

12 Odum E P.1997. Ecology—A bridge between science and society. [s.1]:Sinauer Associates. Inc.

13 Tansley A G. 1935. The use and abuse of vegetation concepts and terms. Ecology, 16:284~307

14 Trojan P. 1984. Ecosystem homeostasis. The Hague: Dr. W. Junk Publishers. 132p

15 Whittaker R H,Likens G E.1975. (The biosphere and man. In: Lieth H L,Whittaker R H,ed. 1975. Primary productivity of the biosphere. 王业蘧,等译.1985.284~308)生物圈第一性生产力.北京：科学出版社,378 页

第二章参考文献

1 国家统计局.1997.中国统计年鉴.北京：中国统计出版社,850 页

2 宋俊岭,陈占祥译.1984.国外城市科学文选.贵阳：贵州人民出版社,171 页

3 许学强,周一星,宁越敏.1996.城市地理学.北京：高等教育出版社,242 页

4 中国大百科全书总编辑委员会.1984.中国大百科全书——地理学人文地理学.北京：中国大百科全书出版社,224 页

5 外山敏夫,香川顺.1965.在烟雾中生活.燃化部化学工业设计院译.1973.北京：燃料化学工业出版社,192 页

6 Boyden S. 1979. An integrative ecological approach to the study of human settlements. MAB Technical Notes 12, UNESCO.

7 Mackensen R. 1993. Bevölkerungsdynamik und Stadtentwicklung in Ökologischer Perspektive. In:Sukopp H, Wittig R,eds. Stadtökologe. Stuttgart: Gustav Fisher Verlag, 46~69

第三章参考文献

1 陈予群.1988.城市生态经济理论与实践.上海：上海社会科学院出版社,383 页

2 何钟秀,曾涤.1988.城市科学.杭州：浙江教育出版社,314 页

3 李宝恒译.1984.增长的极限.成都：四川人民出版社,231 页

4 马传栋.1989.城市生态经济学.北京：经济日报出版社,431 页

5 马世骏.1984.社会—经济—自然复合生态系统.生态学报,4 (1):1~9

6 Boyden S, Millar S, Newcombe K, et al. 1981. The ecology of a city and its people. The case of Hongkong. Canberra: Australian National University Press.

7 di Castri F. 1984. Ecology in paretice. Natural resources and environment series. Tycooly International Publishing Limited. Dublin, UNESCO.

8 Duvigneard P. 1974. L'ecosystem《Urbs.》. Mem Soc Roy Belg,6:5~35

9 Fitter R S R. 1946. London's natural history. The New Naturalist. 2nd pr. Collis, London

10 Gill D, Bonnett P. 1973. Nature in the urban Landscape: a syudy of city ecosystems. Baltimore: York Press

11 Jovet P. 1954. Paris, sa flore spontanee, sa vegetation. Notices botaniques et itineraires commenres publies aloccasion du Ville congres International de Botanique Paris－Nice, 1954: 21~60

12 Kieran J. 1959. A natural history of New York city. Cambridge: Riverside Press

13 Kühnelt W. 1955. Gesichtspunkte zur Beurteilung von Großstadtfauna (mit besonderer Berücksichtigung der

Wiener Verhaltnisse）. Osterr Zool Z,6:30~54

14　Kunick W. 1974. Veränderungen von Flora und Vegetation einer Großstadt, Dargestellt am Beispiel von Berlin（west）. Diss. TU Berlin

15　Lichtenberger E. 1993. Stadtökologie und Sozialgeographie. In: Sukopp H, Wittig R, eds. 1993. Stadtökologe. Stuttgart:Gustav Fisher Verlag, 10~45

16　Numata M. 1981. Changes in ecosystem structure and function in Tokyo. In:Numata M,ed. Chiba Bay-Cost cities project. 155~168

17　Numata M. 1984. Water oriented urban ecosystem studies. In: Numata M,ed. 1984. Water－oriented urban ecosystem studies. 1~2

18　Numata M. 1984. Water-oriented approach to urban ecosystem. In:Obara H, ed. Integrated studies in urban ecosystems as the basic of urban planning,（Ⅰ）:95~106

19　Park R E, Burgess E W, McKenzie R D, eds. 1925.（The city.宋俊岭,吴建华,王登斌译.1987.）城市社会学.北京:华夏出版社,287 页

20　Rublowsky J. 1976. Nature in the city. New York:Basic

21 Schweiger H. 1962. Die Insktenfauna des Wiener Stadtgebietes als Beispiel einer Kontinentalen Großstadtfauna. Verh. Ⅱ. Intern Kongr Entomologie, 3:184~193

22　Sukopp H. 1973. Die Großstadt als Gengenstand Okologischer Forschung. Schrift Ver Verbr Naturwiss Kenntn Wien, 113:90~140

23　Sukopp H, Blume H P, Elvers H, Horbert M. 1980. Beitrage zur Stadtökologievon Berlin（West）. Landschaftsentwickl. Umweltförsch,3:225

24　Sukopp H. 1987. Stadtökologische Forschung und deren Anwendung in Europa. In: Witting R, ed. Dusseldorfer Geobotanische Kolloquien.（Heft 4）Düsseldorf: Marz, 3~28

25　Sukopp H. 1990. Urban ecology and its application in Europe. In: Sukopp H, Hejny S, eds. Urban ecology. The Hague: SPB Academic Publishing

26　Schaaf T,et al. 1995. Towards a sustainable city. Berlin:USC, 191p

27　Teagle W G. 1978. The endless village. Nature Conservancy Council, West Midlands Region, Shresbury

第四章参考文献

1　北京环卫所.1989.国外城市废弃物处理.北京:中国环境科学出版社

2　何强,井文涌,王翊亭.1994.环境科学导论(第二版).北京:清华大学出版社,384 页

3　上海市统计局.1997.上海统计年鉴.北京:中国统计出版社,505 页

4　王云主编.1992.上海市土壤环境背景值.北京:中国环境科学出版社,124 页

5　杨凯,袁雯.1993.环境水文与城市雨洪.北京:气象出版社,118 页

6　周淑贞,吴林.1989.气象卫星在上海城市气候研究中应用初探:城市气候与区域气候.上海:华东师范大学出版社,194~205 页

7　周淑贞,张超.1985.城市气候导论.上海:华东师范大学出版社,324 页

8　周淑贞,束炯.1994.城市气候学.北京:气象出版社,618 页

9　Blume H-P. 1993. Boden. In:Sukopp H, Wittig R, eds.1993. Stadtökologe. Stuttgart: Gustav Fisher Verlag, 154~171

10　Bolin B.1977. Changes of land biota and their importance for the carbon cycle. Science, 196:613~616

11 Clausen T. 1975. Die Reaktionen der Pflanzen auf Wirkungen Des photochemischen Smogs. Acta Phytomedica 3. Ver. 1 P. Parey, Berlin und Hamburg

12 Howard L. 1833. Climate of London deduced from meteorological observations. 3rd ed. in 3 Vols. London: Harvey & Darton

13 Kratzer P A. 1937. Das Stadtklima. Braunschweig: Vieweg(2. Aufl. 1956)

14 Kung K C, et al. 1964. Study of continental surface albedo on the basis of flight measurements. Mon Weather Rev, 92:543~564

15 Kuttler W. 1993. Stadtklima. In: Sukopp H, Wittig R, eds. 1993. Stadtökologe. Stuttgart: Gustav Fisher Verlag, 113~153

16 Landsberg H. 1974. Inadvertent atmospheric modification through urbanization. In: Hess W M, ed. Weather and climate modification, 726~763

17 Landsberg H. 1981. The urban climate. International Geophysics Series, Vol. 28. New York: Academic Press

18 Masters G M. 1974. Introduction to environmental science and technology.(程俊人译.环境科学技术导论.北京:科学出版社,405页.)

19 Oke T R. 1984. Methods in urban climatology. Applied. climatology. 25th Internat Geogr Congr Zuricher Geogr Schr, 14:19~29

20 Oke T R. 1987. Boundary layer climates.(1990. 2nd ed.)London/New York: Methuen,274p

21 Stuiver M. 1978. Atmospheric carbon dioxide and carbon reservoir changes. Science, 199(4326):253~258

22 Woodwell G M, et al. 1983. Global deforestation: contribution to atmospheric carbon dioxide. Science, 222:1081~1086

第五章参考文献

1 陈皓文.1993.国际五城市空气微生物概况.黄渤海海洋,1(1):50~56

2 陈鉴潮,等.1984.兰州市郊鸟类群落20年演替.兰州大学学报(自然科学版),20(4):78~91

3 江雪峰,等.1991.五城市蟑螂密度监测结果分析.中国媒介生物学及控制,2(1):20~22

4 孔国辉,汪嘉熙,陈庆诚.1983.大气污染与植物.北京:中国林业出版社,333页

5 上海市环境保护局,等.1986.上海市的保护鸟类.上海:学林出版社

6 王文瀚.1965.森林和气候.北京:新知识出版社

7 张宗礼,等.1988.天津市气挟菌类时空分布规律.载:城市生态系统与污染综合防治.北京:中国环境科学出版社,556~560

8 郑光美.1962.北京及其附近地区冬季鸟类的生态分布.动物学报,14(3):321~325

9 郑智民.1982.厦门市区家鼠的演替.兽类学报,2(1):113~118

10 高煜,等.1991.丹东市住区蝇类生态习性的调查研究.中国媒介生物学及控制,2(1):14~17

11 葛凤翔,等.1990.洛阳市区蚊虫综合治理的实验研究.中国媒介生物学及控制,1(5):264~267

12 侯宽昭主编.1956.广州植物志.北京:科学出版社,935页

13 胡鸿兴.1984.武汉市区自然景观的变迁与鸟类物种及数量变动.环境科学,5(1):51~56

14 魏湘岳,等.1989.北京市及近郊区环境结构对鸟类的影响.生态学报,9(4):285~289

15 徐炳声.1959.上海植物名录.上海:上海科学技术出版社,138页

16 徐仁权,等.1990.上海地区骚扰阿丽蝇生态学调查报告.中国媒介生物学及控制,1(5):325~328

17 郁庆福,杨均培主编.1984.微生物学.北京:人民卫生出版社

18 祝龙彪,等.1990.城市残存鼠生态特征.Ⅰ.城市残存鼠群落特征的研究.中国媒介生物学及控制 1(1):45～48

19 祝龙彪,等.1991.城市残存鼠生态特征.Ⅱ.城市残存鼠群落生态位的研究.中国媒介生物学及控制,2(1):26～28

20 沼田真主编.1997.湾岸都市の生態系と自然保護.东京:信山社サィテック,1058p

21 Bornkamn R. 1988. Plant in the city – door – mats or pampered kids? In: Greuter W, Eimmer B, eds. Proceedings of the ⅩⅣ International Botanical Congress. Konigstein/Taunus: Koeltz, 467～476

22 Brooks J E. 1973. A review of commensal rodents and their Control. Critical Reviews in Environmental Control, 3:405～453

23 Cristaldi M. 1986. 鼠类控制最新进展——第一辑:鼠类——评价环境的生物学指标.郑智民,等译.厦门:厦门大学出版社,54～63

24 Dickman C R, Doncaster C P. 1989. The ecology of small mammals in urban habitats. II. Demography and dispersal. J. of Animal ecology,58:119～127

25 Ellenberg H. 1956. Wuchsklimakarte von Sudwest – Deutchland 1: 200 000. Nordl und Sudl Teil. Stuttgart

26 Ellenberg H. 1979. Zeigerwerte der Gefaßpflanzen. Mitteleuropas. 2. Aufl. SriptaGeobotanica H. 9, 122S

27 Falinski W. 1982. Synanthropisation of plant cover. synanthropic flora and vegetation of towns connected with their natural conditions, history, and function (English summary). Mater Zakl Fitosco Stos U. W. Warszawa – Bialowieza, 27:1～317

28 Godde M, Wittig R. 1983. A preliminary attempt at a thermal division of the town of Munster (North Rhine – Westphalia, West Germany) on a floral and vegetation basis. Urban Ecology, 7(1982/1973):255～26

29 Kunick W. 1974. Veranderungen von Flora und Vegetation einer Großstadt, Dargestellt am Beispiel von Berlin (west). Diss. TU Berlin

30 Kunick W. 1982. Comparision of the flora of some cities of the central European lowland. In: Bornkamm R, Lee J A, Seaward M R D, eds. Urban ecology, 2nd ed. Eur Ecol Symp Berlin. 1980. 13～22. Oxford: Blackwell

31 Numata M. 1977. The impact of urbanization on vegetation in Japan. In: Miyawaki A, Tuxen R, eds. Vegetation science and environmental protection. Tokyo: Maruzen Co. Ltd. 161～171

32 Ohsawa M, Da Liangjun, Ohtsuka T. 1988. Urban vegetation—Its structure and dynamics. In: Obarah, ed. Integrated studies in urban ecosystems as the basis of urban planning (Ⅲ)

33 Schreiber K – F. 1983. Die Phanologische Entwicklung der Pflanzendecke als Bioindikator fur Naturliche und Anthropogen Bedingte Differenzierungen der Warmeverhaltniss in Stadt und Land. Verhandlungen der Gesellschaft fur Okologie (Festschrift Ellenberg),Band XI:385～396

34 Schubert R. 1991. Bioindikation in Terresfrischen Okosystemen. Gesamtherstellung Jena: Gustav Fischer Verlag, 338S

35 Steubing L, Jager H – J. 1982. Monitoring of air pollutants by plants methods and problems. The Hague: W. Junk. Publishers, 161S

36 Steubing L, Song Yongchang. 1991. Umweltbelastungen in der Stodt Shanghai unter Besonderer Berucksichtigung der Lufthygienischen Situation. Forum Stadte – Hygiene,42:311～314

37 Sukopp H, Werner R. 1983. Urban environments and vegetation. In: Holzner W, Werger M J A, Ikusima

I, eds. Man's impact on vegetation. The Hague: W. Junk. Publishers, 247~260

38　Wittig R, Durwen K J. 1982. Ecological indicator—Value spectra of spontaneous urban floras. In: Bornkamm R, Lee J A, Seaward M R D, eds. Urban ecology, 2nd ed. Eur Ecol Symp Berlin. 1980. 23~31. Oxford: Blackwell

39　Wittig R, Ruvkert E. 1985. Die Erstellung eines Biotop-Managementplans auf der Grundlage der Aktuellen Vegetation. Landschaft+Stadt, 17(2):73~81

40　Wittig R, Diesing D, Godde M. 1985. Urbanophil – Urbanoneutral – Urbanophob Das Verhalten der Arten Gegenuber dem Lebensraum Stadt. Flora, 177:265~282

第六章参考文献

1　中华人民共和国国家标准(GBJ 137-90).城市用地分类与规划建设规划标准.

2　Arbeitsgruppe – Methodik der Biotopkartierung im Besiedelten Bereich. 1993. Flachendeckende Biotop-kartierung im Besiedelten Bereich als Grundlage einer Okologisch bzw. am Naturschutz Orientierten Planung. Natur und Landschaft, 68:491~562

3　Schulte W, Sukopp H, Voggenreiter V, Werner P. (Red.) 1986. Flachendeckende Biotopkartierung im Be-siedelten Bereich als Grundlage einer Okologisch bzw. a. m Naturschutz Orientierten Planung. Natur und Landschaft, 61. Jahrgang Heft, 10. Okt. 1986. Heft, 10:317~389

4　Sukopp H, Kunick W, Runge M, Zacharias F. 1973. Okologische Charakteristik von Großstadten dargestellt am Beispiel Berlins. Verhandl Ges Okol, 2:383~403

5　Sukopp H. 1982. In: Borkamn R, Lee J A, Seaward M R D. 1982. Urban ecology. [s. l.]: Blackwell Scien-tific Publication, 370p

6　Sukopp H, Weiler S. 1988. Biotope maping and nature conservation strategies in urban areas of the Federal Republic of Germany. Landscape and Urban Planning, 15:39~58

7　Wittig R. 1989. Methodische Probleme der Bestandsaufnahme der Spontanen Flora und Vegetation von Stadten. Braun – Blanquetia, 3:99~105

8　Wittig R, Sukopp H, Bernhard B. 1993. Die Okologische Gliederung der Stadt. In: Sukopp H, Wittig R, eds. 1993. Stadtökologe. Stuttgart: Gustav Fisher Verlag, 271~318

第七章参考文献

1　丁金宏.1991.人口容量与人口压力的理论模式.经济地理,11(4):22~25
2　方如康,戴嘉卿.1993.中国医学地理学,上海:华东师范大学出版社,210页
3　潘纪一.1988.人口生态学.上海:复旦大学出版社,402页
4　上海统计局.1997.上海统计年鉴.北京:中国统计出版社,430页
5　宋俊岭,陈占祥译.1984.国外城市科学文选.贵阳:贵州人民出版社,171页

第八章参考文献

1　陈述彭.1992.地学的探索(第四卷).地理信息系统.北京:科学出版社,213页
2　何强,井文涌,王翊亭.1994.环境科学导论(第二版).北京:清华大学出版社,384页
3　上海统计局编.1997.上海统计年鉴.北京:中国统计出版社,505页
4　王学军,贾冰媛.1993.地理信息系统.北京:中国环境科学出版社,226页

5　于志熙.1992.城市生态学.北京:中国林业出版社,265 页

6　周纪伦,王如松,郑师章编译.城市生态经济研究方法及实例.上海:复旦大学出版社,237 页

7　Sukopp H. 1987. Stadtökologische Forschung und deren Anwendung in Europa. In: Wittig R, ed. Dusseldorfer Geobotanische Kolloquien. Dusseldorf: Marz, H. 4:3~28

第九章参考文献

1　骆世明,彭少林.1996.农业生态系统分析.广州:广东科技出版社,768 页

2　宋永昌,王勇主编.1991.长兴岛复合生态系统研究.上海:华东师范大学出版社,157 页

3　杨贤智,李景锟.1990.环境管理学.北京:高等教育出版社,397 页

4　周纪伦主编.1989.城乡生态经济系统.北京:中国环境科学出版社,335 页

5　Forrester J W.1986.系统原理.王洪斌译.北京:清华大学出版社,222 页

6　Jorgensen S E.1988.生态模型法原理.陆健健,周玉丽译.上海:上海翻译出版公司,394 页

7　Odum H T.1993.系统生态学.蒋有绪,等译.北京:科学出版社,772 页

第十章参考文献

1　陈桥驿.1983.中国六大古都.北京:中国青年出版社,297 页

2　陈桥驿.1987.中国历史名城.北京:中国青年出版社,456 页

3　董鉴泓主编.1989.中国城市建设史(第二版).北京:中国建筑工业出版社,289 页

4　李春涛主编.1996.上海建设(1991~1995).上海:上海科学普及出版社,853 页

5　刘惠吾编著.1985.上海近代史(上).上海:华东师范大学出版社

6　上海市地图集编纂委员会.1984.上海市地图集.上海:上海科学技术出版社,199 页

7　上海市地图集编纂委员会.1997.上海市地图集.上海:上海科学技术出版社,239 页

8　上海市文史馆,上海市人民政府参事室文史资料工作委员会编.1982.上海地方史资料(一)(二).上海:上海社会科学院出版社

9　上海统计局编.1997.上海统计年鉴.北京:中国统计出版社,505 页

10　宋家泰,崔功豪,张同海.1985.城市总体规划.北京:商务印书馆,327 页

11　祝鹏.1989.上海市地理沿革.上海:学林出版社,390 页

12　邹依仁.1980.上海人口变迁的研究.上海:上海人民出版社,151 页

13　Boyden S. 1984. Integrated studies of cities considered as ecological systems, In: Di Caster, ed. Ecology in practice. Part. 2. The social response. [s.l.]:Baker & Hadley, 7~29

第十一章参考文献

1　北京市统计局.1997.北京统计年鉴(1997).北京:中国统计出版社,542 页

2　长沙市人民政府.1997.长沙市城市生态建设总体规划研究.长沙:湖南科学技术出版社,213 页

3　广州市统计局.1997.广州统计年鉴(1997).北京:中国统计出版社,484 页

4　国家统计局.1992~1996.中国统计年鉴(1992~1996).北京:中国统计出版社

5　山东统计局.1997.山东统计年鉴(1997).北京:中国统计出版社,568 页

6　上海市人民政府.1996.迈向 21 世纪的上海.上海:上海人民出版社,641 页

7　上海市统计局.1997.上海统计年鉴(1997).北京:中国统计出版社,505 页

8　深圳统计信息年鉴编委会.1997.深圳统计信息年鉴(1997).北京:中国统计出版社,447 页

9 宋永昌,等.1997.上海建设生态城市的指标体系及评价方法研究(研究报告)

10 天津市统计局.1997.天津统计年鉴(1997).北京:中国统计出版社,487 页

11 王如松,赵景柱.1996.大丰生态县建设指标体系研究.载:王如松,等编.现代生态学的热点问题研究.北京:中国科学技术出版社,30~38

12 中国环境年鉴编委会.1996.中国环境年鉴.北京:中国环境年鉴社,578 页

13 White R R. 1994. Urban environmental management. New York:John Wiley & Sons, 233p

第十二章参考文献

1 陈涛.1991.试论生态规划.载:生态学进展(论文摘要汇编).北京:中国科学技术出版社,389 页

2 董鉴泓.1991.中国东部沿海城市的发展规律及经济技术开发区的规划.上海:同济大学出版社

3 冯向东.1988.略论城市生态规划.生态学杂志,7(1):33~36

4 刘天齐.1990.环境管理,北京:中国环境科学出版社

5 欧阳志云,王如松,等.1993.生态规划——寻求区域持续发展的途径.载:陈昌笃主编.持续发展与生态学.北京:中国科技出版社,174~182

6 同济大学,等编.1992.城市园林绿地规划,北京:中国建筑工业出版社

7 王如松,贾敬业,等.1991.生态县的科学内涵及其指标体系.生态学报,11(2):183~188

8 王如松,薛元立.1991.生态规划及其在城乡生态建设中的作用.生态学进展(论文摘要汇编).北京:中国科学技术出版社,363~364

9 王祥荣.1995.上海浦东新区持续发展的环境评价与生态规划研究.城市规划汇刊,(5):46~50

10 王祥荣.1992.创造城市良好生活环境的生态规划途径——以广东惠州为例.载:中国博士后首届学术大会论文集.北京:国防工业出版社

11 Geddes P. 1915. Cites in evolution:an introduction to the town planning movement and the study of civicis. New York:Howard Fertig

12 Howard E. 1898. Garden cites of tomorrow. London: Faber and Faber

13 McHarg I L.1992.设计结合自然.芮经纬译.北京:中国建筑工业出版社,206 页

14 Odum E P. 1981.生态学基础.孙儒泳,等译.北京:人民教育出版社

15 Sukopp H, Wittig R. 1993. Stadtöekologie[M].Stuttgart:Fischer

16 Vester P. 1996.生物控制论.载:王如松主编,现代生态学的热点问题研究,55~60

17 Wang X－R. 1994. Ecological planning for promoting the urban sustainable development—A case Study of Shenzhen special economic zone, China. International Journal of Sustainable Development and World Ecology, 1(1):230~240

第十三章参考文献

1 程绪珂.1993.生态园林研究和实施报告.载:生态园林论文续集.6~19

2 丁树荣.1993.绿色技术.南京:江苏科技出版社,260 页

3 丁树荣.1984.高产水生维管束植物在城镇污水资源化中的作用及其发展前景.中国环境科学,4(2):10~15

4 甘师俊,王如松.1996.中小城镇可持续发展先进适用技术指南.北京:中国科学技术出版社

5 江铭.1993.居住区绿地规划设计探讨.载:生态园林论文续集,95~99

6 金鉴明.1993.水污染防治及城市污水资源化技术.北京:科学出版社,419 页

7 金鉴明,等.1991.自然保护概论.北京:中国环境科学出版社

8 马世骏主编.1987.中国农业生态工程.北京:科学出版社,188 页

9 钦佩,安树青,颜京松.1998.生态工程学.南京:南京大学出版社,216 页

10 曲仲湘,等.1989.植物生态学.北京:高等教育出版社,323 页

11 宋朝枢.1988.自然保护区工作手册.北京:中国林业出版社,313 页

12 孙鸿良,颜京松,张王午,等.1991.国内外生态工程研究现状及我国近期发展战略.见:马世骏主编,中国生态学发展战略(第一集).315~346

13 孙文浩,俞子文,余叔文.1989.城市富营养化水域的生物治理和凤眼莲抑制藻类生长的机理.环境科学学报,9(2):188~195

14 汤章其,邵茂才,等.1992.宝钢的环境优化.上海:百家出版社,178 页

15 天津市环境保护局编.1988.城市生态系统与污染综合防治.北京:中国环境科学出版社,809 页

16 王祥荣.1992.植物造园与生态设计.城市规划汇刊,(5):18~21

17 谢家芬.1993.上海外滩观赏型人工植物群落设计.生态园林论文续集,92~94

18 颜京松.1986.污水资源化生态工程原理与类型.农业生态环境,(4):19~23

19 张更生,等.1995.自然保护区管理、评价指南与建设技术规范.北京:中国环境科学出版社

20 Goode D A. 1990.英国城市自然保护.生态学报,10(1):96~108

21 Goode D A. 1996.在城市公园中设计自然.上海园林科技,(2):60~62

第十四章参考文献

1 戴逢,等.1988.城市规划与信息技术.城市规划汇刊,(3):6

2 刘金生.1998.天津市环境管理工作特色分析.城市环境与城市生态,11(1):1

3 宋文华,等.1998.天津经济技术开发区(TEDA)环境预警系统的建立研究.城市环境与城市生态,11(4):36

4 宋小齐.1998.关于城市规划管理信息系统的现状与发展分析.城市规划汇刊,(6):44

5 汤兵勇,姜海涛,任建,等.1990.环境系统工程方法.北京:中国环境科学出版社,374 页

6 王建民.1987.城市管理学.上海:上海人民出版社,379 页

7 王树功,等.1998.珠海生态示范区建设与城市可持续发展对策.城市环境与城市生态,11(2):34

8 杨贤智,李景锟.1990.环境管理学.北京:高等教育出版社,397 页

9 Hitchmough J D.1994. Urban landscape management. Sydney:Inkata Press, 594p

附录参考文献

1 环境监测分析编写组.1986.环境监测分析.长沙:湖南科学技术出版社,776 页

2 遥感概论编写组.1985.遥感概论.北京:高等教育出版社

3 北京师范大学,等.1983.动物生态学实验指导.北京:高等教育出版社,160 页

4 龚家龙,等.1980.环境遥感技术简介.北京:科学出版社

5 内蒙古大学生物系.1986.植物生态实验.北京:高等教育出版社,224 页

6 王伯荪,余世孝,彭少麟,等.1996.植物群落学实验手册.广州:广东高等教育出版社,191 页

7 王西川,等.1991.环境遥感原理与图像分析.郑州:河南大学出版社

8 余叔文.1993.大气污染生物监测方法.广州:中山大学出版社,163 页

9 张超,等.1996.地理信息系统.北京:高等教育出版社

编　后　记

本书即将付印之时,得知 Springer 出版社于 1998 年出版了一本新书 *Urban Ecology*,编者是:Jurgen Breuste, Hildegard Feldmann 和 Ogarit Uhlmann。这是一本会议论文集,会议是 1997 年 6 月 25 日至 29 日在莱比锡召开的。这本文集包含五部分:1. 生态城市——模型、环境目标和标准(其中有:环境质量目标和生态目标,城市气候,空气污染,以及水管理等专题,计有 22 篇论文和 17 篇墙报)。2. 城市环境的改善。生态、经济、社会和文化方面的统合(其中包括:发展的方针政策,公民的认知,觉悟提高与信息和教育方法,以及土地利用和发展中的环境综合考察实例等方面 32 篇论文和 11 篇墙报)。3. 从城市生态角度看土地利用是一种控制因素(主要是土地利用规划和管理,计有 11 篇论文和 3 篇墙报)。4. 生态响应的机动性(其中有:机动性的概念和对策,交通行为和它可能的改变,交通污染及其生态影响等方面 16 篇论文和 2 篇墙报)。5. 城市发展中的自然环境和景观(其中包括:城市自然的分析和评估,城市绿化发展,以及观念、策略和管理等方面 19 篇论文和 5 篇墙报)。这里值得一提的是绪论中的两篇文章,一篇是 H. Sukopp 写的——"Urban Ecology — Scientific and Practical Aspects";另一篇是 T. Deelstra 写的——"Towards Ecological Sustainable Cities: Strategies, Models and Tools"。前者认为"城市生态学"是从生态学角度研究城市地区,属于自然科学、特别是生物学的范畴;而后者则认为"城市生态学"是在政策和规划的水平上进行城市方案设计,它不只是自然科学,同时也是社会人文科学。这两篇文章代表了对城市生态学的两种不同观点或者说两种不同的研究途径,同时也反映了城市生态学尚未形成公认的、统一的学科体系。在这样的情况下编写教材,首先就遇到内容选择的问题。

对这两种观点我们采取的是取其所长、兼容并蓄的态度,希望能吸收它们的合理部分,相互补充,使城市生态学既有重点范围,又能体现交叉学科的特色。在本教材编写过程中,同志们尽了很大的努力贯彻这一思想,但是从已编成的教材看与我们的期望尚有距离。在内容选择上可能存在着面广而不够深入,在实例的引用上可能存在着局限性,但是我们希望在教材使用过程中能根据实际情况加以改进。

编者

1999 年 7 月 23 日

图书在版编目(CIP)数据

城市生态学/宋永昌等主编.—上海:华东师范大学出版社,2000

上海普通高校"九五"重点教材

ISBN 978 - 7 - 5617 - 2128 - 5

Ⅰ.城…　Ⅱ.宋…　Ⅲ.城市环境-环境生态学-高等学校-教材　Ⅳ.X21

中国版本图书馆 CIP 数据核字(2000)第 51727 号

上海市教育委员会组编

上海普通高校"九五"重点教材

城市生态学

主　　编　宋永昌　由文辉　王祥荣
责任编辑　罗晓宁
责任校对　李雯燕
封面设计　陆震伟
版式设计　蒋　克

出版发行　华东师范大学出版社
社　　址　上海市中山北路 3663 号　邮编 200062
电话总机　021 - 62450163 转各部门　行政传真 021 - 62572105
客服电话　021 - 62865537(兼传真)
门市(邮购)电话　021 - 62869887
门市地址　上海市中山北路 3663 号华东师范大学校内先锋路口
网　　址　www.ecnupress.com.cn

印 刷 者　江苏句容市排印厂
开　　本　787×1092　16 开
印　　张　23.25
插　　页　4
字　　数　578 千字
版　　次　2000 年 10 月第一版
印　　次　2023 年 2 月第十四次
书　　号　ISBN 978 - 7 - 5617 - 2128 - 5/X·004
定　　价　42.00 元

出 版 人　王　焰

(如发现本版图书有印订质量问题,请寄回本社客服中心调换或电话 021 - 62865537 联系)